W0259053

# NATURWISSENSCHAFTLICHE MONOGRAPHIEN UND LEHRBÜCHER

HERAUSGEGEBEN VON

DEN HERAUSGEBERN DER „NATURWISSENSCHAFTEN“

**ARNOLD BERLINER** UND **AUGUST PÜTTER**

ZWEITER BAND

# DIE BINOKULAREN INSTRUMENTE

VON

**MORITZ VON ROHR**

Springer-Verlag Berlin Heidelberg GmbH

1920

# DIE BINOKULAREN INSTRUMENTE

NACH QUELLEN UND BIS ZUM AUSGANG VON 1910 BEARBEITET

VON

**MORITZ VON ROHR**
DR. PHIL., WISSENSCHAFTLICHEM MITARBEITER DER OPTISCHEN WERKSTÄTTE VON CARL ZEISS IN JENA UND A. O. PROFESSOR AN DER UNIVERSITÄT JENA

ZWEITE, VERMEHRTE UND VERBESSERTE AUFLAGE

MIT 136 TEXTABBILDUNGEN

Springer-Verlag Berlin Heidelberg GmbH
1920

Additional material to this book can be downloaded from http://extras.springer.com.

ISBN 978-3-662-24212-4 ISBN 978-3-662-26325-9 (eBook)
DOI 10.1007/978-3-662-26325-9


Ursprünglich erschienen bei Julius Springer in Berlin 1920.

# Vorwort zur ersten Auflage.

Die quellenmäßige Darstellung der Entwicklung der binokularen Instrumente hat in erster Linie einen historischen Zweck; sie soll die meistens übersehenen Prioritätsrechte der älteren und verdienstvolleren Generation feststellen und dadurch die Möglichkeit bieten, die auf Unkenntnis des Früheren zurückzuführenden Nacherfindungen von Instrumenten zu vermeiden, wie sie in der neueren Zeit beinahe zur Regel geworden sind. In diesem Sinne steht die Schrift etwa auf derselben Stufe wie meine 1899 veröffentlichte Theorie und Geschichte des photographischen Objektivs, nur geht sie weniger auf die Einzelheiten ein, weil das Interesse an den binokularen Instrumenten nicht so groß ist, und die Urheberschaft sowie der Zeitpunkt wesentlicher Änderungen nicht immer so leicht festgestellt werden konnten wie bei den verschiedenen Objektivtypen. Ich habe ferner eine Behandlung der allerneuesten (über das Jahr 1900 hinausgehenden) Geschichte dieser Instrumente vermieden, weil ich ihr gar zu nahe stehe: Herr C. Pulfrich, mein Kollege, hat seine mit Recht allgemein anerkannten Instrumente selber so eingehend beschrieben, daß ich es für sie bei einem Hinweise im Literaturverzeichnis bewenden lassen konnte. Und was meine eigene Tätigkeit an dem angeht, was ich noch 1903 für eine neue Begründung der Theorie der binokularen Instrumente hielt, so hat mich eine eingehendere Durchforschung der älteren Literatur erkennen lassen, daß man mit einem solchen Unterfangen nur offene Türen einrennt. Es ist nur noch übrig, die schöne Auffassung des Sehvorganges, die die wissenschaftliche Welt Herrn A. Gullstrand verdankt, dem folgerichtigen System der binokularen Wahrnehmung einzupassen, das die ältere Generation ihren Nachfahren hinterlassen hat. Die Lehre von den binokularen Instrumenten hat schwerlich mehr große Überraschungen zu bieten: sie stellt sich — zum Bedauern des ausführenden Optikers — im wesentlichen als abgeschlossen dar.

Ich nehme übrigens durchaus nicht an, meine historische Darstellung sei lückenlos. Das kann sie schon aus dem Grunde nicht sein, weil mir frühere Zusammenstellungen über binokulare Instrumente überhaupt nicht zu Gesicht gekommen sind. Das Stereoskop allein ist dagegen häufiger behandelt worden. Die reichhaltigste Literatursammlung dazu findet sich in der Helmholtzischen Physiologischen Optik; sie berücksichtigt zwar die eigentlich wissenschaftliche Literatur, läßt aber die fast noch wichtigere photographische fast ganz außer acht, und die aus den Kreisen der Photographen stammenden Schriften geben äußerst selten auch nur einige historische Nachweise. Ich muß daher um eine nachsichtige Beurteilung meiner Arbeit bitten und will nur noch dem Wunsche Raum geben, es möchten die von mir gelassenen Lücken von anderer Seite geschlossen werden.

Ein weiterer Zweck meiner Darstellung ist aber der, eine andere Auffassung von dem Wesen der binokularen Instrumente zu begründen als sie bisher üblich gewesen ist. Auch noch in neuerer Zeit werden sie nicht im Zusammenhange dargestellt, sondern es wird meistens nur das Stereoskop als ihr wichtigster Vertreter behandelt; man begegnet dabei nicht selten der Auffassung, als sei dieses Instrument eine besonders pfiffig gebaute Lupe und stehe etwa mit den andern Instrumenten zu subjektivem Gebrauch in einem Fach. Es erscheint mir demgegenüber der nachdrückliche Hinweis auf die durchaus nicht neue Erkenntnis wünschenswert, daß alle, aber auch wirklich alle Instrumente für subjektiven Gebrauch eingerichtet werden können zur Benutzung beider Augen, und daß sie unter gewissen, genau zu umgrenzenden Bedingungen den unokularen Instrumenten genau so überlegen sein müssen wie der Zweiäugige dem Einäugigen.

Wenn unsere theoretische Optik, die bisher fast stets ihre Tätigkeit einstellte, sobald die Beziehung des Bildes zum Instrument erledigt war, sich darauf besinnt, daß für den sehenden Menschen dieses Bild auch noch auf das Auge zu beziehen ist, wenn sie also die alte „Sehe-Kunst" aus der Rumpelkammer hervorholt, so werden auch die binokularen Instrumente ihre richtige Stellung in dem System der Optik erhalten.

Jena, im September 1907.

**Moritz von Rohr.**

# Vorwort zur zweiten Auflage.

Die Aufforderung des Verlages, eine neue Auflage vorzubereiten, traf mich im vorigen Frühjahr recht unvermutet. Auch war die Zeit nicht eben günstig, da die großen ausländischen Büchereien mir überhaupt nicht offen standen, und ich die inländischen bei der Erschwerung des Bahnverkehrs nicht wohl benutzen konnte. Wer also bei den Quellenangaben Nachweise vermißt — und daß Lücken bestehen, weiß ich nur zu gut — wolle billige Rücksicht auf die Schwierigkeit nehmen, auch nur das Vorhandene beizubringen, und möge lieber zur Ausfüllung der Lücken beitragen.

Bei der ständigen Arbeit an dem mir lieb gewordenen Gegenstande sah ich bald ein, daß die Zeit vor WHEATSTONE in der ersten Auflage dieses Buchs gänzlich unzureichend behandelt worden war; man mußte hier offenkundig an das griechische Altertum anschließen, auf dessen Boden LEONARDO DA VINCI ebenso steht wie GIAMBATTISTA DELLA PORTA und FRANÇOIS AGUILLON. Außerdem läßt die Kunde von der schönen Erkenntnis KEPLERS und SMITHens sowie der zahlreichen Bemühungen zur beidäugigen Farbenmischung erst recht die überragende Größe der WHEATSTONEschen Entdeckung heraustreten, und so war dieser Abschnitt so gut wie völlig neu zu schreiben. — Von den späteren Abschnitten galt das nicht in dem Maße, aber zahlreiche Einschaltungen werden auch hier erkennen lassen, daß ebenfalls der Wunsch bestand, einem jeden das Seine zu geben. Daß das letzte Jahrzehnt neu zu schildern war, ist natürlich; ich kann nur hoffen, daß man dabei die durch den großen Krieg verursachte Beschränkung meiner Hilfsmittel nicht allzusehr merken werde.

Eine Schwierigkeit bei der von mir gewählten Behandlung liegt in der Auswahl des Wichtigen; hier läßt sich der Natur der Sache nach die persönliche Ansicht nicht ausschalten, und es ist sehr wohl möglich, daß andere anders über die Auswahl denken als ich und hier weniger, dort aber mehr zu finden wünschen. Ganz besonders kann ich das bei den kurzen Abschnitten über die Brille für beide Augen erwarten, denen man es anmerken wird, daß mir keine Vorarbeit bekannt geworden ist, die gerade diesen kleinen Teil der gesamten Brillengeschichte herausgehoben hätte. Ich habe diese Abschnitte ihrer Unvollständigkeit ungeachtet in der Überlegung stehen lassen, daß auch hier e t w a s besser ist als nichts. Wer mich auf diesem oder einem andern Gebiete meines Buches durch briefliche oder öffentliche Mitteilung neuer Tatsachen belehren will, den kann ich nur im voraus meines Dankes für eine solche Erweiterung meiner Kenntnis versichern.

Es wäre unbillig, wollte ich hier nicht einige meiner Helfer erwähnen; in unserer Werkstätte habe ich zwar überall Förderung gefunden, doch muß ich namentlich des Herrn Ingenieurs E. Richter von der Patentabteilung dankbar gedenken, den keine Mühe verdroß, um Angaben in schwierigen Fällen sicherzustellen. Für die neuen Zeichnungen bin ich dem Herrn Ingenieur K. Dünkel sehr verpflichtet, ohne dessen Hilfsbereitschaft ich die vielen Nachzeichnungen nicht hätte beschaffen können.

Jena, im Juni 1920.

**Moritz von Rohr.**

# Inhaltsverzeichnis.

**Die Ziffern beziehen sich auf die Seitenzahlen; schräge Ziffern kennzeichnen Zusätze zur ersten Auflage.)**

---

## I. Theoretischer Teil.



## II. Historischer Teil.

### 1. Die Zeit vor WHEATSTONE.

## 2. Das Spiegelstereoskop CH. WHEATSTONEs und die Zeit bis zur Verbreitung des BREWSTERschen Prismenstereoskops.



## 3. Die Zeit der allgemeinen Freude am Stereoskop in den fünfziger Jahren.

## 4. Der Niedergang der Stereoskopie in den sechziger Jahren.

## 5. Der Tiefstand der Bewertung in den siebziger und achtziger Jahren.

## 6. Das Erwachen der Teilnahme in den neunziger Jahren.



## 7. Der allgemeine Fortschritt im ersten Jahrzehnt des 20. Jahrhunderts.

# Verzeichnis der Abbildungen.

(Das Sternchen an der Ordnungsziffer kennzeichnet die Abbildung als neu.)

---

Die im theoretischen und historischen Teil vorkommenden schrägen Zahlen hinter einem Eigennamen beziehen sich auf die Ordnungszahlen im Namensverzeichnis (S. 272 bis 303), etwa dahinter stehende nautische Ziffern auf die Seitenzahlen der angeführten Arbeit.

# Theoretischer Teil.

## Einleitung.

Wenn die optischen Schriften über das Stereoskop, von gelegentlichen Aufsätzen und von Leitfäden zur Anfertigung von Stereogrammen abgesehen, nicht zahlreich sind, so liegt das wohl hauptsächlich an der Schwierigkeit der Aufgabe, vor die der Optiker gestellt wird. Einmal sind die Leistungen der Augen bei der Benutzung der hierhergehörigen Instrumente nicht ganz einfach, und ferner ist die Beziehung zu den photographischen Verfahren so eng, daß eine genauere Bekanntschaft mit den Vorgängen bei der photographischen Aufnahme notwendig ist.

Nach beiden Richtungen hin waren nun lange Zeit hindurch große Lücken vorhanden. Wohl hatten die Physiologen seit der Erfindung des Stereoskops und zum guten Teil mit Hilfe dieses Instruments die Wirkungsweise der Augen erforscht, aber sie drückten ihre Ergebnisse in einer solchen Weise aus, daß die Optiker das für ihre Zwecke wichtige daraus nicht entnommen haben. Auf der anderen Seite war zwar der Grundgedanke schon von E. Abbe aufgestellt worden, wonach der Abbildungsvorgang beim photographischen Objektiv behandelt werden konnte, aber es fehlte die Durchführung im einzelnen, so daß die Anwendung der allgemeinen Lehre auf die vorliegenden Fälle unterblieb. Wenn nun die zuletzterwähnte Lücke verhältnismäßig leicht auszufüllen war und tatsächlich gleichsam zufällig geschlossen wurde, so blieb die erste um so länger offen stehen, weil man in einer geradezu erstaunlichen Verblendung bei der Behandlung der verschiedenen Instrumente den eigentlichen Sehvorgang wieder und immer wieder unberücksichtigt ließ. Eine befriedigende Behandlung der hier vorliegenden Aufgaben wurde erst möglich, als der Ophthalmologe Allvar Gullstrand die Optiker gelehrt hatte, das Auge im direkten Sehen als eine Vorrichtung aufzufassen, die von den künstlichen Instrumenten grundsätzlich verschieden sei.

Als dieser Unterschied klar geworden war, machte die Theorie des Stereoskops und der verwandten Instrumente keine besonderen Schwierigkeiten mehr; sie soll im folgenden auseinandergesetzt werden. Die binokularen Instrumente sollen hier behandelt werden einmal unter Berücksichtigung der eigentümlichen Strahlenbegrenzung durch das Auge beim indirekten und beim direkten Sehen, wie sie in neuerer Zeit A. GULLSTRAND zu fassen gelehrt hat. Sodann aber soll in Anwendung der von E. ABBE niedergelegten Grundsätze für jedes Instrument der dingseitige Strahlengang verglichen werden mit dem Strahlengange im Augenraum. Auf diese Weise sollen Vorhandensein und Sinn etwaiger Änderungen der Raumerfüllung ermittelt werden, die der Gebrauch des Instruments nach sich ziehen könnte. Verwendet man die im folgenden einzuführende Ausdrucksweise, so soll festgestellt werden, ob das Raumbild dem Raumdinge gleich oder ähnlich ist, oder welcher Art die Raumverzerrungen sind. Auf eine gewisse Schwierigkeit stößt man hierbei allerdings dann, wenn das Raumbild durch eine besondere Beschaffenheit des beobachtenden Augenpaares überhaupt erst hervorgebracht wird, oder wenn die deutliche Wahrnehmung eines von einem Instrument gelieferten Raumbildes durch die Anlage der Augen unmöglich gemacht wird. Beispiele dafür werden hier infolge der begrenzten Akkommodationsbreite auftreten, dort durch die Erscheinung gewisser ebener farbiger Darstellungen geliefert werden. In solchen Fällen kann man das Verständnis nur vermitteln, wenn man auf das Gebiet physiologischer Forschung übergreift. Im allgemeinen soll aber der Boden der geometrischen Optik nicht verlassen werden, und es ist weder beabsichtigt, auf physiologische oder psychologische Aufgaben anders als gelegentlich im Laufe der geschichtlichen Darstellung einzugehen, noch etwa — soweit es sich um das Stereoskop handelt — das photographisch-chemische Gebiet zu streifen. Es sollen also, um auf den ersten Punkt noch einmal zurückzukommen, die Strahlen im allgemeinen nur bis zu den Augen verfolgt werden, so daß dadurch für die physiologischen und psychologischen Untersuchungen, wie das Raumbild etwa unter dem unbewußten Einfluß der Erfahrung verändert aufgefaßt werde, eine gewisse Vorarbeit geleistet wird.

## Das Sehen mit einem einzelnen Auge.

Wird ein Gegenstand von einigermaßen großer Winkelausdehnung aufmerksam betrachtet, so dreht sich der Augapfel in seiner Höhle um einen bestimmten Punkt, und die verschiedenen, nach den auffälligen Punkten zielenden Blicklinien gehen alle durch diesen *Augendrehpunkt* $C$. Im allgemeinen ist ein solcher Gegenstand nicht nur nach Breite und Höhe, sondern auch nach der Tiefe ausgedehnt, er ist ein *Raumding*, ohne daß die Mannigfaltigkeit der zugehörigen Blicklinien höher als zweifach würde. Die Mannigfaltigkeit der *direkt gesehenen* oder *fixierten* Punkte läßt sich auf unendlich viele Weisen durch eine ebene Darstellung wiedergeben (Abb. 1). Zu größerer Deutlichkeit sei aus dieser Zahl die folgende ausgewählt. Nach einem bestimmten, meistens in Augenhöhe angenommenen, Dingpunkt $O$ sei eine Blicklinie $CO$ gezogen und als *Hauptblicklinie* bezeichnet. In diesem Dingpunkt sei auf ihr eine senkrechte, also meistens lotrechte Ebene errichtet, die als *Einstellebene* bezeichnet werden möge. Von dem Augendrehpunkt aus seien alle direkt gesehenen Punkte auf diese Einstellebene projiziert: die so entstandene ebene Punktmannigfaltigkeit ist das *Abbild* des Raumdings für das *direkte Sehen.*

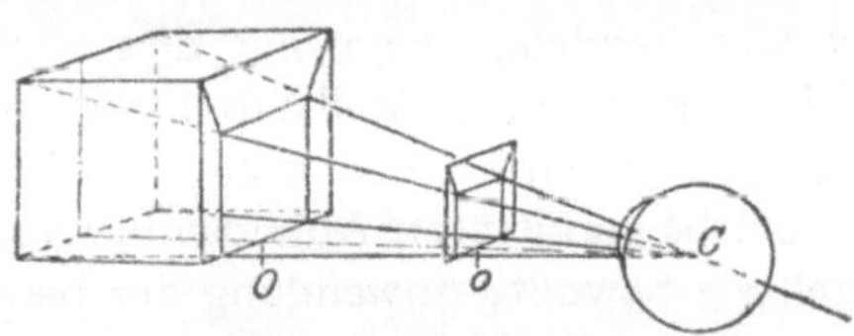

**Abb. 1. Das vollständige Abbild für das direkte Sehen und das richtig eingeschaltete, verkleinerte Abbildsbild.**

Die Verbindung zwischen den fixierten Punkten wird durch die *Füllperspektiven* des *indirekten* Sehens bewirkt, deren Projektionszentrum die etwa 11 mm vor dem Drehpunkt gelegene Pupillenmitte ist. Der Umstand, daß die beiden Projektionszentren, das wichtigere der auffälligen oder beachteten Punkte, und das unwichtigere der nicht besonders beachteten, nicht zusammenfallen, macht es im strengen Sinne unmöglich, einen völlig naturgetreuen Ersatz für ein Raumding auf einer Ebene zu schaffen. Denn wenn ein nicht in der Einstellebene selbst gelegener Punkt zwei verschiedenen Füllperspektiven als Randteil angehört, so muß er beim Übergang von der einen Füllperspektive zur andern eine scheinbare Bewegung ausgeführt haben, da sich ja das Projektionszentrum bewegt hat. Das ist aber bei einer ein für allemal ausgeführten ebenen Darstellung unmöglich. Für die meisten Zwecke ist indessen dieser Unterschied in den beiden Perspektiven, auf den man eine ganze Theorie einer einäugigen Tiefenwahrnehmung hat aufbauen können, zu geringfügig, als daß seine Vernachlässigung stören könnte. Einmal ist der Abstand von 11 mm zwischen den beiden Projektionszentren nur klein, während nicht nur die Einstellebene sondern auch die nächsten Dingpunkte im Verhältnis dazu stets sehr weit entfernt liegen. Sodann aber ist auch der Gesichtswinkel der Füllperspektiven nur gering. Es wird also in der Regel nicht auffallen, wenn man eine von dem Augendrehpunkt aus entworfene Perspektive als *vollständiges Abbild für das direkte Sehen* an die Stelle des Raumdings setzt. Eine solche Vorführung kann man zweckmäßig eine *unterbrochene Abbildung* nennen. Sie verdient darum eine besondere Hervorhebung, weil bei der allseitigen, von der greifbaren Abbildung ausgehenden Strahlung die Regelung des Strahlengangs besonders bequem sein kann.

Zusammenfassend kann man sagen, daß ein vollständiges, vom Augendrehpunkt aus entworfenes flächenhaftes Abbild ohne Nachteil für das Raumding eintreten kann, wenn darin nur die Farben und die Helligkeitswerte richtig wiedergegeben werden. Es braucht nur an Bühnenhintergründe oder besser noch an gute Rundgemälde erinnert zu werden, damit man sich vergegenwärtigt, daß gute flächenhafte Darstellungen sehr ähnlich wie die Raumdinge selbst, m. a. W. *plastisch* wirken können.

Es ist aber für diese plastische Wirkung nicht notwendig, daß sich die Fläche der perspektivischen Darstellung ungefähr an dem Orte der Einstellebene befindet. Es kann sich auch, wie bei den meisten Gemälden und fast allen Photogrammen, um eine Verkleinerung des dingseitigen Abbildes handeln, wenn nur dies winkeltreue verkleinerte Abbildsbild an der durch seinen Maßstab bestimmten Stelle *o* in den Strahlengang eingeschaltet wird. Ein solcher Fall ist in Abb. 1 dargestellt worden.

Solche verkleinerte Abbildsbilder erzeugen der Maler und der Zeichner durch die bewußte Anwendung der perspektivischen Regeln, erzeugt das photographische Objektiv auf Grund derselben Gesetze von selbst. Es ist zum Verständnis der von einem photographischen Objektiv gelieferten Darstellungen nur nötig zu wissen, daß die abbildende Linse von jeder achsensenkrechten, ebenen Zeichnung ein winkeltreues, meist verkleinertes Bild entwirft. Für die nachfolgenden Auseinandersetzungen wird meistens die Annahme gültig sein, daß die durch die Linse hindurchtretenden Bündel eng sind, also je durch einen einzelnen die Blendenmitte durchsetzenden Strahl vertreten werden können. Nach diesen Voraussetzungen ist die Leistung des photographischen Objektivs einfach zu beschreiben (Abb. 2). Es wird so aufgestellt, daß seine Achse *PO* mit der Hauptblicklinie, die Mitte seiner Eintrittspupille mit dem Orte des Augendrehpunkts zusammenfällt. Alsdann läßt sich am Orte der Einstellebene des Auges das dingseitige Abbild für das photographische Objektiv entwerfen, das selbstverständlich mit dem vollständigen vom Augendrehpunkte aus entworfenen Abbilde Punkt für Punkt übereinstimmt, da ein jeder Hauptstrahl des photographischen Objektivs mit der entsprechenden Blicklinie zusammenfällt. Von dieser Darstellung liefert das photographische Objektiv ein winkeltreues verkleinertes Bild, das sich, wie schon gesagt und in Abb. 1 veranschaulicht, bei *o* in den vom Augendrehpunkt ausgehenden Blicklinienkegel einschalten läßt. Geschieht das in richtiger Weise, so geht jeder nach irgend einem Dingpunkte zielende Strahl auch wirklich durch den ihn darstellenden Punkt des Abbildsbildes. Die Winkel am Projektionszentrum, die *Blickwinkel*, bleiben unverändert, auch wenn man sich das ursprüngliche Raumding fortgenommen denkt und seine scheinbare Größe nur durch die Blicklinien nach den verschiedenen Punkten des Abbildsbildes bestimmt. Ist dessen Maßstab sehr klein gewählt, der Ort *o* der Einschaltung dem Auge also sehr nehe so kann die Akkommodationsanstrengung des Auges die

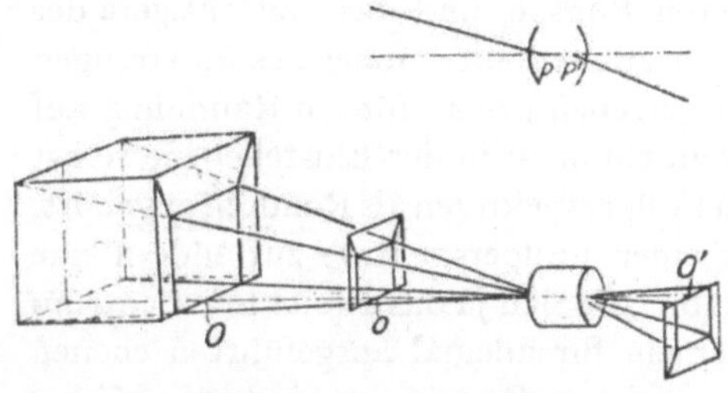

Abb. 2. Das dingseitige Abbild bei der photographischen Aufnahme und die Entstehung des verkleinerten Abbildsbildes. Im oberen Teil der Zeichnung sind die Pupillenmitten im Achsenschnitt angedeutet.

Täuschung stören, und das wird namentlich bei den Bildern eintreten können, die von neuzeitigen, gut korrigierten photographischen Objektiven mit ihren kurzen Brennweiten geliefert werden. In einem solchen Falle (Abb. 3) wird man zweckmäßig eine passende Sammellinse anwenden, die, zwischen Auge und Abbildsbild gebracht, von diesem in einer bequemen (zweckmäßig unendlich großen) Entfernung ein virtuelles, vergrößertes Bild entwirft, das dem beobachtenden Auge unter denselben Winkeln erscheint, die sich für die Gegenstände selbst im direkten Sehen ergaben. Auch wenn die Bildfläche jener Sammellinse von einer Schärfenfläche des beobachtenden Auges abweichen sollte, so macht das solange nicht viel aus, als sie innerhalb des Akkommodationsgebiets des Auges liegt; auch in diesem, in der Regel vorliegenden Falle wird die Vortäuschung der Wirklichkeit sehr weit gehen können: denn stimmen die Winkel mit denen der Aufnahme überein, ist die Akkommodationsanstrengung nicht merkbar verschieden, sind die Helligkeits- und wenn möglich auch die Farbenwerte genügend gut nachgeahmt, so kann die Vorstellung der Raumerfüllung aus der einäugigen Betrachtung des Abbildsbildes auf Grund der Erfahrung in derselben Weise entstehen wie aus der einäugigen Betrachtung des dingseitigen Abbildes oder endlich der Raumdinge selbst.

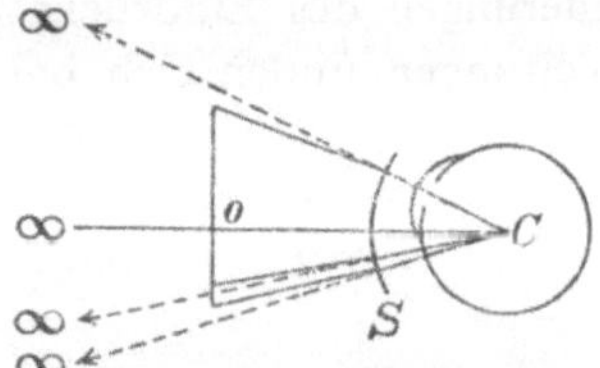


Abb. 3. Ein Übersichtsbild der Wirkung einer verzeichnungsfreien Betrachtungslinse *S* bei Abbildsbildern *o* in sehr kleinem Maßstabe.

Wird aber die Forderung der Winkelgleichheit nicht erfüllt, so sind die geometrischen Bedingungen auch dafür nicht mehr vorhanden, daß

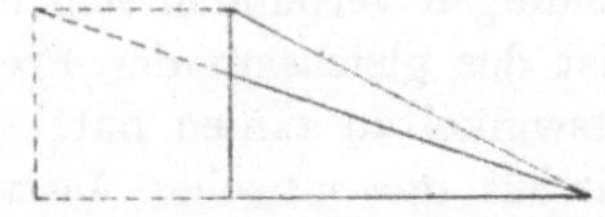

Abb. 4. Die Raumvorstellung eines Raumdings von gleichmäßiger Höhe bei richtigem Abstande von dem Abbildsbilde.

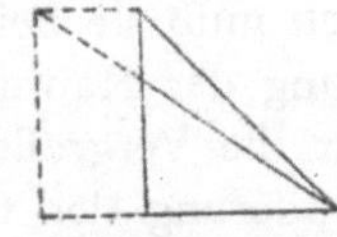

Abb. 5. Eine Fälschung der Raumvorstellung für ein Raumding von gleichmäßiger Höhe bei verkleinertem Abstande von dem Abbildsbilde.

die Erfahrung aus der Betrachtung des Abbildsbildes beispielsweise eines Würfelgerippes dieselbe Raumerfüllung (Abb. 4) erschließe wie aus der Betrachtung des Würfelgerippes selbst. Ganz allgemein läßt sich keine einfache Angabe über die Folgen machen. Nimmt man, was sehr häufig zutrifft, an, daß die Hauptblickrichtung dieselbe geblieben, und nur die Entfernung des Augendrehpunkts von dem Abbildsbilde geändert worden sei, so kann man für die Tiefenausdehnung aller Raumdinge, deren Breiten- und Höhenverhältnisse bekannt sind, die folgenden Aussagen machen:

Liegt der Augendrehpunkt dem Abbildsbilde zu nahe, sind also die Blickwinkel zu groß, so können solche Raumdinge verhältnismäßig abgeflacht erscheinen (Abb. 5), und sie können vertieft wirken

(Abb. 6), wenn der Augendrehpunkt dem Abbildsbilde zu fern liegt, die Blickwinkel also zu klein ausfallen. Bei solchen Änderungen der Winkel sind dann alle geometrischen Bedingungen für die beschriebenen Änderungen des Eindrucks der Raumerfüllung gegeben. Eingehendere Ableitungen finden sich bei M. von Rohr (2. 275).

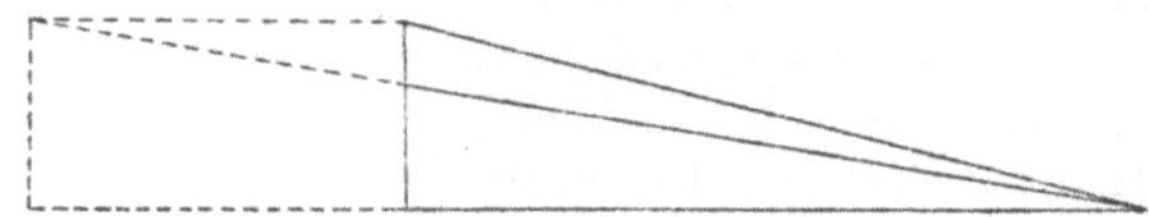

Abb. 6. Eine Fälschung der Raumvorstellung für ein Raumding von gleichmäßiger Höhe bei vergrößertem Abstande von dem Abbildsbilde.

Selbstverständlich gilt genau das gleiche auch für die optischen Instrumente, die virtuelle Abbildsbilder entwerfen, und bei diesen ist so gut wie ausnahmslos der vorher allein betrachtete Fall verwirklicht, daß die Hauptblickrichtung erhalten bleibt.

Man wird zweckmäßigerweise die zusammengesetzten Instrumente, das Mikroskop für schwächere Vergrößerungen und das Fernrohr, für die hier besprochenen Zwecke auffassen als bestehend aus zwei Sonderteilen. Diese sind erstens das als Projektionssystem dienende Objektiv, das von dem in der Regel unter kleinen Gesichtswinkeln erscheinenden dingseitigen Abbilde ein umgekehrtes Bild entwirft, und dann das Okular, das dies Abbildsbild unter Umständen wieder aufrichtet, es aber in jedem Falle dem Auge unter Gesichtswinkeln darbietet, die wesentlich größer sind als die auf der Dingseite bestehenden. Gerade darin besteht ja die beabsichtigte Vergrößerungswirkung dieser Instrumente. Nach dem Vorhergegangenen muß sie bei bekannten Raumdingen verbunden sein mit einer Änderung der Raumanschauung; es ist das gleichsam der Preis, dem man für die Vergrößerung der Gesichtswinkel zu zahlen hat.

Diese Änderung der Gesichtswinkel hat für die optischen Instrumente eine solche Bedeutung, daß man zweckmäßig ihre Einteilung und Behandlung unter diesem Gesichtspunkte vornehmen sollte.

## Das Sehen mit beiden Augen.

Beim beidäugigen Sehen gelten für jedes Auge die soeben angestellten Überlegungen durchaus. Zum besseren Verständnis des gleichzeitigen Gebrauchs beider Augen kann man für jedes einzelne das oben besprochene vollständige Abbild im direkten Sehen entwerfen. Wenn nach allgemeinem Gebrauch ein von beiden Augen fixierter Punkt als *Konvergenzpunkt* bezeichnet wird, und der von beiden Blicklinien eingeschlossene Winkel als *Konvergenzwinkel*, so wird es hier für den Entwurf der Abbilder notwendig sein, einen bestimmten *Hauptkonvergenzpunkt O* zu wählen (Abb. 7). Es ist dann ohne weiteres klar, daß die beiden Einstellebenen miteinander den *Hauptkonvergenzwinkel v* einschließen werden. Der Sicherheit wegen sei noch einmal darauf aufmerksam gemacht, daß dem Hauptkonvergenzpunkt nicht für den Sehvorgang, sondern nur für die Herstellung richtiger Abbilder eine besondere Wichtigkeit zukommt. Mit wachsender Entfernung des Konvergenzpunkts wird der von den Blicklinien eingeschlossene Konvergenzwinkel kleiner und kleiner. Setzt man die Nahepunktsentfernung auf 25 cm an, was im Durchschnitt für rechtsichtige Beobachter vom Anfang der vierziger Jahre zutreffen mag, so ergibt sich bei einem Abstande der Drehpunkte von 65 mm ein Konvergenzwinkel von ziemlich genau 15 Graden, der bei der Fixierung eines unendlich weit entfernten Gegenstandes bis auf 0° herabsinkt. Ein jeder von den beiden Drehpunkten aus in dem ausgewählten Blickfelde sichtbare Punkt (etwa $Q$) des Raumdinges ist in jedem der beiden Halbbilder (etwa durch $Q_l$ und $Q_r$) vertreten, und diese beiden Orte seien als *zusammengehöriges Punktepaar* bezeichnet.

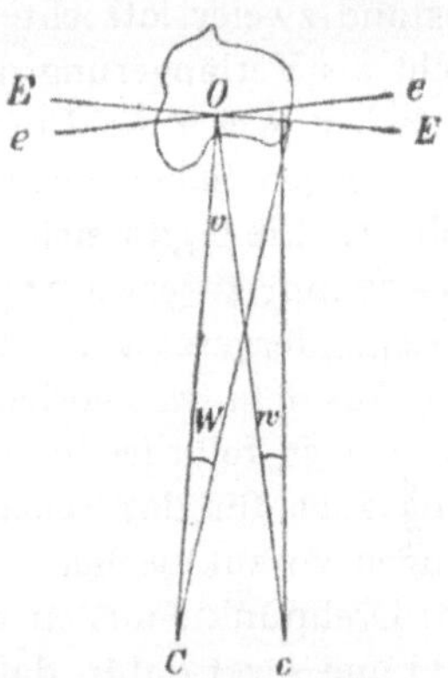


Abb. 7. Die Lage der Abbilder beim beidäugigen Sehen. $v$ der Hauptkonvergenzwinkel, $O$ der Hauptkonvergenzpunkt, $c$, $C$ die beiden Augendrehpunkte.

Die beiden Abbilder eines nahen Raumdings sind, wie aus ihrer Entstehung ohne weiteres hervorgeht, einander nicht ähnlich. Sie werden von den beiden Augen einzeln wahrgenommen und bewirken, im Gehirn vereinigt, eine Wahrnehmung der Raumgliederung. Faßt man beide Augen als das Sehorgan zusammen, so kann man von einer Tiefen*wahrnehmung* reden im Gegensatz zu dem Einzelauge, wo nur von einer Tiefen*vorstellung* gesprochen werden konnte. Diese dem Menschen mit gesunden Augen eigentümliche Art der Tiefenwahrnehmung bezeichnet man als *stereoskopischen* oder *tiefenrichtigen* Eindruck, und es wird gut sein, ihn streng von dem plastischen Eindruck lebhafter Vorstellung der Raumgliederung zu trennen, den das Einzelauge liefern kann.

Die stereoskopische Wahrnehmung kann rein im indirekten Sehen erfolgen, beispielsweise bei augenblicklicher Beleuchtung naher Raumdinge durch einen Blitzschlag, doch ist dann bei den meisten Beobachtern die Deutlichkeit auf die dem fixierten benachbarten Punkte beschränkt. Eine deutliche stereoskopische Wahrnehmung kommt aber dann zustande, wenn man die verschiedenen Punkte des betrachteten Gegenstandes nacheinander fixiert. Dabei ändert sich, solange es sich um nahe Raumdinge handelt, ständig der Konvergenzwinkel und mit ihm der Akkommodationszustand der beiden Augen.

Rückt der Gegenstand in eine größere und größere Entfernung, so werden die Abbilder weniger und weniger unähnlich, um für unendlich entfernte Raumdinge einander gleich zu werden. Wenn die stereoskopische Wahrnehmung aber schon früher eine Grenze hat, so liegt das an der beschränkten Schärfe des Gesichtssinnes. Nimmt man eine halbe Bogenminute als die normale Größe des Winkels $\eta$ an, den der Seitenabstand zweier lotrechter Striche dem Auge bieten muß, wenn der eine nicht als Verlängerung des andern erscheinen soll, so läßt sich daraus in einfacher Weise die Entfernung der Lotrechten ermitteln, die sich beim beidäugigen Sehen noch eben von einem unendlich fernen Hintergrund abhebt. Sie ergibt sich, je nach dem Abstande der Augendrehpunkte von 50—72 mm zu etwa 344—495 m, wie das von M. von Rohr (*2.* 278—81) auseinandergesetzt worden ist.

Aus dem, was vorher über das Sehen mit einem einzelnen Auge gesagt worden ist, folgt leicht ein Weg, den man einschlagen kann, um ein Raumding auch für das Sehen mit beiden Augen durch flächenhafte Darstellungen vorzutäuschen. Man bietet jedem einzelnen Auge ein vom Orte des Drehpunkts aus entworfenes, in gleicher Größe ausgeführtes Abbildsbild und sorgt dafür, daß das für das andere Auge bestimmte Abbildsbild dem ersten nicht sichtbar werde und umgekehrt. Alsdann schneiden sich im Augenraum die beiden nach einem zusammengehörigen Punktepaar (etwa $Q_l$ und $Q_r$) gezogenen Hauptstrahlen in einem Punkte (etwa $Q'$), der hier zu den beiden Augendrehpunkten genau so liegt wie der betreffende Punkt $Q$ des Raumdings selbst. Bestimmt man durch die zweifache Mannigfaltigkeit aller auf den beiden Halbbildern vorhandenen zusammengehörigen Punktepaare alle Hauptstrahlenpaare, so ergibt die zweifache Mannigfaltigkeit ihrer Schnittpunkte im vorliegenden Falle die Oberfläche des Raumdings, soweit sie von den Augendrehpunkten aus sichtbar war, in voller Treue. Wenn nun durch einen solchen Ersatz der beiden Abbilder auch die Augenbewegungen in strenger Weise geregelt werden — die Bedeutung der Füllperspektiven ist wieder von geringerer Wichtigkeit —, so ist doch immer der Unterschied gegen die Wirklichkeit vorhanden, daß die Akkommodation sich nicht mehr mit der Konvergenz ändern muß, sondern im wesentlichen ungeändert bleiben kann. Sieht man aber von diesem allen flächenhaften stereoskopischen Bildern gemeinsamen Mangel ab, so kann die Naturtreue des stereoskopischen Eindrucks außerordentlich weit gehen.

Die verschiedenen Einrichtungen, wie sie vorgeschlagen wurden, um die beiden Abbildsbilder (auch stereoskopische *Halbbilder* genannt) den beiden Augen darzubieten, sollen in dem hauptsächlichen, geschichtlichen Teile dieser Schrift zusammengestellt werden. Aus den stereoskopischen Halbbildern ergibt sich als zweifache Mannigfaltigkeit der Schnittpunkte zusammengehöriger Hauptstrahlen im mathematischen Sinne das *Raumbild,* als Verschmelzungsbild in der Vorstellung des Beobachters das *Sammelbild.* Es ist der letzte Begriff weiter als der erste, denn da die Menschenaugen Höhenfehler bis zu einem gewissen Grade überwinden können, mit andern Worten der Beobachter seine Gesichtslinien bis zu einem gewissen Grade zu einander windschief zu richten vermag, so kann man ein *mathematisch-physikalisches*, dem Raumbilde gleiches Sammelbild von einem *physiologisch-psychologischen* Sammelbilde unterscheiden, zu dem ein Raumbild überhaupt nicht gehört. Im allgemeinen wird in der nachfolgenden Darstellung nur von der ersten Möglichkeit die Rede sein. Es kommen hier, genau wie beim einäugigen Sehen, die beiden Fälle vor, daß die Bilder virtuell sind, da sie von zusammengesetzten Instrumenten geliefert werden, und daß es sich bei der unterbrochenen Abbildung um greifbare Abbildsbilder handelt, die entweder unmittelbar oder (häufig zur Überwindung von Akkommodationsschwierigkeiten) durch eigene Linsen betrachtet werden. In der ersterwähnten Klasse, die auch in der Geschichte zuerst auftrat, allerdings ohne daß man damals recht erkannt hätte, worum es sich handelte, erscheinen die Abbildsbilder den Augen unter vergrößerten Winkeln, dabei sind besonders wichtig und gleichzeitig einfach zu behandeln die Fernrohre mit parallelen Achsen. Bei diesen Instrumenten braucht, da sie ja eine Tiefenwahrnehmung vermitteln, nicht wie beim einäugigen Sehen die Voraussetzung gemacht zu werden, daß die Höhen- und die Breitenverhältnisse der Gegenstände bekannt seien; sondern hier sind auch bei ganz unbekannten Raumdingen nach M. von Rohr (2. 289—90) alle geometrischen Bedingungen dafür vorhanden, daß die Tiefenerstreckung der Gegenstände der Vergrößerungsziffer entsprechend zusammenschrumpft. Diese Erscheinung der Änderung der Entfernung ist an jener Stelle als *porrhallaktische* oder *tiefenändernde* Wirkung beschrieben worden. Bei den Instrumenten mit greifbaren Abbildsbildern, den eigentlichen Stereoskopen, hat man ursprünglich wohl nur die Absicht verfolgt, eine Wiederholung des Eindruckes, eine *homöomorphe* oder *raumähnliche* Wiedergabe, zu erzielen, und hat aus diesem Grunde die Gesichtswinkel unverändert erhalten wollen. Im Laufe der Zeit ist man aber in nicht seltenen Fällen von der ursprünglichen Absicht abgewichen, und zwar mit gutem Grunde namentlich dann, wenn man ein Meßverfahren auf die beidäugige Beobachtung gründen wollte. Doch auch bei den eigentlichen Stereoskopen wird sich eine reiche Menge solcher Instrumente aufzeigen lassen, die eben jene eigentümliche Formänderung als einen besonderen und leicht übersehbaren Fall der allgemeinen *Heteromorphie* oder *Raumverzerrung* herbeiführen.

Bei den Stereoskopen im eigentlichen Sinne lassen sich bequem Versuche anstellen, die darauf beruhen, daß man die Abbildsbilder gleichsam als selbständige Gegenstände ansieht, und daß man den Augendrehpunkten ihnen gegenüber Stellen anweist, die von den richtigen perspektivischen Zentren abweichen. Hierher gehören zunächst symmetrische Verschiebungen der Halbbilder auf die Medianebene zu oder von ihr weg, so daß die Halbbildmitten einen andern Abstand haben als die Augendrehpunkte. Die Verbindungslinien je eines Drehpunkts mit dem zugehörigen

Bildpunkte liefern, sich paarweis schneidend, ein Raumbild, das sich in einer gesetzmäßigen Weise aus dem Raumding ableiten läßt. Die Gesetze einer solchen Wiedergabe waren schon lange vor der Entdeckung der Stereoskopie unter dem Namen der *Reliefperspektive* bekannt. In nicht seltenen Fällen wird man bemerken können, daß eine solche Reliefperspektive gegen den Willen des Ausführenden durch Fehler in der Behandlung der Halbbilder entsteht. Hier genügt es, darauf hinzuweisen, daß das Vor- und Hintereinander selbst (das *Vorzeichen* der Tiefe) durch solche Verschiebungen nicht gestört wird, dagegen erleiden die Tiefen*beträge* sehr merkliche Änderungen. Man sieht das bei der Anwendung

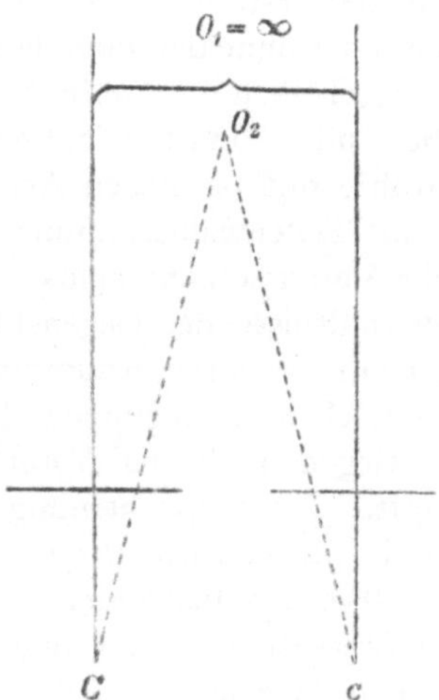


Abb. 8. Die richtige Betrachtung. Die Augendrehpunkte $C$, $c$ stehen zentrisch vor den zugehörigen Abbildsbildern; es ergibt sich die Tiefenstrecke $O_1 O_2 = \infty$.

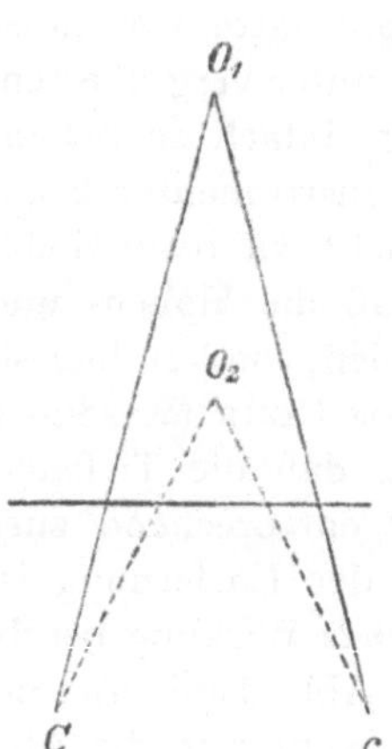


Abb. 9. Die Reliefperspektive. Die Abbildsbilder sind symmetrisch nach innen verschoben; es ergibt sich die endliche Tiefenstrecke $O_1 O_2$.

eines noch öfter benutzten Hilfsmittels leicht ein. Nimmt man nämlich die beiden Abbildsbilder zunächst in der richtigen Entfernung voneinander an (Abb. 8), so sollen die gestrichelten Graden einen näheren Punkt $O_2$ bestimmen, während die ausgezogenen Achsen der Halbbilder auf den unendlich fernen Punkt $O_1$ führen. Verschiebt man nun die Halbbilder, beispielsweise nach innen (Abb. 9), hält aber den Abstand der Drehpunkte fest, so sieht man, daß wohl der Betrag, nicht aber der Sinn der Tiefenausdehnung $O_1 O_2$ geändert wird. Ein gleicher Erfolg ergibt sich bei der Verschiebung der beiden Halbbilder nach außen, nur wird dann die Entfernung des Punktes $O_1$ von den Drehpunkten und unter Umständen auch die des Punktes $O_2$ negativ.

Bei der zuerst beschriebenen Verschiebung kann man so weit gehen, daß das ursprünglich rechts befindliche Halbbild links liegt, und das vorher links liegende nach rechts rückt (Abb. 10). Man spricht dann kurz von einer Betrachtung mit *gekreuzten* Blickrichtungen, der die erste mit *gleichgerichteten* gegenübersteht. Richtiger würde man sagen, daß bei gekreuzten Blickrichtungen der Hauptkonvergenzpunkt diesseits der Ebene der Halbbilder, bei gleichgerichteten jenseits von ihr liegt.

Die oben wiedergegebenen Forderungen für eine raumähnliche Abbildung ergaben sich zwanglos aus den für die Betrachtung perspektivischer Zeichnungen gültigen Überlegungen. Die Raumverzerrung wurde in dem einen, besonders wichtigen Falle der Instrumente mit parallelen Achsen erwähnt, und ihre Entstehung gleichfalls zu der Änderung des Eindrucks beim einäugigen Sehen in Beziehung gesetzt.

So selbstverständlich diese Betrachtungen erscheinen, so umschließen sie doch nicht alle Möglichkeiten der Raumauffassung, die man während der Entwicklung der Stereoskopie verwirklicht hat, und zwar darum nicht, weil sie sich auf die Aufgabe einer ähnlichen oder doch möglichst ähnlichen Wiedergabe des Raumdings beschränken.

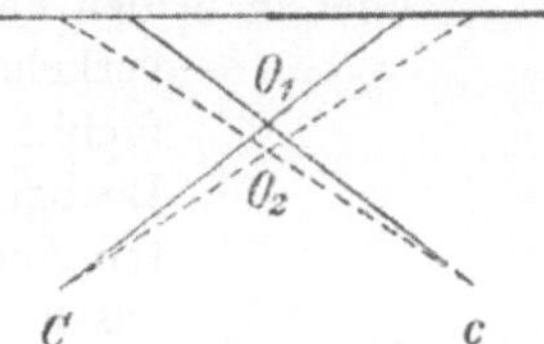


Abb. 10. Die Betrachtung mit gekreuzten Blickrichtungen.
Die Abbildsbilder sind so weit symmetrisch nach innen verschoben, daß das vorher rechts liegende auf die linke Seite gelangt ist; es ergibt sich die endliche Tiefenstrecke $O_1 O_2$.

Der Bau stereoskopischer Instrumente führte aber ganz von selbst dazu, daß gegen eine wesentliche Bedingung des natürlichen Sehens verstoßen wurde, und die Folge davon war eine grundlegende Änderung der Wiedergabe der Tiefenanordnung, eine Änderung, die bei einäugiger Beobachtung gelegentlich auch auftritt und dann als *Trugbild* (*Inversion, Konversion*) bezeichnet wird. Sie wurde unter der Bezeichnung der *pseudoskopischen* oder *tiefenverkehrten* Wahrnehmung bekannt. Die schon von Ch. Wheatstone gegebene, durchaus zutreffende Erklärung dieser Erscheinung hat nun den Umweg über die einzelnen Formen der Verwirklichung nehmen müssen, während E. Abbes durchdringender Verstand bei der Behandlung eines wichtigen Sonderfalles zuerst einen Weg eingeschlagen hat, auf dem man zu einer durchsichtigen Begründung der Pseudoskopie kommen kann.

Nimmt man den Fall an, daß eine einfache und einheitlich wirkende Fläche oder Flächenfolge ein in endlicher Entfernung liegendes Raumding reell abgebildet habe, und daß das zugehörige Raumbild von einem normalsichtigen Beobachter beidäugig betrachtet werde, so läßt sich die Frage aufwerfen, wie weit die von diesem gemachten Tiefenwahrnehmungen auch für das Raumding gültig seien. Man muß nun beachten, daß die Flächenfolge nach der Bezeichnung von S. Czapski *rechtläufig* abbildet, oder daß die Tiefenanordnung des Raumdings durch die Abbildung nicht geändert wird. Liegen beispielsweise zwei Dingachsenpunkte $A$ und $B$ so, daß ein aus dem Unendlichen kommender achsennaher Strahl zuerst $A$ und dann $B$ trifft, so wird auch im Bildraume zuerst $A'$ und dann $B'$ von dem Lichtstrahl durchsetzt. Die Antwort auf jene Frage lautet also, infolge der Rechtläufigkeit der Abbildung sind die Wahrnehmungen über das Vor- und Hintereinander der verschiedenen Bildpunkte ohne weiteres auch für die Tiefenanordnung der Dingpunkte gültig.

Es steht aber mit dem Vorhergehenden in besserer Übereinstimmung, wenn die Betrachtung auch auf die Verhältnisse im Dingraume eingeht. Da die Folge als einheitlich wirkend vorausgesetzt worden war, so wird das Gesicht ◠|◠ des aufrechtstehenden Beobachters mit rückkehrender Lichtrichtung jedenfalls zusammenhängend im Dingraume abgebildet, und die *scheinbaren Augenorte* mit ihrer Umgebung sind entweder umgekehrt ◡|◡ oder aufrecht ◠|◠ oder in beiden Fällen auch noch spiegelverkehrt. Setzt man der Einfachheit wegen die Augen des Beobachters in einer wagrechten Achsenebene und symmetrisch zur Achse der Folge voraus, und legt man diesen wagrechten Schnitt durch die Achse, so liegen die scheinbaren Augenorte jedenfalls in der Hinsicht ebenso wie bei dem Beobachter im Bildraume, als nähere Achsenpunkte $O_2$ mehr nasenwärts, fernere $O_1$ mehr schläfenwärts verlaufende Sehstrahlen verursachen (Abb. 11).

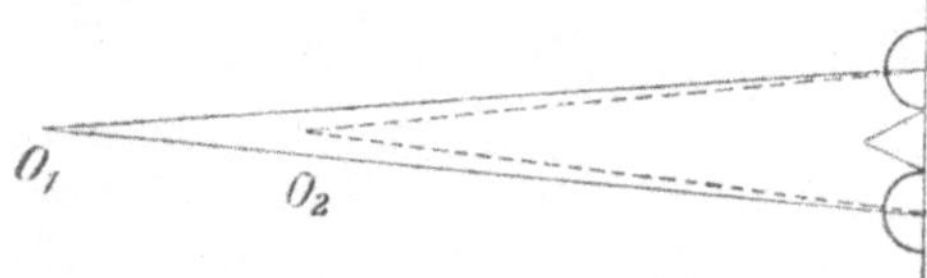

Abb. 11. Der Strahlenverlauf von den Fußpunkten zweier in einer lotrechten Medianebene befindlicher Punkte.

Aus dieser die Vorgänge im Dingraume berücksichtigenden Überlegung ergibt sich also, daß die Übereinstimmung der Tiefenanordnung im Ding- und im Bildraume bei einem reellen Raumbild in dem Falle einheitlich wirkender Flächen oder Flächenfolgen verbunden ist mit einer übereinstimmenden Anordnung der Augen in beiden Räumen, so daß in beiden Fällen die Sehstrahlen nach einem ferneren und die nach einem näheren Achsenpunkt einen Winkelunterschied von gleichem Zeichen aufweisen. Es sei nach M. von Rohr (*6.* 495) diese Augenstellung als die *orthopische* oder *natürliche* eingeführt.

Reicht man, wie die geschichtliche Behandlung zeigen wird, für die einfachen stereoskopischen Versuche der Zeit vor Ch. Wheatstone mit der obigen Annahme aus, so kann man für die Behandlung der zusammengesetzten Instrumente der späteren Zeit (d. h. für das binokulare Mikroskop und das Doppelfernrohr) auch virtuelle Bilder zulassen, wenn man nur die Voraussetzung macht, der scheinbare Augenort des Einzelinstruments liege *hinter* dem Raumding. Eine solche Annahme ist bei den

Fernrohren, mögen sie nun die Anlage des Himmels- oder Erdfernrohrs zeigen oder wie ein holländisches Fernrohr gebaut sein, von selbst erfüllt, aber sie gilt auch für das zusammengesetzte Mikroskop, da hier die mit dem scheinbaren Augenorte zusammenfallende Eintrittspupille im allgemeinen virtuell und in beträchtlicher (unter Umständen sogar in unendlich großer) Entfernung hinter dem Raumding angenommen werden kann.

Es liegt nun nahe, und tatsächlich hat die Entwicklung diesen Weg eingeschlagen, das beidäugige Sehen für ferne und für ganz nahe Gegenstände in der Weise vermitteln zu lassen, daß man jedes Auge mit einem besonderen Instrument ausstattet. Bildet man dann in gleicher Weise wie vorher das Gesicht ⁀|⁀ in den Dingraum ab, so ist es jetzt, wo zwei gesonderte Instrumente in Betracht kommen, durchaus nicht mehr notwendig, daß es als ein zusammenhängendes Ganzes abgebildet wird, und also die scheinbaren Augenorte von selbst ihre natürliche Stellung behalten. Setzt man voraus, daß die Augen des Beobachters durch jedes

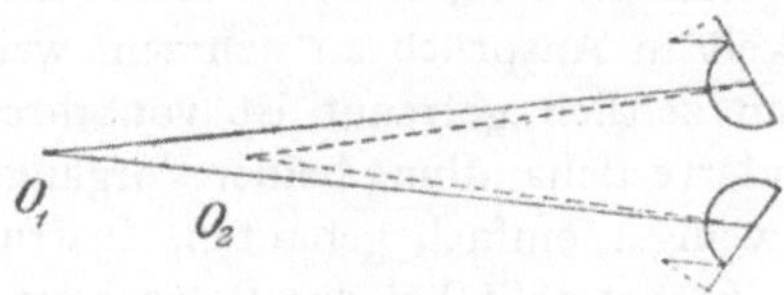


Abb. 12. Der Strahlenverlauf von den Fußpunkten in einer lotrechten Medianebene befindlicher Punkte bei gekreuzter Stellung der scheinbaren Augenorte.

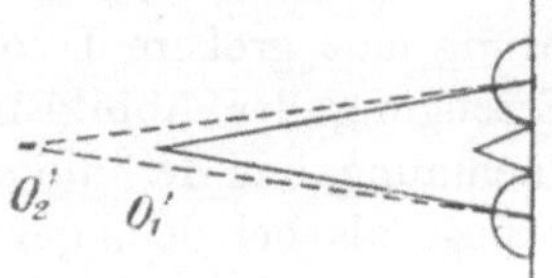


Abb. 13. Der der Abbildung 12 entsprechende Strahlengang im Bildraume.

der beiden Instrumente umgekehrt werden, so kann sich sowohl die natürliche Lage ‿|‿ als auch die gekreuzte |‿ ‿| ergeben. Während die erste Möglichkeit auf einen Fall führt, der schon bei der Behandlung der einheitlich wirkenden Flächenfolgen erledigt worden war, so zeigt sich in der zweiten eine Anordnung, die bei einheitlichen Abbildungen, die das Gesicht im ganzen umkehren, undenkbar ist, weil derartige Gesichter eben in der Natur nicht vorkommen. Entsprechend der Zusammenfassung der Folgen der natürlichen Augenstellung wird man bei dieser neuen, *chiastopischen* oder *gekreuzten* Stellung der scheinbaren Augenorte eine ungewohnte Tiefenanordnung erwarten, und man sieht sich darin auch nicht getäuscht.

Es ergeben sich in der Tat umgekehrte Tiefen, wie man leicht erkennt, wenn man das Hauptstrahlenpaar je für zwei verschieden weit entfernte Punkte im Achsenschnitte zieht (Abb. 12). Bei der Betrachtung des dingseitigen Punktepaares $O_1 O_2$ sind die zu $O_1$ gehörigen Strahlen nasenwärts verschoben, wenn man von den beiden auf $O_2$ gerichteten ausgeht. Zeichnet man im Bildraume die natürliche Augenstellung und nimmt die für $O'_2$ gültige Konvergenz als durch das Instrument gegeben an (Abb. 13), so sieht man, daß zwei nasenwärts verschobene Sehstrahlen auf einen näher gelegenen Punkt $O'_1$ führen.

Diese gekreuzte Augenstellung findet sich, wie später im einzelnen gezeigt werden wird, im Dingraum aller pseudoskopischen Instrumente, und sie wird zweckmäßigerweise als einfaches Kennzeichen für die Tiefenanordnung benutzt werden.

Es sei ferner betont, daß eine solche Verlagerung nicht notwendig zwei vollkommen gesonderte Systeme erfordert. Sie kann auch herbeigeführt werden, wenn infolge der Einführung brechender Prismen oder spiegelnder Ebenen der dingseitigen Achsenrichtung zwei bildseitige entsprechen, so daß die beiden Hälften eines abbildenden Systems den beiden Augen einzeln zugeordnet werden. Bei der Behandlung des binokularen Mikroskops werden sich später zahlreiche Formen von Instrumenten dieser Art nachweisen lassen.

Alle diese Betrachtungen können auch angestellt werden, wenn man die virtuellen Bilder der zusammengesetzten Instrumente ersetzt durch die greifbaren Abbildsbilder, wie sie durch photographische Aufnahmen erhalten werden. Man könnte sogar versucht sein, für eine solche Beobachtung eine größere Durchsichtigkeit in Anspruch zu nehmen, weil die Erzeugung der Abbildsbilder auch zeitlich getrennt ist von ihrer Wahrnehmung, und deshalb eine gesonderte Behandlung beider Vorgänge näher liegt als bei den, gewöhnlich weniger einfach gebauten, Instrumenten für subjektive Beobachtung. Ferner fällt bei der Betrachtung gesonderter greifbarer Abbildsbilder jede Möglichkeit zu der Annahme fort, als beobachte man ein aus wirklichen Bildpunkten bestehendes Raumbild, eine Annahme, die sich tatsächlich in einige Arbeiten über binokulare Formen der zusammengesetzten Instrumente eingeschlichen hat, während nach dem Vorhergehenden doch nur verlangt werden kann, daß sich die Richtungen der beiden zusammengehörigen Hauptstrahlen im Augenraum rückwärts verlängert wirklich schneiden. Sehr häufig werden die beiden Abbildsbilder auf einem gemeinsamen ebenen Träger zu einem *Stereogramm* vereinigt.

Bei der photographischen Aufnahme ruhender Raumdinge kann man die gleichzeitige Verwendung zweier Objektive dadurch ersetzen, daß man mit einem einzelnen Objektiv die beiden Aufnahmen nacheinander von zwei verschiedenen Orten aus macht. Und auch dann kann man von einer linken und einer rechten Aufnahme sprechen, je nachdem das Objektiv bei der Aufnahme mehr links oder mehr rechts stand, wobei links oder rechts auf den im Sinne der Lichtrichtung hinter dem Raumding stehenden und in aufrechter Stellung auf es hinblickenden Aufnahmeapparat bezogen sind. Man kann diese Zweiseitigkeit zweckmäßig durch das Augenzeichen andeuten, doch empfiehlt es sich, die Umrisse zu verdoppeln, um die Objektive oder die Objektivstellungen dadurch von den Augen zu unterscheiden. Man hat sich alsdann das entsprechende Projektionszentrum fest mit dem Abbildsbild verbunden zu denken, und zwar sind wie auf S. 10 die Richtungen nach einem näheren Punkte gestrichelt, die der einander parallelen Achsen ausgezogen worden (Abb. 14). Man sieht ohne weiteres ein, daß so nur die beiden Fälle der Anordnung der Abbilder möglich sind, die man als *orthozentrisch* oder *richtig gelagert* und als *chiastozentrisch* oder *gekreuzt gelagert* bezeichnen kann. Das in einer gewöhnlichen Zwillingskammer entstehende Doppelnegativ hat eine gekreuzte Lagerung, da die von einem näheren Dingpunkte ausgehenden Strahlen die Achsenrichtung in den Pupillen schneiden und die Mattscheibe in größerem Abstande als dem der Achsen durchstoßen.

In Übereinstimmung mit dem Vorangegangenen wird man es meistens als eine Bedingung für den tiefenrichtigen Eindruck ansehen, sobald mit gleichgerichteten Augenachsen beobachtet wird, daß sich das linke Abbildsbild links, das rechte rechts befindet, und als eine Bedingung für die tiefenverkehrte Wirkung, daß die Abbildsbilder vertauscht worden sind.

Eine solche Behandlung führt zwar zu keinem falschen Ergebnis, aber sie fordert zu viel, wenn sie verlangt, daß Auge und Abbildsbild

Abb. 14. Die richtige Lagerung der Abbildsbilder. Die gekreuzte Lagerung der Abbildsbilder.

gleichnamig sein müssen, wenn ein tiefenrichtiger Eindruck entstehen soll, und daß sich ein tiefenverkehrtes Raumbild oder ein Trugbild ergibt, wenn Augen und Abbildsbilder ungleichnamig sind.

Man sieht besser ein, worauf es ankommt, wenn man sich die in einer gewöhnlichen Zwillingskammer (mit den Objektiven im Abstande der Drehpunkte des Beobachters) entstandenen Halbbilder in ihre richtige Lage zwischen Raumding und Eintrittspupillen gebracht und die verschiedenen Punkte der Halbbilder je mit dem entsprechenden Projektionszentrum verbunden denkt. Dann erkennt man leicht, daß sich ein jedes von den beiden Projektionszentren ausgehende Paar zusammengehöriger Strahlen in dem entsprechenden Dingpunkt schneidet. Bringt der aufrecht stehende und mit gleichgerichteten Augenachsen blickende Beobachter nun die Drehpunkte seiner Augen in die beiden Projektionszentren, so fallen je seine Blickrichtungen mit den eben gedachten Strahlenpaaren zusammen, und er kann, soweit es sich um die geometrischen Bedingungen handelt, genau den Eindruck des Raumdings erhalten. Er werde jetzt für einen Augenblick vor dem unveränderten Stereogramm auf dem Kopfe stehend vorausgesetzt, alsdann tritt in der Richtung zusammengehöriger Strahlen überhaupt keine Änderung ein, weil sich an der Lage der Drehpunkte nichts geändert hat; also bleibt die tiefenrichtige Wahrnehmung erhalten, obwohl nunmehr jedes Auge das ungleichnamige Abbildsbild anschaut. Dasselbe tritt natürlich auch ein, wenn der Beobachter, wie es bequemer ist, aufrecht stehen bleibt, und nur das Stereogramm umgedreht wird. Die gleichen Bemerkungen lassen sich auch zu dem Falle machen, wo gekreuzt angeordnete Halbbilder betrachtet werden und zu einem tiefenverkehrten Eindruck führen.

Somit läßt sich das Ergebnis dieser Überlegung, soweit die geometrischen Verhältnisse in Frage kommen, dahin zusammenfassen, daß man sagt, dem mit gleichgerichteten[1]) Augenachsen blickenden Beobachter vermitteln richtig gelagerte Halbbilder ein tiefenrichtiges, gekreuzt gelagerte ein tiefenverkehrtes Raumbild, ganz gleichgültig wie das Stereogramm gehalten werden mag, denn es kommt nicht auf das Rechts oder Links an, sondern darauf, daß der notwendig natürlichen Augenstellung

Abb. 15. Der bildseitige Strahlenverlauf für ein tiefenrichtiges Raumbild. für ein tiefenverkehrtes Raumbild.

Abb. 16. Der dingseitige Strahlenverlauf an einem scheinbaren Augenort für ein tiefenrichtiges Raumbild. tiefenverkehrtes Raumbild.

des Beobachters das eine Mal ein richtig gelagertes, das andere Mal ein gekreuzt gelagertes Halbbildpaar gegenübergestellt wird.

Diese Behandlung der mit freien Augen betrachteten Stereogramme genügt für die meisten Stereoskope; doch kommen bei diesen Instrumenten auch verwickeltere Formen vor, denen wenigstens eine kurze Überlegung gewidmet sei.

Bezeichnet man die durch das Stereoskop von den Halbbildern entworfenen (meistens virtuellen) Abbildungen mit doppelt gestrichelten Linien, so sind im Bildraum nur die beiden Fälle, der tiefenrichtiger und der tiefenverkehrter Wiedergabe, möglich, wobei wieder die Richtungen nach einem näheren Raumdingpunkte durch Strichelung hervorgehoben seien, während die ausgezogenen Graden die Richtung der Linsenachsen

[1]) Aus der Schlußbemerkung zur Reliefperspektive (s. S. 10/11) folgt, daß für die Beobachtung mit gekreuzten Augenachsen die Halbbilder vertauscht werden müssen, wenn das gleiche Tiefenvorzeichen erreicht werden soll wie bei der Betrachtung mit gleichgerichteten Augenachsen.

darstellen mögen (Abb. 15). Vergegenwärtigt man sich nun die durch je eine Stereoskophälfte vermittelte Abbildung des durch je ein Auge gelegten Horizontalschnittes, oder mit andern Worten stellt man sich den Horizontalschnitt durch einen scheinbaren Augenort (Abb. 16) vor, so sieht man ein, daß infolge der Stetigkeit der Abbildung die zugehörigen gestrichelten Strahlen im ersten, tiefenrichtigen Falle wieder nasenwärts, im zweiten, tiefenverkehrten Falle wieder schläfenwärts verlaufen müssen; gegeneinander aber können die Dingräume der beiden Stereoskophälften noch eine Verlagerung erfahren haben. Hiernach ist folgende Zusammenfassung gerechtfertigt:

Beliebig zusammengesetzte Stereoskope liefern von einem Stereogramm ein tiefenrichtiges Raumbild, wenn die Stellung der scheinbaren Augenorte und der Projektionszentren gleichartig ist, und ein tiefenverkehrtes, wenn diese Stellungen ungleichartig sind.

# Historischer Teil.

## 1. Die Zeit vor Ch. Wheatstone.

Erst die letzten Jahre haben den Verfasser zu einem besseren Verständnis dieses Zeitraums geführt, und er glaubt zu den darin auftretenden Bemühungen um und für das beidäugige Sehen zwei verschiedene Quellen aufzeigen zu können.

### Die wissenschaftliche Behandlung des beidäugigen Sehens.

Man kann schon an den frühesten Versuchen zur wissenschaftlichen Optik bemerken, daß das Sehen mit beiden Augen die Aufmerksamkeit der Beobachter auf sich zog. Bereits in der Optik Euclids (um 300 v. Chr.) findet sich eine Beziehung auf das beidäugige Sehen, wenngleich nur darauf hingewiesen wird, daß man so mehr von einer Kugel überblicken könne als mit einem Einzelauge; gelegentlich, wenn die Augenstandlinie größer sei als der Kugeldurchmesser, könne man sogar gleichsam um die Kugel herum sehen.

Daß zum beidäugigen Sehen durch Linsen auch später nichts bekannt wurde, liegt wohl an dem Umstand, daß die Gegenwart von den Kenntnissen der Alten über Linsenabbildung nichts überkommen hat, wenn solche, was nicht ganz unwahrscheinlich ist, überhaupt entwickelt wurden. Mit den Spiegeln aber steht es anders; hier sind ausführliche Abhandlungen verschiedener Verfasser erhalten, und man weiß, daß die Betrachtung von Spiegelbildern mindestens um den Anfang unserer Zeitrechnung zu weit verbreiteten Volksbelustigungen verwandt wurde. Es wäre an sich wahrscheinlich, daß man auch das vor dem Spiegel entworfene auffangbare Luftbild beobachtet hätte, und man kann wohl den Bericht Senecas (Nat. quest. I, 4) bei A. Gercke (*1.* 19; 9—12) als einen Beleg dafür anführen. Dort wird von einem Versuch berichtet, der dem griechischen Philosophen Artemidor (um 100 v. Chr.) zugeschrieben wird. „Wenn man einen Hohlspiegel herstellt, der ein Teil „einer durchschnittenen Kugel ist, und wenn man aus der Mitte hinaus„tritt, so wird, wer neben einem steht, umgekehrt erscheinen und „dem Beschauer näher als dem Spiegel sein.“ Diese kurze Beschreibung erlaubt leicht, für einen etwas schiefen Strahlengang die Entfernung des

Bildes vom Beobachter und vom Spiegelscheitel festzustellen und danach die zulässige Entfernung aus der Spiegelmitte zu bestimmen, für die jene Aussage eben richtig ist. Aus der bestimmten Angabe des Griechen über diese verschiedenen Entfernungen wird man wohl an eine beidäugige Beobachtung zu denken haben, bei der man jenes Luftbild mit Vergnügen vor der Spiegelfläche schweben sah. Es ist das ein Versuch, der jedenfalls nach 1589 wieder und wieder mit immer neuer Freude an der Sicherheit der beidäugigen Ortsbestimmung wiederholt worden ist, worüber bald noch Näheres zu sagen sein wird.

Mit der beidäugigen Wahrnehmung greifbarer Gegenstände gab sich der Arzt Claudius Galenus (* 129, † um 200) ab, der nach der Katzischen Ausgabe dazu etwa folgendes (*1.* 96f.) äußerte. Für ein Einzelauge verdecke ein Gegenstand einen Teil seiner Umgebung, beim Sehen mit beiden Augen aber sehe man ihn in einer andern Richtung als mit jedem einzelnen. Dem nicht mathematisch vorgebildeten Leser sei der Versuch mit einer Säule vorzuschlagen, die abwechselnd zunächst mit je einem, dann mit beiden Augen zugleich zu betrachten sei. Alsdann werde klar werden, daß man mit dem rechten Auge mehr von der rechten, mit dem linken mehr von der linken Säulenseite sehe, und daß beim beidäugigen Sehen weniger vom Hintergrunde verdeckt werde. Bei abwechselndem Schließen eines der beiden Augen mache die Säule auch Scheinbewegungen.

Noch eingehender beschäftigte sich Galens Zeitgenosse Claudius Ptolemaeus (wirkte um 150 n. Chr.) mit den Fragen des beidäugigen Sehens, und es wird hier die Govische Ausgabe (*2.*) zugrunde gelegt. Obwohl er keine Kenntnis von dem einschlägigen Wissen der Ärzte gehabt zu haben scheint, hat dieser große alexandrinische Astronom und Physiker seinerseits auch der physiologischen Seite des Sehvorgangs Beachtung geschenkt und mit einem zweckmäßig angelegten Versuchsbrett namentlich die Richtung beim beidäugigen Sehen im Gegensatz zu den Richtungen beim einäugigen untersucht. Auch die Frage nach dem Horopter (wobei allerdings dieser neuzeitige Ausdruck nicht verwandt wurde) erregte seine Aufmerksamkeit, und er gab auch richtig eine im Horopter gelegene Gerade an. Betrachte man beidäugig einen geradeaus nach vorn liegenden Punkt in der durch die Augenstandlinie gelegten wagerechten Ebene und halte die Augen in dieser symmetrischen Stellung fest, so erscheine eine durch diesen Punkt zur Augenstandlinie gezogene Parallele einfach. Untersuchungen dieser Art fallen aber aus dem Rahmen der vorliegenden Aufgabe heraus, und so sei vielmehr darauf hingewiesen, daß er (21, 11) auch Verschmelzungsversuche mit zwei Sehzeichen verschiedener Färbung, einem schwarzen und einem weißen, angestellt habe. Es scheint, als sei ihm die Verschmelzung nur mit gekreuzten Blicklinien gelungen, und er beschrieb die Mischfarbe jedenfalls nicht genauer, die er bei diesem Versuche wahrnahm. — Daß er aber in seinen Versuchen zum beidäugigen Sehen schon ziemlich weit fortgeschritten war, vermag man aus einer späteren Stelle zu entnehmen (70, 16—20), wo es wörtlich heißt: „Will er [der den Versuch anstellt] „aber ohne Täuschung die Orte erkennen, so ermittelt er sie, indem er „einen Finger an das Sehding bringt. Wenn dies nämlich an seinem „wahren Orte erscheint, so trifft es der Finger, und erscheint es dort „nicht, so berührt es der Finger nicht, sondern greift ins Leere." — Den Versuchen mit den vor dem Hohlspiegel entstehenden auffangbaren Bildern wird ebenfalls ein Abschnitt (122—23 und Abb. 65) gewidmet; er hebt darin die starke Bildverschiebung hervor, die auf eine Dingverschiebung folge und legt Gewicht auf die Rechtläufigkeit der Abbildung. Nun ist hier zwar bei dem Ausdruck *visus* von dem Gebrauch beider Augen nicht ausdrücklich die Rede, aber man wird nicht irre gehen, wenn man annimmt, daß bei Anstellung der entsprechenden Versuche die Sicherheit der Ortsbestimmung den beidäugigen Beobachter besonders erfreut habe. Wahrscheinlich hat eben diese Beschreibung 1611 auf G. A. MAGINI gewirkt, wie sogleich erwähnt werden soll.

Ganz unvermittelt fügt sich hier eine Bemerkung des Arztes PAULUS VON AEGINA (im 6. Jahrhundert) ein, die durch AMBROSIUS PARÉ (1510 bis 90) aufbewahrt wurde, wie das P. PANSIER (*1.* 51) mitteilt. Danach wurden schon vor 14 Jahrhunderten für Schielende Lochbrillen in der Form einer Halbmaske verordnet, und PARÉS Zeitgenosse BARTISCH von Königsbrück hat 1583 ein gleiches Hilfsmittel vorgeschlagen.

Wie das Lehrbuch der Optik des PTOLEMAEUS von den Griechen aufgenommen wurde, ist unserer Zeit leider nicht überliefert; man wird aber auf eine bedeutende Wirksamkeit daraus schließen können, daß dieser Physiker unter den Arabern so viele Jahrhunderte später eines sehr bedeutenden Ansehens genoß. Der wichtigste arabische Optiker, der ALHAZEN des Mittelalters (auf AL HAITHAM aus dem langen arabischen Namen zurückgehend), hat sich lange Jahre seines Lebens (* 965, † 1039) sehr eingehend mit der PTOLEMAEischen Optik beschäftigt, und es sind von seinen Schriften, hauptsächlich bei F. RISNER (*1.*), genügende Reste erhalten, um mit den Bruchstücken des PTOLEMAEischen Lehrbuchs zusammen einen gültigen Schluß auf die starke Einwirkung des Griechen zuzulassen. Freilich hat die Lehre von dem beidäugigen Sehen bei der Einfügung in das Gebäude des Arabers eine gewisse Einbuße erfahren, aber sie geriet doch nicht völlig in die Vergessenheit.

Durch das als *Perspectiva* bekannte, neben andern auch von F. RISNER (*2.*) herausgegebene Sammelwerk der Optik, das man dem Fleiß des Geistlichen WITELO (um 1271 in Viterbo tätig) verdankt, wurde die Kenntnis mancher Griechen und des Arabers IBN AL HAITHAM in einer Schrift den Klostergeistlichen des Westens zugänglich gemacht, und sie haben diese Möglichkeit auch wirklich benutzt. Man kann behaupten, daß diese große Arbeit, die im 16. Jahrhundert zweimal gedruckt wurde, jedem an der Optik teilnehmenden Angehörigen der großen Mönchsorden zugänglich war. Sie war noch im Anfange des 17. Jahrhunderts derartig maßgebend, daß J. KEPLER 1604 seine, in so vielen Punkten eine neue Zeit einleitende Darstellung der Optik an WITELOS Schrift anknüpfte.

Bevor indessen das KEPLERsche Meisterstück nach der Seite des beidäugigen Sehens hin durchforscht wird, muß auf eine Darstellung hingewiesen werden, die zwar weit weniger wissenschaftlich war, aber doch auf ihre Zeitgenossen im höchsten Maße wirkte, nämlich die Ausgabe der natürlichen Magie J. B. PORTAS (*1.*). Hier wie im folgenden kann auf M. VON ROHR (*19.*) hingewiesen werden. Da man in diesem Aufsatze eine ziemlich eingehende Darstellung von Vorgängen aus dieser einleitenden Zeit findet, so wird man sich in der vorliegenden Behandlung häufig etwas kürzer fassen können, als es ohne jene Schrift möglich wäre.

Danach beschrieb J. B. PORTA (*1.*) also 1589 den wohl schon den Griechen bekannten Spiegelversuch in der Form mit einem Degen oder Dolch, in der er ungemein bekannt geworden ist. Schreibt doch A. KIRCHER (*1.* 898) schon 1646, daß zur Beschreibung dieses Versuches im Deutschen das Wort *Spiegelfechten* gebildet worden wäre, und man wird mit Recht annehmen, daß damals schon eine ziemliche Zeit wird vergangen gewesen sein müssen, wenn dieser Ausdruck dem Schreiber als allgemein bekannt hat erscheinen können. Einen unmittelbaren Beweis liefert die zuerst 1611 erschienene kleine Schrift G. A. MAGINIS (*1.*) über den Hohlspiegel, worin des Spiegelfechtens und ähnlicher Versuche Erwähnung geschieht, und auch das von G. ALBERTOTTI (*1.*) veröffentlichte Brillenbuch des spanischen Lizentiaten B. DAZA DE VALDES aus dem Jahre 1623 enthält Beziehungen auf solche Vorführungen. Wie sehr die Optiker dieser Zeit an den Vorschriften der Alten hafteten, kann man u. a. aus der Abbildung in der MAGINIschen Schrift ersehen, die M. VON ROHR (*19.* 204) wiedergegeben hat; sie ist der Abb. 65 aus der Optik des PTOLEMAEUS nachgebildet.

J. B. PORTA aber ging weiter und führte auch Sammellinsen vor, die helleuchtende Gegenstände, wie etwa eine brennende Kerze zwischen der Linse und dem Beschauer, gleichsam in der Luft schwebend, abbildeten. Daß es sich bei diesen Versuchen zur Sicherheit der Ortsbestimmung um eine beidäugige Gesichtswahrnehmung handelte, wird kaum bestritten werden, selbst wenn der Verfasser gelegentlich auch nur von dem Auge in der Einzahl spricht.

Diese Versuche müssen ebenfalls lebhafte Teilnahme erweckt haben, mindestens weiß man aus einem von J. KEPLER 1604 erstatteten Bericht, daß eine derartige Anordnung in dem kurfürstlichen mechanischen Theater zu Dresden vorgeführt wurde. Da nicht jedem die Wahrnehmung des in der Luft schwebenden Bildes gelang, so schlug er vor, als Hilfe für die Augenrichtung ein Sehzeichen nahe an dem Orte des

Luftbildes anzubringen. Bei seinen eigenen Versuchen mit einer wassergefüllten Glaskugel hat er dann (*1.* 181) deutlich hervorgehoben, daß bei einäugiger Betrachtung das Luftbild auf der dem Auge zugekehrten Seite der Kugel zu haften scheine, während es, beidäugig und mit Hilfe des Sehzeichens betrachtet, deutlich zwischen Linse und Beobachter in der Luft schwebe. Daß diese Versuche durch PORTAS Schrift angeregt worden seien, hebt er besonders hervor. — Aber auch auf das gewöhnliche Sehen hat J. KEPLER (62) seine Ansichten ausgedehnt, wonach das Vorhandensein der beiden durch eine Standlinie getrennten Augenmitten die Möglichkeit einer Entfernungsmessung ergebe. Bei solchen Versuchen sollte man immer darauf halten, daß das von der Augenstandlinie und dem entfernten Punkt gebildete Dreieck gleichschenklig sei. Als Standlinie oder als Abstand der Augenmitten — wir sagen heute der Augendrehpunkte — nahm er einen *palmus* ($7^1/_2$ cm) an, und er war der Ansicht, daß die beidäugige Entfernungsmessung etwa bis zu 100 Doppelschritten (150 m) reiche.

Einen sehr guten Eindruck erhält man von seiner Beschäftigung mit dem beidäugig betrachteten Bilde namentlich an Hohlspiegeln, wie er sie seinem Freunde J. G. BRENGGER 1607 beschrieben hat. Eine Übersetzung dieser Briefstelle ins Deutsche findet sich bei M. VON ROHR (*19.* 205/06). Auch in diesem Falle hatte er bemerkt, daß bei einäugiger Beobachtung der Bildort unsicher sei, daß er jedoch beim beidäugigen Sehen mit großer Sicherheit am Schnittpunkt der beiden Blicklinien aufgefaßt werde. Der weitere Versuch mit den Fettaugen auf der Suppe läßt die Deutung möglich erscheinen, KEPLER habe zwei der durch die Fettaugen entworfenen Spiegelbilder mit gekreuzten Blickrichtungen zu einem räumlichen Eindrucke verschmolzen, so einen Vorgang zu den Tapetenbildern liefernd.

Seine überragende Bedeutung und gewaltige Überlegenheit den Zeitgenossen gegenüber wird aus diesen knappen Andeutungen hervorgegangen sein; gelang ihm doch die grundlegende Erkenntnis, daß das im Raume empfundene Bild zustande komme durch die gleichzeitige Betrachtung zweier flächenhafter Einzelbilder, die bei der Glaskugel und beim Hohlspiegel an verschiedenen Stellen haften könnten, wenn sie nur einäugig betrachtet würden. Daß er zu weiterer Erkenntnis nicht vorschritt, also anscheinend weder die Räumlichkeit des Bildes von Raumdingen erkannte — der Bericht über den Dresdener Versuch ist allzu knapp —, noch den weiteren Schritt tat, die von Linse oder Spiegel gelieferten Bilder durch greifbare Zeichnungen zu ersetzen, das kann man vielleicht mit durch die Jämmerlichkeit seiner Hilfsmittel erklären.

Eine Fortführung seiner Gedanken blieb zu jener Zeit aus, wie überhaupt eine so gründliche Behandlung der Unterlagen des beidäugigen Sehens in den nächsten beiden Jahrhunderten nicht aufgenommen worden zu sein scheint.

Der belgische Jesuit Fr. Aguillon (Aguilonius) ist nicht als Fortsetzer Keplers zu betrachten. Er steht auf dem Boden der schulmäßigen, von den Alten überlieferten Optik und hat das Werk des Ptolemaeus nach seinen Kräften gefördert. Er führte für die oben erwähnte Ptolemaeische Gerade durch den symmetrisch liegenden Achsenschnittpunkt den Ausdruck *Horopter* ein, und er (*1.* 111) hat auch die lotrechte Ebene durch diese Gerade untersucht. Aber über die Ptolemaeischen Versuche zur Verschmelzung zweier Glieder eines Paares von doppelten Bildern scheint er nicht wesentlich hinausgekommen zu sein.

R. Descartes (*1.*) hat dem beidäugigen Sehen nicht viel Geschmack abgewinnen können. In den Unterlagen dazu hat er auf dem Standpunkt des dafür nicht angeführten Kepler gestanden, nur nahm er die Grenze der beidäugigen Tiefenwahrnehmung mit 100—200 Fuß (32—65 m) wesentlich näher an. Von einer großen Bedeutung aber ist seine Art, sich die Möglichkeit einer solchen Messung vorzustellen. Man denke sich (Abb. 17) einen mit zwei Stöcken ausgerüsteten Blinden, so könne er durch sein Muskelgefühl beim Überkreuzen der beiden Stöcke sehr wohl zu einem ungefähren Begriff von der Entfernung der Kreuzungsstelle kommen. Ferner aber empfinde er einen mit beiden Stäben gleichzeitig berührten Gegenstand durchaus nicht doppelt, und so ginge es auch beim beidäugigen Sehen, wenn beide Augen auf dasselbe Ding gerichtet seien.

Abb. 17. Zur Cartesischen Erklärung des beidäugigen Sehens.

Diesen sehr hübschen und anschaulichen Vergleich hatte J. B. Wiedeburg (*1.* 676) jedenfalls im Auge, als er das Gesetz aussprach, das beidäugige Sehen, wobei sich die Augen um ihre Mittelpunkte drehten, spiele sich so ab, als wenn man die Oberfläche des beidäugig betrachteten Gegenstandes mit zwei Stäben abtaste. Daß auch er seine Quelle nicht nannte, liegt an schlechten Gewohnheiten nicht nur jener fernen Zeit; er hat das Cartesische Gleichnis zu seiner Erklärung vielleicht vergröbert, aber doch nicht verfälscht, und es ist ferner leicht möglich, daß auch diese Vergröberung von jenem Bücherwurm einem vorläufig unbekannten Vorgänger entlehnt worden ist. Immerhin bleibt es bemerkenswert, daß sich an einer kleinen mitteldeutschen Hochschule, deren Lehrer fast ausschließlich auf lateinische Schriften angewiesen waren, noch im Anfang des 18. Jahrhunderts so richtige Ansichten zum beidäugigen Sehen hatten bilden oder erhalten können.

Die Forderung einer möglichst stetigen und doch gerechten Würdigung der Fortschritte zwingt jetzt dazu, auf den Anfang des 17. Jahrhunderts zurückzugreifen und der bisher höchst unbefriedigend geschilderten Tätigkeit der Klostergelehrten auch an dieser Aufgabe nachzugehen.

Die Optik ist in den aus dem Altertum entspringenden Bildungsbestrebungen der Klostergelehrten von je liebevoll gepflegt worden, auch zu einer Zeit, wo sie doch nur recht saftlose Früchte zu bieten hatte. Da kann es denn kein Erstaunen erregen, daß die erste Entstehung eines optischen Instruments in unserem Sinne in diesen Kreisen großes Verständnis und alle Förderung fand. Der Erfindung des holländischen Brillenmachers nahmen sich die Ordensgeistlichen, in erster Linie die Jesuiten, sehr lebhaft an, bei ihnen waren die Geldmittel und die Möglichkeit, eine Schule zu bilden, viel reichlicher vorhanden als bei weltlichen Kreisen ähnlicher Ausdehnung, und so ist es denn unbestreitbar, daß nicht nur die ersten Schritte zur Vervollkommnung der Anlage von Fernrohren und anderen Instrumenten, sondern auch zu ihrer Herstellung von den Studierstuben und den Werkstätten der Orden ihren Ausgang nahmen. Diese Bemerkung gilt auch für die Hilfsmittel zum beidäugigen Sehen, und man kann hier kurz darauf hinweisen, daß in dem vorliegenden Bereich die Verfeinerung und Erweiterung der Spiegelvorführungen und der wissenschaftlich begründete Ausbau der Doppelfernrohre Besitztümer sind, die unsere Zeit jenen Optikern geistlichen Standes verdankt, so wenig sie sich das auch träumen läßt.

Die Spiegelversuche wurden in der üblichen Weise an verschiedenen Orten wiederholt, wofür auf D. Schwenter und G. Ph. Harsdörffer 1651—53 und auf J. Ch. Kohlhans 1663 zu verweisen ist. Wer genauere Nachweise über diese Männer wünscht, kann sie bei M. von Rohr (*19.* 210) nachlesen, für diesen einleitenden Überblick sind sie nur von nebensächlicher Bedeutung. — Auch die ausführenden Künstler beschäftigten sich damit, und zwar hatte nach G. Schott (*1.* 315) zunächst G. A. Magini (s. S. 21) einen besonders hohen Ruf für Metallspiegel mit großen Krümmungshalbmessern. Später wurde dafür der Mailänder Mechanikus M. Settala (1600—1680) berühmt. Der späteren Entwicklung der mechanischen Kunst Deutschlands entsprechend, hört man von deutschen Riesenhohlspiegeln erst später. So von dem Dresdener Hofmechanikus A. Gärtner, der langbrennweitige Hohlspiegel (bis zu 1,55 m Krümmungshalbmesser) zu optischen und akustischen Versuchen aus Holz herstellte und vergoldete. Er hat mit seinen Spiegeln die alten Fechtkunststücke noch 1715 beschrieben. Diese großen hölzernen Hohlspiegel finden sich auch noch 1719 in der Anzeige des Berliner Hofoptikus J. M. Dobler, nur wird darin ihrer Verwendung zu optischen Kunststücken nicht näher gedacht.

Doch ließen sich solche Spiegelscherze auch noch in reizvollerer Anlage verwirklichen und dafür ist in erster Linie auf den Jesuiten A. Kircher zu verweisen, der an seinem Ordensbruder G. Schott einen sehr brauchbaren Gehilfen und Verehrer hatte. Schon oben war darauf hingewiesen worden, daß Kircher die Genauigkeit der beidäugigen Ortsbestimmung am Hohlspiegelbilde kannte; hier sei betont, daß er sie zu sehr ziervollen Versuchen verwertet hat. G. SCHOTT (*1.* 327/328) hat sie 1657 beschrieben und ein anderer Jesuit, der ungenannte M. F. H. M. (304), hat zwanzig Jahre später eine Übersetzung veröffentlicht, die zunächst auf Süddeutschland beschränkt blieb. Neben der Vorführung der von zylindrischen Hohlspiegeln entworfenen Luftbilder, handelt es sich um den Versuch mit dem hohlen Kugelspiegel, wobei auf einem greifbaren Sockel das räumlich wirkende Spiegelbild des Jesusknaben erschien, und der Unterschied beider durch das Gesicht nicht erkannt werden konnte. Wenn hier wieder die verkürzte Darstellung des Koburger Pfarrherrn J. M. CONRADI (*1.* 52) eingerückt wird, so soll nicht nur ein Muster von der Unbeholfenheit der deutschen Fachsprache um 1710 angeführt sondern auch ein Beleg dafür gegeben werden, wie beliebt noch 50 Jahre nach ihrer ersten Beschreibung solche Vorführungen waren. „Hierbey will ich mit einrucken eine schöne *praxin P. Athan. Kircheri*, „derselbe hatte vor einen hohlen Spiegel / so ein *segmentum* einer grossen „Kugel war / ein von Wachs schön gemachtes Bild des Kindes JEsu / an „ein Haar verkehrt mit den Füssen aufgehenckt / doch so dass der in den „Spiegel schauende solches nicht gewahr wurde / vor den Spiegel, wo „sich das Bildlein aufrecht in der Luft *praesent*irete / setzte er eine gegen „das Bild *proportionir*te *Marmor*-Seule / wo man nun an einen gewissen „Ort stand / so sahe man das Kind JEsus auf der Seule aufrecht stehen / „allein wo man es berühren wolte / so griffe man nach der Luft / welches „die Verwunderung denn so wohl bey den Kunst-verständigen als sonder- „lich bey den Unwissenden vermehret.“

Diese und ähnliche Anordnungen A. KIRCHERS wurden bald auch von seinem Ordensbruder Z. TRABER (*1.* 125) aufgenommen. Dieser ersann eine einfache Drehvorrichtung, um nach und nach kleine spannenhohe Standbilder aus der Kirchen- oder Weltgeschichte so vor den Spiegel zu bringen, daß ein geeignet aufgestellter Zuschauer sie ziemlich stark vergrößert räumlich wahrnehmen konnte. Es mag bei dieser Gelegenheit darauf hingewiesen werden, daß man, anscheinend ohne theoretische Überlegung, um dieselbe Zeit und namentlich gegen den Ausgang des 17. Jahrhunderts die Raumdinge vor dem Spiegel durch perspektivische Zeichnungen ersetzte und so von den stereoskopischen Darstellungen zunächst zu den zweiäugigen und dann sehr folgerecht zu den einäugigen Spiegelguckkästen für perspektivische Darstellungen kam. Sie sollten später von den Linsenguckkästen verdrängt werden, deren erstes Auftreten nach M. VON ROHR (*5.* 299) ungefähr für dieselbe Zeit beglaubigt ist.

Kehrt man nun zu den Spiegelungen von Raumdingen zurück, so scheint deswegen, weil das Bild an der Stelle entstand, wo es die Lehre von der Katoptrik forderte, die auf den (unbewußten) Gebrauch beider Augen zurückzuführende Sicherheit der Ortsbestimmung damals kein weiteres Staunen erregt zu haben.

Es scheint nun, daß im Laufe des 18. Jahrhunderts die Spiegelscherze an Volkstümlichkeit einbüßten, wofür die fast völlige Teilnahmslosigkeit A. G. Kästners sowie der Umstand angeführt werden kann, daß in einem gegen das Ende des 18. Jahrhunderts erschienenen Lehrbuch der Optik von A. Bürja der Kirchersche Versuch ohne jedes Verständnis für sein Wesen mitgeteilt wird. Tüchtigere Köpfe mußten sich dieses Verständnis erst wieder erwerben, und da kann man auf die bei M. von Rohr (*19.* 225) mitgeteilte, recht sachkundige Besprechung des ungenannten Berichterstatters aus dem Jahre 1813 verweisen, die möglicherweise auf Mollweide zurückzuführen ist. Sie hatte die in der ersten Auflage ausführlicher besprochene Arbeit (*1.*) des Roßleber Mathematiklehrers A. W. Zachariae (* 1769, † 1823) zur Folge, worin indessen, soweit der vorliegende Zweck in Betracht kommt, nur die Lehren des Berichterstatters wiederholt wurden. Nach diesen Schriften kann man feststellen, daß die allgemeine Anlage des Kircherschen Versuchs mit dem greifbaren Sockel und dem darauf gespiegelten Luftbilde des Bildwerks erhalten geblieben war, doch scheint der Versuch seine besondere kirchliche Färbung bereits eingebüßt zu haben. Im Vorbeigehen sei bemerkt, daß er gegenwärtig in zeitgemäßen Lehrbüchern noch weiter verändert wurde und nunmehr nur einen gespiegelten Blumenstrauß auf einem greifbaren Untersatz zeigt.

In jenem Jahre 1813 erschien noch eine weitere Arbeit, die für diesen Überblick von Bedeutung ist. Der Arzt und Naturforscher Ch. Blagden (* 1748, † 1820) ließ (*1.*) eine sehr frühe Beobachtung der Erscheinung veröffentlichen, die man früher als Meyersche Tapetenbilder bezeichnete. Nun hat zwar Blagden nicht alle hierbei möglichen Fälle umfaßt, sondern nur die Beobachtung mit gleichgerichteten Blicklinien beschrieben, wenn er eine zur Zierde dienende Riefelung betrachtete, es ist aber nunmehr notwendig, diesen Fall als den der Blagdenschen Riefelungsbilder von der Gesamtheit der Meyerschen Tapetenbilder zu trennen.

Auf die Herschelsche Bestätigung der Keplerschen Auffassung, daß der Gegenstand an den Schnittpunkt der beiden Blicklinien verlegt werde, sei hier nur eben hingewiesen. Dabei kann das Herschelsche Prisma mit veränderlichem Winkel verwandt werden, und es wird unter diesen Umständen zur Zusammenstellung einer beidäugigen Versuchsanordnung benutzt.

Den Beschluß dieser allgemeinen Arbeiten über das beidäugige Sehen vor Wheatstone mag J. F. Fries (*1.*) vom Jahre 1839 machen, da er sicherlich von Wheatstones Vortrag nicht beeinflußt worden ist. Er nahm aus einer nicht besonders klaren Überlegung heraus die äußerste Erstreckung des beidäugig wahrnehmbaren Entfernungsunterschiedes mit 1000 Fuß (über 300 m) viel weiter an als seinerzeit Kepler (S. 22) und kam so der Helmholtzischen Angabe schon ziemlich nahe.

Wie schon oben gesagt, wurden aber auch die Doppelfernrohre, deren erste Erfindung weiter unten auf Johann Lipperhey und das Jahr 1608 zurückgeführt werden wird, von den Ordensgeistlichen verbessert. Sie nahmen damit ein Gerät auf, das nach Pariser Quellen schon eine gewisse Entwicklung hinter sich hatte; doch ist es möglich, daß diese Vorgängerschaft den meisten, in weiter Entfernung von den Orten der Entdeckung und Entwicklung lebenden Geistlichen unbekannt blieb.

Der Name des geistlichen Optikers, der sich zunächst mit einer solchen Aufgabe beschäftigte, war nach J. Zahn (*1.* 3. Teil 19) Antonius Maria Schyrlaeus de Rheita, ein Kapuziner A. M. Schyrl aus dem Kloster Rheidt, der namentlich durch seine bedeutenden Verdienste um die Anlage der Erdfernrohre 1645 bekannt geworden ist. Ihm wurde von seinen Zeitgenossen ziemlich allgemein die Vorgängerschaft bei der Herstellung von Doppelfernrohren zuerkannt, eine Einmütigkeit, die möglicherweise mit darauf zurückzuführen ist, daß die optischen Schriftsteller des 17. Jahrhunderts zu einem guten Teil Mönche waren wie er. Er hat für solche

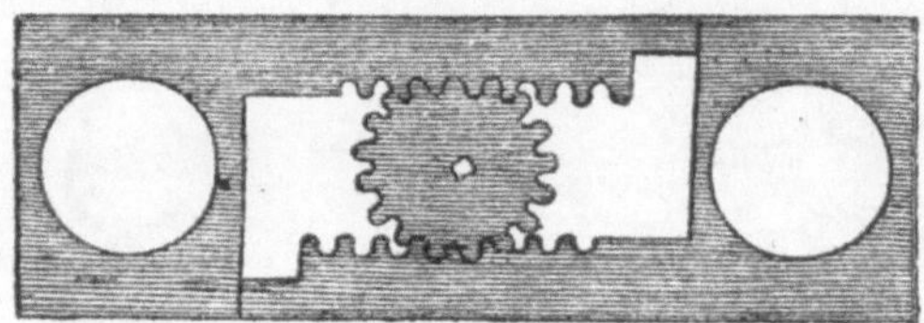

Abb. 18. A. M. Schyrls Getriebe zur Abstandsänderung der Objektive. Zeichnung nach Chérubin d'Orléans (*2.* 48).

Doppelgläser nicht nur die holländische Bauart, sondern auch die von ihm so erfolgreich verbesserten Erdfernrohre verwendet. Er schlug, da auch ihm das kleine Gesichtsfeld seiner Fernrohre hinderlich war, vor, die beiden Objektivgläser für nahe Objekte zu nähern, für weitere zu entfernen, während die Okulare im Pupillenabstande des Beobachters stehen blieben. Diesen Pupillenabstand sollte man selbst vor einem Spiegel mit einem Zirkel abgreifen. Für die Verschiebung der Objektive gab er schon ein hübsches Getriebe an (Abb. 18), und für das Okularende findet sich in seiner Beschreibung ein sehr wirksamer Schirm, der sich der Kopfform möglichst genau anschloß. Diese Einrichtung wird im Verlauf der Entwicklung noch mehrfach vorgeschlagen werden. Die von ihm gewählte Einstellung auf verschieden entfernte Gegenstände war aber in optischer Hinsicht nicht vollkommen, da die für nähere Entfernungen eintretende Benutzung der Objektive in schiefem Strahlengang die Bildgüte mehr oder minder herabgesetzt haben wird. Seine Absicht war, die von dem betrachteten Gegenstande ausgesandten beiden Hauptstrahlenbündel den beiden Augen zuzuführen.

Eine wesentliche Verbesserung des Doppelfernrohrs führte der erwähnte Chérubin d'Orléans (*1.*) schon 1671 durch, indem er die beiden Fernrohre symmetrisch zueinander beweglich machte. Er hat verschiedene Formen vorgeschlagen, und zwar sei zunächst in Abb. 19 eine sehr einfache mit ständig parallelen Rohren hier angegeben. Doch zog er selber die Doppelrohre von verwickelterem Bau vor. Wie sich aus der Abb. 20 ergibt, ließ sich sowohl ihr Objektivabstand nach der Objektentfernung als auch ihr Okularabstand nach der Augenweite und der Konvergenz des Beobachters bestimmen. Er brauchte (2. 108) zur zuverlässigen Feststellung des für das betrachtete Objekt geltenden Pupillenabstandes eine Art

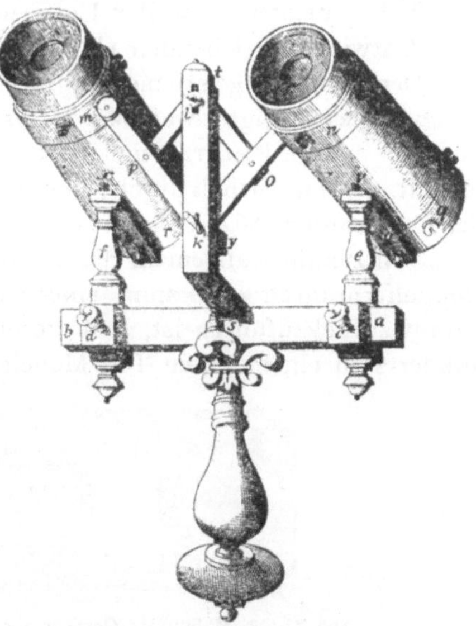

**Abb. 20. Holländisches Doppelfernrohr nach CHÉRUBIN D'ORLÉANS (2. 102).** Auf dieser Zeichnung sind dem Beschauer die Objektivenden zugekehrt. Bei der Benutzung wurden die Rohrträger durch Parallelverschiebung auf den Augenabstand des Beobachters eingestellt. Bei der dann folgenden Einstellung auf die Objektentfernung wurden die mittleren Arme des Storchschnabels betätigt und dadurch die Einzelrohre um lotrechte Achsen unter den Okularenden gedreht.

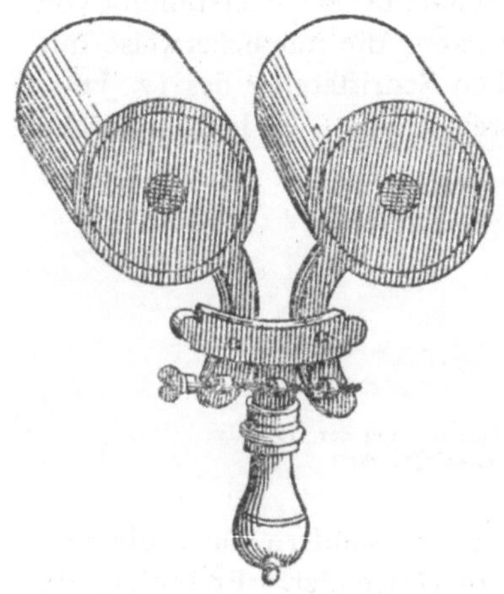

**Abb. 19. Kurzes holländisches Doppelfernrohr nach CHÉRUBIN D'ORLÉANS (1. 212) mit einfacher Anpassungsvorrichtung an den Augenabstand. Die Einzelrohre bleiben einander parallel.**

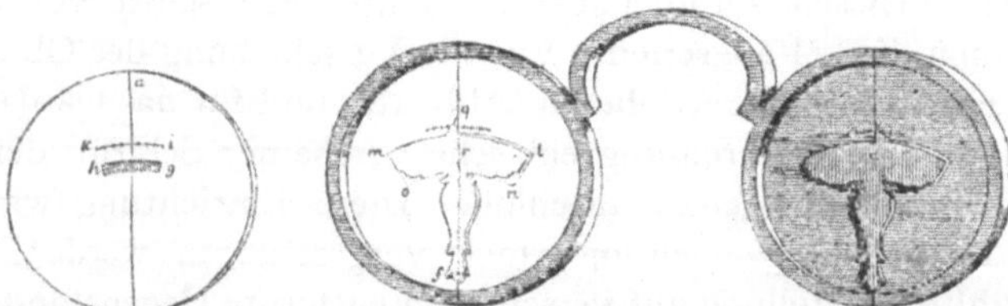

**Abb. 21. Die Bestimmung des Augenabstandes nach CHÉRUBIN D'ORLÉANS (2. 108).** Die Metallscheiben der Schielbrille (links) trugen je eine Teilung *ki* und ein längliches Loch *hg*. Auf der Außenseite wurden zwei (bei *r* durchlochte) Schieber *fq* betätigt, die so lange symmetrisch verschoben wurden, bis durch die Kreislöcher bei *r* derselbe ferne Gegenstand wahrgenommen wurde und gleichzeitig die beiden Lochränder in einen Kreis verschmolzen. Die Stellung des Zeigers *q* an der Teilung *ki* erlaubte dann die Ermittlung des Augenabstandes.

Schielbrille mit veränderlichem Lochabstand (Abb. 21), aber es ist anzunehmen, daß auch zu jener Zeit die Mehrzahl der Benutzer die Mühe einer so sorgfältigen Bestimmung gescheut haben werden. Er selbst hat jedenfalls ziemlich große Anforderungen an die Genauigkeit der Ausrichtung gestellt, und so hat er auch gelegentlich (*4.* 195—197) auf die Schädlichkeit eines Höhenfehlers aufmerksam gemacht, wie er sich einstellt, wenn die Fernrohrachsen nicht in derselben Ebene liegen. Er hat Doppelfernrohre holländischer und terrestrischer Art gebaut und auch ihre Anwendung bei astronomischen Beobachtungen vertreten, allerdings in der Zeit der chromatischen Refraktoren ohne großen Erfolg. Auf seine Erfindungsgabe geht schließlich auch das erste binokulare Mikroskop zurück (*2.* 77—98), bei dem indessen nicht für die Aufrichtung des Bildes gesorgt worden war, so daß der Benutzer ein tiefenverkehrtes Bild erhalten haben muß, weil seine scheinbaren Augenorte eine gekreuzte Stellung hatten.

Zu etwas späterer Zeit wurde die Frage behandelt, ob man beim deutlichen Sehen beide Augen oder nur ein einzelnes verwende. Der erwähnte Chérubin d'Orléans war ein überzeugter Verfechter der ersten Ansicht, und er hat seine Meinung auch vor der Hofgesellschaft Ludwigs des Vierzehnten, wo diese Frage einiges kavaliermäßiges Interesse erregte, immer eifrig vertreten. Er bildete (*2.* 6—18) sich schon Ansichten über die korrespondierenden Netzhautstellen (*parties homonymes*) und beobachtete die Bewegungen der Augäpfel beim Fixieren verschieden entfernter Gegenstände, worauf ihn auch wohl die Anlage seiner Doppelfernrohre hingewiesen hat. Der Vorteil der größeren Helligkeit bei der beidäugigen Beobachtung war ihm bekannt und wurde von ihm hoch geschätzt, aber die einzige wirklich stereoskopische Beobachtung, die auf ihn (*2.* 121) zurückgeht, ist anscheinend die gewesen, daß man in einem richtig gestellten Doppelfernrohre nur eine einzige Gesichtsfeldbegrenzung sähe, und diese auch größer auffasse als bei einäugiger Beobachtung. Eine Erklärung dieser Erscheinung (*2.* 125—126) zu geben war er nicht ohne Erfolg bemüht. Er benutzte übrigens die Vereinigung der beiden Gesichtsfeldbegrenzungen zu einem einzigen Eindrucke, um mit seiner Lochbrille den Pupillenstand festzustellen, denn er hatte gemerkt, daß die Vorschrift A. M. Schyrls wegen der unwillkürlich eintretenden Betrachtung des Zirkels im direkten Sehen auch von einem Gehilfen kaum auszuführen war. — Die Tiefenverkehrung des von seinem binokularen Mikroskop gelieferten Raumbildes ist ihm aber entgangen.

In den nächsten Jahren scheint der Stand der Kenntnis vom beidäugigen Sehen nicht sonderlich vermehrt worden zu sein. Der Prämonstratenser Johannes Zahn, der Wortführer der deutschen Klostergelehrsamkeit jeder Zeit, brachte auf diesem Gebiete nichts Neues vor. Wie er zu seinen sehr zahlreichen Verbindungsmöglichkeiten zweier Fernrohre zu einem Doppelinstrument gelangt ist, gab er nicht an, doch läßt sich aus der bloßen Aufführung immerhin erkennen, daß solche Doppelrohre in weiteren Kreisen als nützliche Instrumente angesehen wurden. — Er mag sie seinem französischen Vorgänger mittelbar oder unmittelbar entlehnt haben, doch hat er dessen Schriften keinesfalls einfach ausgeschrieben, wie er z. B. auch in der Bestimmung des Augenabstandes anders vorging. Er (*1.* 2. Teil 224) bestimmte diese Größe dadurch, daß er die Entfernung *a* des Fixationspunktes aufsuchte, von dem aus die Entfernung der Pupillenmitten genau unter einem Grade erschien, und *a* sodann durch 57 dividierte. Für seinen eigenen Augenabstand kam er dabei auf einen Betrag von 0,22 römischen Fuß oder, unter Benutzung der VEGAschen Maßzahlen, von etwa 66 mm.

Mit der zweiten Auflage des ZAHNschen Lehrbuchs scheint die optische Tätigkeit der Mönchsorden in dem alten Sinne beendet zu sein, denn inzwischen hatten sich zunächst wohl in Italien (s. S. 24), dann aber auch in Frankreich und England, optische Kunsthandwerker herausgebildet, die allmählich die Geistlichen an Geschicklichkeit übertrafen, und denen die inzwischen erstarkte Wissenschaft neue Aufgaben stellte. Es begannen sich eben um diese Zeit auch auf dem vorliegenden Gebiete die großen Fortschritte bemerkbar zu machen, die namentlich von englischen und holländischen Gelehrten in der Behandlung der optischen Aufgaben gemacht worden waren. Es entwickelte sich nun eine eigentlich wissenschaftliche Optik, neben der die versuchsfrohe Liebhaberoptik noch in der ersten Hälfte des 18. Jahrhunderts immer mehr an Kraft verlor.

An erster Stelle scheint hier der Oxforder Mathematiker I. BARROW zu nennen zu sein, der (*1.* 109/110) 1669 einen sehr lehrreichen Hohlspiegelversuch kund gab. Er brachte sein Gesicht nahe an einen Hohlspiegel und stellte eine gewisse Lagenänderung des Spiegelbildes seines Gesichts fest, wenn er zunächst mit dem linken und dann mit dem rechten Auge in den Spiegel sah. Öffnete er beide Augen und verschmolz die beiden Bilder mit gleichgerichteten Augenachsen, so erhielt er den Eindruck eines ferneren, größeren, ihm die Hohlseite seiner Wölbung zukehrenden Bildes.

Für die hier verfolgte Aufgabe ist weiterhin eine wissenschaftliche Arbeit von großem Wert, die 1717 öffentlich von einem Vertreter der NEWTONschen Schule verlesen wurde. Der Physiker und Theologe J. T. DESAGULIERS (*1.*) hatte infolge der Aufhebung des Edikts von Nantes Frankreich verlassen müssen und war Professor der Physik an der Universität Oxford geworden; seine Versuche zu der Vorlesung hat er seit dem Jahre 1700 angestellt. Die Übersetzung seiner Arbeit findet sich bei M. VON ROHR (*19.* 226—228). Man erkennt daraus, daß er bewußt schon damals Versuche über beidäugige Farbenmischung angestellt hatte, und zwar handelte es sich dabei um die drei Möglichkeiten der Spektralfarben (übrigens von keinem hohen Grade der Sättigung), der Eigenfarben selbstleuchtender Körper und der Pigmentfarben. Er kam dabei zu einer runden Ablehnung der beidäugigen Farbenmischung, ihm war nur der Wettstreit der Sehfelder aufgefallen. Ferner entwickelte er eine der einfachsten Formen des Stereoskops, wie sie 121 Jahre später von CH. WHEATSTONE unter diesem Namen (s. Abb. 29) veröffentlicht wurden.

Auch die Frage nach der Netzhautbildgröße hat diesen tüchtigen Beobachter beschäftigt, und er hat damit Ansichten vorweggenommen, die WHEATSTONE in den mehr physiologischen Teilen seines ersten Vortrags als erster zu behandeln glaubte: so die Bemerkung, daß nicht wohl die rechten und die linken Netzhauthälften einander in ganz einfacher Weise entsprechen könnten, da ja infolge der verschiedenen Größe der Netzhautbilder dann kein seitlich liegender Gegenstand einfach wahrgenommen werden könne. Aber auf den Gedanken der verschiedenen Perspektiven ist auch dieser gescheite Beobachter nicht gekommen.

Von einer Fortführung seiner Arbeit vermag man in doppelter Weise zu sprechen. Zunächst kann man auf seinen Landsmann R. SMITH hinweisen, der 1738 sein mit Recht weit berühmtes Lehrbuch der Optik (*1.*) herausbrachte. Dem heutigen Beurteiler aber bleibt es ein Rätsel, daß dieser sorgfältige Gelehrte die Vereinigung zweier mit gekreuzten Blicklinien betrachteter Kerzen zu einem Einzelbilde veröffentlichen konnte, ohne der DESAGULIERSschen Vorgängerschaft zu gedenken. Schon 21 Jahre nach seinem Vortrage muß also diese Arbeit aus der sonst so geflissentlich gepflegten NEWTONschen Hinterlassenschaft ganz und gar vergessen gewesen sein. — Von CHÉRUBIN D'ORLÉANS wußte R. SMITH, doch ging er in seinen Forschungen an mehreren Punkten wesentlich über ihn hinaus. — In seiner ersten Bearbeitung dieser Aufgabe scheint er bei der Behandlung der Tiefenanschauung Schwierigkeiten gefunden zu haben, denn er hielt (*1.* 1. Teil 49—51) noch an den einäugigen Tiefenzeichen fest. Später indessen gab er (*1.* 2. Teil 41) für nahe Gegenstände die Bedeutung[1]) des Sehens mit beiden Augen zu. Er nahm dabei auf LEONARDO DA VINCI Bezug, der in seiner Abhandlung über die Malerei darauf hingewiesen habe, daß auch ein mit größter Sorgfalt hergestelltes Gemälde nie eine Körperlichkeit zeigen könne wie die darauf dargestellten Gegenstände, es sei denn, diese würden einäugig betrachtet. Denn bei beidäugiger Betrachtung sehe man gleichsam um die Gegenstände herum; es ist das eben die GALENische Betrachtungsart, die ja einem Zeitgenossen der Renaissance sehr nahe liegen mußte. R. SMITH fand auch, daß, faßte man die verschiedenen Punkte eines körperlichen Gegenstandes nacheinander ins Auge, seine Form deutlicher und bestimmter erkannt werde. Aber für weiter entfernte Gegenstände bleibe es bei den auch für das einäugige Sehen wichtigen Tiefenzeichen. — Auch den Versuch, verschiedenartige Marken stereoskopisch zu vereinigen, hat er angestellt, und zwar benutzte er (*1.* 2. Teil 388) zunächst die Spitzen eines Zirkels, den er in Armeslänge vor die beiden auf einen entfernten Punkt *f* gerichteten Augen hielt. Wählte er den Abstand der Spitzen richtig, so vereinigten sich ihm die beiden inneren Schenkel der Doppelbilder des Zirkels zu einem einzigen, und es ergab sich für ihn der Eindruck eines mittleren

1) „insofern als wir sie von ihrem Hintergrund mehr losgelöst sehen".

Zirkelarms, dessen Spitze bis zu dem entfernten Punkt reichte (Abb. 22). Als Erklärung führte er den Umstand an, daß die Zirkelspitzen auf denselben Netzhautstellen abgebildet würden wie der fixierte Punkt selbst. Er stellte später auch Versuche derart an (*1.* 2. Teil 86), daß er die Zirkelschenkel mit gekreuzten Augenachsen betrachtete. Bei diesem Versuche konnte er dann sehr deutlich die Orts- und Größenanderung des stereoskopischen Schenkelbildes feststellen, die mit der Änderung der Zirkelöffnung verbunden ist. Diese Versuche wiederholte er mit andern gleichartigen Gegenständen wie kreisförmigen Korkplättchen, Kerzen u. ä., deren Vereinigung mit parallelen oder gekreuzten Blickrichtungen gleichfalls gelang. — Die Doppelfernrohre und den Hohlspiegel, bei dem schon seinen Vorgängern die (auf den Gebrauch beider Augen zurückzuführende) Sicherheit der Ortsbestimmung aufgefallen war, behandelte auch er sehr eingehend, namentlich (*1.* 2. Teil 83—86) was den Hohlspiegel anging. Er kam auf diese Weise zu einer ihn befriedigenden Erklärung der mit beiden Augen sicher festzustellenden Wölbung von Spiegelbildern ebener Flächen, deren Sinn unter Umständen dem bei einäugiger Betrachtung festgestellten entgegengesetzt gefunden wurde. Was das Doppelfernrohr angeht, so hat er (*1.* 2. Teil 388) die CHÉRUBINsche Beobachtung wiederholt und ebenfalls darauf hingewiesen, daß die Gesichtsfeldbegrenzung für beide Augen zu einem einzigen Eindruck verschmelze, und daß sie so größer erscheine als für jedes Auge gesondert. Er erhielt (*1.* 2. Teil 107) die gleiche Wirkung beim Betrachten einer Brille, die abgenommen und in einer Handbreite Abstand vor die auf ein entferntes Objekt gerichteten Augen gehalten wurde; das Sammelbild der Fassungen erschien ihm auch hier größer und weiter entfernt. — Schließlich machte er auch noch einen sehr wichtigen Schritt auf dem Wege zur Entdeckung des Stereoskops, indem er die erste stereoskopische Zeichnung entwarf. Von dem obenerwähnten Versuch mit den beiden Kerzen ausgehend, die er mit gekreuzten Augenachsen betrachtet hatte, zog er die Spur der Hauptsehlinien auf Papier nach (Abb. 23). Es waren das zwei gekreuzte Geraden *db ea*, die von je einem der im Pupillenabstande des Beobachters angenommenen Punkte *d e* ausgingen, und deren Schnittpunkt *f* in einer Entfernung von 0,3—0,6 m gelegen war. Er fand, daß die Teile *fa fb* sich zu einem senkrecht auf der Papierebene stehenden Stift vereinigten,

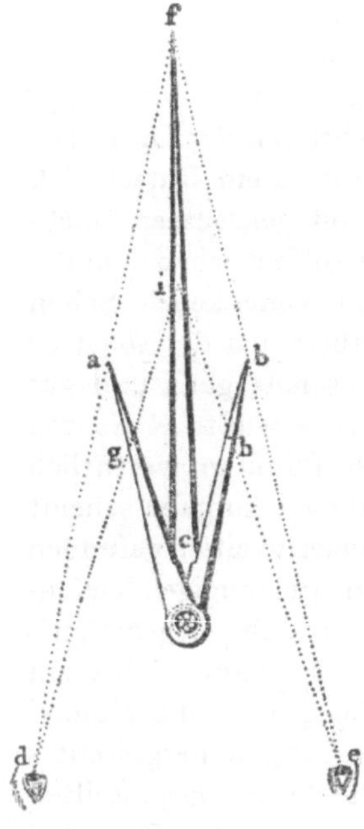

Abb. 22. Der Zirkelversuch nach R. SMITH.

wenn man eine neben *f* als Sehzeichen eingesteckte Nadel fixierte. Die Augendrehpunkte müssen dabei senkrecht über den Verlängerungen der Geraden *b d a e* liegen. Die hauptsächlichsten Belegstellen für diese Angaben sind von M. von Rohr (*3.*) zusammengestellt worden.

Ein weiterer, der stereoskopischen Zeichnung sehr nahe kommender Versuch wurde von ihm (*1.* 2. Teil 86/87) mit zwei gekrümmten Federkielen angestellt, die zu einem einheitlichen Bild einer im Raum schwebenden Kurve verschmolzen wurden und die Barrowsche Anordnung erklären sollten. Aber so nahe Smith auch der Anfertigung eines Halbbildpaares war, den letzten Schritt der Zeichnung eines solchen tat er nicht. Darauf sollte die wissenschaftliche Welt noch hundert Jahre warten. Seine Zeitgenossen waren ebensowenig geeignet, über ihn hinaus zu kommen. A. G. Kästner (475, 476) hat in seine Übersetzung sowohl die erste stereoskopische Zeichnung wie den Barrowschen Versuch und seine Erklärung aufgenommen, ohne indessen ihre Bedeutung für eine umfassende Lehre vom beidäugigen Sehen zu ahnen.

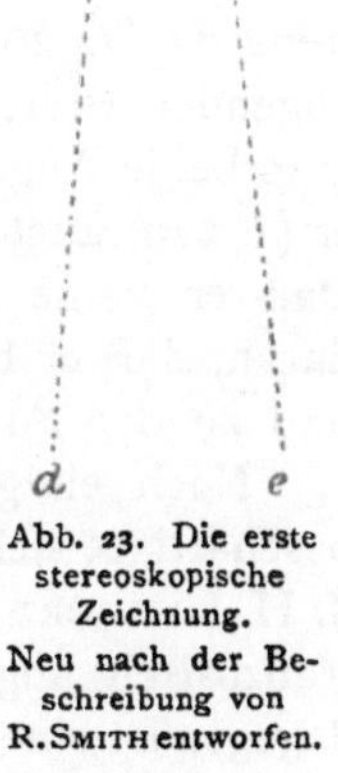

Abb. 23. Die erste stereoskopische Zeichnung. Neu nach der Beschreibung von R. Smith entworfen.

Ähnliche stereoskopische Versuche wie die mit dem Zirkel teilte J. Jurin in dem großen Smithischen Werke (*1.* 2. Teil 110) mit. Auch hier handelte es sich um zwei getrennte greifbare Gegenstände (Randteile von Seiten eines geöffneten Buches), die bei der Fixierung eines entfernten Punktes (an der Zimmerdecke) für jedes Einzelauge in seiner unmittelbaren Nähe erschienen. Weitere Folgerungen wurden aber auch hier nicht gezogen.

Das Doppelfernrohr wurde von R. Smith (*1.* 2. Teil 387) eigentlich nur der Vollständigkeit wegen in sein Werk aufgenommen; er selbst hat wohl der schlechten Bildbeschaffenheit wegen nicht viel davon gehalten, obwohl er erwähnte, daß es von dem Londoner Optiker ... Scarlet noch regelmäßig hergestellt würde. Seine Form ging wohl auf Chérubin d'Orléans zurück und gestattete eine Anpassung an Augenabstand und Objektentfernung. Zur Verbesserung der optischen Leistung schlug er vor, zwei Gregorysche Spiegelteleskope in einer ähnlichen Verbindung zu verwenden.

Die nächste größere Schrift, in der ein englischer Gelehrter auf diese Gegenstände Bezug nimmt, ist die von J. Harris (*1.*). Wenn sein Buch auch erst 1775 gedruckt wurde, so stammt es doch aus einer früheren Zeit, da es 1742 begonnen und in den Mußestunden des Verfassers fortgesetzt wurde, der 1764 starb. — Er kannte das große Smithische Werk gut, war aber in seiner Behandlung der hierher gehörigen Punkte sehr selbständig. Namentlich in seiner Darstellung des beidäugigen Sehens sind Fortschritte seinem Vorgänger gegenüber zu erkennen. Für kleinere Entfernungen bot ihm die Konvergenz ein Mittel zur Bestimmung der Entfernungen selbst. Er stellte seine Befähigung zu einer solchen Messung (*1.* 155) durch einen hübschen Versuch fest, indem er seine Sehzeichen hinter einem Schirm aufstellte, der mit einem wagerechten Schlitz versehen war. Auf diese Weise wurde tatsächlich der Anteil der Tiefenvorstellung in weitem Maße ausgeschlossen, um so mehr, als er absichtlich seine Zeichen von sehr verschiedener Dicke wählte. Er kam dabei ebenso wie bei der Ortsbestimmung der von Hohlspiegeln entworfenen Bilder zu kleinen Abständen von etwa $1\,{}^1/_3$—$1\,{}^3/_4$ m, wo die Bestimmung sicher war, und etwa von $2\,{}^3/_4$—$3\,{}^2/_3$ m, wo sie unsicher wurde. An einer andern Stelle bemerkte er aber (*1.* 171), daß Entfernungsunterschiede — wie sie zwischen zwei Stuhlbeinen oder gar als Tiefenerstreckung eines Gebäudes bestehen — nach Maßgabe ihrer Größe auf weitere und weitere Entfernungen sichtbar seien. — Die Möglichkeit eines einheitlichen Eindruckes, wenn auf beide Augen gesonderte Gegenstände wirkten, gab er (*1.* 113) zu, wie es sich aus einem ganz merkwürdigen Abschnitte[1]) ergibt. Aber er kam nicht darauf, sich mit den doch schon von R. Smith in einem Falle ausgeführten stereoskopischen Zeichnungen weiter zu beschäftigen. — In den Versuchen über die Ortsbestimmung der von Hohlspiegeln entworfenen reellen Bilder ging er über R. Smith nicht hinaus, oder höchstens da (*1.* 203), wo er erwähnte, daß das von einem Hohlspiegel genügender Breite entworfene Bild zu Doppelbildern Anlaß gäbe, wenn man beide Augen nicht auf seinen Ort richte. Dieselbe Möglichkeit habe er (*1.* 229) auch für das von einer großen Linse entworfene Bild gefunden. Daß er keine Angaben über Doppelfernrohre machte, liegt wohl nur daran, daß er bloß den theoretischen Teil seines Buches geschrieben hat und zu den Anwendungen nicht mehr kam.

Noch einige Jahre vor der Drucklegung der Harrisischen Schrift beschäftigte sich der größte der damals in Deutschland lebenden Physiker, J. H. Lambert (*1.*), mit einem stereoskopischen Versuch. Seine 1771 französisch abgefaßte Niederschrift scheint verlorengegangen zu sein, dagegen ist eine Übersetzung ins Deutsche erhalten, und sie wurde 28 Jahre später, lange nach des Verfassers Tode, veröffentlicht. Ihm waren die Versuche bekannt, die I. Barrow und R. Smith über die Ortsbestimmung der von Hohlspiegeln entworfenen Bilder angestellt hatten, und er tat Ähnliches mit einer Linse als bildentwerfendem Gerät, wohl ohne

---

[1]) 'Liege von zwei ähnlichen einander nahen Gegenständen je einer in einer Augenachse, so könnten sie auch als ein einziges Ding erscheinen, und das geschehe aus dem gleichen Grunde, aus dem ein Einzelding doppelt erscheine. Aber diese Erscheinung komme selten zustande; und wenn sie eintrete, so entdecke sich der Irrtum bald wie bei einem in Doppelbildern gesehenen Gegenstande; und die Augen paßten sich schnell der wahren Entfernung der beiden Gegenstände an.'

zu wissen, daß er damit ein Gebiet betrat, das schon J. B. PORTA und namentlich J. KEPLER durchforscht hatten. Es handelte sich dabei (*1.* 67) um das durch eine lichtstarke Linse von $2\,^1/_2$ cm Brennweite entworfene Luftbild einer Feder, das in einem Abstande von etwa $^1/_3$ m hinter der Linse in der Luft schwebend erschien. Mit einem weißlichen dünnen spitzen Holze gehe es noch besser; gut sei es, wenn man die Versuche vor einem dunkeln Hintergrunde anstelle, sich vor Spiegelbildern hüte und kurze Brennweiten wähle; dann habe man keine zu große Entfernung zwischen Linsenbild und Linsenrand und brauche nicht immer den Akkommodationszustand zu ändern.

Die von DESAGULIERS gegebene Anregung der beidäugigen Farbenmischung mag unter der Oberfläche fortgewirkt haben, jedenfalls trat 1760 und später E. F. DU TOUR (*1.*, *2.*, *3.*) mit einem Versuche gleicher Art auf. Er beobachtete sowohl mit Pigmentfarben als auch mit farbigen Brillengläsern — immer gelb und blau — und lehnte das Auftreten der Mischfarbe um so entschiedener ab, als er der Meinung war, man sehe immer nur mit einem Einzelauge. Dagegen hat er insofern einen kleinen Fortschritt über DESAGULIERS hinaus gemacht, als er ein weiteres einfaches Gerät ersann, um die beiden überflüssigen Halbbilder nicht zustande kommen zu lassen. Die Anlage dafür war der Abb. 28 dieser Schrift ähnlich.

Es sind möglicherweise diese Arbeiten gewesen, die zu einer lebhaften Beschäftigung mit der Aufgabe der beidäugigen Farbenmischung anregten, jedenfalls erschien 1772, bald nach der letzten der Äußerungen DU TOURS, das Buch des französischen Augenarztes J. JANIN DE COMBE BLANCHE, das bald ins Deutsche übersetzt wurde. Auch er (*1.* 39) stellte seine Vergleiche mit verschiedenfarbigen Brillengläsern an, beobachtete aber das Auftreten einer Mischfarbe. Und zwar erschien ihm eine Kerzenflamme

violett, wenn ein Auge durch ein rotes und das andere durch ein blaues Glas,

hellblau, wenn ein Auge durch ein blaues und das andere durch ein farbloses Glas,

orangefarbig, wenn ein Auge durch ein rotes und das andere durch ein gelbes Glas sah.

In der Verfolgung eines ähnlichen Zieles entwickelte CH. N. A. DE HALDAT (*1.*) 1806 seinen Mischapparat für Pigmentfarben; dieser ist ebenfalls schon als ein linsenloses Stereoskop für schwach geneigte Blickrichtungen anzusehen, nur wurden den Augen keine Zeichnungen, sondern je ein verschieden gefärbtes Täfelchen dargeboten. Mit diesem Instrument wies er nach, daß die Mischfarbe zum Bewußtsein kommen könne, wenn auf jedes der beiden Augen eine verschiedene Farbe wirke. Er beschrieb sehr deutlich, wie die endgültige Vereinigung der beiden gleichgroßen Farbenplättchen geradezu ruckartig vonstatten ginge.

Die alten Arbeiten für und wider die beidäugige Farbenmischung sind am vollständigsten von G. W. MUNCKE (*1.* 1478/1479) zusammengestellt worden. Er war damals, 1828, Professor der Physik zu Heidelberg und neigte selber wohl der Farbenmischung zu, konnte sich aber die so sehr weit auseinandergehenden Behauptungen der verschiedenen Beobachter nicht erklären. Vielleicht kann man zu seiner Sammlung noch nachtragen, daß auch der Engländer ... CRISP (*1.* 161 u. 167) 1796 die beidäugige Farbenmischung von blau und von gelb zu einem fahlen Grün beschrieben hat. Aus dem Jahre 1836, also lange nach der MUNCKEschen Zusammenstellung, mag noch auf den Bericht A. W. VOLKMANNS (*1.*) hingewiesen werden, der Versuche sowohl mit prismatischen wie mit Pigmentfarben angestellt hatte. Es ist nicht unwahrscheinlich, daß er schon den beidäugigen Glanz bemerkt hat; der dazugehörige Wortlaut seines Berichts findet sich bei M. VON ROHR (*19.* 230) abgedruckt.

## Die optischen Vorkehrungen der Brillenmacher und die Ausbildung des holländischen Doppelfernrohrs.

Die zweite Quelle für die Unterstützung des beidäugigen Sehens ist von nicht geringerer Bedeutung, wenn sie allerdings auch in den frühen Stufen ihrer Entwicklung von einem Verständnis für die näheren Umstände beim Gebrauch beider Augen nichts erkennen läßt. Es handelt sich hier um die Augenhilfen für beide Augen.

Dabei ist zunächst die mit Gläsern zur Unterstützung fehlsichtiger Augen ausgestattete Brille zu nennen. Wenn das erste Auftreten dieses Hilfsmittels auch noch in ziemliches Dunkel gehüllt ist, und namentlich die Entwicklung von der einfachen Handlupe zur beidäugigen Altersbrille vorläufig erst geahnt werden kann, so ist doch soviel sicher, daß 1352 neben dem Einglas zum Lesen auch schon die beidäugige Altersbrille abgebildet worden ist.

Hiermit ist aber wirklich ein beidäugiges optisches Instrument geschaffen, und es wird dabei — wie wenig es auch den ersten Benutzern klar wurde — der gewohnte Zusammenhang zwischen Akkommodation und Konvergenz getrennt. Stellt man sich einmal den Fall einer beidäugigen Brille eines Kurzsichtigen vor — solche sind jedenfalls gegen den Ausgang des 15. Jahrhunderts benutzt worden —, so entwirft ein jedes Einzelglas von dem betrachteten Raumding für sich ein Raumbild, das hier bei weit entfernten Gegenständen eine geringe Tiefe zeigen, also sehr angenähert flächenhaft gestaltet sein wird. Die beiden augenseitigen Hauptstrahlenrichtungen nach entsprechenden Bildpunkten mögen sich, rückwärts verlängert, in weiter Ferne wirklich schneiden, so liegen doch notwendig die Orte der beiden Bildpunkte im Sinne der Lichtrichtung sehr merklich hinter dem Punkte des vom Brillenträger beobachteten Raumbildes. Im entgegengesetzten Falle einer beidäugigen Arbeitsbrille für einen Alterssichtigen sei die Anordnung gerade umgekehrt, und es treten hier bei den nahen Raumdingen noch wechselnde Konvergenzwinkel auf. Man erkennt also, daß ein volles Verständnis der beidäugigen Brille eine Kenntnis davon verlangt, wie der natürliche Zusammenhang zwischen Akkommodation und Konvergenz getrennt werden kann. Die eingehendste Schilderung der Bestrebungen in dieser Richtung wolle man bei C. Hess (*1.* 143) nachlesen.

Im Laufe der nächsten Jahrhunderte wurde die Doppelform zur gewöhnlichen, was durch den Namen dieses Geräts, stets eine Form in der Mehrzahl, belegt ist, aber man kann bei der ungemein geringen Teilnahme der gleichzeitigen gelehrten Optiker für die Einzelheiten an der Brille nur auf dem schwankenden Grunde der Rückschlüsse einige Aussagen über die Anpassung dieser Augenhilfe an das Gesicht des Trägers machen. Danach scheint es, als habe man schon um den Ausgang des 16. Jahrhunderts die Anforderung gestellt, es müßten die Blicklinien bei symmetrischem Verlauf nach dem in der Arbeitsentfernung geradeaus nach vorn gelegenen Punkte durch die Brillenscheitel treten. Das hatte zur Folge, daß man die stärker vergrößernden, ziemlich tief auf die Nase gesetzten Brillen mit entsprechend kleineren Linsendurchmessern ausführte. Doch bevor man die unbedeutenden Bemerkungen zusammenträgt, die sich zu diesem Gegenstande in den Schriften des 17. Jahrhunderts finden, muß man der ganz wichtigen Erfindung gedenken, die sich der aus Wesel gebürtige Middelburger Brillenschleifer Johann Lipperhey[1]) im Anfang Oktober 1608 schützen ließ, nämlich des holländischen Fernrohrs. Die Erfindung machte ein großes Aufsehen, galt aber durchaus als Brille, was sich auch darin zeigte, daß man gute Fernrohre im Anfang aus Bergkristall, dem für besonders gute Brillen bevorzugten Rohstoff, herstellte. Zum Überfluß bestätigt es in alten Druckschriften der Fachmann C. A. Mancini (*1.* 86), der noch 1660 die Brillen in einfache und zusammengesetzte einteilt. In neuester Zeit hat M. Engelmann (*1.*) aus einer Dresdener Bestandliste von 1613 den Nachweis geführt, daß damals Fernrohre von holländischer Anlage als „Perspectiff Priellen" bezeichnet wurden. Es ist daher leicht zu verstehen, daß die holländische Regierung dem um einen Schutzbrief einkommenden Fachmann das Ansinnen stellte, sein Gerät wie bei den gewohnten einfachen Brillen dem Gebrauch beider Augen anzupassen.

Die durch die Bemühungen von J. H. van Swinden aufgefundenen Akten über J. Lipperheys Patentbewerbung wurden 1831 von G. Moll bekanntgemacht und finden sich bei H. Servus (*1.* 117—119) abgedruckt. Es läßt sich aber daraus durchaus nicht schließen, daß der beauftragenden Behörde oder dem ausführenden Künstler die Besonderheit eines beidäugigen Instruments gegenwärtig gewesen wäre. Wie J. Lipperhey der

[1]) Im Anfang der Akten auch Lippershey geschrieben.

Schwierigkeit Herr wurde, zwei alte holländische Fernrohre mit ihrem kleinen wahren Gesichtsfelde so miteinander zu verbinden, daß man überhaupt mit beiden Augen beobachten konnte, ist aus diesen Berichten nicht zu erkennen. Vielleicht geht die CHOREZische Beschreibung auch hierin auf LIPPERHEY zurück. Mindestens weiteren Kreisen ist es damals gar nicht zum Bewußtsein gekommen, daß es sich hier um etwas Besonderes handele, denn älteren Schriftstellern dieses Gebietes, etwa den optisch tätigen Mönchen des 17. Jahrhunderts, galt J. LIPPERHEY, dem die Erfindung des holländischen Fernrohrs doch manchmal zuerkannt wurde, durchaus nicht als der erste Verfertiger auch des Doppelinstruments; daraus darf man aber wohl schließen, daß die Herstellung von Fernrohren in Holland damals im wesentlichen auf die Einzelrohre beschränkt blieb.

Auch J. LIPPERHEYS französischer Zeitgenosse D. CHOREZ, ein Brillenmacher und Verfertiger von Meßinstrumenten, der, wie aus kampfbereiten Äußerungen von CHÉRUBIN D'ORLÉANS[1]) (*4.* 193) hervorgeht, um das Jahr 1625 ein holländisches Doppelfernrohr zum Verkauf angezeigt hat, ist zunächst fast ganz unbeachtet geblieben. Doch weiß man aus jenen Vorrangsstreitigkeiten, daß sein Doppelglas aus zwei kurzen holländischen Fernrohren von $5^1/_2$—8 cm Länge bestand, die parallel zueinander und so angebracht waren, daß eine Veränderung des Achsenabstandes durch die Parallelverschiebung eines Rohres vorgenommen werden konnte. Nach den Angaben des Verfertigers soll man mit den parallelen Rohren entfernte Gegenstände bis zu einer Entfernung von 100 Schritten heran beidäugig haben beobachten können. Für nähere Gegenstände hätten die Rohre einzeln gerichtet werden müssen.

Erst ziemlich spät ist man auf D. CHOREZ wieder aufmerksam geworden. So gab G. GOVI (*1.*) 1880 aus dem in der Pariser Nationalbibliothek aufbewahrten Flugblatt einen Auszug, der mit den mitgeteilten Angaben gut übereinstimmt, und J. ROUYER (*1.* 79) veröffentlichte 1901 auch eine Nachbildung der Zeichnung.

Hier setzt nun die schon oben behandelte Verbesserungstätigkeit der Ordensgeistlichkeit ein, und man kann annehmen, daß die gründlich durchdachten Verfeinerungen, wie sie CHÉRUBIN D'ORLÉANS vorgesehen hatte, von den Brillenfachleuten des 17. Jahrhunderts im allgemeinen nicht übernommen wurden. Dagegen machte sich die gewerbsmäßige Erzeugung solcher Fernrohre die Empfehlung zunutze, die die Mönche von A. KIRCHER an bis zu J. ZAHN hin für die kurzen Formen schwacher Vergrößerung ausgesprochen hatten. Dafür bildete sich, wann ist noch nicht festzustellen, der besondere Handwerkerstand der *Perspektivmacher*

---

[1]) Man findet nicht selten in Antiquariatskatalogen als Laiennamen dieses Mönches F. LASSERÉ angegeben. Nach einer freundlichen Mitteilung des Herrn W. JUNK geht das auf BRUNETS *Manuel* **3.** 864 zurück.

heraus, der in Oberdeutschland sicher gegen das Ende des 17. Jahrhunderts bestand. Es ist anzunehmen, daß er sich bald mehr oder minder nach Fürth und Umgebung hinzog und schlecht, aber ungemein billig arbeitete. Weiß man nach dem früheren aus ZAHN und SMITH von der Verbreitung der Doppelgläser bis zum Jahre 1738, und wird weiter unten aus den BREWSTERschen Angriffen das Vorhandensein eines Mailändischen Doppelfernrohrs aus dem Jahre 1726 belegt werden, so kann man aus dem Berichte H. KRAUSZENS (*1.*) lernen, daß um 1741 süddeutsche Doppelfernrohre auf dem Markt waren, und 1747 waren solche Vorkehrungen dem Dresdener Optikus J. FR. MEYEN wohlbekannt.

Beachtet man, daß um diese Zeit das einfache Handröhrchen schwacher Vergrößerung eine in bemittelten Kreisen sehr verbreitete Augenhilfe war, so wird man sich nicht wundern können, daß gelegentlich auch an andern Orten ein erfinderischer Kopf darauf kam, zwei solcher Handperspektive zu einem Doppelrohr zu vereinigen, und zwar weiß man, daß das vor 1758 unter dem Einfluß des ZAHNschen Werks der venezianische Fachmann D. SELVA und nach ihm vor 1787 sein Sohn L. SELVA (*1.*, *2.*) gelegentlich auch mit achromatischen Rohren tat. Wie man aus Abb. 24 erkennt, ist die hier benutzte Anordnung zur Regelung des Abstandes noch einfacher als die kunstloseste der von CHÉRUBIN D'ORLÉANS vorgeschlagenen.

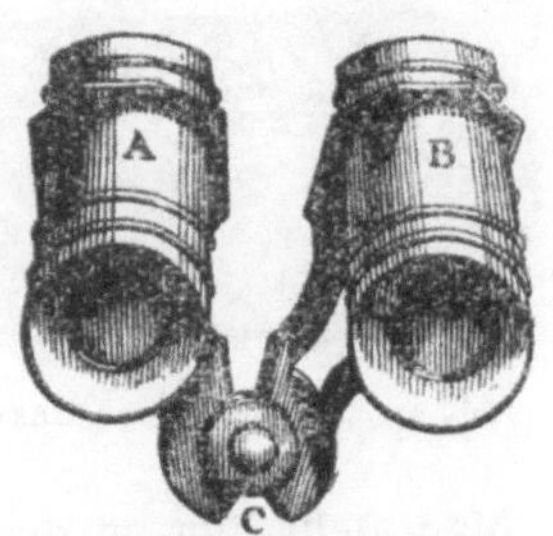

**Abb. 24. D. SELVAS holländisches Doppelfernrohr mit einfacher Anpassungsvorrichtung an den Augenabstand. Die Einzelrohre bleiben einander parallel.**

Eine andere gleichartige Lösung derselben Aufgabe gelang gegen Ende des 18. Jahrhunderts einem nicht genannten kurzsichtigen Astronomen in England, und seine brillenartige Vorrichtung wurde von verschiedenen an dem gleichen Augenübel leidenden Fachgenossen übernommen. Der ziemlich späte Bericht, der sich bei M. VON ROHR (*20.* 87) abgedruckt findet, stammt zwar erst aus dem Jahre 1824, muß aber auf eine viel frühere Zeit zurückgehen, da einer der namentlich aufgeführten Benutzer bereits 1805 gestorben ist. Man hat hier also einen gut beglaubigten Beleg für eine aus dem einzelnen Handperspektiv entwickelte beidäugige Einrichtung. Bald danach, 1807, hat der französische Optiker J. G. A. CHEVALLIER die entsprechende Erfindung (Abb. 25, S. 40) angeboten, wofür Einzelheiten bei M. VON ROHR (*16.* 2/3) zu finden sind, Auch hier war in erster Linie an Kurzsichtige, als die eigentlichen Benutzer der Handperspektive, gedacht worden. Bemerkt zu werden verdient, daß in der gleichzeitigen Besprechung wohl hervorgehoben wurde, es erschienen die durch dieses brillenartige Doppelfernrohr betrachteten Gegenstände sehr genähert, daß aber kein Hinweis zu der Tiefenänderung des Raumbildes zu finden ist. Diese beiden Einrichtungen, die übrigens der

Gewichtsersparnis halber mit einfachen Linsen ausgeführt worden sein werden — bei der französischen Form ist es sicher —, würde man heute als Fernrohrbrillen bezeichnen und bei ihnen vorzugsweise an Kurzsichtige als Träger denken.

Den Schlußstein dieser Entwicklung legte der Wiener Optiker FR. VOIGTLÄNDER (*1.*) im Jahre 1823, als er sich auf ein Doppelfernrohr ein österreichisches Privilegium erteilen ließ. Er[1]) setzte zwei Handperspektive mit einfachen oder achromatischen Objektiven so zusammen, daß ihre parallelen Achsen die Mitten beider Augen — man würde heute sagen die Drehpunkte — trafen. Schon anderthalb Jahre später erhielten die Wiener Optiker B. WIEDHOLT (*1.*) und A. SCHWAIGER einen Schutz auf eine solche Verbindung zweier Rohre, daß sie dem Augenabstande des Beobachters angepaßt werden konnten.

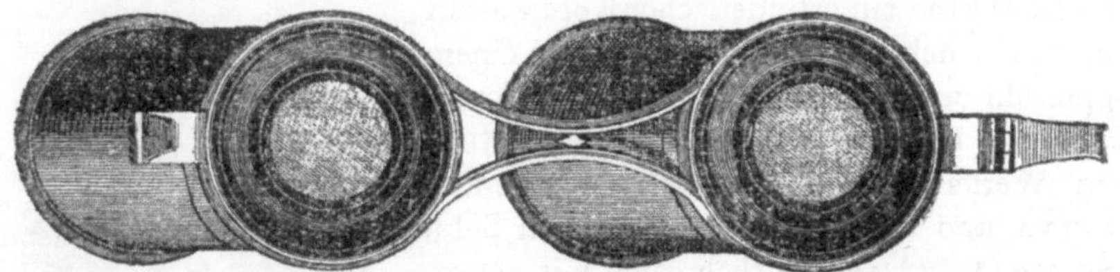

Abb. 25. Die beidäugige CHEVALLIERsche Fernrohrbrille. In $^3/_4$ der natürlichen Größe.

Man steht hier an der Wiege des neuzeitlichen Doppelfernrohrs und kann sehr wohl an dieser Stelle einen Rückblick auf die Entwicklung werfen. Die neue Form des Wiener Künstlers geht grundsätzlich wenig über die Gedanken hinaus, die möglicherweise schon von J. LIPPERHEY, jedenfalls aber bei D. CHOREZ, in der einfachsten Form von CHÉRUBIN D'ORLÉANS und bei beiden SELVAS verwirklicht waren. Aber diese Formen lebten wohl im Gedankenkreise des Gewerbes nicht mehr, und gegenüber den doppelten Fernrohrbrillen, die in England und Frankreich für auffallend kurzsichtige Benutzer vorgeschlagen worden waren, berücksichtigt nun die Wiener Entwicklung den rechtsichtigen Theaterbesucher und setzte im Handel ausschließlich oder doch mindestens vorwiegend achromatische Fernrohre ab. Kein Wunder, daß die Leistungen der neuen Doppelrohre überall Anklang fanden, und kaum je wurde auf die früheren Formen der Doppelfernrohre — niemals, soviel ich weiß, auf die frühesten — hingewiesen.

Zu den Persönlichkeiten der Erfinder sind eingehendere Einzelheiten nur über FR. VOIGTLÄNDER bekannt geworden, der durch seine Mitarbeit an dem photographischen Objektiv seinen Ruf als tatkräftiger und urteilsfähiger Geschäftsmann noch besonders gesteigert hat. Über WIED-

[1]) Die ersten Angaben sind mir durch die freundlichen Bemühungen des Herrn Hofrats J. M. EDER in Wien bekannt geworden. Den vollständigen Wortlaut, soweit er heute erhalten ist, habe ich (*17*, 147) 1915 mitgeteilt.

HOLD ließ sich gar nichts feststellen; SCHWAIGER aber erscheint wenigstens flüchtig als Feldstechererzeuger in dem TINTERschen (*1.*) amtlichen Berichte zur Wiener Weltausstellung.

In dem Ursprungslande scheint die Neuerung keinerlei Aufsehen gemacht zu haben; mindestens in den hier benutzten Schriften findet man keine gleichzeitige Beziehung auf das VOIGTLÄNDERsche Doppelfernrohr. Dagegen ist es wohl diese Anregung gewesen, die in Frankreich eine so bereitwillige Aufnahme fand.

Gegen Ende April 1825, etwa sechs Wochen nach dem obenerwähnten Gesuch von B. WIEDHOLD und A. SCHWAIGER, bewarb sich der Pariser Optiker J. PH. LEMIÈRE (*1.*) um ein Patent[1]), und zwar suchte er, wie es sehr bezeichnender Weise heißt, um Schutz für die Einfuhr und Verbesserung von Doppelfernrohren nach. Wenn in seiner Beschreibung nun auch der Name des ausländischen Erfinders nicht genannt worden ist, so wird man hinter diesem Unbekannten doch wohl FR. VOIGTLÄNDER suchen müssen, da ein anderer Bewerber um die Erfinderschaft vorläufig nicht bekannt ist. Die beiden von M. VON ROHR (*20.* 88) mitgeteilten Berichte von J. T. HUDSON (*1.*) um 1840 und CH. CHEVALIER vom Jahre darauf stimmen in ihren allgemeinen Zeitangaben ganz erträglich überein, verlegen die Erfindung allerdings zu weit zurück. Der näher beteiligte CHEVALIER gibt auch Wien richtig an, während der Engländer die Erfindung in Frankreich gemacht werden läßt, woher er offensichtlich seine Doppelfernrohre bezogen hatte. Wenn man also nach seiner eigenen Angabe J. PH. LEMIÈRE nicht als einen Erfinder ansehen kann, so muß man doch seinem technischen Geschick volle Anerkennung zollen, denn in der Tat ging aus seinen Händen das holländische Opernglas so ziemlich in der Form hervor, die es noch heute bewahrt hat. Auf ihn geht die gemeinsame Scharfstellung der beiden Fernrohre zurück; wenn er das Getriebe auch zunächst in das eine der beiden Rohre gelegt hatte, so sah er doch bereits in der ersten Patentschrift die Möglichkeit vor, es in der Mitte zwischen beiden Rohren gesondert anzubringen. Auch die beiden vornehmsten Anpassungsmöglichkeiten für den Augenabstand, mit Hilfe des mittleren Gelenks und durch Parallelverschiebung der beiden Rohre finden sich schon bei ihm und sogleich in einer schönen und zweckmäßigen Ausgestaltung.

---

[1]) Der oben erwähnte J. ROUYER (*1.* 29) verlegt die Wiedererfindung in das Jahr 1816 und schreibt sie BEAUTAIN und LEMIÈRE zu. Bei diesen Angaben scheinen aber mehrere Unrichtigkeiten vorzuliegen. Ausführliche Durchforschungen der frühen Bände der französischen Patentsammlung haben gezeigt, daß CH. T. BAUTAIN sich in seinem Patent (*1.*) vom Frühjahr 1827 und einem Nachtrage vom Herbst des gleichen Jahres um einen Schutz bewarb für Doppelfernrohre mit gemeinsamer Scharfstellung und Parallelverschiebung der beiden Einzelrohre zur Anpassung an den Augenabstand. Da die Schutzschrift J. PH. LEMIÈRES aber mehr als zwei Jahre älter ist, so wird man BAUTAIN nur nebenbei erwähnen können.

Es ist das bis auf kleine Einzelheiten derselbe Entwicklungsgang, der sich bei der Ausgestaltung des BREWSTERschen Prismenstereoskops wiederholen sollte; bereits hier bedurfte es des mechanischen Geschicks eines französischen Fachmannes, damit eine wichtige Erfindung des Auslandes eine zweckmäßige Verkörperung erhalte. Diese beiden Väter des holländischen Doppelfernrohrs, FR. VOIGTLÄNDER und J. PH. LEMIÈRE, hätten wohl verdient, wegen ihrer Leistung als Urheber des optischen Instruments von weitester Verbreitung besser bekannt zu sein, als sie es heute sind.

Wie man schon aus diesen Anfängen entnehmen kann, war die Teilnahme des Gewerbes an der Neuheit namentlich in Paris lebendig, und man kann auf einige gelegentliche Bemerkungen von Fachleuten hinweisen, wonach die Aufnahme der Doppelgläser durch die Käufer wohl nicht gerade glänzend aber immerhin vorhanden war. So bemerkte der Berliner (aber ganz in der französischen Optik wurzelnde) Fachmann C. PETITPIERRE (*1.* 128) 1828, daß man die Perspektive meistens nur für ein Einzelauge verwende, und CH. CHEVALIER (*1.*) erwähnte 1834 in seiner Schutzschrift für ein Fernrohr neuer Bauart, daß es sich auch für Zwillingsrohre ebensowohl wie für Einzelrohre eigne. Wenn schließlich J. G. A. CHEVALLIER (*1.*) 1836 Zwillingsgläser mit Anpassung an den Augenabstand unter einem besonderen Namen (*jumelles centrées*) empfahl, so läßt das einen Schluß auf die betrübende Tatsache zu, daß schon im ersten Jahrzehnt der weiteren Aufnahme diese wichtige Einrichtung von der Mehrzahl der Hersteller weggelassen worden sei. Auf eine Verbindung mit den CHEVALLIERschen Fernrohrbrillen und seinen Wunsch, die Fassung möglichst leicht auszuführen, weist ein Patent von N. THIRION (*1.*) aus dem Jahre 1837 hin, wo doppelte Operngläser mit Zeugbalgen versehen wurden. Es hat den Anschein, als hätte man diese dem heutigen Fachmann unerträglich erscheinende Minderung der starren Teile — allerdings wiesen diese Formen wie eine Stielbrille einen Handgriff an ihrer linken Seite auf — nicht ganz selten durchgeführt. — Wenn schließlich J. T. HUDSON in seiner schon angeführten Bemerkung vom Jahre 1840 hervorhob, daß schon zu dieser Zeit auch kleine Erdfernrohre zu einem beidäugigen Gerät gepaart worden seien, so wird man diese Angabe eines Fachmanns nicht verwerfen dürfen, weil sonst nichts über ein so frühes Erscheinen von Zwillings-Erdfernrohren bekanntgeworden ist. Man wird vielmehr die Herstellung solcher langen Doppelrohre in die stille Zeit des ersten Jahrzehnts nach der Wiener Neuerfindung verlegen müssen.

Wendet man sich schließlich noch zu den Neuerungen am Bau der Brille, wie sie auf die Fachleute zurückgehen, so ist der Bericht um die Zeit von KEPLER herum aufzunehmen, wo er im Verlaufe der vorliegenden Darstellung unterbrochen werden mußte.

Es ist schwer zu sagen, wie die Fassungen der etwa auf das Jahr 1600 anzusetzenden Regensburger Brillenmacherordnung zur Anpassung an das Gesicht der Träger verwandt wurden, da die oberdeutschen Betriebe anscheinend ausschließlich für wandernde Brillenhändler arbeiteten: vorhanden waren dort aber einige Mittel zur Anpassung, die wesentlich über den dürftigen Vorschlägen C. MEYERS vom Jahre 1689 standen, womit R. GREEFF (*1.*) die Kenntnis der früheren Zeit bereichert hat. — J. ZAHN (*2.* 67), der schon erwähnte Wortführer der Klostergelehrten, warnt sehr verständig vor den käuflichen, liederlich aus zwei ungleichen Gläsern angefertigten Lesebrillen, durch die ja in der Tat ein windschiefer Verlauf

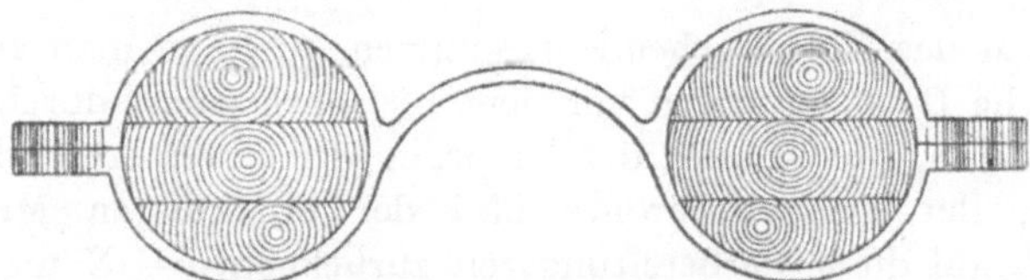

Abb. 26. Vorderansicht der Dreistärkenbrille nach HAWKINS. Die Scheitel der Linsenstücke sind durch kleine Kreischen kenntlich gemacht.

des zu einem seitlichen Dingpunkte gehörigen Hauptstrahlenpaars im Augenraum herbeigeführt werden kann. Das Vorkommen ungleichsichtiger Augen galt ihm (69) als ganz bekannt, und er verordnete nach der Weise seiner geistlichen Vorgänger ausgleichende Brillengläser. — Bemerkungen gerade zu dieser Frage finden sich 1746 bei dem Pariser Brillenfachmann M. THOMIN, der sogar einen recht weitgehenden Fall (— 3 und — 12dptr) von Ungleichsichtigkeit mit ausgleichenden Gläsern

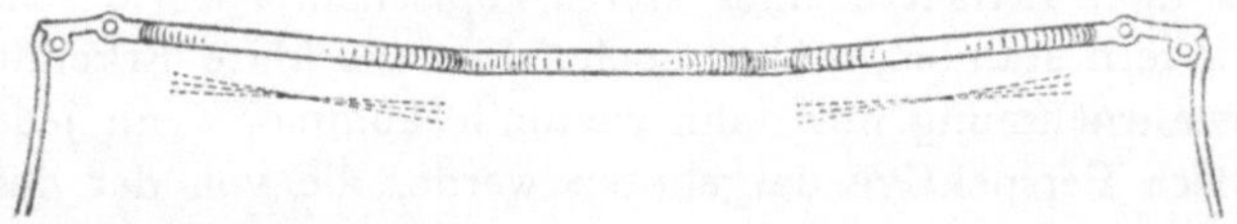

Abb. 27. Die Dreistärkenbrille nach HAWKINS von oben betrachtet. Die gestrichelten Linien unterhalb der Brilleneinfassungen zeigen die Neigung der mittleren Linsenebenen gegeneinander an.

behandelt hat. — Bald darauf, 1756, hat der Londoner Optiker B. MARTIN (*1.*) in seinen als *visual spectacles* angezeigten Brillen einen alten Vorschlag verbessert, indem er die Brillengläser so stellte, daß ihre Mitten von den Blickrichtungen nach dem Hauptblickpunkt auch noch unter rechten Winkel durchsetzt wurden. — Die Verbesserungen an dem einzelnen Brillenglase, worüber man eine Geschichte der Brille zu Rate ziehen muß, wurden selbstverständlich auch der beidäugigen Brille zuteil, und es bedeutet einen Abschnitt in ihrer Entwicklung, als gegen das Ende des 18. Jahrhunderts die einen guten Sitz gewährende Ohrenbrille in weiteren Kreisen Eingang fand. — Die ausgezeichnete Arbeit, die J. I. HAWKINS (*1.*) 1826 der Anpassung seiner Dreistärkenbrille (Abb. 26 u. 27) widmete, wäre ohne die Grundlage der Ohrenbrille unmöglich gewesen.

Auch die Wissenschaft begann, sich des beidäugigen Sehens durch die Brille anzunehmen, und die Arbeiten des Londoner Arztes G. Wells vom Jahre 1792 sowie des Dessauer Schulmannes G. U. A. Vieth vom Jahre 1818 waren der Beeinflussung des beidäugigen Sehens je durch eine Sammel- und durch eine Zerstreuungsbrille gewidmet. Die Wellsischen Anschauungen zum beidäugigen Sehen im allgemeinen sind von C. W. Piper (*1.*) in neuerer Zeit zusammengestellt worden; man erkennt, daß er in seiner Fragestellung gewisse Berührungspunkte mit Ptolemaeus hatte.

Faßt man das Vorhergehende zusammen, so kann man sagen, daß stereoskopische Beobachtungen vor dem 19. Jahrhundert durchaus nicht unbekannt waren, wie ja auch der Ursprung der ersten stereoskopischen Instrumente, der Doppelfernrohre und der binokularen Mikroskope, unzweifelhaft auf diese Vorbereitungszeit zurückgeht. — Namentlich die allerdings sehr überraschenden Erscheinungen dieser Art, wie sie sich an reellen, von Hohlspiegeln entworfenen Bildern zeigen, waren mehrfach und mit großer Gründlichkeit behandelt worden. Auch die natürliche Tiefenwahrnehmung durch das binokulare Sehen war sorgfältig untersucht worden und hatte schon früh zur Aufstellung einer Lehre geführt, die der später unter dem Namen E. Brückes bekannten nahesteht. Über die Wahrnehmung von Entfernungen selbst und ihrer Unterschiede (der Tiefen) finden sich bemerkenswerte Versuche und Ansichten. Ja, R. Smith war sogar zur Anfertigung einer stereoskopischen Zeichnung gekommen, und J. Kepler sowie J. Harris hatten Grundlehren aufgestellt, die dem Leitsatze einer stereoskopischen Theorie schon nicht mehr gar zu fern standen. Aber noch fehlte die klare Erkenntnis, daß eine Tiefenwahrnehmung nur dann zustande komme, wenn jedem Auge eine besondere Perspektive dargeboten werde, die von der des andern verschieden sei. Diese Forderung war tatsächlich, aber wohl nur zufällig, in der Smithischen Zeichnung und den verwandten Versuchen verwirklicht, und ihre Heraushebung ist dem verdienten Forscher nicht gelungen.

Was die beidäugigen Augenhilfen angeht, so kamen für weitere Kreise nur die alten Brillen und die aus ihnen entwickelten holländischen Fernrohre in Betracht, und ihre Förderung liegt mindestens gegen den Schluß der hier behandelten Einleitungszeit ganz und gar in den Händen der Gewerbsleute. Daß die Knifflichkeit der Aufgabe bei den Brillen über deren Kräfte hinausging, braucht nicht besonders nachgewiesen zu werden, da sich noch die Gegenwart an Schwierigkeiten solcher Art zu mühen hat. Die Doppelfernrohre wurden zuerst verlangt, da man sie als eine Art von Brillen ansah und zu behandeln wünschte. Die in erster Linie von Chérubin d'Orléans gelieferte strenge und wissenschaftliche Lösung konnte nicht befriedigen, weil die Leistungen der mit Farbenfehlern behafteten und lichtschwachen Fernrohre nur dem verständnisvollen Liebhaber die Mühe des Ausrichtens gelohnt hätten. Die größere Menge der Benutzer von Doppelperspektiven — auch sie wird ziemlich klein gewesen sein — benutzte Zwillingsrohre mit gleichgerichteten Achsen und fristete dieser Form jedenfalls bis zum Ende des 18. Jahrhunderts ein kümmerliches und mißachtetes Leben. Der Ansatz zur Herstellung von Fernrohrbrillen scheint auch keinen großen Erfolg bedeutet zu haben, und erst 1823 tat Fr. Voigtländer den glücklichen Griff, den alten Gedanken eines Doppelrohrs mit den inzwischen durch die Farbenhebung wesentlich verbesserten Perspektiven von neuem zu verwirklichen. Die Verbesserung der Fassung mußte aber das Wiener Gewerbe gleich zu Anfang mit dem Pariser teilen und den Hauptabsatz der fertigen Gläser allmählich fast ganz an den begünstigteren Platz abtreten.

## 2. Das Spiegelstereoskop Ch. Wheatstones und die Zeit bis zur Verbreitung des Brewsterschen Prismenstereoskops.

Wohl im Anfange der dreißiger Jahre fiel es dem englischen Physiker Ch. Wheatstone (*1.* 379) auf, daß bei beidäugiger Betrachtung der strahlige Widerschein einer Kerzenflamme an einer auf der Drehbank polierten Scheibe als eine gerade Linie diese Scheibe zu durchdringen schien. Ihm bot sich die richtige Erklärung in der Verschiedenheit der den beiden Augen dargebotenen Bilder dar, und er tat den Schritt, der seinen Vorgängern nicht gelungen war. Er sah von der zufälligen Erscheinungsform der Spiegelbilder ab und fand, daß die Erscheinung auch dann eintritt, wenn zwei verschiedene greifbare Bilder eines Gegenstandes den beiden Augen einzeln dargeboten werden. Ändere man nun bei Festhaltung dieser Bilder durch künstliche Mittel die Konvergenz der beiden Blickrichtungen, so ergäbe sich ein Raumbild, das je nach der Konvergenz größer oder kleiner aufgefaßt werde. Diese erste Nachricht über seine Versuche[1]), die Ch. Wheatstone, der damals gerade mit der Ausarbeitung des elektrischen Zeigertelegraphen beschäftigt war, zur Wahrung seiner Erfinderschaft an die Öffentlichkeit brachte, findet sich

[1]) Durch eine spätere, aber glaubwürdige Mitteilung von R. Murray (*1.*) ist es bekannt geworden, daß Ch. Wheatstone in Gemeinschaft mit dem Mechaniker ... Newman seine Versuche angestellt habe; so wurden schon um das Ende des Jahres 1832 brechende Prismen und auch Spiegel verwandt. Daß Wheatstone mit seiner ungewöhnlichen Handfertigkeit seine Hilfsmittel wieder und immer wieder verändert hat, läßt sich aus seinen Handstereoskopen erkennen, die im Jahre 1912 im Londoner South Kensington Museum aufbewahrt wurden; s. auch bei R. Biedermann (*1.* 211); sie werden allerdings aus sehr verschiedenen Zeiten stammen.

1833 in der dritten Auflage der MAYOschen Physiologie, aber sie hat allem Anscheine nach selbst auf Männer der Wissenschaft keinen Eindruck gemacht.

Erst fünf Jahre darauf hatte er Muße genug, seine Forschungsergebnisse ausführlich zu veröffentlichen, und das geschah in dem ersten der beiden aus seiner Feder stammenden hauptsächlichen Aufsätze (*1.*). Bei der großen Bedeutung, die seine Arbeit für den vorliegenden Zweck hat, und bei der eigentümlichen, weitverbreiteten Unkenntnis ihres Inhalts muß eine etwas eingehendere Darstellung des Wichtigsten an dieser Stelle Platz finden, und zwar mag dabei die Absonderung der 16 Abschnitte der Urschrift kenntlich gemacht werden.

Werde ein Raumding beidäugig aus der Nähe betrachtet, so ergäben sich verschiedene Bilder für die beiden Augen, wie man bei einem ein-

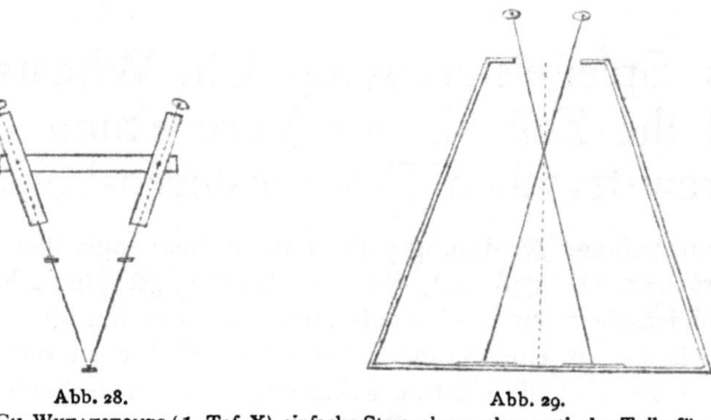

Abb. 28. Abb. 29.
CH. WHEATSTONES (*1.* Taf. X) einfache Stereoskope ohne optische Teile für gleichgerichtete gekreuzte Blickrichtungen.

fachen Versuch leicht feststellen könne. Wenn das nicht schon viel früher bemerkt worden sei, so sei der Grund darin zu suchen, daß man allgemein von der Richtigkeit der Annahme korrespondierender Netzhautstellen überzeugt gewesen wäre und übereinstimmende Projektionen desselben Gegenstandes auf beide Netzhäute vorausgesetzt habe. Einzig L. DA VINCI sei auf dem Wege zu der richtigen Erkenntnis gewesen, wenn er darauf hingewiesen habe, daß auch richtig entworfene Gemälde, beidäugig betrachtet, nie eine vollkommene Täuschung herbeiführen könnten. — Biete man nun je ein ebenes Projektionsbild jedem der beiden Augen dar, so erhalte man den Eindruck eines körperlichen Gegenstandes. Als einfache Hilfsmittel kämen die in Abb. 28 und 29 vorgeschlagenen Einrichtungen in Betracht, die so getroffen worden seien, daß sie das störende Nebenbild für jedes einzelne Auge ausschlössen. Im ersten Falle seien die Augen auf einen Punkt gerichtet, der weiter entfernt sei als die Ebenen der beiden Zeichnungen, im zweiten Fall aber liege der Konvergenzpunkt näher als die Zeichnungen. — Vollkommener aber als diese

Hilfsmittel sei das als *Stereoskop*[1]) eingeführte Instrument (Abb. 30). Dabei würden den Augen dargeboten die von zwei ebenen, gegeneinander unter 90 Grad geneigten Spiegeln entworfenen Bilder von Zeichnungen, die mit den Ebenen der zugehörigen Spiegel einen Winkel von 45 Grad bildeten. Beim Einschieben von Zeichnungen in die Rillen habe man

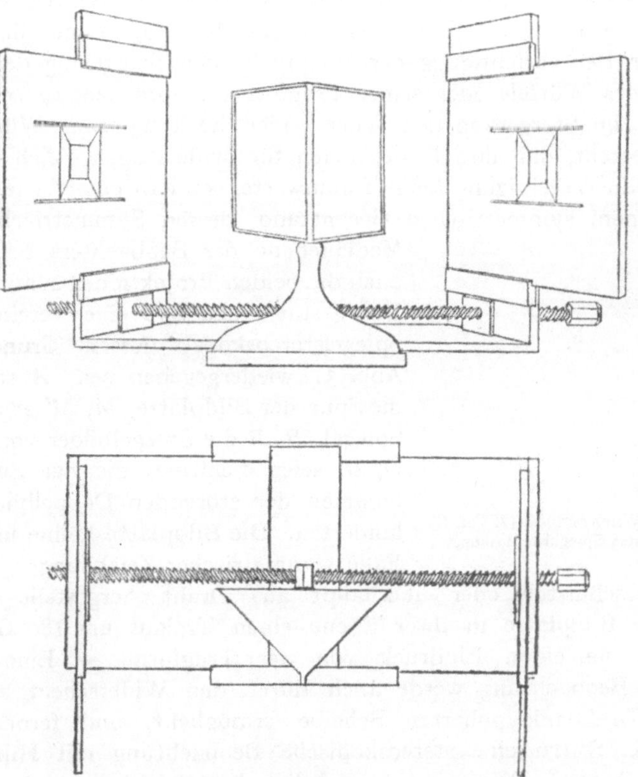

Abb. 30. Ch. Wheatstones (*1.* Taf. X) Spiegelstereoskop. Vorderansicht und Grundriß.

darauf zu achten, daß sich die Horizonte beider Bilder in gleicher Höhe befänden. Eine Schraube mit Rechts- und Linksgewinde erlaube die Entfernung der beiden Bildebenen von den Spiegeln übereinstimmend zu verändern. — Einige Umrißzeichnungen einfacher Körper wären als Muster beigegeben. — Vertausche man die beiden Bilder im Stereoskop,

[1]) Was diesen Namen angeht, so konnte M. v. Rohr (*10.* 124) zeigen, daß er nicht neu war, sondern sich auf J. G. A. Chevallier und mindestens das Jahr 1820 zurückführen ließ. Denn damals war dieser Ausdruck für ein Gerät vorgeschlagen worden, das man heute zweckmäßig als *Bildwerfer mit auffallendem Licht* bezeichnet und damit die durch keinerlei Kenntnis der Sprachgeschichte beschwerte Benennung *Episkop* (völlig gleicher Abstammung mit *Bischof*) ersetzt.

so ergebe sich eine Veränderung der Entfernungen: man erhalte die Trugform oder die konvertierte (*converse*) Figur. Dabei müsse aber hervorgehoben werden, daß diese Auffassung nur gelinge, wenn sie der Erfahrung nicht durchaus widerspreche. — Der durch das Stereoskop vermittelte Eindruck unterscheide sich nicht von dem, den ein greifbarer Körper hervorrufe. Zum Beweise dafür würden zwei Würfelgerippe im Stereoskop benutzt. Stelle man sie so, daß die Projektionen ihrer Umrisse unter Berücksichtigung der entsprechenden Spiegelung den Halbbildern eines Würfels oder seiner Trugform entsprächen, so sehe man auch jetzt im Stereoskop den Würfel oder die Trugform. Würden sie aber so gestellt, daß ihre Projektionen für beide Augen gleich würden, so ergebe die Vereinigung keine Raumwerte, sondern eine ebene Fläche. — Bei einem symmetrischen Gegenstand, dessen Symmetrieebene die Medianebene des Beobachters sei, wären auch die beiden Projektionen symmetrisch. Das gestatte den Bau eines vereinfachten Spiegelstereoskops, dessen Grundriß in Abb. 31 wiedergegeben sei. $A$ sei darin die Spur der Bildplatte, $M$, $M'$ zwei ebene Spiegel, $B$, $B$ die Spiegelbilder von $A$ und $D$, $D'$ seien Schirme, die das Zustandekommen der störenden Doppelbilder verhinderten. Die Bildplatte könne in diesem Falle symmetrischer Zeichnungen aus Papier ausgeschnitten oder überhaupt aus Draht hergestellt werden. Mache die Bildplatte in ihrer Ebene einen Umlauf um 180 Grad, so veranlasse sie einen Eindruck von der Trugform. — Eine stereoskopische Beobachtung werde auch durch den Widerschein an einer auf der Drehbank polierten Scheibe ermöglicht, und ferner finde sich bei R. SMITH eine stereoskopische Beobachtung mit Hilfe eines Zirkels (s. S. 32). — Wenn nun hinsichtlich der Gesichtswahrnehmung ein wesentlicher Unterschied zwischen dem einäugigen und dem beidäugigen Sehen bestehe, wie könne dann ein Einäugiger eine richtige Tiefenanschauung erhalten? Das geschehe unter der Mitbenutzung von Kopfbewegungen. Aber auch perspektivische Zeichnungen könnten eine sehr weitgehende Täuschung herbeiführen, zumal wenn die störende Umgebung durch geeignete Schirme abgeblendet würde. Besonders groß werde die Täuschung, wenn die Zeichenebene eine ungewohnte Lage habe, denn dann stelle man sich den Gegenstand selbst leichter vor als seine Projektion. — Handele es sich um Zeichnungen von Gerippen geometrischer Körper, so könne hier leicht namentlich bei einäugiger Betrachtung die Trugform auftreten; diese und ähnliche Fragen seien schon häufiger behandelt worden, und zwar sei zunächst auf die NECKERsche Arbeit verwiesen. — Auch die GMELINschen und BREWSTERschen Beob-

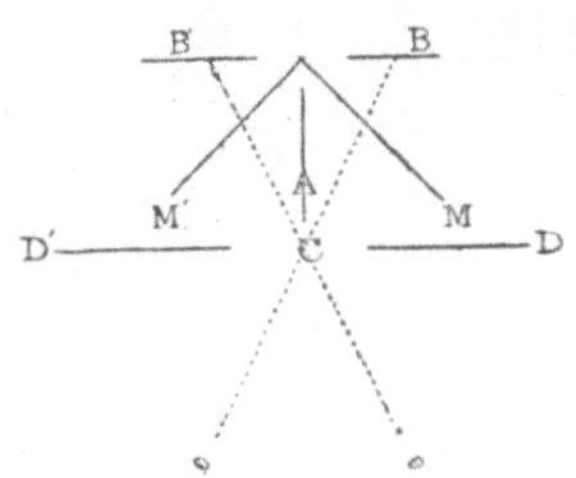

Abb. 31. CH. WHEATSTONES (*1.* Taf. X) vereinfachtes Spiegelstereoskop.

achtungen gehörten dazu. Ganz besonders merkwürdige Folgen habe die Auffassung und Festhaltung der Trugform eines Würfels, wenn mit dem Würfelgerippe Drehungen und Bewegungen vorgenommen würden. Diese seien dann mit der Wahrnehmung einer ständigen Formveränderung des Kantenwerks verbunden. — Wenn bei den unähnlichen Halbbildern doch die Gegenstände einzeln, ohne Doppelbilder, erschienen, obgleich sie im Auge nicht auf korrespondierende Netzhautstellen fallen, so könne umgekehrt gezeigt werden, daß ähnliche Bilder auf korrespondierenden Netzhautstellen getrennt wahrgenommen werden könnten. (Die Einzelheiten dieses Beweises sind hier, der Art der vorliegenden Darstellung entsprechend, weggelassen worden.) Das gäbe einen Beweis gegen die Notwendigkeit einer Verbindung zwischen den korrespondierenden Netzhautstellen. — Zwei gleiche Bilder nicht zu verschiedener Größe könnten miteinander zu einem einheitlichen Eindrucke verschmolzen werden. Das so entstehende Bild erscheine in einer scheinbaren Größe, die zwischen den Werten der beiden Teilbilder liege. Entsprechendes sei der Fall beim natürlichen Sehen, wenn der Gegenstand seitlich liege. — Biete man im Stereoskop den beiden Augen Bilder von ganz verschiedener Form dar, so werde bald das eine, bald das andere wahrgenommen. Dasselbe gelte von verschieden gefärbten, ähnlichen Zeichnungen. Anzunehmen, wie das neben andern Reid täte, daß in diesem Falle die Mischfarbe wahrgenommen würde, sei irrig. — Großen Anteil habe von jeher die Frage erregt, in welcher Richtung ein beidäugig gesehener Gegenstand erscheine. Die Richtung beim einäugigen Sehen könne man nach D. Brewsters Gesetz (*law of visible direction*) zusammenfallend annehmen mit der Richtung der Verbindungslinie des betreffenden Netzhautpunktes mit der Augenmitte. Die Frage nach der Richtung des beidäugigen Sehens sei von Aguilonius, Wells, Reid und Neueren behandelt worden, wobei besonders die Müllerschen Ansichten über den aus der Lehre von den korrespondierenden Netzhautstellen folgenden Horopterkreis für englische Leser von Wert wären. Doch könne diese Lehre nicht angenommen werden, da danach Dingpunkte, die nicht auf dem Horopterkreise liegen, nicht einfach erscheinen könnten, was nach den mitgeteilten (hier weggelassenen) Versuchen doch offenbar der Fall sei. — Handele es sich nun um eine endgültige Erklärung der Erscheinungen im Stereoskop, so werde sie noch aufgeschoben, und es werde nur eine Kritik der einfachsten Erklärungsversuche gegeben. Sehen mit bewegten Augen, wobei nach und nach alle Teile der Oberfläche fixiert werden, könne es nicht sein, weil man im Stereoskop auch mit ruhenden Augen körperlich sehe und außerdem die Nachbilder von perspektivischen Zeichnungen einfacher Körper stereoskopisch vereinigen könne. Umgekehrt aber könne man auch nicht sagen, daß Raumdinge, die mit unbewegten Augen betrachtet würden, nicht doppelt erschienen, denn das widerlege ein einfacher Versuch. Es scheine eine gewisse Erfahrung dazu zu gehören, um Dingpunkte einfach zu sehen, die auf nicht korrespondierenden Netzhautstellen abgebildet würden.

Die Aufnahme des an Anregungen überreichen Vortrags war glänzend; D. BREWSTER war damals von der Neuheit der Versuche und des Gedankens hingerissen und verkündete das Lob seines englischen Kollegen mit Begeisterung. Und dieses Lob war in der Tat verdient. Man merkt es dem Vortrage an, daß sein Gegenstand den Verfasser durch Jahre beschäftigt hatte. In der Angabe von sorgfältig durchdachten Versuchen bewährte CH. WHEATSTONE seine Meisterschaft, und er hat schon zu dieser Zeit neben den eigentlichen stereoskopischen (oder wie sie später genannt wurden, *orthoskopischen*) fast unbewußt auch die *pseudoskopischen* Eindrücke veröffentlicht. Die Erklärung dieser Erscheinungen ist auf S. 16 gegeben worden. Außerdem aber machte er damals schon auf den später von anderen behandelten Fall aufmerksam, daß zwei je einem Auge geeignet vorgeführte Körper auch eine ebene Zeichnung vortäuschen könnten. In der geschichtlichen Behandlung der eigentlichen Stereoskopie war er nicht besonders glücklich, doch hat er wenigstens auf einige seiner Vorgänger hingewiesen. Sein unvergängliches Verdienst aber bleibt es, zum ersten Male die Notwendigkeit betont zu haben, den beiden Augen verschiedene Zeichnungen vorzuführen.

Das Auftreten der Trugform von Kantengerippen beim einäugigen Sehen gehört nicht zu dem in dieser Schrift behandelten Gegenstande; es ist aber vielleicht am Platze, auf die erfolgreiche Bearbeitung hinzuweisen, die dieser Vorwurf in neuerer Zeit von L. BURMESTER (*1.*) erfahren hat.

Der erste Widerspruch gegen CH. WHEATSTONES Erklärungsversuche kam einige Jahre später, 1841, aus Deutschland. Hier begann eben die neue Schule der Naturforscher ihren erfolgreichen Kampf gegen die Naturphilosophen, und es war einer der Rufer im Streit, E. BRÜCKE, der (*1.*) sich der Lehre von den korrespondierenden Netzhautstellen annahm. Er hob im Gegensatz zu CH. WHEATSTONE die außerordentliche Wichtigkeit der Augenbewegungen hervor, erklärte die große Bedeutung eines steten Wechsels der Konvergenz, also gleichsam eines Abtastens der Oberfläche mit dem Schnittpunkt der Augenachsen. Er ging damit, wohl unbewußt, auf J. B. WIEDEBURG (s. S. 23) und damit auf R. DESCARTES zurück. Wenn er in der Abweisung der WHEATSTONEschen Ansicht einer stereoskopischen Wahrnehmung mit ruhigem Blicke zu weit ging, so wies ihn H. W. DOVE (*1.*) mit einer unmittelbar darauf veröffentlichten Bemerkung auf die Möglichkeit hin, auch bei kürzester Beleuchtung die Tiefe wahrzunehmen. Zu gleicher Zeit begann dieser, sich mit der beidäugigen Farbenmischung zu beschäftigen. Dabei griff er diese in jener Zeit ja sehr beliebte (S. 36) Aufgabe ganz unbefangen an, und hat weder seiner vielfachen Vorgänger aus der vorwheatstoneschen Zeit, namentlich nicht A. W. VOLKMANNS (*1.*), gedacht, noch auch anscheinend von WHEATSTONE zu dieser Beschäftigung einen merklichen Anreiz erhalten. Er verglich seine Ergebnisse mit den TARTINIschen Tönen, die durch die gleichzeitige Einwirkung verschiedener Einzeltöne auf beide Ohren entstehen. Doch waren seine Ergebnisse zu dieser Zeit noch nicht sehr weit gediehen.

Hier mögen gleich die Versuche angeschlossen werden, die 1846 A. SEEBECK (*1.*) beschrieb. Er bezog sich sowohl auf den alten Streit über das Sehen durch verschiedenfarbige Gläser, wie auch auf die Vereinigung von Pigmentfarben im WHEATSTONEschen Stereoskop. Was die erste Hälfte seiner Beobachtungen betrifft, so gelang ihm die Vereinigung, „wenn man ziemlich tief gefärbte Gläser nimmt, aber diese so „aussucht, daß nicht eine Farbe sehr viel stärker als die andere ist, viel„mehr beide Gläser übereinandergelegt eine charakteristisch unterschie„dene Mittelfarbe zeigen". Wenn man durch die verschiedenfarbige Brille sehe, so nehme man die Mischung wahr und erkenne es, wenn man abwechselnd ein Auge schließe. Habe man so die Mischfarbe und die zusammensetzenden Farben *nach*einander, so könne man Pigmentfarben im Stereoskop auch *neben*einander zeigen. Man lasse die Farben in einer wagerechten Grenzlinie zusammenstoßen, die in beiden Halbbildern eine verschiedene Höhe habe. Sei oben blau und unten rot angeordnet, so habe man oben ein blaues, unten ein rotes Feld und mitten dazwischen einen Streifen mit lila als Mischfarbe, streifig sehe man ihn nur bei schlechter Beleuchtung. Mit einem in vier Teile geteilten Muster für das einzelne Halbbild gehe es noch besser, wenn man es in der Mitte übereinander greifen lasse; dann könne man auch beobachten, daß die Mischfarbe etwas verschieden ausfiele, wenn jede der zusammensetzenden Farben je dem anderen Auge dargeboten würde.

Gegen Ende dieses Zeitraums erklärten sich in dieser Frage L. FOUCAULT (*1.*) und J. REGNAULT erfolgreich gegen die WHEATSTONEsche Behauptung von der Unmöglichkeit einer Mischfarbe beim beidäugigen Sehen. Sie beleuchteten weiße Papierschirme mit komplementärfarbigem polarisiertem Licht und konnten nach ihrer Versuchsanlage die Helligkeit der Einzelbilder nach Belieben ändern. Die Farbenmischung gelänge nicht allen Beobachtern gleich gut, seien die Helligkeiten gar zu verschieden, so überwiege die stärkere; bei beiderseits gleichen Lichtstärken erfolge die Mischung am leichtesten bei sehr geringen Helligkeiten. Am besten eigneten sich blau und gelb, weil für diese beiden Farben die Akkommodation des Auges die gleiche sei.

Warum H. W. DOVE von diesen sorgfältigen, in sein Arbeitsgebiet fallenden und leicht zugänglichen Arbeiten keine Kenntnis nahm, läßt sich nicht sagen, jedenfalls veröffentlichte er über ein Jahr später, im Frühjahr von 1850 das Ergebnis, das A. DE HALDAT wohl schon besessen, aber noch nicht über allen Zweifel begründet hatte, daß nämlich die Entstehung der Mischfarbe aus zwei verschiedenen, den Einzelaugen im

Stereoskop dargebotenen Farben davon abhänge, „daß die Elongation „der Schwingungen beider nahe gleich oder nicht zu verschieden ist.“ Nur dann gelang es ihm, die äußersten Enden eines durch ein Flintprisma entworfenen Spektrums so miteinander zu vereinigen, daß das Ergebnis eine Purpurfarbe wurde. Die Einrichtung, die er dazu verwandte, war ein aus zwei verschiedenen Fernrohren gleicher Vergrößerung, einem aufrichtenden (holländischen oder terrestrischen) und einem astronomischen, zusammengesetztes Doppelglas. Die Verwendung dieses Geräts als Stereoskop soll im Zusammenhang mit den sich daranschließenden Doveschen Arbeiten des nächsten Jahrzehnts behandelt werden.

Jene Brückesche Mitteilung löste aber noch eine andere, und zwar durchaus zustimmende Veröffentlichung aus. C. Th. Tourtual (*1.*) hatte seine Schrift schon längere Zeit vorbereitet, er beendete sie nun schnell und brachte sie gegen Ende des November 1841 zum Druck. Er behandelte die Bedingungen näher, unter denen das Sehen mit veränderlicher Konvergenz vonstatten gehe. Zu diesem Zwecke führte er eine Ebene („Horopter“ebene) ein, die im Zielpunkte der Sehachse des Einzelauges auf ihr senkrecht stände. Entwerfe man nun von irgend einem Raumding aus dem Augendrehpunkte eine Projektion auf diese Ebene, so habe man die Form des Bildes, das auf der Netzhaut entstehe. Zur Hervorrufung einer deutlichen Tiefenwirkung genüge es daher auch, wenn die beiden Darstellungen auf den entsprechenden „Horopter“ebenen der beiden Augen verschieden seien; die sie verursachenden Zeichnungen könnten auch übereinstimmen. Zum Beweise änderte er das Wheatstonesche Stereoskop etwas ab, so daß man den beiden gleichen Zeichnungen (etwa zwei Kreisen) eine symmetrische Drehung um eine lotrechte Achse erteilen konnte. Das habe zur Folge, daß ein Oval je nach der Drehung vor oder hinter der Hauptbildebene des Stereoskops zu schweben scheine. Sehr anziehend sind auch seine Versuche mit den Drahtgerippen, doch scheint es nicht, als sei er in dieser Hinsicht über das von Ch. Wheatstone vorgebrachte hinausgekommen Die ganze Art seines Streites mit diesem bedeutenden Physiker ist musterhaft sachlich.

Es mag hier bemerkt werden, daß diese „Horopter“ebene in einer sehr vollkommenen und der damaligen Zeit weit vorauseilenden Weise die beim direkten Sehen vorliegenden Verhältnisse berücksichtigte; sie stimmt mit der viel später von M. von Rohr im Ausbau der Abbeschen Theorie eingeführten Einstellebene für das direkte Sehen überein. Ferner sei darauf hingewiesen, daß hier wohl zum ersten Male die später so ungemein häufig in Angriff genommene Aufgabe erledigt wurde, bei der Benutzung von zwei Ausführungen einer und derselben Zeichnung doch eine Tiefenerstreckung zu sehen.

Fast genau ein Jahr später erschien eine dritte Arbeit, die sich gegen den Wheatstoneschen Erklärungsversuch richtete und die Wichtigkeit der wechselnden Konvergenz betonte. Es war das die Doktorschrift des jungen Genfer Gelehrten A. P. Prévost (*1.*); ihr Verfasser erkannte in offener Weise das Mißgeschick an, von den beiden eben behandelten Männern um das Verdienst der Erklärung gebracht worden zu sein.

Eine der ersten Anwendungen der neuen Lehre auf stereoskopische Erscheinungen ohne besondere Instrumente gab 1842 der Züricher Universitätslehrer H. Meyer (*1.*). Er hatte „schon vor langen Jahren" die Bemerkung gemacht, daß Maschenlöcher von 2—2 1/2 cm Weite ihm plötzlich fern und groß erschienen, ohne daß er dafür einen Grund hätte angeben können. Im Laufe des Jahres 1840 kam er dann auf die richtige Erklärung, nach der sich die Doppelbilder der Umrisse decken. Bei jenen Versuchen habe er einen hinter der Ebene der Maschen liegenden Punkt fixiert; richte er seine Augen auf einen näher gelegenen Punkt, so erschienen ihm die Streifenmuster einer regelmäßigen Tapete näher und kleiner. Man erkennt, daß er mit der letzten Möglichkeit über die Blagdenschen Riefelungsbilder (s. S. 26) hinausgekommen war. In seiner Begründung schloß er sich an A. Hueck (*1.*) an, der bereits 1840 den Einfluß des Muskelgefühls auf die Schätzung der Entfernung der Sehdinge betont hatte.

Inzwischen war der Erfinder des Instruments nicht müßig geblieben, sondern er (*3.* 7) hatte sich bemüht, die damals gerade veröffentlichte Kunst der Photographie[1]) für die Zwecke seines Instruments heranzuziehen. Ohne die durch die photographischen Verfahren erreichbare Genauigkeit in der Herstellung der Halbbilder würde das Stereoskop nicht über die Anwendung auf einfache geometrische Figuren hinausgekommen sein. Er fand in dem Miniaturmaler und Photographen H. Collen (*1.*) einen eifrigen Helfer, der, in dem photogenischen Verfahren H. Talbots erfahren, sich große Mühe mit der Herstellung stereoskopischer Bildnisse gab; ferner photographierte H. F. Talbot selbst für ihn. Auch die beiden Inhaber des von L. Daguerre in England genommenen Patents, R. Beard und A. F. J. Claudet, wurden in dieser Zeit zur Anfertigung von Stereogrammen herangezogen, und der französische Fachmann H. L. Fizeau beteiligte sich ebenfalls daran. Man wird gut

---

[1]) Die Verwendung der in der Aufnahmekammer entstandenen Bilder geschah damals offenbar ganz unbefangen, und es scheinen Überlegungen, wie die auf S. 4 mitgeteilten, zu jener Zeit so gut wie nie angestellt worden zu sein. Es ist hier nicht der Ort, näher auf die Entwicklung der Erkenntnis einzugehen, daß das Lichtbild eine Perspektive mit endlich geöffneten Bündeln sei; dieser Gegenstand gehört in die Geschichte des photographischen Objektivs. Doch mag hier die Bemerkung Platz finden, daß solche Überlegungen in früher Zeit wohl allein in England angestellt wurden, wo sich namentlich D. Brewster mit dieser Aufgabe beschäftigte. In Deutschland und anscheinend auch in Frankreich übte die Gaussische Lehre von den Haupt- und Knotenpunkten eine so blendende Wirkung auf die Theoretiker aus, daß man sich auch heute noch zur Erledigung dieser Fragen mit ihrer Anwendung am unrichtigen Orte begnügt und die für die Perspektive allein in Betracht kommende Lehre E. Abbes und seiner Schüler kaum beachtet.

tun, die COLLENsche Erklärung anzunehmen, wonach diese Versuche mit stereoskopischen Bildnisaufnahmen damals aufgegeben wurden, weil die Belichtungsdauer noch lang war und es an passenden Stereoskopkammern gänzlich mangelte. Die Vorgängerschaft für diese reizvollen Versuche wurde durch einen Vortrag L. A. J. QUETELETS (*1.*) vor der Brüsseler Akademie für CH. WHEATSTONE gewahrt. Der dort erwähnte Name COLLINS ist offenbar eine Verstümmelung des soeben angeführten H. COLLEN.

Auch sonst scheint sich CH. WHEATSTONE um diese Zeit mit größeren Plänen getragen zu haben. So brachte er in der FRANZischen Übersetzung (11, Anm.) nicht nur eine Richtigstellung an, sondern ließ auch (1, Anm.) mitteilen, daß er für die nächste Zeit eine Reihe von fünf weiteren Aufsätzen plane. Dazu ist es leider nicht gekommen, wie überhaupt Aufsätze für die Fachpresse diesem größten und ansprechendsten Vertreter der Lehre von der beidäugigen Tiefenwahrnehmung besonders schwer aus der Feder geflossen zu sein scheinen, was sich wohl aus den ungemein hohen Anforderungen erklärt, die er an seine Mitteilungen stellte.

Zu den in Brüssel vorgeführten Bildnisaufnahmen gehören auch die Versuche, die der Königsberger Dozent L. MOSER (*1.*) angestellt hatte, um mit Hilfe des DAGUERREschen Verfahrens Halbbilder für das Stereoskop zu erhalten. Sie finden sich in einem Sammelbericht für das DOVEsche Repertorium der Physik und sind nach der Unterschrift im Oktober 1841 beschrieben, wenngleich sie bei den ständigen Drucklegungsnöten dieses Sammelwerks erst im dritten Jahre darauf erschienen. Da in deutschen Quellen nicht selten L. MOSER das Verdienst zugeschrieben worden ist, zuerst photographische Aufnahmen für das Stereoskop herangezogen zu haben, so ist es notwendig, auf diese Frage mit einigen Worten einzugehen. Die erste Kundgebung kommt ihm sicherlich nicht zu, da durch die Mitteilungen L. A. J. QUETELETS die Veröffentlichung der WHEATSTONEschen Versuche bereits im Anfang des Monats erfolgt war, den L. MOSER für die Abfassung seines Berichts angegeben hatte. Es erscheint aber auch nicht angängig, seine Arbeiten vor die gleichgerichteten Bestrebungen CH. WHEATSTONES zu legen. Aus den bereits angeführten Angaben H. COLLENS und aus CH. WHEATSTONES eigener Bemerkung geht ohne Zweifel hervor, daß der große englische Physiker sofort nach dem Bekanntwerden der verschiedenen photographischen Verfahren daran ging, sie zur Erzeugung von stereoskopischen Halbbildern zu benutzen, und man braucht wohl kaum einen Nachweis dafür zu führen, daß ihm das bei den unvergleichlich günstigen Bedingungen in London eher gelingen mußte, als einem den photographischen Kreisen fernstehenden, gänzlich vereinzelten Gelehrten in Königsberg. Wenn es daher in dessen Aufsatz heißt: „Als ich vor einigen Jahren mir dergleichen Bilder an„fertigte", so ist das wohl als eine Einschiebung aus der Zeit der Veröffentlichung anzusehen.

Wenn nun auch L. MOSER diese Vorgängerschaft, die er selbst auch nicht beansprucht zu haben scheint, abzuerkennen ist, so ist doch seine Tätigkeit mit nichten gering anzuschlagen. Eine Beschäftigung mit photographischen Verfahren ist bei den deutschen Theoretikern jener Zeit, mindestens soweit sie sich mit dem Stereoskop befaßten, vollständig unerhört gewesen, und aus diesem Grunde haben auch wohl seine Fachgenossen seiner Tätigkeit einen so hohen Wert beigemessen.

Sein Verfahren stimmte mit den ein wenig später allgemein gebräuchlichen überein: es wurden Neigungsaufnahmen mit einem Konvergenzwinkel von etwa 21 Grad angefertigt. Er scheint aber nicht bemerkt zu haben, daß weiter entfernte Gegenstände — er nahm mit solchen Achsenneigungen 65—100 m weit entfernte Häuser auf — ein spielzeugartiges Aussehen zeigten. Trotz der guten, ja überraschend vollkommenen Tiefenwirkung seiner Aufnahmen erklärte er sich nicht ohne weiteres für die BRÜCKEsche Theorie der stereoskopischen Wahrnehmung. Er ging vielmehr dazu über, die Akkommodationsanstrengung als ein sehr wichtiges Mittel zur Entfernungsschätzung einzuführen. Die Bestätigung dieser Annahme, die er erhielt, wenn er eine Zeichnung durch eine Einzellinse betrachtete, läßt sich am einfachsten dadurch erklären, daß er die durch eine solche Linse hervorgerufene kissenförmige Verzeichnung als die Folge einer Hohlform der Bildfläche auffaßte. Dies war ihm auch der Hauptgrund für die Wirkung der Betrachtungslinsen, die er durch Zylinderlinsen zu ersetzen empfahl, damit jene für die Wagerechten erwünschte Bildkrümmung nicht auch den Lotrechten zuteil werde.

Weitere Kreise zeigten aber noch kein Herz für das Stereoskop; so gelang es CH. WHEATSTONE damals nicht, die bekannten Londoner Optiker A. ROSS und H. POWELL zur regelmäßigen Führung des Instruments zu veranlassen. Es blieb vorläufig ein Hilfsmittel für Wissenschafter, die sich mit der Erforschung der Gesichtswahrnehmungen abgaben, doch erwähnte W. B. CARPENTER (*1.*), daß um 1846 ein Händler . . NEWMAN wenigstens Stereoskopbilder geführt habe. Man erkennt, wie gut die Anmerkung auf S. 45 zu dieser Bemerkung stimmt.

In den wissenschaftlichen Kreisen Englands trat um diese Zeit D. BREWSTER (*1.*) hervor, der sich zuerst in den ersten Monaten des Jahres 1843 gegen CH. WHEATSTONES Erklärungsversuche aussprach. Auch er vertrat die Ansicht, daß zu einer stereoskopischen Tiefenwahrnehmung ein Wechsel der Konvergenz notwendig sei, und daß die sichtbare Oberfläche mit dem Kreuzungspunkt der beiden Augenachsen gleichsam abgetastet werde. Die Auffassung korrespondierender Netzhautstellen verwarf aber auch er, und mit ihr die von J. MÜLLER begründete Theorie von dem Horopterkreise.

Irgendwelche eingehende Kenntnis des in Deutschland geleisteten ist um diese Zeit D. BREWSTER wohl nicht eigen gewesen, wie er überhaupt die deutsche Sprache nicht beherrscht zu haben scheint. Wenn ihm Ch. Wheatstone (*6.*) dreizehn Jahre danach ausdrücklich den Vorwurf der Nichtbeachtung namentlich der deutschen einschlägigen Schriften machte, so läßt sich annehmen, daß er um diese Zeit erst recht zutreffend gewesen sein würde.

Etwa ein Jahr später behandelte er (*2.*) in einem kleineren Vortrage die Theorie der Tapetenbilder, die er inzwischen gefunden hatte, und bemerkte ähnlich wie H. Meyer, daß diese Erscheinung gelegentlich bereits früher beobachtet worden sei, ohne daß man sie hätte erklären können. D. Brewster ging aber insofern über seinen Vorgänger hinaus, als er diese Tapetenbilder zu dem ersten stereoskopischen Meß- oder besser Prüfungsverfahren benutzte. Da sich nämlich Unregelmäßigkeiten beim Aufkleben der gemusterten Streifen als Tiefenunterschiede in der Fläche des Sammelbildes bemerkbar machen, so ließ sich darauf ein Verfahren gründen, jene Unregelmäßigkeiten durch die Betrachtung der leicht auffallenden Tiefenunterschiede zu entdecken.

Um diese Zeit, 1844, beschäftigte die Erscheinung der „flatternden Herzen“ [1]) die englischen Physiologen, und Ch. Wheatstone (*2.*) sowohl wie D. Brewster (*3.*) äußerten sich darüber. Der Erstgenannte zeigte, daß sie allgemein bei Mustern aufträte, die in stark abstechenden Farbenpaaren ausgeführt seien — früher hatte man sie nur bei solchen in Rot und Grün beobachtet — und er erklärte sie mit der Annahme, daß die Netzhaut für verschiedene Farben verschieden lange empfindlich bleibe. D. Brewster dagegen schrieb den für Farben mehr empfindlichen Seitenteilen der Netzhaut das Hauptgewicht für diese Erscheinung zu, denn beim Fixieren verschwinde das Zittern der Herzen fast vollständig. Auch einseitige Beleuchtung sei nötig, wenn der Versuch gelingen solle.

Er (*4.*) kam 1848 auf denselben Gegenstand zurück, als er bemerkte, daß die Grenze auf einer Staatenkarte, da wo zwei Farben aneinander stießen, zwei Gebiete von verschiedener Höhenlage zu trennen schiene. Dieses Verhalten würde noch deutlicher, wenn man eine solche Grenze beidäugig durch ein einfaches Leseglas betrachte, doch könne man die Beobachtung schließlich auch bei Benutzung nur eines Auges machen. Es mag hier hinzugefügt werden, daß diese bei beidäugigem Sehen wahrgenommene Abstandsverschiedenheit farbiger Flächen auf die Farbenfehler des Auges zurückzuführen ist. Infolge davon werden farbige Objekte anderen Gebieten der Netzhaut zugeordnet als gleichgelegene weiße und schwarze. Ein einfaches, also chromatisches Leseglas müsse natürlich diese Verlagerung der Netzhautbilder noch steigern. Derselbe Verfasser (*10.*) hat dieses Hilfsmittel etwas später auch unter einem besonderen Namen als Farbenstereoskop eingeführt. — Auf diese Farbenwirkungen

[1]) Es ist das eine schlechte, aber allgemein in Deutschland gebräuchliche Übersetzung des englischen Fachausdrucks „*fluttering hearts*“. Zitternde oder schwankende Herzen würde sinngemäßer sein.

wird noch häufig zurückzukommen sein; die Erklärung dieser Erscheinungen mit und ohne Kenntnis von den Arbeiten der Vorgänger hat je und je in den späteren Zeiträumen Gelehrte aus verschiedenen Wirkungsgebieten gereizt.

Die hier benutzten Schriften erlaubten nicht, zu bestimmen, durch welchen Anlaß D. Brewster auf seine folgenreiche Umgestaltung des Stereoskops gekommen ist; gewiß ist es aber, daß er 1849 mit einer Reihe zusammengehöriger Arbeiten auftrat, die auf eine längere Vorbereitung schließen lassen.

Er bemerkte, daß, exzentrisch benutzt, eine halbe Linse eine in ihrer Brennebene angebrachte Zeichnung ebenfalls im Unendlichen abbilde; man erhalte auf diese Weise auch noch eine gewisse seitliche Verschiebung des Bildes. Das hatte zur Folge, daß man zwei Halbbilder vereinigen konnte, die einen ziemlich weiten Abstand voneinander hatten und in der beiden Halblinsen gemeinsamen Brennebene angebracht waren. Der Umstand, daß nur Halb- oder Viertellinsen für dieses Stereoskop erforderlich waren, wurde von D. Brewster (*8.*) sehr zweckmäßig ausgenutzt, um ein Linsenpaar von völlig gleicher Brennweite herzustellen, indem die Hälften einer auseinander geschnittenen Vollinse dazu verwendet wurden. Er (*6.*) bemerkte übrigens gleich bei der ersten Veröffentlichung — nicht bei seinem ersten Vortrage (*5.*), der erst sehr viel später gedruckt wurde —, daß die seitliche Verschiebung verbunden sei mit einer merkwürdigen Formveränderung von Ebenen, die nunmehr als Hohlflächen erschienen; doch scheint dieses Aussehen damals von ihm noch nicht auf die Verzeichnung exzentrisch benutzter Linsen zurückgeführt worden zu sein. Zu gleicher Zeit verwandte er sein neues Stereoskop zu einem Versuche, bei dem von zwei Flächen durchaus gleicher scheinbarer Größe die im Stereoskop näher aufgefaßte auch kleiner erschien. Damit sollte eine Erledigung der alten Frage nach der scheinbaren Größe des am Horizont stehenden Mondes gegeben sein. Außerdem wies er (*7.*) bei derselben Gelegenheit noch darauf hin, daß die neue Linsenteilung auch zu einer Aufnahmekammer Verwendung finden könne, bei der dann die beiden Aufnahmelinsen wirklich genau gleiche Brennweite hätten.

Gleich bei diesen seinen ersten Vorträgen im Jahre 1849 sprach D. Brewster (*6.*) einen sehr wichtigen Gedanken für die mit Hilfe der Kammer hergestellten photographischen Aufnahmen aus. Er machte darauf aufmerksam, daß man alle Bedingungen erhalte, um ein großes Raumding, beispielsweise eine Standbild, mathematisch genau $n$-fach verkleinert zu erblicken, wenn man die Aufnahmelinsen in einen Abstand voneinander bringe, der $n$-mal so groß sei, wie der der Augen des Beobachters. Man habe dann auch den Vorteil, die Raumwerte des Gegenstandes deutlicher wahrzunehmen. Wie man aus dem Berichte L. Mosers (s. S. 55) weiß, waren zu jener Zeit große Abstände der Aufnahmelinsen gebräuchlich, aber, wie gerade dieses Beispiel zeigt, scheint die daraus folgende Modellwirkung nicht immer bemerkt worden zu sein, und nach den hier benutzten Schriften war D. Brewster der erste, der auf sie hingewiesen hat.

Die Einführung der exzentrisch benutzten Linsen in das Stereoskop ist von einer solchen Bedeutung für die Entwicklung dieses Instruments, daß eine eingehendere Behandlung des dabei eintretenden Strahlenganges hier Platz finden muß.

Setzt man eine Linse von etwa 16 cm Brennweite, wie sie um jene Zeit sehr häufig angewandt wurden, und einem ziemlich großen Durchmesser voraus, und nimmt man weiterhin an, daß diese Linse großer Öffnung eine in ihre Brennebene bei *F* gebrachte Zeichnung scharf und verzeichnungsfrei im Unendlichen abbilde (Abb. 32), so wäre das ein für Stereoskopzwecke geradezu mustergültiges Hilfsmittel. Wo man auch

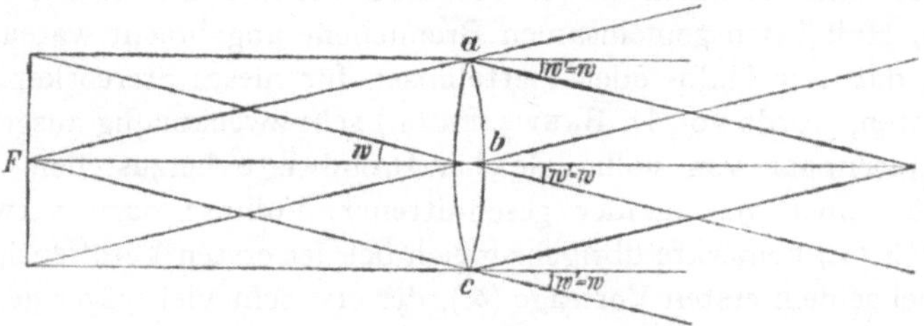


Abb. 32. Die Unabhängigkeit der scheinbaren Größe des Bildes vom Augenort bei einer fehlerfreien Sammellinse.

innerhalb des stärker umzogenen, von *a c* aus rechts gelegenen kegelförmigen Raumes den Augendrehpunkt hinbringen mag, immer erhält er von jedem Punkte der in *F* befindlichen Zeichnung ein Strahlenbündel von einer Weite, wie sie durch den Pupillendurchmesser bestimmt wird, und die Achsenwinkel $w' = w$ — also die scheinbare Größe eines in dem betrachteten Punkte endigenden, auf der Achse senkrechten Gegenstandes — sind vom Augenorte ganz unabhängig; sie bestimmen sich allein durch die Richtung von dem betrachteten Punkte nach dem vorderen Knotenpunkt der Linse. Führt man also unter Festhaltung dieser Voraussetzungen das Auge etwa von *a* nach *c*, so bleibt die scheinbare Größe des Bildes vollständig ungeändert. Wählt man nun eine ziemlich exzentrische Stelle, etwa *c*, so hat die Bewegung des Auges von der Mitte *b* nach *c* auf das im Unendlichen liegende Bild keinen Einfluß gehabt: es ist gleichsam mitgewandert. Für das Stereoskop aber würde eine solche Linse die wertvolle Eigenschaft haben, daß man mit ihrer Hilfe größere Bilder vereinigen könnte als ohne sie. Setzt man nämlich in der durch die Abb. 33 gekennzeichneten Weise zwei exzentrisch benutzte Linsen zusammen, so sieht man ohne weiteres ein, daß $F_r F_l > O_r O_l$ sein kann, ja daß sogar Personen ganz verschiedenen Augenabstandes $O_r O_l$ ein solches Stereoskop benutzen können, ohne daß die Winkelgrößen für jedes einzelne Auge eine Änderung erführen; die einzige Verschiedenheit würde in den Längen $O_r O_l$ liegen, aber deren Betrag ist ja für jeden Beobachter ein für allemal fest gegeben.

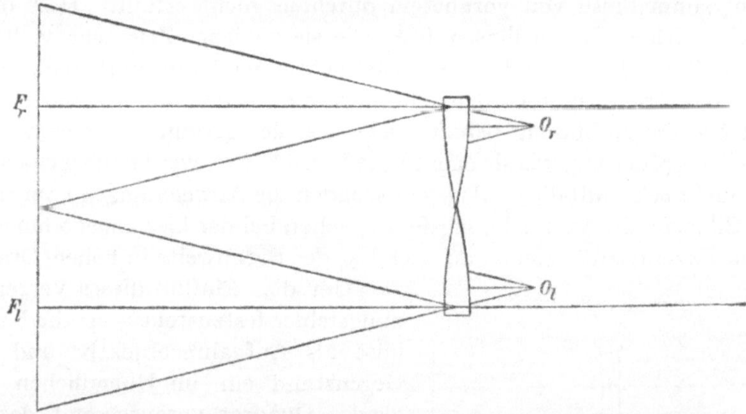


**Abb. 33. Die Verwendung fehlerfreier Sammellinsen im Brewsterschen Stereoskop und die Benutzung von Halbbildern einer den Augenabstand übersteigenden Breite.**

Hält man an einem bestimmten Augenabstande fest, so würde die obige Forderung einer für die ganze Öffnung scharfen und verzeichnungsfreien Abbildung zu weit gehen, denn offenbar kann nur ein kleiner Teil der die Linse durchsetzenden Strahlen in das Auge gelangen. In der

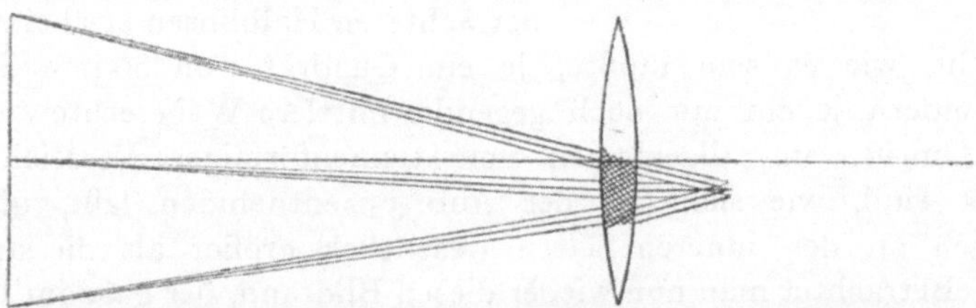

**Abb. 34. Der Strahlengang bei exzentrischer Benutzung der gleichseitigen Sammellinse. Die Schraffierung hebt den Teil der Linse hervor, den die in das Auge gelangenden Strahlen durchsetzen.**

nebenstehenden Abb. 34 ist die Annahme festgehalten worden, daß es sich bei einer gleichseitigen Linse von 16 cm Brennweite um eine Bildgröße von 8 : 8 cm handele, und daß der um 8 mm aus der Achse gerückte Augendrehpunkt einen Abstand von 25 mm von der nächsten Linsenfläche habe. Man erkennt dann aus der Betrachtung der Abbildung ohne weiteres, daß nur ein im wesentlichen seitlicher Teil der Linse wirklich benutzt wird, und man kann sich leicht vorstellen, daß man die Exzentrizität groß genug wählen kann, um das von den abbildenden Strahlen durchsetzte Linsenstück ganz auf einer Seite der Linse zu erhalten. Damit aber ist die Anwendung der Brewsterschen Halblinsen begründet.

Aber auch wenn man in dieser Weise die Linsenöffnung nach Maßgabe des in Wirklichkeit bestehenden Strahlenganges beschränkt, ist die Voraussetzung einer fehlerfreien Abbildung bei einer beliebigen einfachen Sammellinse von vornherein durchaus nicht erfüllt. Hält man an gleichseitigen Sammellinsen fest, wie sie zu jener Zeit sehr vielfach angewandt wurden, so sind unter Berücksichtigung der im Vorhergehenden gemachten Angaben über den Augenort die Fehler recht beträchtlich, mit denen die Abbildung behaftet ist. Bei der geringen, nur etwa 1,5-fachen Vergrößerung, wie sie eine solche Linse liefert, werden die Schärfenfehler nicht sehr auffallend, dagegen schaden die Abweichungen vom richtigen Bildorte, die Verzeichnungsfehler, schon bei der hier angenommenen kleinen Exzentrizität von 8 mm oder $^1/_{20}$ der Brennweite in hohem Grade.

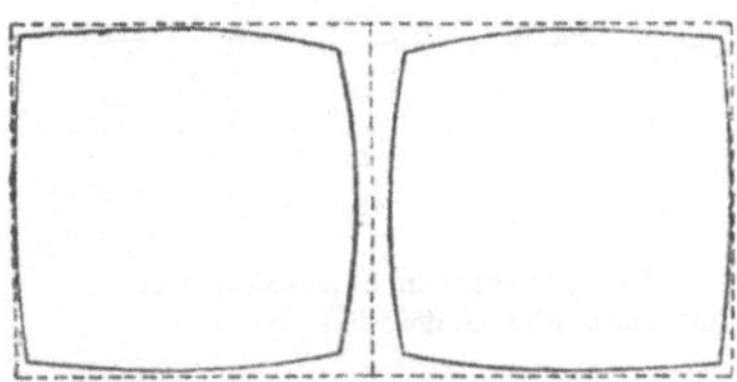

Abb. 35. Ein Umriß für die Bildränder eines entfernten Quadrats in der Brennebene zweier Halblinsen eines BREWSTER schen Stereoskops. Die gestrichelte Umrandung würde die Umrisse der Bildquadrate angeben, wenn die Halblinsen nicht verzeichneten.

Um den Einfluß dieser Verzeichnungsfehler festzustellen, sei die Halblinse als Aufnahmeobjektiv und als Gegenstand ein im Unendlichen liegendes Quadrat vorausgesetzt, dessen halbe Mittellinien unter einem Winkel von etwa 14 Graden erscheinen sollen. Diese Verhältnisse sind in der Abb. 34 dargestellt, wenn man darin die Lichtbewegung von rechts nach links gehend annimmt. In der Brennebene der hier betrachteten Halblinsen erscheint aber dann nicht, wie es sein müßte, je ein Quadrat von 80 mm Seitenlänge, sondern je ein nur noch gegendie mittlere Wagerechte symmetrischer Umriß, im allgemeinen von tonnenförmiger Verzeichnung; und zwar sind, wie sich aus der Abb. 35 entnehmen läßt, die Abweichungen an den inneren Seiten wesentlich größer als die an den äußeren. Betrachtet man nun wieder diesen Bildrand, der ganz im Innern des nicht verzeichneten Bildquadrats liegt, durch die Halblinse, so heben sich dafür die Verzeichnungsfehler auf, und man beobachtet ein im Unendlichen liegendes Quadrat, dessen halbe Mittellinien unter einem Winkel von etwa 14 Graden erscheinen. Das umschließende Bildquadrat würde sich unter größeren Winkeln darbieten, und man sieht leicht ein, daß sich für die Stellen der größte Winkelzuwachs ergeben wird, wo die Abweichungen des Bildrandes am größten waren, also an den Innenecken. Infolge dieses Winkelzuwachses wird sich das Bildquadrat, durch die Halblinse betrachtet, unregelmäßig kissenförmig darstellen. Beachtet man nun, daß die Halbbilder für ein Stereoskop in der Regel von verzeichnungsfreien Linsen geliefert werden, so müssen sie durch Halblinsen betrachtet kissenförmig verzeichnet erscheinen, und zwar an den Innenseiten am stärksten. Aus der Abb. 36 läßt sich leicht entnehmen, wie dadurch die Raumauffassung beeinflußt werden kann. Handelt es sich um den seitlich gelegenen Punkt $\bar{O}$ des Raumbildes, so wird bei der Betrachtung durch die Halblinsen der durch das linke Halbbild bestimmte Sehstrahl $O_l\bar{O}$ eine viel bedeutendere Ablenkung erhalten, als der rechte $O_r\bar{O}$. Denn da dieser zu der äußeren Seite des rechten Halbbildes gehört, so bleibt seine Richtung fast unverändert. Bei der Betrachtung der Halbbilder durch Halblinsen wird also der seitlich gelegene Punkt $\bar{O}$ viel näher, etwa in $\bar{O}'$, aufgefaßt werden können. Für einen mittleren Punkt $O$ derselben Entfernung werden die beiden Sehrichtungen nur eine viel kleinere (symmetrische) Ablenkung erleiden, und der Punkt wird nur wenig genähert, etwa in $O'$, erscheinen. Beachtet man noch, daß die stärksten Abweichungen in beiden inneren Ecken auftreten, so läßt sich die folgende Zusammenfassung leicht rechtfertigen:

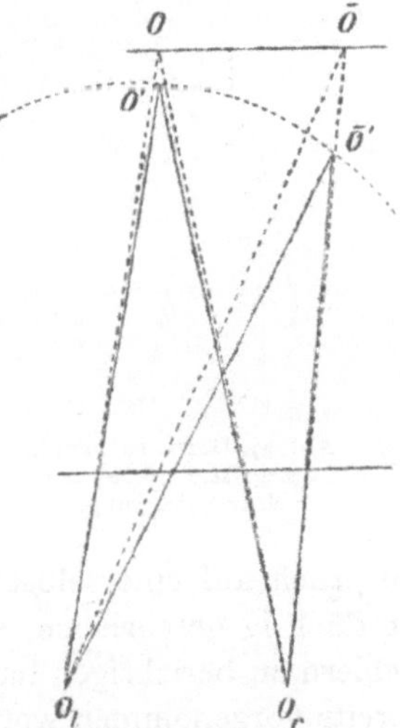


Abb. 36. Die Abweichung von dem idealen (gestrichelten) Strahlengange als Folge der Verzeichnung der Brewsterschen Halblinsen: achsensenkrechte Ebenen erscheinen im ganzen als genäherte Hohlflächen.

Betrachtet man im Brewsterschen Prismenstereoskop die verzeichnungsfreien Abbildsbilder einer zu den Achsen und im Raume senkrechten Ebene, so ergibt sich der Anschein einer im ganzen genäherten, dem Beobachter ihre Hohlung zukehrenden, zum Horizont symmetrischen Fläche.

D. Brewster (*5.*) hatte den Vorschlag zu seinem *Prismenstereoskop* und anderen Einrichtungen bereits im März 1849 in einem zu Edinburg gehaltenen Vortrage ausgesprochen, doch verzögerte sich seine ausführliche Veröffentlichung durch den Druck bis zur Mitte oder zum Ende des Jahres 1851. Das Brewstersche Prismenstereoskop allein wurde indessen von seinem Erfinder (*9*) im Herbst 1849 beschrieben und infolge der später zu besprechenden Arbeiten J. Duboscqs schon im Dezember 1850 veröffentlicht, während das für den sonstigen Inhalt jenes Vortrags nicht galt; man kennt diesen nur aus der späteren Wiedergabe, doch findet sich in (*9.*) wenigstens eine allgemeine Andeutung dafür. Die wichtige Anwendung des Amicischen Reflexionsprismas war aber inzwischen bereits von H. W. Dove (*3.*) veröffentlicht worden, und man wird nach dem in solchen Fällen üblichen Verfahren diesem die Erfindung zuschreiben, da die erste Veröffentlichung auf ihn zurückgeht. Man kann nicht annehmen, daß jene Brewsterschen Vorschläge etwa infolge mündlicher Überlieferung in England bekannt gewesen seien, denn der ausgezeichnete Kenner des Stereoskops, J. Tyndall, veröffentlichte im Juli 1851 eine Übersetzung der ihm wichtig erscheinenden Doveschen

Arbeit, ohne in seiner Einleitung die BREWSTERsche Vorgängerschaft auch nur mit einem Worte zu erwähnen. Wenn also hier die Besprechung jener weiteren Formen angeschlossen wird, so geschieht das nicht, weil ein Vorsprung im strengen Sinne vorliegt, sondern um D. BREWSTER den

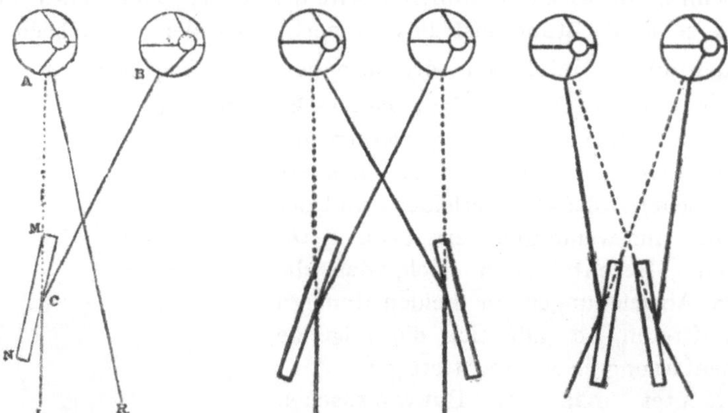


Abb. 37. D. BREWSTERS (*5.*) Spiegelstereoskop mit einer Spiegelung.

Abb. 38. D. BREWSTERS (*5.*) Spiegelstereoskope mit zwei Spiegelungen; man sehe aber M. VON ROHR (*10*, Anm. 17).

Anspruch auf eine selbständige Erfindung nicht zu kürzen. Die Arbeit ist flüchtig geschrieben, so daß D. BREWSTER (*15.* 112) eine Reihe von Fehlern zu berichtigen hatte; in der Abb. 38 sind aber die Abänderungen bereits vorgenommen worden. Der Abstand gegen die musterhaft durchgearbeiteten Aufsätze CH. WHEATSTONES ist ungemein groß.

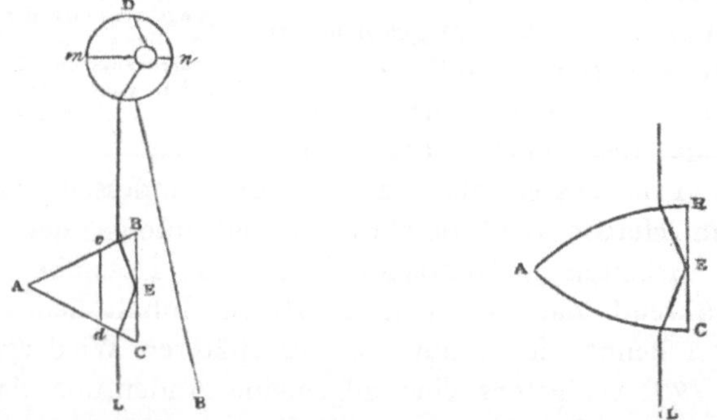


Abb. 39. Spiegelstereoskope mit totaler Reflexion nach D. BREWSTER (*5.*).

Die Versuche wurden vielfach mit Projektionen eines Kantengerippes angestellt, die zur Horizontalen symmetrisch waren und daher mit ihrem Spiegelbilde verschmolzen werden konnten. Ein solches Spiegelbild konnte sowohl durch ebene Spiegel erreicht werden (Abb. 37 und 38), wobei stets eine starke Richtungsänderung des gespiegelten Hauptstrahls eintrat, als auch durch ein AMICIsches Reflexionsprisma (Abb. 39), das in sehr eigenartiger Weise auch noch so umgestaltet werden konnte, daß es die Zeichnung vergrößerte. Sehr schön ist sein Vorschlag, bei einem Spiegelstereoskop mit totaler Reflexion die Zeichnung in ihrer eigenen Ebene einen vollständigen Umlauf ausführen zu lassen und dadurch die Tiefe des Raumbildes zunächst zu verändern, bei weiterer Drehung sie sogar umzukehren. In gewisser Weise ist für diese Anlage aber eine Vorgängerschaft bei dem vereinfachten Stereoskop Ch. Wheatstones (s. S. 48 und Abb. 31) zu finden. — Er erwähnte damals auch die Möglichkeit, die er (*15.* 129.) später eingehender ausgeführt hat, Zwergstereoskope für ganz kleine Aufnahmen zu bauen; er nannte sie Mikroskopstereoskope. Später hat er sie für Aufnahmen vorgeschlagen, wie sie durch Zeichnungen in Binokularmikroskopen oder durch mikrophotographische Aufnahmen geliefert werden könnten. Die Theorie der Spiegelinstrumente wird bei der Besprechung der Doveschen Arbeit gegeben werden. Ferner hob er die Möglichkeit hervor, die beiden Halbbilder eines ebenen Stereogramms dadurch leichter zur Vereinigung zu bringen, daß man das eine von ihnen durch ein gewöhnliches, brechendes Prisma (Abb. 40) betrachte. Auf die dadurch eingeführten farbigen Abweichungen legte er kein großes Gewicht, aber er betonte die durch eine solche Anordnung hervorgebrachte Verzeichnung, die sich in einer Krümmung ebener Objektflächen äußere. Das einfache Mittel, durch die Fixierung einer nahen Marke die Augenachsen zu kreuzen, wenn man Versuche mit Tapetenbildern anstellen wolle, und ein Verfahren, um aus dem Objektabstande die stereoskopische Differenz zu ermitteln, machten den Schluß.

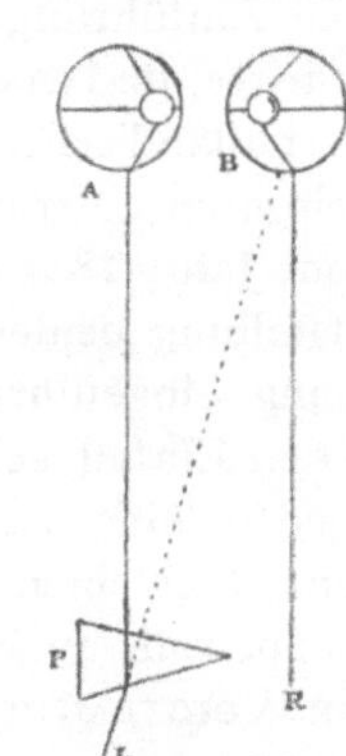

Abb. 40. D. Brewsters (*5.*) Stereoskop mit einem brechenden Prisma.

## Die beidäugigen Brillen und Fernrohre in dieser Zeit.

Ganz bestimmt in diese Zeit ist die Erfindung der prismatischen Brillen zum Ausgleich von Richtungsfehlern der Augenachsen zu versetzen, die sowohl 1844 von dem Pariser Brillenmacher Ch. Chevalier als auch vor 1847 von C. F. Donders auf eine Anregung durch den Meteorologen W. Krecke hergestellt worden sind. — Ferner wird man wohl in diese Zeit das Aufkommen des heute so verbreiteten Klemmers setzen müssen, dessen Erfindungsjahr allerdings noch völlig im Dunkel liegt. Es ist wahrscheinlich aus der uralten Nasenbrille des Mittelalters entwickelt worden, aber wo und von wem ist unbekannt: eine Zeitlang, vom Ausgang des 18. Jahrhunderts ab, war diese Fassungsart völlig in Verruf geraten, und die besten gleichzeitigen Kenner des Brillenwesens um 1824, 1828 und 1844 lassen sie unerwähnt, während sie in Paris 1846 plötzlich als bekannt auftritt. — A. DILLENSEGER (*1.*) brachte nach langer Zeit wieder einmal eine doppelte Fernrohrbrille auf den Markt, die zur Erleichterung der Anpassung an den Brechzustand der Augen einen verstellbaren Linsenabstand hatte und sich eines ziemlich großen Absatzes erfreut zu haben scheint; näheres dazu kann bei M. VON ROHR (*16.* 9; *18.* 31) gefunden werden.

Eines der ersten beidäugigen Himmelsfernrohre schlug 1848 . . VALLACK (*1.*) vor; dabei waren die Einzelglieder Spiegelfernrohre, und man kann diesen Gedanken insofern der SMITHischen, damals bereits 110 Jahre zurückliegenden Anregung (S. 33) anreihen; von einer Tiefenwahrnehmung konnte bei Sternbeobachtungen allerdings keine Rede sein.

Die Einführung der holländischen Doppelfernrohre machte weitere Fortschritte, und man kann annehmen, daß Verbesserungen an den Fernrohren holländischer Bauart allmählich gleich von vornherein an den Doppelrohren auftraten. Hierfür kann man das Patent P. A. RINGARDS (*1.*) vom Jahre 1841 anführen, wo an Stelle der üblichen allein möglichen Scharfstellung beider Okulare für eines oder gar für beide eine Sonderbewegung eingeführt wurde. — J. J. CHOQUET (*1.*) hatte im gleichen Jahre den Einfall, seinen Doppelrohren einen Revolver mit zwei Okularen beizugeben (eine bei Einzelrohren längst bekannte Einrichtung), um somit auch hier einen Wechsel der Vergrößerung zu erzielen. — Wie hoch das Doppelrohr auch in Wien bewertet wurde, mag man daraus ersehen, daß FR. VOIGTLÄNDER (*2.*), dem allerdings die Pflege dieses Kindes seiner Werkstätte besonders am Herzen liegen mochte, das von J. PETZVAL wahrscheinlich vor 1843 verbesserte holländische Fernrohr wohl auch in Einzel-, besonders aber in Doppelgläsern auf den Markt brachte, was zu recht annehmbaren Preisen geschah. Berücksichtigt man, daß durch die deutsche Münzkonvention von 1838 zur Umrechnung der $24^1/_2$-Guldenfuß eingeführt wurde, demzufolge die Beziehungen

$$14 \text{ pr. Tlr.} = 24^1/_2 \text{ fl.}; \text{ oder } 4 \text{ pr. Tlr.} = 7 \text{ fl.}$$

galten, so kommt man auf den Satz 1 fl. = 1,71 M., und man ermittelt, daß diese VOIGTLÄNDERschen Doppelrohre mit 3-facher Vergrößerung rund 86 M., mit 4-facher 120 M. kosteten, wenn sie mit gemeinsamer Einstellung geliefert wurden. Wurde jedes Okular für sich eingestellt, so ermäßigten sich die Preise um 8,50 M.

In dieser Zeit mag sich auch das holländische Fernrohr ohne feste und falsches Licht abhaltende Fassung zu entwickeln begonnen haben, auf dessen Spuren man nicht selten stößt. Es wurde gelegentlich mit großer Sorgfalt zu einem zierlichen, auf einen besonders geringen Umfang zusammenzuklappenden Gerät entwickelt. Die hier benutzten Schriften ergaben über die Erfinder nichts; vermutlich könnte eine Durchforschung der Akten des Pariser Patentamts manche Kenntnis zutage fördern. Es scheint, als ob der oben erwähnte A. DILLENSEGER (*1.*)

bei der ersten Form seiner ziemlich verbreiteten Fernrohrbrillen von diesen holländischen Doppelfernrohren ohne vollständigen Metallkörper ausgegangen sei.

Aber auch abgesehen von diesen Schutzschriften und eingehenden Anzeigen mehren sich um diese Zeit die Anzeichen dafür, daß das Geschäft in Doppelgläsern zunahm. So läßt sich dafür eine Anzeige des Leipziger Hauses von J. F. Osterland aus dem „Leipzig-Dresdener Eisenbahnreglement" vom Jahre 1841 anführen, wonach auch „Doppel-Theater-Perspective" angeboten wurden, und ähnliche Mitteilungen mögen noch vielfach des Sammlers harren. — Ferner bemerkt der bedeutende Erzähler W. M. Thackeray in verschiedenen seiner Zeitromane, daß im Anfange der vierziger Jahre die Doppelgläser in weitere Aufnahme gekommen seien. Wer seine Schriften genauer kennt, wird nicht bezweifeln, daß er über Sitte und Brauch in dem England und Frankreich seiner Zeit wohl unterrichtet gewesen sei. — Schließlich aber ist der große und unbezweifelbare Aufschwung der französischen Glashütten für optisches Glas auf diese Zeit zurückzuführen, wo das Aufkommen zweier neuer Instrumente für den Massenbedarf — des photographischen Objektivs und eben des holländischen Doppelfernrohrs — eine ganz neue Lage auf dem Glasmarkt schuf, die von den Pariser Hütten ebenso glänzend ausgenutzt wie von der Münchener Anstalt übersehen wurde.

Faßt man alles zusammen, so sind gegen Ende des fünften Jahrzehnts im wesentlichen zwei Formen von Stereoskopen vorhanden, von denen die ältere, Wheatstonesche, zweifellos ein wissenschaftlich einwandfreies Instrument war, dessen Theorie vollständig bekannt und gut durchgearbeitet worden war. Durch C. Th. Tourtual war daran noch eine Abänderung angebracht worden, die einzige in diesem Zeitraume. Die Benutzung der Wheatstoneschen Einrichtung war insofern umständlich, als einmal zwei getrennte, ziemlich große Bilder notwendig waren, und als ferner ihre Beleuchtung namentlich dann Schwierigkeiten machte, wenn es sich um Daguerreotypien handelte. Dem gegenüber stand das neue Instrument D. Brewsters, in seiner theoretischen Anlage weit unterlegen, worauf namentlich die Verzeichnung der exzentrisch benutzten Linsenhälften hindeutet, und vorläufig ohne eine Spur von wissenschaftlicher Durcharbeitung des Grundgedankens. Dagegen waren aber mehrere für die Verwendung günstige Umstände vorhanden. Einmal war man imstande, da man die Aufnahmen durch Linsen betrachtete, auch verhältnismäßig kleine Bilder zu benutzen, die fest nebeneinander auf derselben Ebene angebracht ein Stereogramm bildeten und auch bei Anwendung von Daguerreotypien gut beleuchtet werden konnten. Im Gegensatze zu dem sperrigen Instrumente Ch. Wheatstones konnte ferner das Brewstersche Stereoskop klein und handlich gebaut werden.

Was die Theorie der stereoskopischen Wahrnehmung angeht, so war sie namentlich durch Ch. Wheatstone und die deutsche Schule gefördert worden, doch standen die beiden Anschauungen des indirekten und des direkten stereoskopischen Sehens oder, wie man auch sagen kann, des beidäugigen Sehens mit ruhenden und bewegten Augen unvermittelt nebeneinander. Ansätze zu einer erfolgreichen Aufnahme der Theorie der Farbenmischung waren vorhanden. Schließlich hatte D. Brewster gegen Ende dieses Zeitraumes den wichtigen Gedanken ausgesprochen, daß stereoskopische Halbbilder eine modellartige Wirkung vermitteln könnten, wenn bei der Aufnahme die Größe des Objektivabstandes die der Augenentfernung des Beobachters übertreffe.

Ein günstiger Umstand für die Verwendung des Stereoskops war darin zu sehen, daß in der Zwischenzeit die photographischen Verfahren viel besser ausgebildet worden waren, und daß nunmehr die Jünger der neuen Kunst und die Verfertiger der photographischen Instrumente auf einer viel höheren Stufe standen, als ein Jahrzehnt zuvor, da Ch. Wheatstone zuerst den Photographen sein Gerät näherzubringen begann.

So wird es lohnen, zu beobachten, wie der zweite, von D. Brewster ausgehende Anstoß auf die Fortentwicklung des Stereoskops wirkte.

## 3. Die Zeit der allgemeinen Freude am Stereoskop in den fünfziger Jahren.

### Die Vorbereitung auf den geschäftlichen Erfolg.

Die Arbeiten D. Brewsters sollten in verschiedenen Richtungen neue Tätigkeit auslösen. Unmittelbar nach der Erfindung ließ sich das neue Brewstersche Prismenstereoskop allerdings noch nicht einführen, denn, wie W. B. Carpenter (*1.*) berichtet hat, ein schon 1849 von dem Londoner Optiker A. Ross hergestelltes Stereoskop dieser Art erregte bei der Öffentlichkeit durchaus keine Teilnahme. Als D. Brewster (*15.* 29) im Frühjahre von 1850 Paris besuchte, hatte er den Einfall, ein Musterstück des neuen Instruments dem ihm bekannten Pariser Optiker N. Soleil und dessen Schwiegersohne J. Duboscq zu zeigen, der vor kurzem die Leitung des optischen Geschäfts übernommen hatte. J. Duboscq, auf dessen Mitteilung (*1.*) sich diese Darstellung besonders stützt, sah die geschäftliche Wichtigkeit der neuen Erfindung ein und arbeitete mit Leidenschaft an ihrer Ausgestaltung, die D. Brewster in seine Hände gelegt hatte. Und noch in den letzten Dezembertagen desselben Jahres 1850 vollendete und beschrieb er (*1.*) seine erste Ausführungsform des Brewsterschen Stereoskops. Man kann aus seiner Darstellung entnehmen, daß es sich um einen pyramidischen Kasten mit Brewsterschen Halblinsen handelte, die zum Zwecke der Einstellung von der Bildebene entfernt und ihr genähert werden konnten. Die Brennweite der Betrachtungslinsen betrug 18 cm, so daß sich nur eine etwa $1\,^1/_3$-fache Vergrößerung der Bilder ergab. Zum Schluß wurde darauf hingewiesen, daß die Tiefe übertrieben erscheine, wenn die Bilder aus einer kurzen Entfernung aufgenommen worden seien. Diese Bemerkung läßt sich durch die Annahme erklären, daß es Neigungsaufnahmen waren, die J. DUBOSCQ in diesem Stereoskop betrachtet hatte; doch kann ein solcher Eindruck auch dadurch hervorgerufen worden sein, daß die Brennweiten der Betrachtungslinsen die der Aufnahmeobjektive an Länge gar zu sehr übertrafen.

Bevor aber der Handelserfolg geschildert wird, der zunächst J. DUBOSCQ und dann auch andere Optiker erwartete, muß der Weiterbildung gedacht werden, die die Theorie des Stereoskops um diese Zeit durch H. W. DOVE (2.) erfuhr.

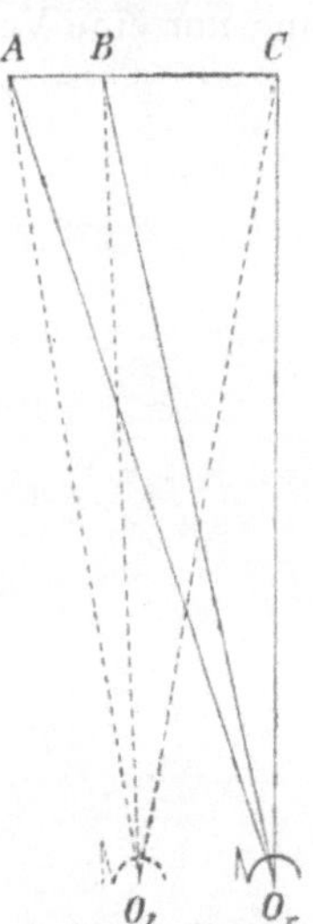

Abb. 41. Der dingseitige Strahlengang bei dem Fernrohrstereoskop H.W. DOVES.

Schon oben auf S. 52 war seiner Farbenmischungsversuche gedacht worden, die er mit einem Gerät gefördert hatte, das aus einem umkehrenden und einem bildaufrichtenden Fernrohr zusammengesetzt war. Man konnte dieses Instrument auch als Stereoskop verwenden und erhielt dann die Tiefenwirkung mit einer einzigen Zeichnung, da eine solche mit ihrer Umkehrung vereinigt wurde, vorausgesetzt, daß sie aus zwei symmetrischen Hälften, einer oberen und einer unteren bestand, so daß ihre Umkehrung zu einer einfachen Spiegelverkehrung wurde. Da mit Projektionen von Gerippen einfacher stereometrischer Figuren (beispielsweise eines geraden Kegelstumpfs, einer geraden abgestumpften Pyramide u. ä.) diese Bedingung leicht erfüllt werden konnte, so genügte hier auch die DOVEsche Einrichtung, und sie war, wie man hinzufügen kann, besonders wichtig für die nicht photographierenden Physiker Deutschlands, die ihre Versuche vielfach mit solchen einfach herzustellenden Zeichnungen unternahmen. Am Schlusse der Abhandlung wurde hervorgehoben, daß eine Vertauschung der beiden Fernrohre einen vorher erhaben aufgefaßten Gegenstand nunmehr vertieft erscheinen lasse.

Um auf die Theorie dieses Stereoskops näher einzugehen, sei zunächst das holländische Fernrohr rechts, das astronomische links angenommen (Abb. 41). Die Zeichnung bestehe aus drei senkrechten Geraden gleicher Länge, die in dem hier dargestellten Horizontalschnitte als drei Punkte *A*, *B*, *C* erscheinen. Sucht man die scheinbaren Augenorte, so erhält man, wenn der Einfachheit wegen angenommen wird, daß der Beobachter weit genug zurückgetreten sei, um die Verschiedenheit des Abstandes der beiden scheinbaren Augenorte von der Zeichenebene vernachlässigen zu können, den in der Abb. 41 stark verkürzt dargestellten Verlauf für die in diese beiden Augenorte gelangenden Strahlen. Es ist dabei eine kleine

Verschiebung der beiden Fernrohre nach einer (hier der rechten) Seite vorgenommen worden, damit das Raumbild ganz in das Endliche falle. Ein Raumding besteht also nicht, und die von der ebenen Zeichnung in das aufrechte und in das umgekehrte scheinbare Auge gelangenden Strahlen würden keinen einheitlichen Eindruck ergeben, wenn nicht die Zeichnung in bezug auf eine horizontale Achse symmetrisch wäre. So aber hat das Auge kein Mittel, um die Umkehrung zu bemerken, und es bleibt von der durch das astronomische Fernrohr hervorgebrachten Bildumkehrung nur eine Vertauschung der beiden Seiten, also von links und rechts

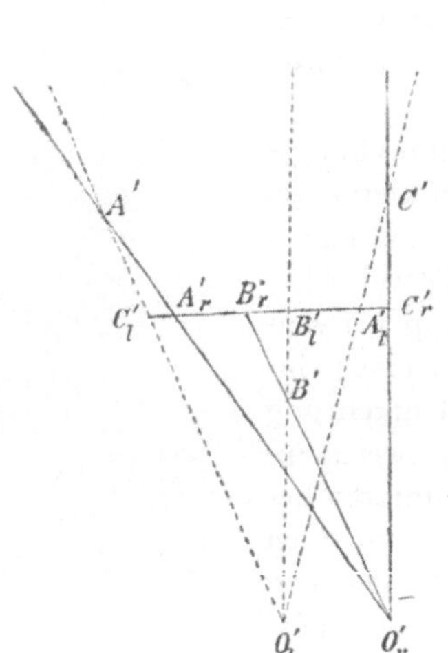

Abb. 42. Der bildseitige Strahlengang bei dem Fernrohrstereoskop H. W. DOVES.

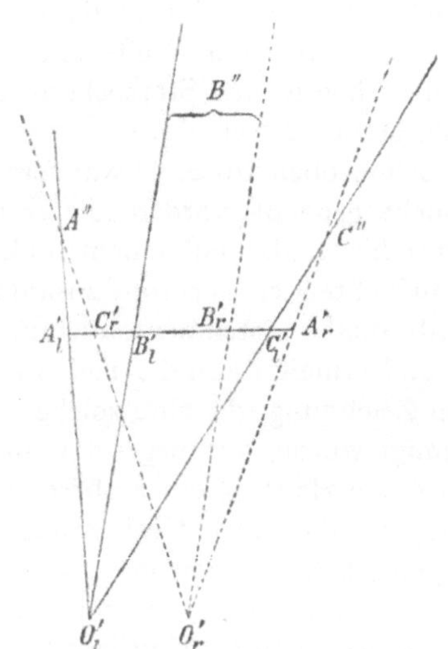

Abb. 43. Der bildseitige Strahlengang bei einer Vertauschung der beiden Fernrohre.

übrig, die eben einer Spiegelverkehrung entspricht. Zieht man unter Annahme einer zweimaligen Vergrößerung der beiden verzeichnungsfreien Fernrohre die Strahlen auf der Bildseite (Abb. 42), so erhält man, da nunmehr $O'_l\,C'_l$ und $O'_r\,A'_r$ als entsprechende gelten, die drei Kanten einer gegen den Beobachter erhabenen dreikantigen Säule $A'\,B'\,C'$. Nimmt man in der nur für den Bildraum gezeichneten Anordnung eine Vertauschung der beiden Fernrohre vor (Abb. 43) und verschiebt sie aus dem oben angegebenen Grunde nach der linken Seite, so erhält man das Raumbild einer gegen den Beschauer hohlen Säule $A''\,B''\,C''$.

Für die Tiefe bei dieser Raumerfüllung läßt sich ein einfaches Merkmal angeben. Es seien $O_l$ und $O_r$ die beiden Augen und $\gamma_1$ ein kleinerer, $\gamma_2$ ein größerer Konvergenzwinkel (Abb. 44), dann lassen sich ohne weiteres die beiden Kreise zeichnen, die die geometrischen Örter sind für alle Punkte mit den vorgeschriebenen Konvergenzen. Beschränkt man sich, wie das für alle stereoskopischen Apparate zutrifft, auf ziemlich kleine Hauptstrahlneigungen [$w'$ unter 20—25 Graden], so sieht man, daß die Summe $\alpha_1 + \beta_1$ der Winkel zwischen $\overline{O_l\, O_r}$ und den beiden nach dem ferneren Bildpunkte zielenden Strahlen größer sein muß als $\alpha_2 + \beta_2$, die Summe der entsprechenden Winkel für den näheren Bildpunkt.

Man hat also zur Entscheidung in den vorliegenden Fällen nur nötig, die Summe der Strahl-Basiswinkel für die mittlere Kante mit den entsprechenden Summen für die Randkanten zu vergleichen, um das Tiefenvorzeichen des Raumbildes zu bestimmen.

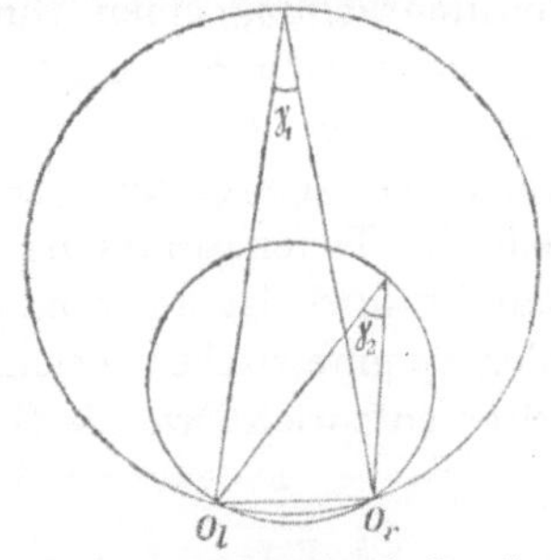

Abb. 44. Das Merkmal für die Tiefenwirkung.

Eine noch wichtigere Veröffentlichung ließ H. W. DOVE (*3.*) fast ein Jahr später, im Frühling von 1851, folgen. Gewiß wird auch auf ihn der Anstoß durch D. BREWSTERS Prismenstereoskop gewirkt haben, aber er beschränkte sich nicht bloß auf die Erzielung einer Tiefenwirkung; vielmehr zeichneten sich alle seine Stereoskope auch noch dadurch aus, daß sie die Anstellung von Farbenmischungsversuchen in großer Reinheit gestatteten, mithin selber keine stärkeren farbigen Abweichungen veranlaßten. Das erste der von ihm vorgeschlagenen Stereoskope (Abb. 45) enthielt das AMICIsche Reflexionsprisma ganz ebenso wie das 1849 von D. BREWSTER in seinem Vortrage beschriebene (s. S. 62), und auch bei H. W. DOVE ergab sich das Raumbild durch die Vereinigung einer geeigneten Zeichnung mit ihrem von dem Prisma entworfenen Spiegelbilde. Man kann aber mit Sicherheit eine selbständige Erfindung durch H. W. DOVE annehmen, denn allem Anscheine nach war von jenem Edinburger Vortrage keine Kunde in die weitere wissenschaftliche Welt gelangt, so daß selbst die hier zuständige englische Zeitschrift *The Philosophical Magazine* das Stereoskop mit dem AMICIschen Reflexionsprisma früher in einer Übersetzung des DOVEschen Artikels als in einem Abdrucke des BREWSTERschen Textes brachte (s. S. 61). H. W. DOVE machte auf die Erscheinung aufmerksam, daß die Hohlform des Raumbildes einer unmittelbar und mit Hilfe des Reflexionsprismas betrachteten Zeichnung in eine ebene Darstellung übergehe, wenn man die Zeichnung um 90 Grad drehe, und zu einer erhabenen Form des Raumbildes werde, wenn man der zugrundeliegenden Zeichnung eine Drehung um 180 Grad erteile. Er blieb also gegen D. BREWSTERS entsprechende Anordnung etwas zurück. Auch wies er darauf hin, daß unter Umständen die beidäugige

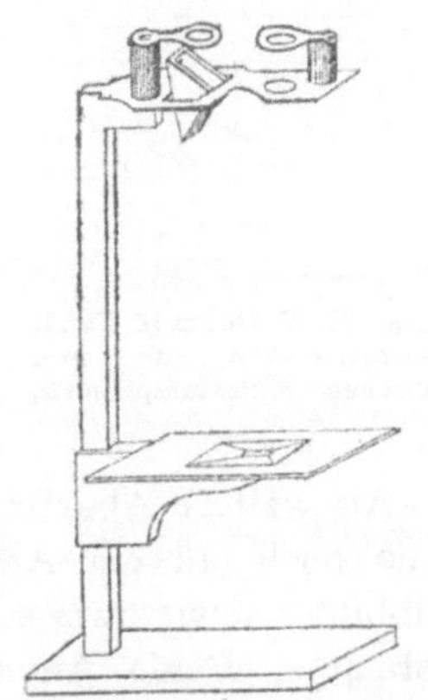
Abb. 45. H. W. DOVES (*6.* Taf. I) Prismenstereoskop mit einem AMICIschen Reflexionsprisma.

Verschmelzung eines Körpers mit seinem Spiegelbilde (in seinem Falle handelte es sich um eine in Holz ausgeführte sechseckige Säule) zu dem Eindrucke einer ebenen Darstellung führen könne. Es ist H. W. DOVE offenbar entgangen, daß bereits CH. WHEATSTONE bei seiner grundlegenden Veröffentlichung einen ähnlichen Versuch mitgeteilt hatte (s. S. 48).

Dieses Stereoskop ist offenbar in seinen Grundzügen dem sehr ähnlich, wo die beiden Fernrohre verwandt wurden, es kommt nur noch hinzu, daß das gespiegelte Auge gegen das freie verschoben sein kann. Daß die Tiefenauffassung wechselt, wenn die Zeichnung um 180 Grad gedreht wird, ist notwendig, weil eine solche Drehung der zur Horizontalen symmetrischen Zeichnung einen Fall ergibt, der dem oben behandelten entspricht, wo die Bewaffnung der beiden Augen vertauscht wurde.

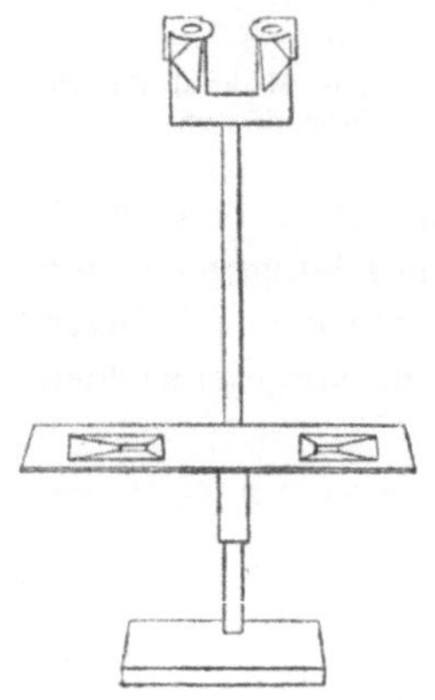

Abb. 46. H. W. DOVES (*6*. Taf. I) Prismenstereoskop mit zwei AMICIschen Reflexionsprismen.

Die Entkörperung der Säule wird man am besten verstehen, wenn man sie auffaßt als die Umkehrung des auf S. 68 eingehend beschriebenen Versuchs. Jetzt gibt es zwar ein Raumding, aber die Stellung des Körpers zu den beiden durch die Spiegelung einander genäherten scheinbaren Augenorten ist derartig gewählt, daß nach der Spiegelverkehrung an der Prismenfläche die beiden bildseitigen Hauptstrahlenkegel gar nicht auf ein räumliches, sondern auf ein ebenes Bild führen.

Hier kann E. WILDE (*1.*) angeschlossen werden, der das Prisma der WOLLASTONschen *Camera lucida* in die DOVEsche Anordnung einführte; nebenbei gab auch er eine Erklärung für die Zunahme der scheinbaren Größe von Gestirnen am Horizont.

Als weitere Abarten seiner stereoskopischen Apparate führte H. W. DOVE noch an ein AMICIsches Reflexionsprisma und zwei identische Halbbilder sowie zwei solcher Prismen und zwei verschiedene Halbbilder (Abb. 46). Beide Anordnungen brauchen hier nicht eingehender besprochen zu werden, da sie theoretisch dem WHEATSTONEschen Instrument ziemlich nahestehen. Doch kann man darauf hinweisen, daß für die letzte Vorkehrung die Halbbilder gerade umgekehrt angeordnet werden mußten als bei der Betrachtung mit bloßen Augen, wenn sich dieselbe Tiefenwirkung ergeben sollte. H. W. DOVE (*6.* 195) selbst hat bald danach darauf aufmerksam gemacht, daß die Bilder bei seiner Einrichtung umgekehrt lägen wie in den BREWSTERschen Prismenstereoskopen.

Grundsätzlich wenig verschieden von seinem ersten (Fernrohr-) Stereoskop vom Jahre 1850 ist der Vorschlag, eine geeignete Zeichnung mit einem Auge unmittelbar und mit dem andern durch ein DELABORNE-

DOVEsches *Reversionsprisma*[1]) (Abb. 47) zu betrachten. Den Beschluß machte endlich ein Stereoskop mit zwei Zeichnungen und einem Ablese-

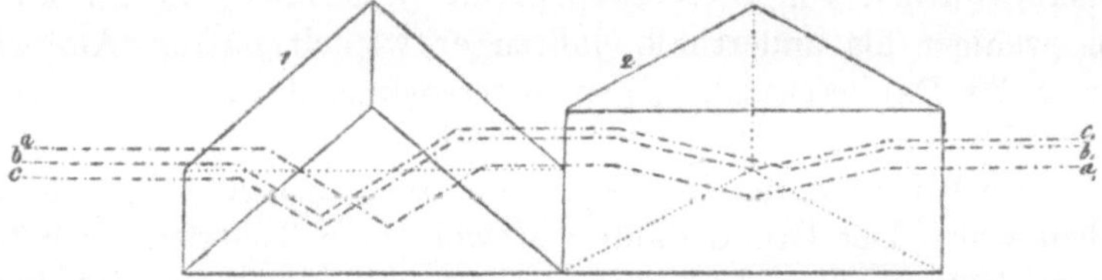


Abb. 47. Ein DELABORNE-DOVEsches Reversionsprisma nach H. W. DOVE (*6*. Taf. I).

prisma oder einem ebenen Metallspiegel (Abb. 48), bei dem die Ebenen der beiden Bilder einen rechten Winkel miteinander bildeten; auch diese Anordnung weicht nur unbedeutend von dem WHEATSTONEschen Spiegelstereoskop ab.

Bei den hier vorgeschlagenen Formen war der Benutzer, soweit es sich um zwei räumlich getrennte Halbbilder handelte, gar nicht an einen besonderen Betrachtungsabstand von den Bildern gebunden, und H. W. DOVE (*3*.) hob es klar hervor, daß man nicht genötigt sei, die beiden Zeichnungen in demselben Maßstabe auszuführen; für ungleichsichtige Beobachter könnten sehr wohl auch verschiedene Maßstäbe Anwendung finden. Natürlich müsse man durch gehörige Abrückung der Bilder für die Gleichheit der Winkel sorgen.

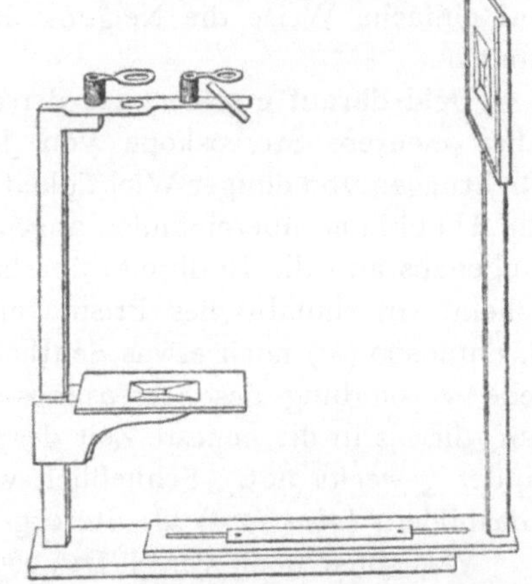

Abb. 48. H. W. DOVEs (*6*. Taf. I) Spiegelstereoskop.

Die Besprechung der DOVEschen Arbeiten an dieser Stelle war nicht bloß der Zeitfolge wegen, sondern auch deshalb notwendig, weil bei der eifrigen Ausbildung verkaufsfähiger Stereoskopformen in Frankreich auch

---

[1]) Es mag hier darauf hingewiesen werden, daß es wünschenswert erscheint, den von H. W. DOVE (*5*.) selbst für dieses Umkehrsystem gewählten Namen beizubehalten. Es ist ihm offenbar unbekannt gewesen, daß J. L. DELABORNE (*1*.) dieses bildumkehrende Prismenpaar bereits 1838 zwischen Objektiv und Okular eingeschaltet hatte. — Wenn nun auch die allgemeine Aufmerksamkeit erst durch H. W. DOVE auf diese Einrichtung gelenkt wurde und ihre Theorie auf ihn zurückgeht, so muß doch J. L. DELABORNEs Vorgängerschaft anerkannt werden. Der Hinweis auf P. HARTING und das Jahr 1848, der sich an dieser Stelle (S. 62) der ersten Auflage findet, ist nach den hier beobachteten Grundsätzen gegenstandslos geworden.

Es besteht also ein DELABORNE-DOVEsches Reversionsprisma aus zwei AMICIschen Reflexionsprismen, deren spiegelnde Flächen in den hier wichtigen Fällen aufeinander senkrecht stehen.

die Dovesche Form mit den zwei Amicischen Reflexionsprismen eine gewisse Rolle spielte. Zunächst beschrieb F. Moigno (*1.*) eingehend die beiden Hauptformen von Stereoskopen, die J. Duboscq in der kurzen Zeit von weniger als anderthalb Jahren entwickelt hatte. Am wichtigsten war das Brewstersche Prismenstereoskop, das in verschiedenen Ausführungsformen vertrieben wurde, und zwar sind diese dadurch kenntlich, daß bei ihnen der für Daguerreotypien unentbehrliche Kasten fortgefallen war. Der Grund dafür war wohl zum Teil der, sie billiger anbieten zu können, zum Teil aber eigneten sie sich dann auch besser zur Betrachtung von Papierbildern, die in Albums eingeklebt waren. Die Dovesche Form erschien als Vorrichtung zur Vereinigung von stereoskopischen Schirmbildern, mit denen man also schon im ersten Halbjahre von 1852 einen Anfang gemacht hatte. Dabei ist besonders auf das hübsche Verfahren aufmerksam zu machen, das angewandt wurde, um auf einfache Weise die Neigung der Prismen gegeneinander ändern zu können.

Bald darauf erschien aus derselben Feder (*2.*) eine neue Mitteilung über mehrere Stereoskope von J. Duboscq, die nach verschiedenen Richtungen von einiger Wichtigkeit sind. Einmal finden sich hier zuerst die Halbbilder übereinander angeordnet, was den Vorteil hat, daß der Augenabstand die Bildbreite überhaupt nicht beschränkt. Schon hierbei scheint ein rhombisches Prisma angewandt zu werden, was später bei J. Duboscq (*8.*) noch etwas deutlicher wird. Sodann tritt auch hier (*7.*) jene Verbindung des Stereoskops mit dem Plateauschen Lebensrade auf, die bis in die neueste Zeit der Reihenbilder hinein den Eifer der Erfinder geweckt hat. Schließlich wird auch noch der Verwendung von Glasbildern (*abat jour*) als Stereogrammen Erwähnung getan.

Was sonst noch von J. Duboscq auf diesem Gebiete berichtet wird, stammt aus einer etwas späteren Zeit, doch kann es gleich hier erledigt werden, da es nur von untergeordneter Bedeutung ist. Neben einem nicht mit einer sehr großen Klarheit unternommenen Versuche (*4.*), dem Guckkasten eine stereoskopische Einrichtung zu geben — denn jedes Stereoskop ist nichts weiter als ein zweckmäßig gebauter Guckkasten für beide Augen — wird in zwei Aufsätzen (*5.* u. *6.*) von einer Zerlegung der Brewsterschen exzentrisch benutzten Linsen in Linsen und Prismen berichtet, wobei die durch die Prismen eingeführte Verzeichnung durch eine Neigung der Linsenbestandteile ausgeglichen werden soll. Anziehend ist es, wie er durch Herschelsche drehbare Prismen eine in weiten Grenzen regelbare Ablenkung zuwege brachte. Nur wenig später hat er (*7.* u. *8.*) alsdann — anscheinend als erster — das Dovesche Prismenstereoskop aus zwei Amicischen Reflexionsprismen (s. S. 70) dazu verwandt, ein Stereoskop für unzerschnittene Bilder herzustellen (Abb. 49). Über die Prismen hat er noch zwei Lupen gesetzt. Der Eindruck war tiefenrichtig, weil der gekreuzten Lage der Halbbilder eine gekreuzte

Stellung der scheinbaren Augenorte entsprach. Eine größere Verbreitung war diesem Instrument wohl deshalb nicht beschieden, weil das Gesichtsfeld nicht groß war.

Wer dann zuerst mit dieser Anordnung das auf der Mattscheibe der Zwillingskammer entstehende Stereogramm betrachtet und dabei natürlich einen tiefenrichtigen Eindruck erhalten hat, war aus den hier benutzten Schriften nicht zu ersehen. Diese Anordnung fand sich — sicherlich verspätet — beschrieben in der Fachzeitschrift *The Photographic News* (1864. **8.** Nr. 305. 333), und zwar als einer belgischen Quelle entnommen. Auch hier wurde für die Beobachtung ein nach vorn und unten unter 45 Graden geneigter Spiegel angewandt, um die Halbbilder aufzurichten und gleichzeitig die Beobachtungsrichtung aus der wagerechten in die bequemere lotrechte Lage zu bringen.

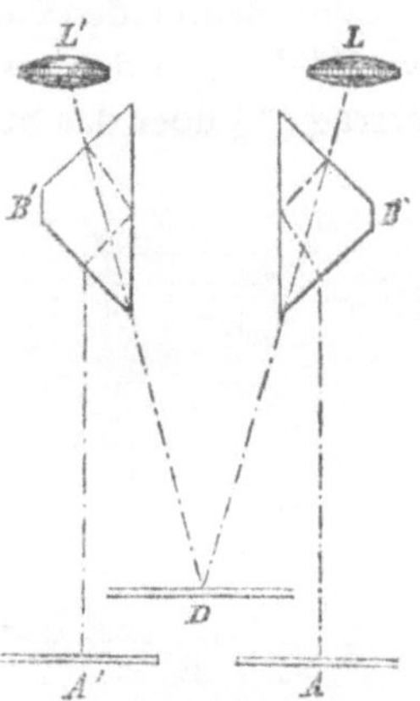

Abb. 49. J. DUBOSCQS (*8*) Verwendung eines DOVESCHEN Prismenstereoskops zur Betrachtung unvertauschter Halbbilder.

Doch wenn auch diese letzten Arbeiten keine große Bedeutung erlangt haben, so wird man J. DUBOSCQ ohne Einschränkung den Ruhm zuerkennen müssen, daß er durch sein großes Geschick als ausführender Optiker den Gedanken der wissenschaftlichen Größen seiner Zeit eine brauchbare Gestalt gab. Wenn namentlich bei der ersten Weltausstellung zu London 1851 das Stereoskop eine der Hauptanziehungen und Neuheiten abgab, so war das in hohem Maße J. DUBOSCQS Verdienst, und der ganz ungemein große Absatz[1]) namentlich französischer Stereoskope in jenen Jahren ist der geschickten Hand dieses französischen Optikers wohl zu gönnen gewesen. — Man wird sich aber hüten müssen, die gegenwärtige Schnelligkeit der Ausbreitung auch in jener Zeit zu erwarten. Nach der eingehenden und sorgfältigen Untersuchung W. WEIMARS (*1.* 70 ff.) dauerte es in Hamburg trotz aller Lebhaftigkeit der Handelsbeziehungen bis zum Jahre 1855, ehe man daselbst von einer „Stereoskopepidemie" sprechen konnte. — Gut dazu stimmt es, daß noch Anfang Mai 1856 die Schaulustigen in Jena aufgefordert wurden, ausgestellte „Stereoscope oder plastisch-perspectivische Bilder" anzusehen, die in größeren Städten allgemeinen Beifall gefunden hätten.

Der große und nach dem Mißerfolge mit den Ausführungsformen englischer Optiker wohl ungeahnte Anklang des neuen Instruments scheint bald den Keim zu einer gewissen Nebenbuhlerschaft zwischen

[1]) D. BREWSTER (*15.* 36) veranschlagte die Anzahl der bis 1856 abgesetzten Prismenstereoskope auf mehr als eine halbe Million, und auf ähnliche Zahlen kam J. DUBOSCQ (8), wo der Wert der bis zum Februar 1857 allein in Paris erzeugten Stereoskope auf mehrere Millionen Franken geschätzt wird.

dem englischen und dem schottischen Gelehrten gelegt zu haben, und daraus entwickelte sich im Laufe der Zeit bei D. BREWSTER eine unverkennbare Eifersucht auf seinen Kollegen. Es ist wie eine Art von Erfinderraserei, was diesen verdienten Forscher ergriff, und auch von englischen Schriftstellern, wie von W. B. CARPENTER (*1.*), dem Verteidiger CH. WHEATSTONES, auf den großen Erfolg zurückgeführt wurde, den D. BREWSTER an der DUBOSCQschen Ausführung erlebte. Damit stimmt auch gut überein, daß sein in dem Vortrage (*5.*) von 1849 der WHEATSTONEschen Erfindung gegenüber eingenommener Standpunkt gar nicht so feindselig ist wie in den auf das Jahr 1852 folgenden Veröffentlichungen.

Von den beiden Gegnern kam zuerst CH. WHEATSTONE zu Wort, und zwar hielt er in den ersten Tagen des Jahres 1852 seinen zweiten Hauptvortrag (*3.*) über das Stereoskop. Es war ein dem ersten nahekommendes

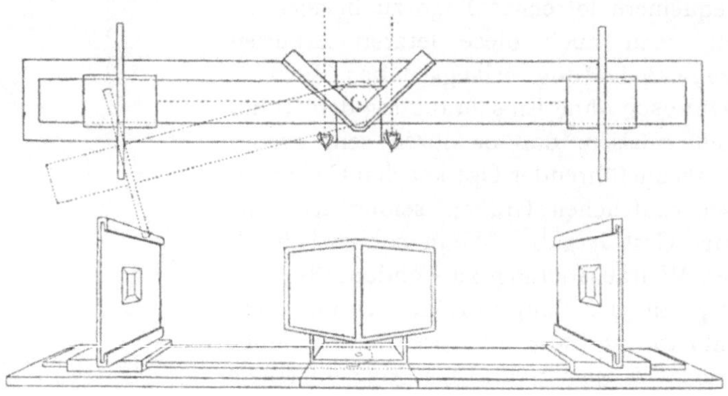

Abb. 50. CH. WHEATSTONES (*3.*) abgeändertes Spiegelstereoskop. Vorderansicht und Grundriß.

Meisterwerk, und diese zweite große Arbeit von CH. WHEATSTONE soll hier ebenfalls genauer wiedergegeben werden, weil sie erst recht nicht genügend bekannt geworden ist.

Unter Hinweis auf den ersten Vortrag und die erste Veröffentlichung in H. MAYOS Schrift werden die Dienste einzeln aufgezählt, die das Stereoskop der physiologischen Untersuchung des Sehvorganges leisten könne. Denn dieses Instrument erlaube, die verschiedenen Bedingungen, unter denen das Sehen vor sich gehe, unabhängig voneinander abzuwandeln, sei es, daß es sich um die Änderungen der scheinbaren Größe, oder um solche der Konvergenz und des Akkommodationszustandes handele. Diesen Zwecken diene am besten ein abgeändertes Stereoskop, bei dem die Bildebenen verschiedene Neigungen zu den Spiegeln und verschiedene Entfernungen von ihnen einnehmen könnten (Abb. 50). Mit einem solchen Instrument lasse sich zeigen, daß bei gleichbleibender scheinbarer Größe der beiden Bilder die Größe des durch den binokularen Eindruck vorgetäuschten Gegenstandes wachse, wenn die Konvergenz abnehme und umgekehrt. Bleibe ferner die Konvergenz der Achsen unverändert, und nehme die scheinbare Größe der Bilder zu, so entspreche der binokulare Eindruck einem größeren Gegenstande. Die Sicherheit des Urteils über die Entfernung aus der Konvergenz der Achsen sei nicht groß, dagegen sei die Größenänderung in dem im Stereoskop gesehenen Sammelbilde sehr deutlich. Die enge Verbindung der Akkommodation mit der Konvergenz störe häufig und werde entweder durch die Einschaltung von zerstreuenden oder sammelnden Brillengläsern oder durch die Anwendung von Lochbrillen unschädlich gemacht. — In der Zeit seit dem Jahre 1838 seien namentlich von D. Brewster und H. W. Dove verschiedene Stereoskope vorgeschlagen worden, doch eigneten sich für Forschungszwecke die Spiegelstereoskope am besten. Von diesen lasse sich eine leicht faltbare Form angeben (Abb. 51), die zusammengelegt nicht größer sei als ein Würfel von 15 cm Seitenlänge. Hierbei würden manchmal die Spiegel durch Ableseprismen ersetzt, deren Entfernung nach dem Augenabstand des Beobachters gewählt werden könne. Auch ein Stereoskop mit Prismen sei für kleinere Bilder vorgeschlagen worden, und zwar eigne es sich besonders für Daguerreotypien und habe außerdem den Vorteil besonders leichter Tragbarkeit. —Während die ersten Halbbildpaare Körpergerippe dargestellt hätten oder ganz einfache perspektivische Zeichnungen gewesen seien, wären den späteren die photographischen Verfahren zu Hilfe gekommen, die 1839 veröffentlicht worden wären. Die ersten Versuche seien mit Hilfe von H. F. Talbot und von H. Collen (s. S. 53) angestellt worden, dann wären auch noch andere photographische Praktiker herangezogen worden. Die Aufnahmen seien Neigungsaufnahmen mit einem Winkel von 18 Grad gewesen, wie er sich bei 20 cm Abstand des Konvergenzpunkts und 63,5 mm Augenabstand ergäbe. Für photographische Bildnisse würden zwei Kammern benutzt, um die beiden Aufnahmen gleichzeitig machen zu können. Gebe man den beiden Kammern einen größeren Abstand, als er der Entfernung der beiden Augen des Beobachters entspreche, so erhalte man ein verkleinertes Raumbild. Für andere Konvergenzen ergäben sich andere Objektentfernungen, wie eine kleine Tafel zeige, die für alle geradzahligen Konvergenzwinkel zwischen 2 und 30 Grad die zugehörigen Dingabstände in Zollen angebe. — Betrachte man Halbbilder geringer Aufnahmeneigung im Stereoskop mit starker Konvergenz, so ergebe sich eine Minderung der Tiefe. Unter den umgekehrten Verhältnissen trete eine Tiefensteigerung ein. — Wünsche man einen dem wirklichen gleichen Eindruck, so müsse die Achsenneigung bei der Aufnahme mit der Konvergenz bei der Betrachtung überein-

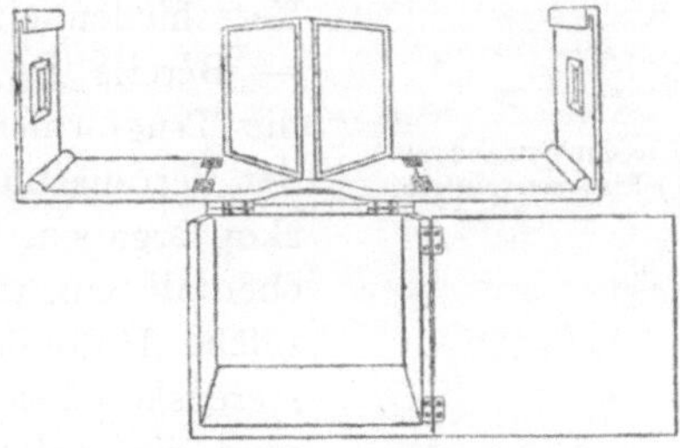

Abb. 51. Ch. Wheatstones (3.) faltbares Spiegelstereoskop.

stimmen; es wirke indessen häufig angenehm, wenn man die Tiefe dadurch steigere, daß man für die Betrachtung eine geringere Konvergenz wähle. Man könne Bilder, die mit einer Achsenneigung von 7—8 Grad aufgenommen worden seien, mit dieser Wirkung in einem Parallelstereoskop betrachten. Zweckmäßig schalte man dann noch Linsen zwischen Auge und Halbbild, um dieses unter kaum veränderten Winkeln im Un endlichen abzubilden. Es sei nicht durchaus nötig, daß man dazu mit D. BREWSTER exzentrisch benutzte Halblinsen verwende, vollständige Linsen täten es auch, wenn nur die Breite des einzelnen Halbbildes den Augenabstand des Beobachters nicht überschreite (Abb. 52). Der stereoskopische Eindruck scheine sich aber nicht auf einen unendlich entfernten Gegenstand zu beziehen. Dafür sei als Grund wohl die große Verschiedenheit der beiden Halbbilder anzusehen. — Bereits in der ersten Veröffentlichung wären die Trugformen beschrieben worden, die sich bei der Vertauschung der beiden Halbbilder im Stereoskop ergäben. Diese Tiefenverkehrung stelle sich ebenfalls ein, wenn man in einem Spiegelstereoskop solche Halbbilder betrachte, die für ein Linsenstereoskop bestimmt seien, und ferner dann, wenn man die Halbbilder erst umkehre, bevor man sie den Augen darbiete. Die hierbei eintretende Änderung der Raumerfüllung lasse sich auf eine einfache Weise geometrisch begründen. Die Spiegelung oder die Umkehrung des Raumdinges selber bringe indessen keine Trugform hervor. — Es gebe aber Instrumente, die auch Raumdinge als Trugformen vorführten, und solche bezeichne er als *Pseudoskope.*

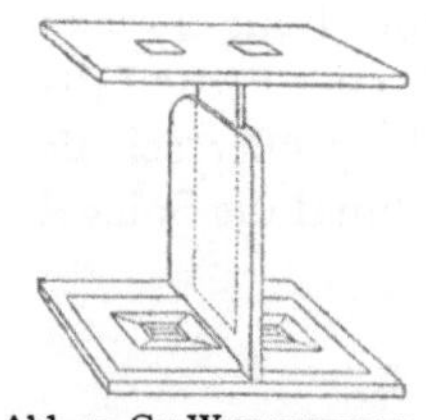

Abb. 52. CH. WHEATSTONES (3.) Linsenstereoskop.

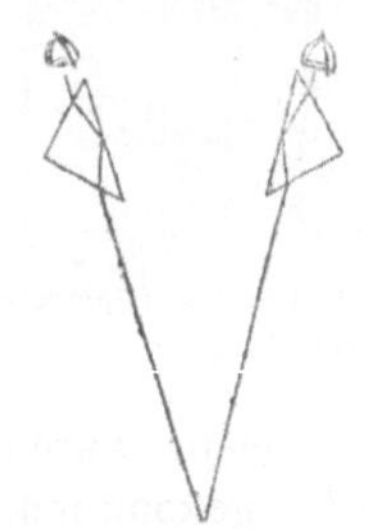

Abb. 53. CH. WHEATSTONES (3.) Pseudoskop für nahe Gegenstände.

Die wichtigste Form beruhe auf der Spiegelung der Halbbilder. Zwei Ableseprismen aus Flintglas von 3 cm Seitenlänge würden so verbunden (Abb. 53), daß ihre Hypotenusenflächen 5 cm voneinander entfernt seien und einander parallel ständen. Bei der Betrachtung naher Gegenstände könnten sie auch gegeneinander geneigt werden. Am besten werde das Instrument auf ein Raumding mittlerer Entfernung so eingestellt, daß dieses seinen Ort und seine Größe beizubehalten scheine, dann erschienen entferntere Gegenstände kleiner und näher, nähere größer und ferner. Nicht alle Gegenstände seien für die Wahrnehmung des tiefenverkehrten Raumbildes gleich gut geeignet, am besten gelinge es bei solchen, deren Trugformen leicht einen Sinn gäben. Eine Reihe von weiteren Trugformen solle im Anschluß daran beschrieben werden. Es gebe aber auch noch Pseudoskope anderer Einrichtung, und zwar sei neben einem nicht sehr vielseitig brauchbaren aus Planspiegeln ein solches anzugeben, das aus zwei Linsen kurzer Brennweite bestehe, die je vor ein Auge gebracht würden. Auf die von diesen entworfenen Bilder richte man entweder die Augen unmittelbar und habe dann ein nur kleines Gesichtsfeld, oder man lasse die Bilder auf der Mattscheibe einer Kammer entstehen und betrachte sie mit einem gewöhnlichen, nicht spiegelnden Stereoskop. — Die einäugige Tiefenverkehrung hänge besonders von der unrichtigen Deutung der Halbschatten ab.

Ganz enge an diesen schließt sich ein weiterer Vortrag an, den Ch. Wheatstone (*5.*) in dem Frühling des folgenden Jahres hielt, und der gleich hier besprochen werden möge. In dieser Äußerung beschäftigte er sich mit der Weiterbildung des faltbaren Spiegelstereoskops (s. S. 75). Er richtete es für größere Bildformate ein und gab ihm dazu beträchtlichere Ausmaße (zusammengelegt 23 : 13 : 11 cm; geöffnet 60 : 30 : 23 cm), außerdem trug er auch für eine Einstellmöglichkeit der Halbbilder Sorge. Schwache Sammelgläser hatte er vorgesehen, um die Vereinigung der Bilder bei kleinen Konvergenzwinkeln zu erleichtern. Die Linsen waren in ihrer gemeinsamen Ebene und senkrecht zu ihrer Verbindungslinie einzeln verstellbar, um auf die richtige Höhe gebracht werden zu können. Diese in der Regel vernachlässigte Einstellungsmöglichkeit sah er für sehr wichtig an. Eine den Prismen (s. S. 75) bereits erteilte Verschiebung in wagerechter Richtung scheint er diesen Brillengläsern nicht verliehen zu haben.

Der Hauptvortrag hat auf die Mitwelt durch die in ihm enthaltenen Mitteilungen über Pseudoskopie ganz außerordentlich gewirkt, auch die Neigungsaufnahmen haben, wie bald gezeigt werden wird, einen großen Anklang namentlich bei den Photographen gefunden, wie sie allem Anscheine nach auch unter Beihilfe eines solchen, A. Claudets nämlich, entstanden sind. Aus dem Berichte auf S. 95 läßt sich entnehmen, daß dies Verfahren auf Grund der in dem angenommenen Maße nicht vorhandenen Ähnlichkeit zwischen der Leistung der Augen beim beidäugigen Sehen und der photographischen Objektive bei Neigungsaufnahmen schon sehr früh angewandt wurde. Bei Ch. Wheatstone findet sich ferner auch bereits der Vorschlag, die durch Neigungsaufnahmen erhaltenen Halbbilder mit geänderter Konvergenz zu betrachten. Die Abweichung war zunächst aus wissenschaftlichen Gründen eingeführt worden und hatte zu reizvollen psychologischen Ergebnissen geführt, wurde aber schließlich auch aus Schönheitsrücksichten empfohlen, weil die Steigerung der Tiefenwahrnehmung an sich erstrebenswert erschien. Eine derartige Konvergenzänderung hat nun die störende Folge, daß dann kein Raumbild im strengen Sinne mehr entsteht, weil die entsprechenden Strahlen sich im Bildraume nicht mehr schneiden, sondern windschief zueinander verlaufen. Aber ganz abgesehen von diesem Mangel in der Strahlenvereinigung hat jener Wheatstonesche Vorschlag insofern auch bedenkliche Folgen gehabt, als er der Neigung der Menge entgegenkam, von der Raumähnlichkeit leichten Sinnes abzusehen. Selbstverständlich war es CH. WHEATSTONE sehr wohl bekannt, daß für die Raumgleichheit eine Wiederherstellung der Aufnahmeneigung notwendig ist.

Wenig Teilnahme scheinen mindestens zunächst die Worte CH. WHEATSTONES gefunden zu haben, die er seinem mit vollständigen, zentrisch benutzten Linsen ausgestatteten Stereoskop widmete. Er schlug bereits 1852 eine solche Einrichtung vor, bei der die Linsenachsen durch die Mitten der Halbbilder gingen, und wo infolge davon die Breite der Halbbilder durch den Augenabstand des Beobachters bestimmt war. Dieses Instrument, das hier als WHEATSTONEsches *Linsenstereoskop* angeführt werden soll, war von seinem Erfinder dem BREWSTERschen Prismenstereoskop entgegengestellt worden, und es hat, als die optischen Werkstätten allmählich gleichsam widerwillig dieser Form nähertraten, einen immer erfolgreicheren Krieg gegen jenes Prismenstereoskop geführt.

Abb. 54. Das ELLIOTsche Stereogramm nach D. BREWSTER (*15.* 57). Es sind drei Abstände (Mond, Kreuz, Bäumchen) angegeben worden.

Weiter verdienen die verschiedenen Anpassungsmöglichkeiten eine Erwähnung, sei es, daß sie sich (*3.* 5) auf die Seitenverstellung von Prismen oder (*5.*) auf die Höherstellung von Linsen bezogen. Man findet hier zum ersten Male ein Mittel zur Beseitigung eines in einem Stereogramm etwa vorhandenen Höhenfehlers.

Gewisse Ansätze zu pseudoskopischen Beobachtungen sind schon vorher (S. 48, 68 und 69) erwähnt worden: doch handelte es sich hier zum ersten Male seit CHÉRUBIN D'ORLÉANS um einen wirklich pseudoskopischen Versuch an den Raumdingen selbst. Das als Pseudoskop empfohlene Instrument war eines der DOVEschen Stereoskope zum Betrachten von Stereogrammen (S. 70). Es scheint nicht allgemein beachtet worden zu sein, daß die (S. 76) von CH. WHEATSTONE empfohlene Anordnung der Prismen, wobei sie sich ihre spiegelnden Flächen zukehren, nicht die einzig mögliche ist. Im Gegenteil hat sogar eine Form gewisse Vorzüge, wo die spiegelnden Flächen nach außen gewandt sind, und zwar insofern als die beiden scheinbaren Augenorte eine größere Entfernung voneinander erhalten. Die gekreuzte Augenstellung an sich und mit ihr die pseudoskopische Wirkung wird aber in diesen beiden Formen ebenso wie bei einer parallelen Stellung der Prismen erreicht.

Ein ganz vergeblicher Erfinderanspruch des schottischen Mathematiklehrers J. ELLIOT (*1.*) wurde nur durch dessen eigene Unaufmerksamkeit veranlaßt. In der Zeitschrift *The Philosophical Magazine* war zur Erleichterung des Verständnisses auch CH. WHEATSTONES erster Vortrag vom Jahre 1838 abgedruckt worden, und das brachte J. ELLIOT, da er die beigefügte Zeitangabe übersehen hatte, zu einem Erfinderanspruch für das Jahr 1839, wo er allem Anscheine nach ganz selbständig eine kleine stereoskopische Landschaftszeichnung (Abb. 54, S. 78) angefertigt hatte. Er gestand gleich darauf in einem an den Herausgeber gerichteten Schreiben seinen Irrtum ein, und der Zwischenfall würde gar nicht erwähnt zu werden brauchen, hätte nicht D. BREWSTER (*15.* 19, 56) auf diese ELLIOTsche Nacherfindung ein ganz besonderes Gewicht gelegt, so daß der Name dieses Mannes in dieser Zeit nicht selten als der eines Erfinders der Stereoskopie auftritt.

Die auf den WHEATSTONEschen Vortrag unmittelbar folgende Zeit ist so außerordentlich reich an Betätigung des Forschungs- und Schaffenstriebes, daß es notwendig erscheint, die rein zeitliche Anordnung aufzugeben zugunsten einer Zusammenfassung nach bestimmten Gesichtspunkten technischer Art, wie sie sich aus der Durchforschung jener reichen Zeit herausstellen.

## Die Arbeiten an der beidäugigen Brille.

In dies Gebiet gehört der Vorschlag, den E. DU BOIS-REYMOND (*1.*) 1852 von einem Aufenthalt aus London machte. Er hatte dort die ungemeine Verbreitung des BREWSTERschen Stereoskops beobachtet und schlug vor, es zu stereoskopischen Übungen für Schielende zu verwenden. Leidende dieser Art waren ja schon im vorigen Zeitraum (s. S. 63) mit Prismenbrillen versehen worden. Der Gedanke, mit dem Stereoskop Übungen anstellen zu lassen, ist in der Folgezeit ganz ungemein häufig aufgenommen worden. — In einem Briefe an F. C. DONDERS setzte E. BRÜCKE (*3.*) 1859 auseinander, daß man häufig der Konvergenzvermehrung beim Gebrauch einer Arbeitsbrille entgegenwirken müsse. In seinem Falle leiste ihm eine mit Plankonvexlinsen ausgerüstete Brille gute Dienste, die in folgender Weise hergestellt sei. Eine große Plankonvexlinse von $4\,{}^1/_2$ dptr sei mittels eines senkrechten, durch den Scheitel geführten Schnitts in zwei Teile gespalten, und beide Hälften seien dann so in ein Gestell mit den ebenen Flächen dingwärts eingesetzt worden, daß die ursprünglich benachbarten Teile 23 mm voneinander entfernt seien. Da BRÜCKES Augenabstand 62 mm betrug, wurden allem Anschein nach die beiden Hälften der Linse so gerandet, daß an den gemeinsamen Innenseiten so gut wie nichts fortgenommen wurde. Bei stärkeren

Wirkungen müsse man achromatische Prismen verwenden. — Im Zusammenhang damit ist auf eine Arbeit (*1.*) F. Giraud-Teulons hinzuweisen, in der er 1860 auf den Widerspruch aufmerksam machte, der sich auch bei Brillenträgern zwischen der Akkommodation und der Konvergenz einstellen müsse, sobald man Raumdinge von endlichem Abstande beidäugig betrachte. Da ihm namentlich die inneren Hälften der Brillengläser störend waren, so empfahl er kurz, ein großes sammelndes oder zerstreuendes Brillenglas mittels eines senkrechten Schnitts durch den Scheitel in zwei gleiche Teile zu zerlegen und die beiden Hälften so in das Brillengestell einsetzen zu lassen, daß der alte gemeinsame Durchmesser oder genauer die gemeinsamen Scheitelpunkte einander zugewandt seien.

## Die Ausbildung der binokularen Mikroskope.

Das Auftreten von binokularen Mikroskopen fällt in die Zeit unmittelbar nach dem zweiten Wheatstoneschen Vortrage. Es ist auch ganz verständlich, daß die vielfachen, im Anfang der fünfziger Jahre gegebenen Anregungen nicht nur einen allgemeinen Aufschwung der Anteilnahme auslösten, sondern auch die Mikroskopiker im besonderen auf dieses Gebiet hinwiesen.

John Leonard Riddell [* 20. Febr. 1807, † 7. Okt. 1865], ein Professor der Chemie an der Universität Louisiana, veröffentlichte (*1.*) gegen Ausgang des Jahres 1852 ein binokulares Mikroskop, wobei die geometrische Teilung der aus dem Objektiv austretenden Strahlenbüschel durch zwei Paare von Ableseprismen oder auch von parallelen Spiegeln erreicht wurde (Abb. 55). Ihm fiel die pseudoskopische Wirkung auf, die sich ergab, wenn er hinter die Prismen gewöhnliche Okulare setzte. Die Wichtigkeit der beidäugigen mikroskopischen Beobachtung schilderte er schon bei der ersten Veröffentlichung in einer Sprache, die zu dem zunächst erreichten, doch nur dürftigen Erfolge in einem deutlichen Mißverhältnis stand. Die Anpassung an den Augenabstand des Beobachters geschah zweckmäßigerweise durch eine Parallelverschiebung der äußeren Prismen oder Spiegel.

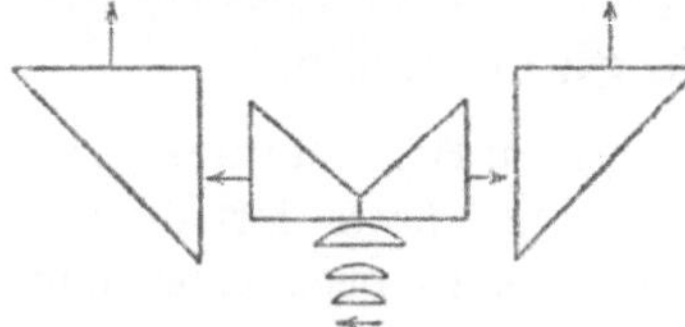

Abb. 55. Das erste Binokularmikroskop nach J. L. Riddell (*1.*).

E. Abbe (*1.* 199) hat später darauf aufmerksam gemacht, daß eine solche geometrische Teilung der Büschel in der Austrittspupille des Mikroskopobjektivs selbst oder doch in ihrer Nähe stattzufinden habe. Ihr entspricht dann auf der Dingseite eine Spaltung der Eintrittspupille. Für die beiden Halbbilder, die so in der Einstellebene des Mikroskopobjektivs entstehen, gelten als Projektionszentren die Schwerpunkte der beiden Halbkreise, in die die Eintrittspupille zerlegt wird.

Sehr bald darauf trug Ch. Wheatstone (*4.*) selbst seine Ansichten über binokulare Mikroskopie vor. Er hatte schon nach seiner ersten Kundgebung des Stereoskops die wichtigsten Londoner Hersteller von Mikroskopen, A. Ross und Hugh Powell, für ein binokulares Mikroskop heranziehen wollen und hatte seine Versuche nach seinem zweiten Vortrage wiederholt, doch war es ihm auch dann nicht gelungen, eine genügende Teilnahme für seine Neuerung zu erwecken. Er erwähnte ferner die Vorgängerschaft von Chérubin d'Orléans und hob hervor, daß das von ihm vorgeschlagene Doppelmikroskop eine pseudoskopische Wirkung gegeben haben würde.

Seine eigenen Vorschläge beziehen sich auf die Herstellung von Halbbildern für das Stereoskop auf photographischem Wege, und sie stehen in guter Übereinstimmung mit seinen im Jahre vorher vorgeschlagenen Konvergenzaufnahmen. Er empfahl, zwischen den beiden Aufnahmen das Rohr oder, was auf dasselbe herauskäme, den Gegenstand unter dem ruhig stehenden Mikroskop um den Betrag von 15 Graden um den eingestellten Punkt zu drehen. Namentlich die letzte Vorschrift ist in späterer Zeit mehrfach wiedergefunden worden und hat dann zum Bau der *stereoskopischen Wippe* geführt. Es soll aber auch nicht unerwähnt bleiben, daß sich ein solcher Vorschlag einer stereoskopischen Wippe bereits in einem französischen Ergänzungspatent findet, das J. Duboscq (*3.*) schon vor Ch. Wheatstones (*4.*) Vortrage nachgesucht hatte. Freilich wurde es erst viel später veröffentlicht.

Es dauerte kaum einen Monat, bis sich der Mann zum Worte meldete, der um die Ausbildung und die Einführung des binokularen Mikroskops ganz besondere Verdienste hat, der Ingenieur F. H. Wenham (*1.*). Über die Verbindung zweier Paare ebener, zueinander paralleler Spiegel, die er für Lupen vorschlug, wird später zu handeln sein, da er es auch vom Mikroskop losgelöst, etwa als *Eikonoskop*, behandelte; jetzt kommt es nicht in Betracht, da es mit dem Vorschlage von J. L. Riddell übereinstimmt.

Für Doppelmikroskope entschied sich F. H. Wenham nicht, da eine solche Anlage nur für schwache Objektive möglich sei, denn bei starken sei kein genügender Arbeitsabstand vorhanden. Bei diesen bekomme man die für die Stereoskopie nötigen beiden Standpunkte, indem man die linke und die rechte Objektivhälfte für sich verwende.

Der Riddellsche Prismensatz lieferte ihm, zwischen Objektiv und Okulare gebracht, ein tiefenverkehrtes Bild, dieses würde zwar tiefenrichtig, wenn man jene Spiegelanordnung über ein monokulares Mikroskop setze, doch ergebe sich dann eine ganz unzulässige Beschränkung des Gesichtsfeldes.

Diesem Übelstande ließ sich abhelfen, wenn er Planspiegel oder Ableseprismen dicht über dem Objektiv in den Strahlengang einschob, so daß die aus den beiden Objektivhälften austretende Strahlung durch je eines der beiden Okulare in das auf derselben Seite befindliche Auge des Beobachters geleitet wurde. Allerdings ergab sich dann wiederum ein tiefenverkehrtes Raumbild.

Ein gleiches Ergebnis erhielt er mit einem brechenden achromatischen Prisma dicht über dem Objektiv (Abb. 56), durch dessen Anwendung die gute Strahlenvereinigung kaum gestört wurde. Man muß dabei berücksichtigen, daß der englische Tubus von 25 cm merklich länger ist als der festländische mit etwa 16 cm, so daß die Ablenkung durch dieses Prisma nach jeder Seite nur etwa $7^1/_2$ Grade betrug.

Zur Theorie der Wenhamschen Vorschläge ist nur wenig hinzuzufügen. Man sieht ohne weiteres ein, daß die Umkehrung der Pupillen in den gewöhnlichen Mikroskopokularen auf die gekreuzte Augenstellung führen mußte, und daß die in einem Falle gewählte Spiegelung nicht so angebracht war, daß sie die natürliche Augenstellung herbeizuführen vermochte. Die tiefenrichtige Wirkung für das über das Okular gesetzte Eikonoskop ist dadurch zu erklären, daß das zusammengesetzte Mikroskop dann als ein einheitlich wirkendes Instrument für die durch das Eikonoskop nur zusammengerückten scheinbaren Augenorte benutzt wurde. Die Verwendung des brechenden Prismas war jedenfalls eine Bereicherung der optischen Mittel, doch führte es zunächst auch noch auf ein tiefenverkehrtes Bild. Die ganze Behandlungsweise ist noch nicht fehlerlos, aber ein großer Anteil an diesen Fragen gibt sich schon zu erkennen.

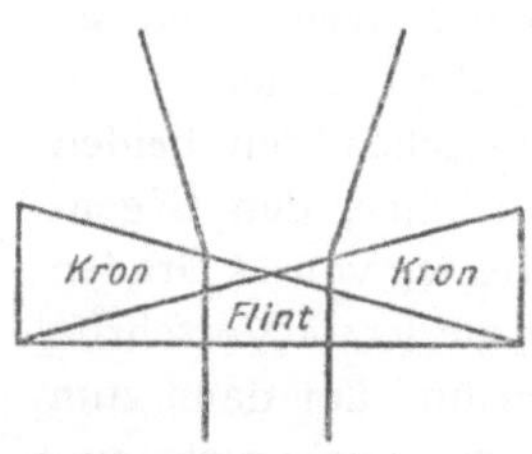

Abb. 56. F. H. Wenhams (*1.*) achromatisches Brechungsprisma mit tiefenverkehrender Wirkung.

Zufälligerweise am gleichen Tage veröffentlichte J. L. Riddell (*2.*) seinen zweiten Vorschlag eines binokularen Mikroskops. Er brachte ein Wheatstonesches Pseudoskop dicht über dem Objektiv an, und erhielt nunmehr auch mit den gewöhnlichen Okularen ein tiefenrichtiges Raumbild (Abb. 57). Er (*3.*) ließ auch sehr bald eine ausführliche Beschreibung folgen, aus der hervorgeht, daß er nunmehr die erste Form als binokulare Lupe, die zweite als zusammengesetztes, binokulares Mikroskop vorschlug. Bei einer solchen Benutzung ergeben dann beide Instrumente in der Tat tiefenrichtige Raumbilder.

Derselbe Gelehrte (*4.*) trat dann bald nachher noch mit dem Vorschlage auf, mit einem gewöhnlichen Einzelmikroskop stereoskopische Halbbilder, sei es durch Nachzeichnen in der *camera lucida* oder durch Photographie zu erhalten. Sein Verfahren, bei dem er ein Amicisches Reflexionsprisma dicht hinter dem Objektiv mit zwei verschiedenen, um 4—9 Grade unterschiedenen Neigungen verwandte, kommt auf eine seitliche Verschiebung des Präparats vor dem feststehenden Objektiv hinaus.

Eine von seinen Vorschlägen verschiedene Anlage findet sich in dem binokularen Mikroskop von A. Nachet (*1.* u. *2.*). Auch dieses Instrument (Abb. 58) ist orthoskopisch, und zwar wird die natürliche Stellung der scheinbaren Augenorte durch eine Überkreuzung der Strahlenbündel erreicht, die in dem gleichschenkligen Prisma herbeigeführt wird. Die Anpassung an den Augenabstand des Beobachters wurde durch die Veränderung des Abstandes der seitlichen Prismen ermöglicht. Ein Übelstand dieser Form bestand in der großen Anzahl von je vier Übergängen zwischen Glas und Luft, wie sie durch die einzeln stehenden Prismen bedingt war.

F. H. Wenham (2.) kam nun auch noch einmal auf diesen Gegenstand zurück und erhob Einspruch gegen die gar zu rosige Schilderung, die J. L. Riddell bei der Besprechung der stereoskopischen Wirkung seines

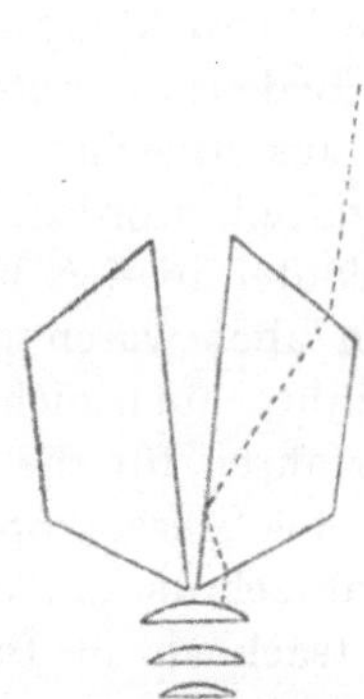

Abb. 57. J. L. Riddells (3.) orthoskopischer Prismensatz.

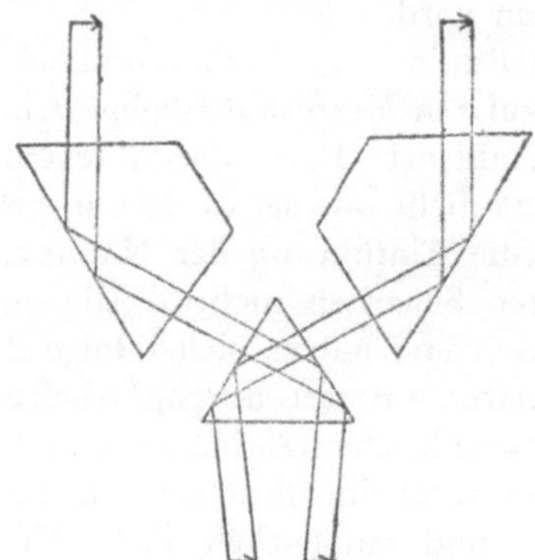

Abb. 58. A. Nachets (2.) orthoskopischer Prismensatz.

Mikroskops gegeben hatte. Ihm war im Gegensatz dazu die Verschlechterung aufgefallen, die die Bilder der meisten Mikroskopobjektive erkennen ließen, wenn nur eine Objektivhälfte wirksam gemacht wurde. Ein Mittel gegen diesen Übelstand könne er vorderhand noch nicht angeben, doch würde wohl die folgende Einrichtung den Vorzug verdienen: „Ließe sich „ein abgeändertes Doppelbildprisma dicht hinter dem Objektiv anbringen, „und trennte es die Bilder hinreichend, um sie jedem Einzelauge zuzu„führen, so wären beide Bilder gleich und hätten also eine zwei- und „keine beidäugige Gesichtswahrnehmung zur Folge; doch könnte man „die letztgenannte herbeiführen, indem man einen Teil der getrennten „Büschel von ihren gegenüberliegenden Seiten abblendete."

Den schon vorher (s. S. 81) zurückgewiesenen Gedanken an ein wirkliches Doppelmikroskop gab er nunmehr endgültig auf, da er nicht zwei Mikroskope gleichzeitig auf denselben Punkt hatte richten können, wenn sie selbst mit so schwachen Objektiven ausgestattet waren, wie es solche von 4 cm Brennweite sind.

Es ist zweifellos anzuerkennen, mit welchem Scharfsinn hier die Möglichkeiten durchdacht worden waren, ohne zu große Schädigung der Bildgüte zu einem brauchbaren binokularen Mikroskop zu kommen.

Die nächste Äußerung desselben Verfassers (*3.*) stammt auch aus dem Jahre 1854, und sie beschäftigt sich mit mikrophotographischen Aufnahmen für das Stereoskop. Er ging seinen früheren Ansichten entsprechend vor und nahm die beiden Halbbilder nacheinander auf, indem er durch einen einfachen Blendenschieber dicht hinter dem Objektiv zuerst eine und dann die andere Seite des Objektivs abblendete. Bei Objektiven großer Apertur erziele man einen genügenden stereoskopischen Eindruck, wenn man nicht die volle Hälfte, sondern nur etwa ein Drittel der Öffnung abblende. Auf seine weiteren Beobachtungen in dieser Zeit wird zurückzukommen sein, wenn ein später erstatteter Bericht behandelt werden wird.

Alles in allem ist hervorzuheben, daß die erste Entwicklungszeit des binokularen Mikroskops keine Früchte von großer Bedeutung reifen ließ. Die einfachste Form dieses Instruments stammte aus Amerika, aber es scheint nicht, als sei es dort in größerer Zahl hergestellt worden. Auch über die Einführung der Nachetschen Form verlautet in den hier benutzten Schriften nichts. Die englischen Formen aber waren pseudoskopisch und hatten sich infolge davon augenscheinlich auch nicht recht verbreitet. Besser durchgearbeitet waren die Verfahren für die mikrophotographischen Aufnahmen von Halbbildern für das Stereoskop. Hier hatten anscheinend schon um die Mitte dieses Jahrzehnts Ch. Wheatstone und namentlich F. H. Wenham alle hauptsächlich in Betracht kommenden Möglichkeiten erprobt.

Von Bedeutung für die beidäugige Mikroskopie war es jedenfalls, daß sich in F. H. Wenham ein befähigter Liebhaber gezeigt hatte, der sich ebensowohl als ausführender Techniker an der Förderung dieser Bestrebungen beteiligte, als er sich auch in einer sehr bemerkenswerten Weise mit der theoretischen Seite dieser Aufgabe beschäftigte. Seine Bemühungen sollten erst im nächsten Jahrzehnt Anerkennung finden, dann aber auch für die Einführung der beidäugigen Beobachtung durch das Mikroskop mindestens im englischen Sprachgebiet entscheidend werden.

## Die nicht vergrößernden Geräte mit ununterbrochener Abbildung.

Es handelt sich hier zuvörderst um *Pseudoskope*, wie sie nach dem zweiten großen Wheatstoneschen Vortrage den Gegenstand lebhaften Anteils bildeten. Abgesehen von den auf S. 76 und 77 aufgeführten Formen, unter denen sich allerdings auch Linsenfolgen befanden, geht die wichtigste Arbeit auf W. Hardie (*1.*), einen Druckereibesitzer in Edinburgh, zurück. Er beschrieb, leider die Wheatstonesche Bezeichnung nicht genau beibehaltend, zwei verschiedene Verbindungen ebener Spiegel unter dem Namen eines neuen Pseudoskops. Dabei war, auf Raumdinge angewandt, nur die erste Zusammenstellung ein Pseudoskop im Sinne CH. WHEATSTONES, während die zweite eine Spiegelverbindung darstellte, die später unter der Bezeichnung des Telestereoskops bekannt und mit dem Namen von H. HELMHOLTZ verbunden wurde. Sein Pseudoskop zeigte nach Abb. 59 zwei Formen, je nachdem es sich um eine doppelte oder um eine dreifache Spiegelung an ebenen Spiegeln handelte. Es ist dabei sehr reizvoll, zu verfolgen, wie im ersten Falle die gekreuzt Stellung der scheinbaren Augenorte durch eine einfache Verlagerung, im zweiten Falle durch eine ebenfalls einfache Spiegelverkehrung herbeigeführt wurde. Man kann sagen, daß die erste Form durch eine einwärts gerichtete Verschiebung der beiden RIDDELLschen Spiegelpaare erstanden sei.

Geht man nun auf die hierher gehörigen Geräte mit natürlicher Lage der scheinbaren Augenorte ein, so mögen sie — was sich durch die Geschichte rechtfertigen läßt — als *Telestereoskope* zusammengefaßt werden.

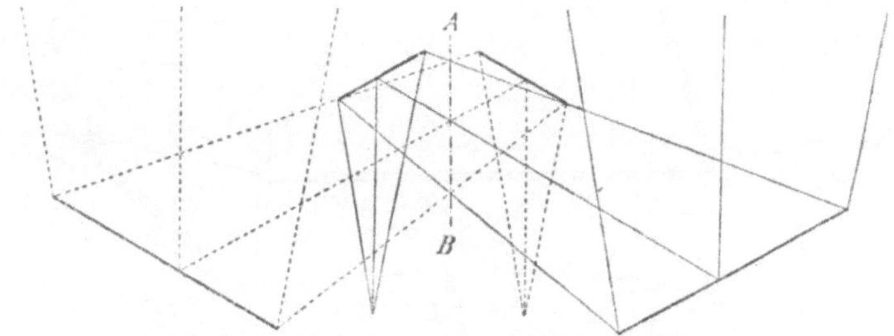


Abb. 59. W. HARDIES Pseudoskop nach M. VON ROHR (*7*. 414).
Das Instrument kann sowohl, wie hier angenommen, ohne den ebenen Doppelspiegel *A B* verwand werden als auch mit ihm. In dem letzten Falle wird jedes Hauptstrahlenbündel dreimal gespiegelt.

W. HARDIE scheint auch sein Telestereoskop meist auf ganz nahe Gegenstände angewandt zu haben und durch den Widerspruch getäuscht worden zu sein, in dem hier die Zeichen der Tiefendeutung zu denen der Tiefenwahrnehmung stehen, und der viele Beobachter zu der durchaus ungegründeten Annahme einer raumverzerrten Abbildung geführt hat. Eine klare Theorie der letzten Form seines Instruments findet sich an dieser Stelle jedenfalls nicht. — Unmittelbar nach dem HARDIEschen Artikel hielt der Londoner Ingenieur F. W. WENHAM (*1.*) vor der dortigen Gesellschaft zur Pflege der Mikroskopie einen anziehenden Vortrag, der, soweit es sich um die verschiedenen Formen des Doppelmikroskops handelte, bereits auf S. 81 besprochen worden ist. Im Anfange seines Vortrages gab er aber, wie dort schon erwähnt, an, daß man das Paar rhombischer Prismen dazu benutzen könne, um mit beiden Augen durch eine Linse verhältnismäßig kleinen Durchmessers wie durch ein Leseglas hindurchzusehen. Er leistete diese scheinbare Zusammenrückung der Augen daneben auch durch eine der HARDIEschen ähnliche Spiegelanordnung. Dabei hob er die stark abflachende Wirkung einer solchen Einrichtung hervor, die durch die Verminderung der Augenstandlinie zu erklären ist. Man kann das von seinem Erfinder nicht näher bezeichnete Instrument nach dem Vorgange von E. JAVAL (*1.*) als Eikonoskop einführen. Auf seine gleichzeitig angestellten Versuche mit dem umgekehrt die Länge der Standlinie steigernden Instrument, also der von W. HARDIE als ein Pseudoskop beschriebenen Vorkehrung, kam er, wohl mit Rücksicht auf seinen Zuhörerkreis, nicht zu sprechen.

Sehr bald nach Veröffentlichung des Aufsatzes von W. CROOKES (*1.*) hielt H. HELMHOLTZ (*1.*) bei einer Junisitzung des niederrheinischen Vereins für Natur- und Heilkunde einen Vortrag, in dem er sein *Telestereoskop* veröffentlichte (Abb. 60). Er hob hervor, daß das Instrument mit der Wirkung des Stereoskops verwandt sei, und brachte gleich zwei Formen heraus. Davon war die eine, der HARDIEschen und der WENHAMschen Einrichtung entsprechend, ohne Linsen, während die andere mit zwei vergrößernden Erdfernrohren ausgestattet war. Was nun die Benutzung

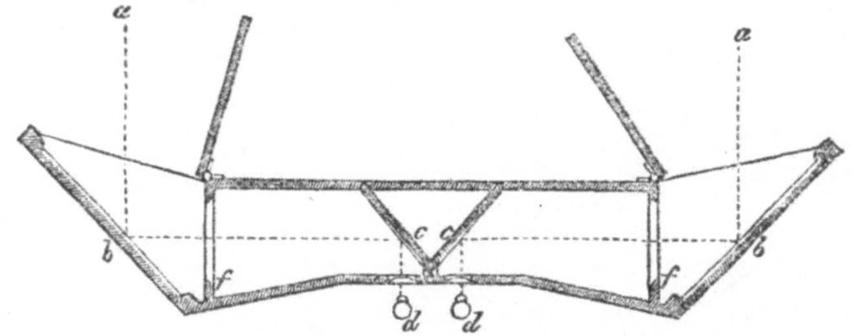


Abb. 60. Das Telestereoskop ohne Fernrohrvergrößerung nach H. HELMHOLTZ (*1.*).

dieses nicht vergrößernden Telestereoskops angeht, so muß H. HELMHOLTZ ein ganz eigentümlich sicheres Vermögen der Raumanschauung gehabt haben, da er bei seiner Anwendung dieses Instruments auf nahe Gegenstände keinerlei Mißverhältnisse bemerkte, ja menschliche Figuren sogar als „zierlich" beschrieb.

Während die vergrößernde Form an einer anderen Stelle zu behandeln ist, seien der einfacheren, die in Abb. 61 dargestellt ist, noch einige Worte gewidmet. Wenn er diesem brechkraftlosen Spiegelgerät noch zwei schwach zerstreuende Brillengläser hinzufügte, so nahm er auf die Eigenart vieler ungeschulter Beobachter Rücksicht, die auch in gewöhnlichen Doppelfernrohren ein virtuelles Bild in endlicher Entfernung entwerfen lassen, weil sie sich bei der dann nötig werdenden Akkommodationsanstrengung einbilden, deutlicher zu sehen.

Sodann ist auf die besonders einfache Form des Telestereoskops mit nur einem Spiegelpaare aufmerksam zu machen, die sich gegen Ende des Vortrags angegeben findet[1]). Die nebenstehende Abb. 61 wird die An-

[1]) Eine solche Behandlung ist an diesem Orte um so mehr angebracht, als ich (*10.* 99) leider 1908 bei dem Abdruck des HELMHOLTZischen Vortrages dazu unrichtige Bemerkungen gemacht habe. Herr B. WANACH hatte damals die Freundlichkeit, mich brieflich auf meinen Irrtum hinzuweisen.

lage dieses Versuchs deutlich machen. Man erkennt, daß der Beobachter ein spiegelverkehrtes Bild erhält, und daß bei weitem Abstande des Spiegels *SS* vom Gesicht des Beobachters einigermaßen nahe Gegenstände dem rechten Auge $Z'_r$ unter einem zu kleinen Winkel erscheinen müßten.

Diese Form des nicht vergrößernden Telestereoskops sei als HELMHOLTZisches *ablenkendes Spiegelpaar* bezeichnet; sie gibt das Raumbild — man kann dabei von einem wirklichen Schnitt zweier zusammengehöriger Hauptstrahlen wegen der verschiedenen Größe der Achsenneigungen nicht sprechen — tiefenrichtig wieder.

Stellt man aber entgegen HELMHOLTZens Warnung das Spiegelpaar so her, daß der kleine Spiegel *ss* vor dem Auge steht, das der Ebene des

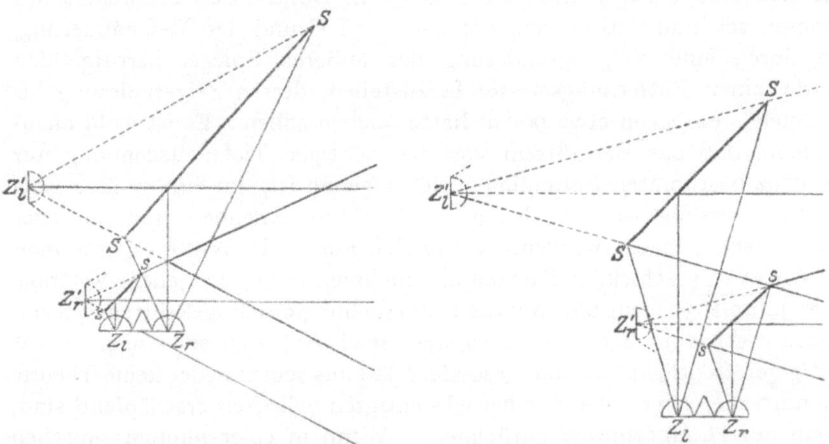

Abb. 61. Der Grundriß eines HELMHOLTZischen ablenkenden Spiegelpaares.

Abb. 62. Der Grundriß eines DICKSONschen ablenkenden Spiegelpaars.

großen Spiegels ferner ist, wie in Abb. 62, so erkennt man, daß die für beide Augen verschiedene scheinbare Größe eines und desselben näheren Raumdinges sogar noch in erhöhtem Maße besteht, daß es sich aber jetzt um eine tiefenverkehrte Raumwiedergabe handelt, soweit man sich die Abwesenheit eines physikalisch nicht faßbaren Raumbildes gefallen läßt. Diese HELMHOLTZ wohl bekannte, aber von ihm nicht beschriebene Verbindung soll hier mit dem Namen des soweit bisher bekannt ersten Beschreibers als DICKSONsches *ablenkendes Spiegelpaar* bezeichnet werden.

Die Veröffentlichung aus der Feder von H. HELMHOLTZ machte zu einer Zeit, wo die Teilnahme der wissenschaftlichen Welt am Stereoskop eben erst abzuebben begann, einen ganz außerordentlichen Eindruck auf die weitesten Kreise der Physiker, und es kann kein Wunder nehmen, daß sich auch W. HARDIE und F. H. WENHAM zum Wort meldeten. Daß der Erstgenannte (*3.*) in dem Besitze dieses Instruments gewesen sei, ist ebenso sicher, wie der Umstand, daß er seine Leistung nicht verstanden hatte; faßte er sie doch nicht einmal jetzt richtig auf. Man muß aber den ersten Teil der Behauptung noch durch die Angabe ergänzen, daß W. HARDIE unmittelbar nach seiner ersten Veröffentlichung vom Jahre 1853 den Edinburgher Optiker . . ADIE — allerdings vergeblich — zu veranlassen gesucht hatte (s. S. 91), ein Telestereoskop mit Fernrohrwirkung zu bauen, wobei die Vergrößerung durch ein holländisches Opernglas geliefert werden sollte.

Was F. H. WENHAM angeht, so hatte er, wie schon auf S. 85 erwähnt wurde, zwar die umgekehrte Einrichtung veröffentlicht, doch damals jeden Hinweis auf das Telestereoskop unterlassen. Aber in seiner Äußerung (*4.*) zu dem HELMHOLTZischen Aufsatze teilte er mit, daß er schon seit den ersten Tagen des Jahres 1853 im Besitze des Telestereoskops gewesen sei, und daß er versucht habe, auf Grund der Tiefenänderung, die durch eine Neigungsänderung der äußeren Spiegel herbeigeführt werde, einen Entfernungsmesser herzustellen, dessen Zeigerablesung bis zu einer Grenze von etwa 900 m hätte reichen sollen. Es ist wohl anzunehmen, daß das Bewußtsein von der richtigen Tiefenausdehnung nur bei ganz bestimmten Raumdingen sicher genug ist, um eine genaue Entfernungsmessung zu ermöglichen; und nähere Angaben sind an jener Stelle nicht gemacht worden. Wenn sich nun F. H. WENHAM, was man bei einem so geschickten Fachmann annehmen kann, vor jenem Vortrage vom Jahre 1853 nicht bloß auf die Untersuchung des umgekehrten Spiegelsatzes beschränkt haben wird, so steht doch fest, daß er es nicht rechtzeitig veröffentlicht hat, und besonders daß aus seiner Feder keine Theorie stammt, die, soweit die hier berücksichtigten Schriften erschöpfend sind, allein auf H. HELMHOLTZ zurückgeht. Wenn in einer photographischen Zeitschrift jener Zeit die Ansprüche F. H. WENHAMS von einem seiner Bekannten etwas gereizt verfochten werden, so ist eben darauf hinzuweisen, daß die Erfinderschaft nach dem Zeitpunkt der Veröffentlichung und nicht nach Hinweisen auf frühere Leistungen zuzuerkennen ist, die in späteren Ansprüchen gemacht werden, und daß man den Erfinder, dessen guter Glaube hier unanfechtbar ist, nur bedauern kann, seine anziehenden Vorschläge so lange zurückgehalten zu haben, bis ihm ein anderer zuvorkam.

Bereits 1860 veröffentlichte O. ROLLET (*1.*) seine ersten Versuche über beidäugiges Sehen mit einer Einrichtung, die so wie ein Telestereoskop mit geringer Auseinanderrückung wirkte. Zwei ziemlich dicke Spiegelglasplatten wurden so zusammengekittet, daß sie im Winkel zueinander standen, und sie bewirkten für den durch sie schauenden Beobachter eine kleine Erweiterung des Augenabstandes, wenn er in den Winkel hinein, eine kleine Verengerung, wenn er auf ihn hinauf blickte. Die daraus folgenden Konvergenzänderungen und damit verbundenen Verschiedenheiten der Größenauffassung der betrachteten Gegenstände wurden eingehend gewürdigt. Die ganze Vorrichtung diente hauptsächlich der Untersuchung, wie genau das Bild am Orte der Kreuzung der Blicklinien aufgefaßt werde.

## Die Doppelfernrohre.

Zu diesem Gegenstand finden sich in dem vorliegenden Jahrzehnt wichtige Bemühungen, deren Kenntnis im einzelnen freilich viel zu wünschen übrig läßt. Hier könnte ein Kenner wahrscheinlich manches ermitteln, wenn er die Urschriften zu den Patenten der Erfinder in dem französischen Patentamte zu Rate zöge. Ganz besonders würde das von den holländischen Doppelfernrohren gelten. — Hier steigerte z. B. . . HARDWEILER (*1.*) die gewöhnliche, die 4-fache nicht überschreitende Vergrößerung auf eine 10—15-fache, indem er in jedem Einzelrohre ein vollständiges Teleobjektiv mit einer Zerstreuungslinse zusammensetzte. — In ähnlicher Weise trieb der Wunsch, die Vergrößerung zu steigern, P. G. BARDOU (*1.*) an, zwei Erdfernrohre miteinander zu einem Doppelrohre zu verbinden. Verständlicherweise erhielt es die gleichzeitige Scharfstellung und die Anpassung der Achsentrennung an den Augenabstand, Einrichtungen, die damals schon zum Besitz des französischen optischen Gewerbes geworden waren. Man erkennt, daß hiermit ein Gerät von neuem angeboten wird, dessen früheres Auftreten bereits J. T. HUDSON (*1.*) im Jahre 1840 (s. S. 42) belegt hatte.

Von einer ungemein viel größeren Bedeutung für Doppel-Handfernrohre wurde indessen die Tätigkeit des bedeutenden italienischen Ingenieurs I. PORRO, der damals in Paris tätig war. Es gehört in die Geschichte des Fernrohrs, von seiner folgenschweren Einführung der Prismenumkehrung zu sprechen, die bereits 1850 vollendet gewesen sein muß. Man hat in späterer Zeit, als E. ABBE, dieses Vorgängers unbewußt, durch seine Tätigkeit der PORROschen Erfindung zu ihrem Recht verholfen hatte, wohl ganz zutreffend vermutet, daß hier die Schwierigkeiten der Beschaffung genügend klaren Glases[1]) die Herstellung größerer Mengen bereits von Einzelgläsern verhindert habe, von Doppelgläsern ganz zu schweigen. Indessen fehlen gleichzeitige Versuche anderer nicht; so hat . . HOFFMANN, nach Angaben einzelner ein früherer Werkmeister PORROS, 1857 ein entsprechendes Patent genommen, zwar scheint er sich ebenfalls auf die Herstellung von Einzelrohren beschränkt zu haben, doch die Zeit war nahe, wo auch die Zusammensetzung zweier PORROscher Einzelgläser die Aufmerksamkeit der Fachleute auf sich zog.

Ein ganz eigenartiger Vorschlag geht auf den Pariser Optiker A. A. BOULANGER (*1.*) zurück, der zusammen mit M. PH. POUDRILHÉ im Herbst

[1]) Das ist jedenfalls nach K. FRITSCH (*1.*) im Anfang des Jahres 1851 die Ansicht französischer Wettbewerber I. PORROS gewesen, und ein so tüchtiger Fachmann wie FR. UCHATIUS hat dieser Ansicht damals mindestens nicht widersprochen.

1858 ein astronomisches Doppelfernrohr unter Schutz stellte. Im wesentlichen handelte es sich um zwei parallel gerichtete Rohre, die am Okularende je mit einem Paare von Ableseprismen versehen worden waren, wie sie in der Abb. 63 dargestellt sind. Die beiden inneren Prismen konnten voneinander getrennt oder einander genähert werden, um das Doppelrohr dem Drehpunktabstande des Beobachters anzupassen. Sie ließen sich außerdem um die wagerechte Achse drehen, damit die Einblicksrichtung in das Fernrohr eine bequemere Kopfhaltung ermögliche. Auch wird der Vorschlag erwähnt, diese vier Prismen mit einem einzelnen Objektiv zu verbinden. Die dadurch geschaffene Strahlenbegrenzung soll genauer an späterer Stelle bei LAFLEUR und ROULOT behandelt werden, wo der gleiche Gedanke nicht nur wiederholt, sondern auch verwirklicht wurde.

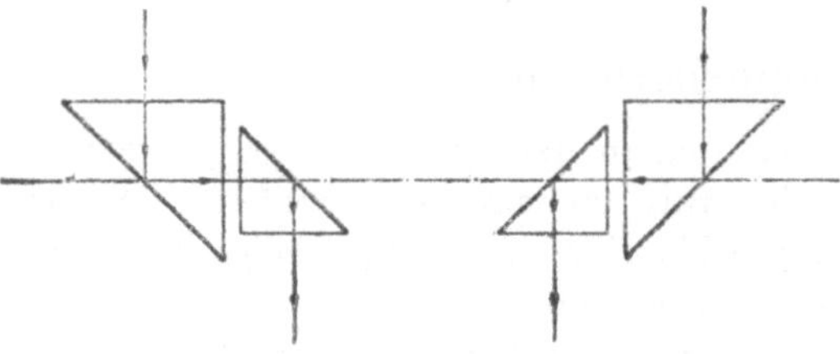

Abb. 63. A. A. BOULANGERS (*1.*) und M. PH. POUDRILHÉS Prismensatz am astronomischen Doppelfernrohr.

Sehr bald darauf griff A. A. BOULANGER (*2.*) auf PORROsche Gedanken zurück, denn er erhielt, was auch G. WITT (*1.*) angegeben hat, im August 1859 ein Patent auf einen aus zwei PORROschen Prismenfernrohren zusammengesetzten Feldstecher (Abb. 64), wofür er als Namen *Néojumelle* oder *Binoclie Prismatique à Images Droites* vorschlug. An dem Glase ließ sich sowohl die Einstellung auf den Augenabstand als auch die Scharfstellung vornehmen. Um das Ersterwähnte zu erreichen, konnten zweckmäßigerweise die bildumkehrenden Prismensysteme umdie Objektivachsen geschwenkt werden, so daß die Achsen der Okulare je einen Kreiszylinder beschrieben. An einem Musterstück dieser Art ließ sich nach einer in neuerer Zeit vorgenommenen Messung der Abstand der Okularachsen zwischen 57 und 70 mm beliebig wählen, während die

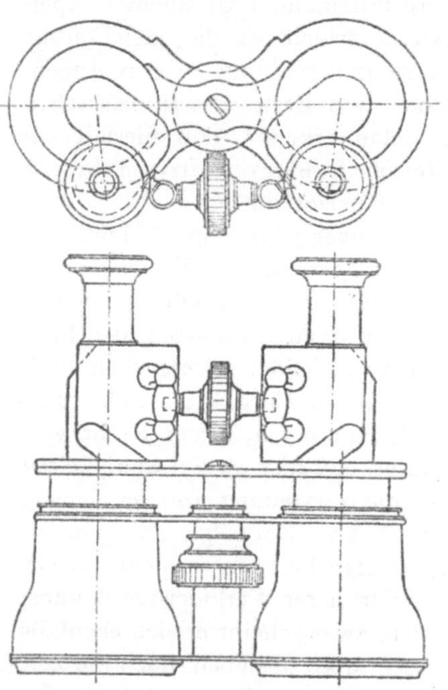

Abb. 64. A. A. BOULANGERS Néojumelle nach G. WITT (*1.*) Grundriß und Vorderansicht.

Scheitel der Objektive 64 mm voneinander entfernt waren. Diese Okulareinstellung kannte man durch die Betätigung eines Triebes erreichen, wie er auch schon in der Patentschrift vorgesehen war. Das Äußere der Einrichtung läßt ziemlich deutlich erkennen, daß der Hersteller von holländischen Fernrohren ausgegangen war. Das Instrument wurde von der 1840 gegründeten Firma Luquin & l'Hermitte hergestellt, die 1868 in den Besitz von E. Lacombe überging, während sie seit 1895 von L. Lacombe Fils geführt wird. Ein besonderer Vorzug vor holländischen Doppelfernrohren gleicher Vergrößerung wäre einer solchen Anlage in demselben Maße eigen gewesen, in dem sich Porrosche Einzelrohre vor holländischen auszeichneten: die Bildgüte wäre größer, das Gesichtsfeld ausgedehnter gewesen. Tatsächlich blieb es auch damals bei diesem Vorschlage, und solche Doppelrohre wurden in größerer Anzahl nicht gebaut, denn die Ausführungsschwierigkeiten waren viel zu groß, als daß man sie mit den damaligen Mitteln der Optik hätte überwinden können. Es ist daher ganz verständlich, daß später niemand von diesem Vorschlage etwas wußte, zumal er bei der damaligen mangelhaften Öffentlichkeit der französischen Patente auch keine wirkliche Verbreitung erlangt hatte.

Mit diesen Bemühungen der Gewerbsmänner fallen aber zeitlich zusammen sehr wichtige theoretische Bestrebungen wissenschaftlicher Köpfe, wobei es sich um den Ausbau der Doppelfernrohre im Sinne einer befriedigenderen Wiedergabe der Tiefe handelte. Es sollte zwar diesen Ansätzen zunächst ein Erfolg versagt bleiben, aber die schöne Entwicklung der neuzeitigen Doppelfernrohre legt der Technik die Verpflichtung auf, den ersten Versuchen zu einem Verständnis der Wirkung genauer nachzugehen.

Zuerst erschien W. Hardie auf dem Plan, der nach einer späteren Bemerkung (*3.*) bereits 1853, bei der Abfassung seines ersten Aufsatzes an eine Verbindung seines Telestereoskops mit zwei vergrößernden Fernrohren gedacht hat, um eine gesteigerte Tiefenwahrnehmung herbeizuführen. Daß dieser schöne Gedanke nicht praktisch verwirklicht wurde, lag nicht an ihm. Der Edinburgher Optiker .. Adie, an den er sich wegen der Ausführung gewandt hatte, sah die Bedeutung des neuen Instruments nicht ein, und so unterblieb damals die Herstellung.

Sehr ähnliche Gedanken sprach auch A. Claudet im selben Jahre aus, als er (*3.*) im Anfange seines Vortrages die hübsche Bemerkung gemacht hatte, daß ein 4-fach vergrößerndes Doppelfernrohr eine abflachende Wirkung von $^1/_4$ besäße, und daß die Tiefe gesteigert werde, wenn man das Doppelfernrohr umgekehrt vor die Augen halte.

Diesen Gedanken führte er (*4.*) in seinem ein wenig später erschienenen französischen Büchlein noch deutlicher aus und gab, was sehr merkwürdig ist, schon 1853 die sogenannte Helmholtzische Regel für die Raumähnlichkeit, daß dafür nämlich ein 4-fach vergrößerndes Doppelfernrohr auch eine Trennung der Objektive auf das 4-fache des

Augenabstandes — also bei 63,5 mm Okularabstand auf 25,4 cm — haben müßte. Diese Einrichtung lasse sich durch die Zwischenschaltung von Prismen auch wirklich erreichen.

Im Hinblick auf das Raumbild ist eine solche Aussage unrichtig, denn dessen Abflachung ist von der dingseitigen Achsentrennung ganz unabhängig, da sie vielmehr durch die für jedes Halbbild geltende Änderung der Neigungswinkel $w' > w$ herbeigeführt wird. Nimmt man aber an, daß auch A. CLAUDET, wie es beispielsweise P. GRÜTZNER (*1.*) später bei der Behandlung des einfachen nicht vergrößernden Telestereoskops geschildert hat, die Raumdinge nicht nah und spielzeugartig verkleinert, sondern etwa in der wirklichen Entfernung aber mit übertriebener Tiefe aufgefaßt habe, so kann man wohl jene Regel als einen richtigen Ausdruck seiner Tiefenempfindung gelten lassen. Übertrieb nämlich das einfache Telestereoskop mit $K$-facher Trennung der scheinbaren Augenorte die ihm zum Bewußtsein kommenden Tiefen, so konnte ihm die Betrachtung scheinbar übertiefter Raumbilder durch ein tatsächlich abflachendes Doppelfernrohr $K_1$-facher Vergrößerung eine zutreffendere Tiefenwiedergabe vermitteln. Als Bedingung für die Tiefenrichtigkeit gab er $K = K_1$ an, und man mag hier auch auf die Erklärung bei J. VON KRIES (*1.* 540—543; 548—549) hinweisen. Ganz sicher aber handelt es sich hier um psychologische Erscheinungen, die mit dem Raumbilde in dem hier vertretenen Sinne nichts zu tun haben, und denen also in dieser Darstellung nicht bis zum Ende nachgegangen werden kann.

Sehr bemerkenswert ist es, daß sich zu entsprechenden Auffassungen wie CLAUDET später auch bekanntere Größen dieses Arbeitsgebiets bekehrt haben, so BREWSTER 1860 und HELMHOLTZ 1866.

Noch ein weiterer Erfinderanspruch wurde im Oktober 1859 von J. F. W. HERSCHEL (*2.* 121) erhoben. Bei der Niederschrift seines Beitrags „*The telescope*" für das Nachschlagewerk *Encyclopaedia Britannica* gab er zunächst eine vollständige Theorie des Telestereoskops ohne und mit Fernrohrvergrößerung. Ihm war damals das Vorhandensein des HELMHOLTZischen Instruments nur im allgemeinen bekannt, und die von ihm gegebene Beschreibung ist in den Einzelheiten von der Veröffentlichung seines Vorgängers unabhängig. Er machte bei dieser Gelegenheit auf die Erfindung des Telestereoskops mit Fernrohrvergrößerung aufmerksam, die durch seinen Sohn A. S. HERSCHEL im Jahre 1855 erfolgt sei. Es scheint nach der Anmerkung, als sei das Instrument damals nur ausgeführt, aber nicht veröffentlicht worden. Indessen würde selbst in diesem Falle die Vorgängerschaft von A. CLAUDET und die von W. HARDIE bestehen bleiben. Die Abflachung des durch ein solches Telestereoskop mit Fernrohrvergrößerung gelieferten Raumbildes wurde aber von J. F. W. HERSCHEL nicht hervorgehoben.

Ein wirkliches Aufsehen erregten diese Gedanken und Vorschläge aber erst, als H. HELMHOLTZ (*1.*) 1857 sein vergrößerndes Telestereoskop

(s. S. 86) veröffentlichte. Er hatte dazu einer jeden Hälfte seines einfachen Instruments ein vergrößerndes Erdfernrohr eingebaut. Die Bildung eines Doppelrohrs aus solchen Gliedern überhaupt war nicht neu, denn schon J. T. HUDSON (s. S. 42) und P. G. BARDOU (s. S. 89) hatten von entsprechenden Instrumenten gesprochen.

Bei der Behandlung des Telestereoskops mit der Fernrohrvergrößerung hob er hervor, daß durch die Auseinanderrückung der Fernrohre der Fehler der Abflachung durchaus nicht gehoben werde, sondern daß dadurch nur eine gleichmäßige Verkleinerung des abgeflachten Raumbildes eintrete. Dagegen sei es möglich, für einzelne Gegenstände in bestimmter Entfernung ein richtiges Raumbild zu erhalten, wenn man der abflachenden Fernrohrwirkung durch eine Neigungsänderung der äußeren Spiegel das Gleichgewicht halte; es ist das ein auch von F. H. WENHAM vertretener Gedanke (s. S. 88).

Es ist unbekannt, warum H. HELMHOLTZ diese musterhaft klare und deutliche Darstellung nicht in sein Handbuch der physiologischen Optik übernahm. Es wird aber dort (*2.* 681/82) auch nicht einmal eine Andeutung gemacht, warum sie weggefallen sei. Sie läßt sich allerdings mit einem häufig angeführten Satze[1]) des Handbuchs nicht in Übereinstimmung bringen. Das ist um so bedauerlicher, als dieser Satz bei dem Mangel einer Erklärung über jenes Wegfallen entsprechend der Gründlichkeit der Physiker in geschichtlichen Fragen als das HELMHOLTZische Merkmal für die Raumähnlichkeit bekannt geworden ist und durch die überaus häufige Wiederholung fast dasselbe Gewicht erhalten zu haben scheint, das ihm beiwohnen würde, wenn er richtig wäre. Man kann wohl annehmen, daß es sich auch bei HELMHOLTZ um die Beschreibung einer Tiefenanschauung[2]) gehandelt hat, wie sie soeben bei CLAUDET auseinandergesetzt wurde; allerdings hat HELMHOLTZ die scheinbar übertiefende Wirkung des einfachen Telestereoskops nicht immer empfunden.

Gleichsam eine Zusammenfassung aller Ansichten jener Zeit über das vergrößernde Telestereoskop lieferte der alte Kämpe A. CLAUDET (*12.*), als er 1860 bei der Oxforder Tagung der englischen Naturforscher Versuche mit einem Telestereoskop vorführte. Es war ein Opernglas, das er zunächst dazu benutzte, um an den verhältnismäßig nahen Zuschauerreihen seines Hörsaals den Gegensatz der Tiefenwiedergabe zu zeigen, je nachdem man von der Okular- oder von der Objektivseite hineinsah. Schaltete man aber vor die Objektive zwei Spiegelprismen, deren Wirkung die war, den Achsenabstand zu vergrößern, so erhielt man nach seiner Ansicht eine richtige Tiefenwirkung. Man tut ihm wohl nicht unrecht,

---

[1]) Dieser Satz lautet: „Da die Vergrößerung auch eine sechzehnmalige ist, so „ist die Wirkung des Instruments die, als sähe man das Objekt mit unbewaffneten „Augen aus einer sechzehnmal kleineren Entfernung, als man es wirklich sieht.“

[2]) Auch hier ist J. VON KRIES (*1.* 549) anzuführen, wo auf die erste Auflage dieser Schrift bezug genommen wird.

wenn man sich nach diesen Äußerungen den Weg, auf dem er zu seinem Ergebnis gelangt war, in der obigen (s. S. 92), auch schon von W. HARDIE (3.) angedeuteten Weise zurechtlegt. Ganz rätselhaft aber bleibt es, warum dieser erfolgreiche Vertreter der wissenschaftlich arbeitenden Photographen nicht auf das kurz vorher veröffentlichte HELMHOLTZische Telestereoskop zu sprechen kam. Dessen Vorgängerschaft konnte er ja mit gutem Grunde bestreiten und so die Teilnahme an seinem Vortrage erhöhen.

Man erkennt also, daß in diesem Jahrzehnt eine sehr rege wissenschaftliche Teilnahme an dem Doppelfernrohr vorhanden war, daß sie aber kaum einen Einfluß auf die Betriebe nahm, die ihrerseits den Markt versorgten. Dem heutigen Beobachter ist es erstaunlich, daß nicht in dem Heerwesen eines der europäischen Staaten der Versuch gemacht wurde, das Telestereoskop mit Vergrößerung ernsthaft zu erproben, das durch HELMHOLTZ doch wirklich in die breiteste Öffentlichkeit hineingestellt worden war. Aber diese Keime mußten noch im Acker der Zeit ruhen, wie auch der erste schüchterne Gedanke eines stereoskopischen Entfernungsmessers von F. H. WENHAM (s. S. 88) wohl ausgesprochen, aber in einer noch unvollkommenen Form verwirklicht wurde.

Es wird aus diesen Zusammenstellungen klar geworden sein, daß die Anregungen, die aus der Beschäftigung mit dem Stereoskop und der Aufgabe raumähnlich empfundener Wiedergabe flossen, wohl auf das Verständnis der Doppelfernrohre gewirkt hatten, aber freilich zu keiner praktischen Verwertung führten. Es mag wohl sein, daß der Mangel eines Rohstoffs von vollkommener Durchsichtigkeit diesen Mißerfolg zum Teil erklärt, zum andern Teil mag er in der ablehnenden Haltung der wichtigsten Hersteller gelegen haben; mindestens im deutschen Sprachgebiet bestand zu jener Zeit für solche Erdfernrohre keine Werkstätte unter einer wissenschaftlichen Leitung.

So weit gleichzeitig an Herstellung und Absatz gedacht wird, beschränken sich diese Bestrebungen auf Paris, und sie stehen dort, so weit sich das mit der oben betonten Beschränktheit der Kenntnis sagen läßt, zu den gleichzeitigen zahlreichen allgemeinen Überlegungen zur beidäugigen Tiefenwahrnehmung in keinem Zusammenhange. Auch hier bietet sich ein lehrreiches Beispiel dar, daß selbst ein anscheinend unerschütterlich begründetes Gewerbe nicht ungestraft den Fortschritt auf verwandten Gebieten der physikalischen Wissenschaft vernachlässigt.

## Die Herstellung der stereoskopischen Aufnahmen.

Schon aus dem Früheren ging hervor, daß seit den ersten Versuchen CH. WHEATSTONES die Verbreitung der photographischen Verfahren und die Kenntnisse in der Photographie und im Kammerbau sehr zugenommen hatten. Photographische Gesellschaften waren, wenn auch vorläufig noch in geringer Zahl, ins Leben getreten, und es lag klar zutage, daß der doppelte Anstoß, den die Verbreitung des Brewsterschen Prismenstereoskops durch J. Duboscq und ferner der neue Vortrag Ch. Wheatstones ausgeübt hatten, die versuchsfrohen Liebhaber und die gewerbsmäßigen Photographen Englands zu eifrigen Versuchen antreiben würde. Bei der glänzenden Leitung der jungen Arbeitsgesellschaften ist man über die Einzelheiten der dort geübten Verfahrungsweisen außerordentlich viel besser unterrichtet als über die etwas älteren Arbeitsgänge der französischen Fabrikanten, da diese darüber verständlicherweise Schweigen bewahrten.

Eine große Schwierigkeit bot fast allen diesen Arbeitern der Neigungswinkel, den sie den Achsen der Kammern bei der Aufnahme zu geben hatten. Es ist ganz verständlich, daß man bei der Aufnahme an eine Ähnlichkeit mit dem beidäugigen Sehen dachte, allerdings dabei außer acht ließ, daß das Auge im direkten Sehen schlechterdings keine bevorzugte Achsenrichtung kennt, während man bei den photographischen Aufnahmen natürlich sehr damit zu rechnen hat. Die Entwicklung ist dann wohl so vor sich gegangen, daß man, wahrscheinlich beeinflußt durch die Angaben Ch. Wheatstones, ursprünglich stereoskopische Aufnahmen naher Raumdinge mit geneigten Achsen — gewöhnlich mit einer einzelnen Kammer nacheinander — machte, und dann verhältnismäßig bald, vielleicht schon um 1853 gelegentlich die eigentlichen Zwillingskammern mit parallelen Achsen verwandte. Die überaus viel leichtere Benutzbarkeit und Verständlichkeit der zuletzt erwähnten Apparate hat sie dann einen siegreichen Krieg gegen die Anlage der Neigungsaufnahmen führen lassen. Diese kamen verhältnismäßig schnell aus der Mode und wurden, wo sie etwa wieder auftauchten, in der neueren Zeit gänzlicher Verflachung mit einem völligen Mangel an Verständnis angesehen.

Es lag in der Natur der Sache, daß sich, wie schon erwähnt, die ersten Praktiker bei ihren Aufnahmen nur einer Kammer bedienten und also schon früh zu dem Aushilfsmittel der Verschiebung griffen. Merkwürdigerweise verwendete aber eines der ältesten uns überkommenen Verfahren schon ein Spiegelpaar vor der Aufnahmelinse, um die beiden Halbbilder gleichzeitig auf die Platte zu bringen. Dieser von F. A. P. Barnard (*1.*) stammende Vorschlag scheint keinen großen Anklang gefunden zu haben, und es sieht nicht so aus, als wäre sich sein Erfinder selbst ganz klar darüber gewesen, in welcher Weise er sein Objektiv benutzte. Er machte nur gelegentlich die Bemerkung, daß die meisten käuflichen Stereogramme eine übertriebene Körperlichkeit vermittelten, die er auf einen zu weiten Abstand der Aufnahmelinsen zurückführte. Seinem eigenen Verfahren hafte dieser Übelstand nicht an.

Handelt es sich aber darum, zu einem wirklichen Verständnis des Barnardschen Verfahrens zu kommen, so muß durchaus die Lage der Abbilder und der Pupillen im Dingraume festgestellt werden.

Zu diesem Zwecke sei zunächst die Annahme einer eng abgeblendeten Linse gemacht (Abb. 65). Es entsprechen dann der durch die Eintrittspupille $P$ des Objektivs nach der Trennungskante $L$ der beiden Spiegel

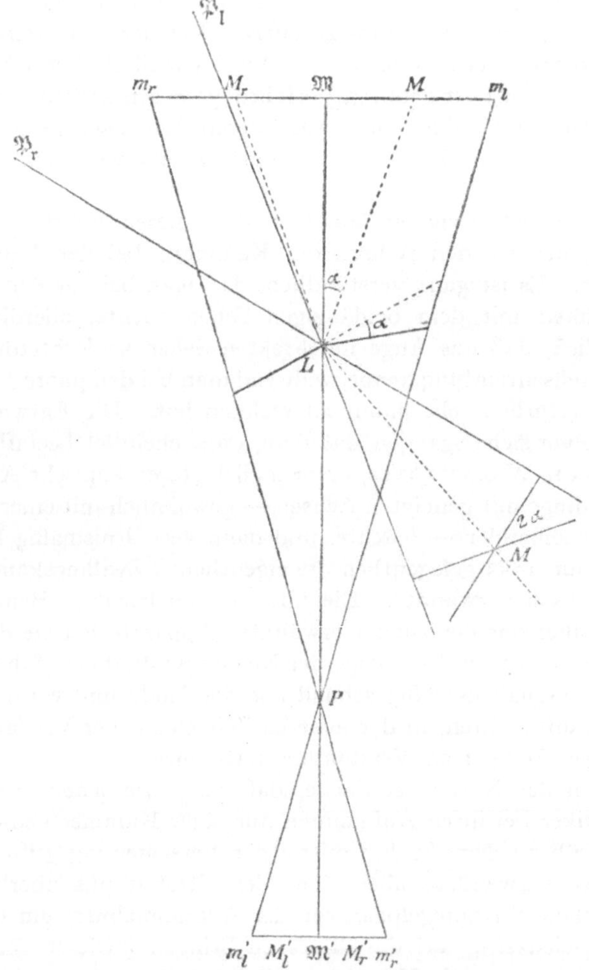


Abb. 65. Ein Achsenschnitt für den BARNARDschen Vorschlag der stereoskopischen Aufnahme mit einem Objektiv. Der Einfachheit wegen wurde angenommen, daß die Pupille $P$ mit den beiden Hauptpunkten des Objektivs zusammenfalle.

gezogenen Haupthorizontalen $P\,L$ im Objektraume zwei gespiegelte Richtungen. Denkt man sich die Einstellung auf eine Entfernung $P\,L + L\,\mathfrak{M}$ vorgenommen, wobei $m_r m_l$ die der Plattenbreite entsprechende Abbildsbreite nach der Spiegelung ist, so liegen die beiden Abbilder vor der Spiegelung so gekreuzt, daß sie sich unter einem Winkel von $2\,\alpha$ schneiden, und die zugehörigen Pupillenmitten liegen vor der Spiegelung in

$\mathfrak{P}_r$ und $\mathfrak{P}_l$; von hier aus sind die beiden Abbilder zu entwerfen, die dann nach der Spiegelung und der Wirkung der Linse in der gewählten Verkleinerung auf beiden Seiten $m'_l\mathfrak{M}'$; $\mathfrak{M}'m'_r$ der Platte erscheinen; sie sind daselbst in richtiger Lage angeordnet.

Eine Betrachtung der Halbbilder in einem gewöhnlichen Stereoskop würde zu groben Raumverzerrungen führen, da das BARNARDsche Verfahren hiernach den Neigungsaufnahmen zuzuzählen ist. Soll ein naturgetreuer Eindruck möglich sein, so muß offenbar der dingseitige Strahlengang mit Hilfe der Abbildsbilder nachgeahmt werden. Das ist durch eine Einrichtung nach Art des WHEATSTONEschen Spiegelstereoskops um so leichter möglich (Abb. 66), als dabei die Spiegelverkehrung wieder aufgehoben wird. Übertrifft die Entfernung $\mathfrak{P}_r\,\mathfrak{P}_l$ den Abstand $O_l\,O_r$ der

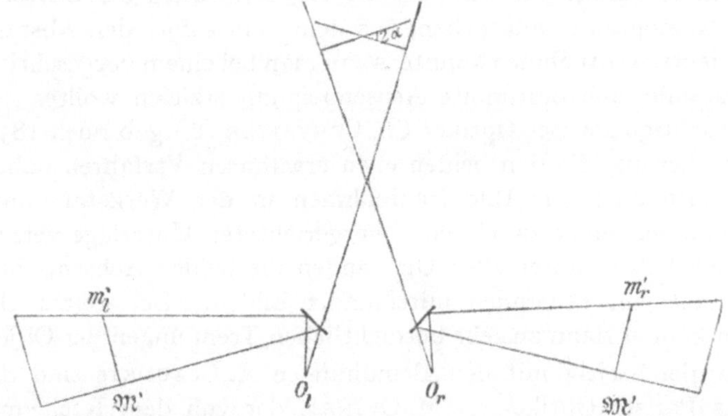


**Abb. 66.** Ein WHEATSTONEsches Spiegelstereoskop zur richtigen Betrachtung von Halbbildern, wie sie nach dem BARNARDschen Verfahren erhalten sind.

Drehpunkte des Beobachters, so liegen die geometrischen Bedingungen dafür vor, daß das Raumding in einer entsprechenden Verkleinerung wahrgenommen wird.

In dem einzelnen Halbbilde wird die Lichtverteilung nicht gleichmäßig sein, weil in unmittelbarer Nähe der Mittellinie nur je eine Hälfte des Objektivs wirksam wird. Erst gegen den Plattenrand hin tritt die natürliche Helligkeit wieder ein.

Große Verbreitung errang sich die von dem Ingenieur L. CLARK (*1.*) [* 22. März 1822, † 29. Okt. 1898] beschriebene Einrichtung, bei der die Einzelkammer zwischen den beiden Aufnahmen so verschoben wurde, daß ihre Achse auf denselben Dingpunkt gerichtet blieb. Er benutzte dazu eine Führung, die einem Parallellineal ähnlich sah und bei Landschaftsaufnahmen in der Tat zu einem solchen wurde. Da er gleichzeitig zwangsläufig die Platte in der gleichen Richtung wie die Kammer verschob, so kam auf dem Negativ das rechte Halbbild links vom linken zu liegen, und er war der Unbequemlichkeit überhoben, bei der Betrachtung des Positivs die beiden Halbbilder miteinander zu vertauschen. Bei ihm findet sich eine deutliche, allerdings selten beachtete Mahnung, den Abstand der Eintrittspupillen für die beiden Halbbilder nicht über den der Augenpupillen hinaus zu steigern.

Eine der ersten Einrichtungen hat aber schon zwei Kammern umfaßt, die nämlich, die A. F. J. Claudet (*1.*) im Herbst von 1852 in Belfast vorführte. Wie sich dazu aus einem Aufsatz F. Moignos (*3.*) entnehmen läßt, waren die beiden Kammern an den Schenkeln eines wagrechten Winkels, der seine Spitze dem Objekt zukehrte, um lotrechte Achsen drehbar angebracht und vermochten daher auf die verschiedensten Neigungswinkel eingestellt zu werden. Ein optisches Hilfsinstrument, *Stereomonoskop*[1]) genannt, diente zur Ausrichtung der beiden Kammern. In späteren Aufsätzen hat A. Claudet (*4.*) schließlich als *Stereoskopeometer* ein Nomogramm angegeben, aus dem man sofort den Abstand der beiden Objektive entnehmen konnte, wenn man bei einem vorgeschriebenen Objektabstande eine bestimmte Achsenneigung erzielen wollte.

Der tüchtige Pariser Optiker Ch. Chevalier (*2.*) gab noch 1859 eine Anweisung heraus, die den beiden eben erwähnten Verfahren nahesteht. Er verwandte auch für Bildnisaufnahmen in der Werkstatt nur eine Kammer, die auf einer zweckmäßig vorgerichteten Unterlage verschoben wurde, doch ließ er unter allen Umständen die beiden Achsenrichtungen einen Winkel von 15 Graden miteinander bilden. Bei weiten Objektabständen kam er dann zu sehr beträchtlichen Trennungen der Objektive.

Etwa gleichzeitig mit den Bemühungen A. Claudets sind die Arbeiten des Pariser Optikers A. M. Quinet, der von dem Rechenmeister M. A. Gaudin (*1.*) beeinflußt worden zu sein scheint. Es sieht so aus, als habe es sich bei diesem Aufnahmeapparat um die Erzielung raumähnlicher Sammelbilder gehandelt, und zwar waren anscheinend bei den zur Aufnahme verwendeten Doppellinsen die dem Raumding zugekehrten Teile nicht vollständige Linsen, sondern, der optischen Ausrüstung der Brewsterschen Prismenstereoskope entsprechend, Linsenhälften.

Die ursprüngliche Anordnung von L. Clark erfuhr durch S. Cart wright (*1.*) kleine Änderungen, und zwar ist aus der Mitteilung auch die Angabe des Formats der Halbbilder von 7,6 : 8,3 cm von Wert, da es schon fast die lange Zeit in England üblichen Maße von 8,2 : 8,2 cm aufweist. Die Arbeitsvorschriften dieses Fachmanns sind sehr klar und zweckmäßig, und auch hier findet sich die für jene Zeit bezeichnende Warnung vor einer übertriebenen Vergrößerung des Objektivabstandes.

Aber trotz all der Erfindertätigkeit, die so reichlich für die Neigungsaufnahmen angewendet wurde, blieb dieses Verfahren doch ziemlich umständlich und vor allem langsam, so daß Augenblicksaufnahmen aus-

---

[1]) Es ist von dem später unter dem gleichen Namen veröffentlichten Stereoskopapparat desselben Erfinders zu unterscheiden.

geschlossen waren. Es kann daher nicht wundernehmen, wenn das viel bequemere Verfahren mit gleichgerichteten Objektiven schon verhältnismäßig früh auftauchte und schließlich siegreich blieb. An verschiedenen Stellen der englischen Fachschriften findet sich die Behauptung, der erfindungsreiche Mechaniker J. B. DANCER aus Manchester sei 1853 der erste gewesen, der die eigentliche Zwillingskammer gebaut habe. Das kann sehr wohl so gewesen sein, wenngleich in den hier benutzten Darstellungen nur eine Bemerkung von ihm (*1.*) aus dem Jahre 1856 vorliegt. Jedenfalls trat der Gedanke um diese Zeit auf. So schlug im Frühling des Jahres 1855 der Abbé .. DESPRATS (*1.*) eine solche Doppelkammer mit parallelen Achsen und einem Objektivabstande von 6 cm vor, während ihm der junge D. VAN MONCKHOVEN in seiner oberflächlich glatten Art zugunsten von Neigungsaufnahmen widersprach. Auch in England berichtete im Herbst desselben Jahres G. R. BERRY (*1.*) von seinen erfolgreichen Versuchen, mit einem solchen Gerät stereoskopische Augenblicksaufnahmen anzufertigen. Aus seiner Beschreibung bekommt man einen guten Eindruck von der tatkräftigen, durch keine graue Theorie zurückgehaltenen Art der damaligen englischen Liebhaber, die sicherlich zur Zeit der ersten Entdeckungen ihre Vorteile hatte.

Eine größere Bedeutung für die Aufgabe, durch Stereoskopaufnahmen einen naturgetreuen Eindruck zu vermitteln, kam um diese Zeit D. BREWSTER zu. Er war sicherlich einer theoretischen Erörterung dieser Frage besser gewachsen als die große Mehrzahl der Liebhaber, die ihn an Übung und Erfahrung auf dem Gebiete der Photographie übertrafen. Er (*15.* 159, 165) hob sehr deutlich hervor, daß es für diesen Zweck wesentlich sei, daß das Halbbild dem betrachtenden Auge unter den gleichen Winkeln erscheine wie der Gegenstand dem Aufnahmeobjektiv, und er schlug daher vor, die Brennweiten der Aufnahme- und der Betrachtungslinsen gleich zu wählen. Eine gewisse Erschwerung für eine ganz klare Erkenntnis bereiteten ihm seine vorgefaßten Meinungen, an denen er bei seinem hohen Alter mit großer Zähigkeit festhielt. Einmal sollten die Aufnahmelinsen durchaus nur einen Öffnungsdurchmesser[1]) von etwa 5 mm haben, um in dieser Hinsicht mit der Pupillenöffnung vergleichbar zu sein. Da nun zu jener Zeit ziemlich lange Brennweiten üblich waren, so führte diese Vorschrift zu außerordentlich kleinen Öffnungsverhältnissen und langen Belichtungszeiten, wogegen die ausübenden Photo-

[1]) Ihm hatten nämlich die Zerstreuungsscheibchen mißfallen, die bei jeder photographischen Aufnahme eines Raumdinges auftreten müssen, weil das Abbild mittels endlich geöffneter Büschel entworfen wird. Es liegt in der Natur der Sache, daß dann Dingpunkte, die für die Pupillenmitte unsichtbar (verdeckt) sind, dennoch einer Stelle des Pupillenrandes sichtbar sein und daher durch Teile der Zerstreuungskreise in der Einstellebene doch vertreten sein können. Das wird um so eher geschehen, je größer die Öffnung der abbildenden Büschel ist. So ist es zu verstehen, daß er Aufnahmen mit Objektiven von besonders großem Linsendurchmesser als vornehmlich störend empfand.

graphen mit Recht Einspruch erhoben. Das dagegen vorgeschlagene Mittel, kleine, dünne Linsen aus besonders lichtdurchlässigem Stoff (Bergkristall) zu verwenden, wurde im allgemeinen auch nicht angenommen, wenngleich A. CLAUDET in seinen letzten Lebenstagen einige Versuche in dieser Richtung anstellte. Es würde tatsächlich auch den Verzicht auf die Errungenschaften der rechnenden Optik bedeutet haben. Der andere gefährliche Punkt war durch seine Vorliebe für die Prismenwirkung exzentrisch benutzter Linsen gegeben. So schlug er (*15.* 146) für die Aufnahme die Benutzung von Halblinsen oder der Randteile einer großen Linse vor, doch fehlt bei ihm der Wunsch, die Verzeichnung zu heben, der von A. CLAUDET (*8.*) so deutlich ausgesprochen wurde. Es ist ganz verständlich, daß er unter diesen Umständen kein Verfechter der Zwillingskammer sein konnte, auf die der Strom der Zeit schon damals deutlich gerichtet war.

Man wird sich wohl die Vorstellung bilden müssen, daß nach der Mitte der fünfziger Jahre Zwillingskammern in immer größeren Mengen hergestellt wurden und in Gebrauch kamen, daß aber das alte Neigungsverfahren noch längere Jahre daneben bestand und namentlich von älteren Liebhabern benutzt wurde. Außerdem aber sorgten solche Leistungen wie die später zu besprechenden Mond- und Planetenbilder von W. DE LA RUE, auf die die Nation mit Recht stolz war, dafür, daß die Neigungsaufnahmen damals noch nicht in Vergessenheit gerieten.

Noch ein anderer Vorschlag für die stereoskopischen Aufnahmen geht auf D. BREWSTER zurück, der später von sehr großer Bedeutung werden sollte. Er benutzte die unterbrochene Abbildung, wie sie durch die Photographie ermöglicht wird, um für das beidäugige Sehen zwei Räume einander durchdringen zu lassen, und zwar beabsichtigte er, hauptsächlich der Unterhaltung zu dienen, also etwa Scherzbilder oder Geistererscheinungen vorzuführen. Zwei Wege gab er dafür an, entweder (*15.* 205) stereoskopische Aufnahmen nacheinander auf die nicht vollständig ausbelichtete Platte zu machen, oder (*15.* 206) zwei Glasstereogramme dicht übereinander zu legen. Dabei könnte man noch das eine über das andere hinwegschieben und dadurch merkwürdige Erscheinungen hervorrufen. An die Anwendung dieses sehr wichtigen Gedankens auf ein stereoskopisches Meßverfahren scheint D. BREWSTER nicht gedacht zu haben.

## Die Stereoskope.

Die Erfindertätigkeit auf diesem Gebiete ist verständlicherweise noch reger als auf dem soeben verlassenen. Es ist auch ausgeschlossen, daß man etwa alle Patentangaben übernimmt; vielmehr ist bei dieser Auswahl hier versucht worden, im wesentlichen das Neue hervorzuheben. Die Erfinder sind auch zum Teil dieselben Leute, die schon bei den Aufnahmeverfahren aufgetreten sind.

Sehr bald nach dem großen Vortrage CH. WHEATSTONES schlug D. BREWSTER (*11.*), wie er (*15.* 123) wiederholte, ein aus zwei astronomischen Fernrohren geringer Vergrößerung zusammengesetztes Instrument als Pseudoskop, oder, wie er es nannte, als *Kameoskop* vor, damit dem WHEATSTONEschen Vorschlage (s. S. 76) nahekommend. Er hat es dann vier Jahre später als Stereoskop beschrieben und darauf hingewiesen, daß sich eine Umkehrung der Tiefenanordnung ergibt, wenn man von der Stellung, wo rechtes und linkes Fernrohr auf die gleichnamigen Halbbilder gerichtet sind, zu der gekreuzten Stellung der Fernrohrachsen übergeht. Daß diese Änderung eintreten muß, folgt ohne weiteres aus den Bemerkungen auf S. 15, wo von der Wirkung der Vertauschung der Halbbilder die Rede war. Diese Vorkehrungen werden namentlich für stereoskopische Schirmbilder benutzt worden sein.

Als ein Vertreter der strebsamen Fachleute erschien in erster Linie A. CLAUDET (*2.*), der sich bereits 1853 ein wohl hauptsächlich für Daguerreotypien bestimmtes Stereoskop schützen ließ. Es war mit ebenen Spiegeln versehen, um die Spiegelverkehrung in den Halbbildern aufzuheben, die sich bei diesem Verfahren zeigen mußte, wenn man die Aufnahme nicht mit einem besonderen Planspiegel machte. Auch zeigte sich bei diesem Patent die nahe Verbindung, in die man, für die damalige Zeit allerdings noch ganz erfolglos, stereoskopische und Reihenaufnahmen zu bringen suchte.

Auch als Stereoskope konnten die oben (s. S. 85) besprochenen HARDIEschen Spiegelgeräte verwandt werden. Die Pseudoskopformen würden sich besonders zu tiefenrichtiger Vorführung gekreuzt gelagerter Halbbilder empfohlen haben. Das verhältnismäßig kleine Gesichtsfeld dieser Einrichtungen würde in jener Zeit nicht so sehr geschadet haben.

Der Mathematiklehrer W. ROLLMANN (*1.*) veröffentlichte, wohl durch H. W. DOVES Arbeiten angeregt, 1853 eine kleine Mitteilung über ein ihm bequem erscheinendes Verfahren, Stereogramme mit paralleler Richtung der Augenachsen zu betrachten. Er brachte seinen Kopf in die richtige Stellung vor das Stereogramm und zog mit den Fingern die beiden Augen auseinander. — Eine Ähnlichkeit mit BREWSTERschen (s. S. 62) und DOVEschen (s. S. 69) Vorschlägen zeigten die beiden Stereoskope, die er (*2.*) noch in demselben Jahre veröffentlicht hat. Die erste erforderte die doppelt ausgeführte Zeichnung eines symmetrischen Körpers; von diesen beiden gleichen Halbbildern wurde das eine unmittelbar wahrgenommen, während das Spiegelbild des andern, wie es in einem in die Medianebene gebrachten ebenen Spiegel erschien, das andere Halbbild abgab. Bei einem Doppelspiegel erhielt W. ROLLMANN auf diese Weise gleichzeitig auch die Trugform. Eine schöne Zweckmäßigkeit wird man diesem einfachen Verfahren nicht absprechen können. Sein zweiter Vorschlag führte auf ein Farbenstereoskop. Die zusammengehörigen Halbbilder wurden, sich gegenseitig durchschneidend, mit zwei verschiedenen

Farben auf einen weißen Grund gezeichnet. Vor jedes der beiden Augen wurde nun ein Farbglas gehalten, das die Farbe des zugehörigen Bildes verschluckte, die des andern ungehindert durchließ. Das Ergebnis war ein Körper mit schwarzen Kanten auf einen Hintergrunde, dessen Farbe durch die JANINsche Mischfarbe der beiden Farbgläser gegeben war. W. ROLLMANN hatte die Zeichnung blau und gelb ausgeführt und rote und blaue Betrachtungsgläser gewählt. Daß durch die Vertauschung der Gläser eine Umwandlung der Tiefe hervorgebracht wurde, hob er ausdrücklich hervor. Die dieser Erscheinung zugrunde liegende Theorie ergibt sich ohne Schwierigkeit aus den allgemeinen Überlegungen auf S. 15 und 16.

Ebenfalls dem Farbenstereoskop nahe stand E. BRÜCKES (*2.*) Versuch, weiße Flächen mit verschieden gefärbten Brillengläsern zu betrachten, wobei er übrigens an HALDAT (s. S. 35), DOVE (s. S. 51), SEEBECK (s. S. 51) und FOUCAULT und REGNAULT (s. S. 51) erinnerte. Auch er sah die Mischfarbe deutlich und empfahl zur Erleichterung des Gelingens geradeaus zu sehen, damit nicht etwa der durch den Nasenrücken verdeckte Teil des Augenraums dem Gebiete des direkten Sehens zu nahe rücke. Auch könne man dafür den Beobachter schnell hintereinander mit beiden Augen durch das gelbe, dann mit beiden Augen durch das blaue Glas und dann erst durch die verschiedenen Gläser sehen lassen. Er selbst empfinde diese Mischfarbe als rauchgrau.

Die nächsten Stereoskope scheinen mehr den Bedürfnissen des Tages zu dienen; sie haben alle größere Linsen und zum Teil das Eigentümliche, daß in ihnen die Verzeichnung des BREWSTERschen Prismenstereoskops dadurch bekämpft werden soll, daß nur die Mitten der Linsen, mindestens nicht ihre äußersten Randteile benutzt werden. Dahin gehören die Vorschläge von G. KNIGHT (*1.*), von HERMAGIS (*1.*) sowie A. CLAUDET (*6.*) und E. E. SCOTT (*1.*). Bei A. CLAUDET findet sich wohl zuerst der Vorschlag, die Begrenzung der Halbbilder so zu wählen, daß sich ein Rahmen ergibt, der vor den Bildern erscheint und so eine Erhöhung der Täuschung herbeiführt. Auch wählte er die Durchmesser seiner vollständigen Linsen größer, als es sonst üblich war, um Beobachtern mit sehr verschiedenen Augenabständen die Vereinigung zu erleichtern. Er näherte sich also mit seinem Vorschlag schon in einem gewissen Grade dem auf CH. WHEATSTONE zurückzuführenden Linsenstereoskop (s. S. 76). Ziemlich die gleichen Absichten wie A. CLAUDET scheint — nach den vorliegenden Äußerungen G. SHADBOLTS (*1.*) zu urteilen — etwas später E. E. SCOTT verfolgt zu haben. — Ungefähr zur gleichen Zeit ist das Stereoskop von . . ROBECCHI (*1.*) anzusetzen. Es handelt sich hier um eine ziemlich verwickelte Anlage, bei der an optischen Mitteln nicht gespart wurde. Er trennte, wie schon CH. WHEATSTONE, die Prismen von den Linsen, neigte die Linsen gegen die Prismen und führte besondere Feldlinsen zur Steigerung der Vergrößerung ein. Wie sich diese Form zu der von J. DUBOSCQ (*5.*) beschriebenen verhält, ließ sich den durchgesehenen Schriften nicht mit Sicherheit entnehmen.

Wendet man sich schließlich zu der Besprechung der letzten Stereoskope, deren Beschreibung auf BREWSTER zurückzuführen ist, so kommen keine besonders wichtigen Formen mehr in Betracht.

Das Stereoskop mit einfacher Spiegelung wurde von ihm (*15.* 110) so umgestaltet, daß es auch für die Betrachtung von gewöhnlichen Stereogrammen zu benutzen war (Abb. 67). Und zwar wurde das durch die Seitenversetzung ermöglicht, die mittels der beiden Spiegelungen herbeigeführt wurde.

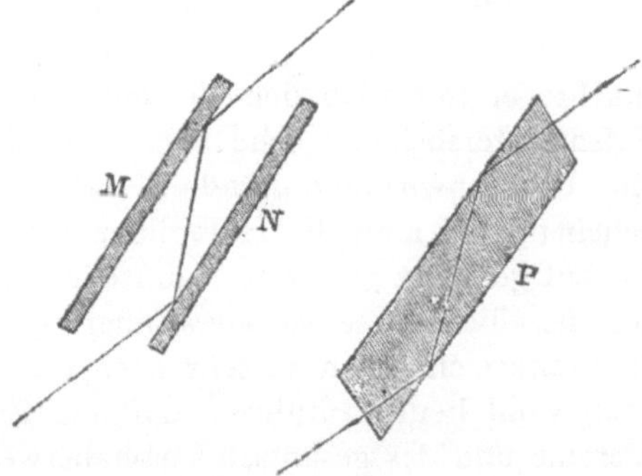


Abb. 67. D. BREWSTERS (*15.* 110) Stereoskopeinrichtungen mit doppelter Spiegelung.

Das Stereoskop mit nur einem brechenden Prisma (s. S. 63) erhielt etwa als Taschenstereoskop eine neue Form (*15.* 124), und zwar wurde durch die Verschiebung einer Zerstreuungs- gegen eine Sammellinse bei *B* ein brechendes Prisma mit veränderlichem Winkel erzeugt (Abb. 68), so daß man damit auch Stereogramme betrachten konnte, deren Halbbilder sehr weit voneinander abstanden. Es sei zweckmäßig, für den sammelnden Bestandteil nur eine Halb- oder eine Viertellinse zu verwenden.

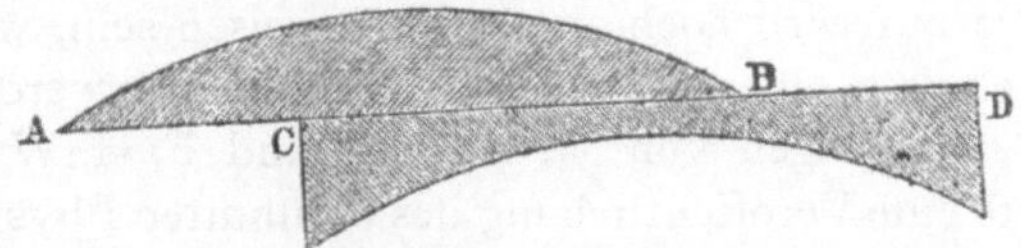


Abb. 68. D. BREWSTERS (*15.* 124) Taschenstereoskop.

Im Leseglasstereoskop (*15.* 125) empfahl er, durch ein dicht vor das Gesicht gehaltenes Leseglas von großem Durchmesser (7—11 $^1/_2$ cm) mit gekreuzten Blickrichtungen gekreuzt angeordnete Halbbilder zu betrachten.

Seine Beschreibung (*15.* 126), wie die auf der Mattscheibe oder in der Luft entstehenden Bilder einer photographischen Doppelkammer unter einem BREWSTERschen Prismenstereoskop stereoskopisch (also tiefen**richtig**) gesehen werden könnten, erscheint nicht bloß undeutlich, sondern sogar unrichtig, weil man nicht einsieht, wie bei einer solchen Anordnung eine Tiefenverkehrung hätte vermieden werden können, auf die bereits CH. WHEATSTONE (s. S. 77) deutlich hingewiesen hatte. Richtig ist jedenfalls sein letzter Vorschlag, wonach man hier bei der Benutzung des Fernrohrstereoskops (s. S. 101) zu einem tiefenrichtigen Raumbilde komme. Es muß aber hinzugefügt werden, daß dann die Form mit den gleichgerichteten Fernrohrachsen zu wählen ist.

Von den vorher genannten vier Erfindern einfacherer Wheatstonescher Stereoskopformen verdient A. Claudet nicht nur wegen seines damals unvergleichlich höheren Ansehens die hauptsächlichste Beachtung, sondern auch deswegen, weil ihn die vorliegende Aufgabe ganz besonders beschäftigte und zu bemerkenswerten Leistungen anspornte. So machte er (*8.*) 1856 den Vorschlag, dem gewöhnlichen Brewsterschen Prismenstereoskop solche verzerrten Bilder darzubieten, daß sie durch die Prismenwirkung gerade richtig würden. Dies sollte dadurch geschehen, daß man die Halbbilder mit großen Objektiven anfertigte, die bis auf geeignet gewählte Randteile abgeblendet seien. Er (*7.*) gab etwa um dieselbe Zeit seiner Verwunderung darüber Ausdruck, daß der Anteil in Frankreich schon so sehr nachgelassen habe. Als Grund dafür kann man wohl heute anführen, daß die Entwicklung der photographischen Vereine und des gesamten Liebhaberwesens in Frankreich nicht entfernt mit der glänzenden Entwicklung in England Schritt gehalten hatte.

Der Vorschlag von H. Faye (*1.*), die Vereinigung der im Augenabstande aufgeklebten Halbbilder durch einen Blendschirm zu erleichtern, der einfach zwei Löcher mit einem Durchmesser von 5 mm im Augenabstande enthalte und dicht vor die Augen zu bringen sei, erschien zwar an sehr bevorzugter Stelle, aber er verdiente kaum eine Erwähnung, hätte er nicht den Anlaß zum Ausbruche des offenen Streites zwischen Brewster und Wheatstone gegeben. Er wirkte auf J. J. Oppel ein und führte ihn zum Bau seines einfachen, linsenlosen Stereoskops, des Haploskops. Darauf wird noch später hinzuweisen sein, wenn die damit erhaltenen Ergebnisse einer Besprechung unterzogen werden sollen.

Auf die Bestrebungen von W. Hardie und F. H. Wenham zurück (S. 87, 88) führte eine Veröffentlichung des berühmten Physikers W. Crookes (*1.*). Er nahm damals einen solchen Anteil an der Liebhaberphotographie, daß er eine Zeitlang wichtige photographische Blätter, wie die Zeitschrift der Londoner Photographischen Gesellschaft und außerdem das Fachblatt *The Photographic News*, selbst herausgab. Er schlug vor, den natürlichen Augenabstand zu steigern, um eine erhöhte Tiefenwirkung zu erhalten. Zu diesem Zwecke sollten Aufnahmen mit zwei parallel gerichteten Kammern gemacht werden, die, wenn eine $a$-fache Tiefenvergrößerung gefordert wäre, um $a \times 63{,}5$ mm voneinander zu entfernen seien. Bei einer 40-fachen Tiefensteigerung müßten die beiden Objektive also eine Entfernung von 25,4 m voneinander haben. Gegen den Schluß des Aufsatzes findet sich die Bemerkung, daß für das gewöhnliche Stereoskop mit den beiden Halbbildern in einer und derselben Ebene die beiden Aufnahmeobjektive durchaus parallele Achsen haben müßten, da Neigungsbilder auch eine Neigung der beiden Halbbilder im Stereoskop erforderten, wenn der Eindruck nicht geändert werden solle.

Der von Brewster so stark in den Vordergrund geschobene J. Elliot (2.) versuchte sich in dieser Zeit mit einer neuen Erfindung und brachte zwei Schielstereoskope heraus, deren eines ohne optische Teile war und nur das Zustandekommen der Nebenbilder verhinderte, während das andere zwei gekreuzte Fernrohre auf die beiden Halbbilder richtete, wie das ähnlich von Brewster einige Jahre vorher (s. S. 101) vorgeschlagen worden war. Die beschämende Mitteilung, daß er auch hier wieder offene Türen eingerannt habe, mußte der Pechvogel bald darauf machen; doch scheint er für seine zweite Nacherfindung keine solchen Lobsprüche von seinem großen Landsmann geerntet zu haben wie für die erste.

Ferner sei erwähnt, daß W. Hardie (2.) gegen den Anfang des Jahres 1857 ein Spiegelstereoskop für größere Bildformate, namentlich größere Bildbreiten vorschlug, wobei die Halbbilder übereinander angeordnet wurden. Dabei gebührt zwar J. Duboscq (s. S. 72) der Ruhm des Erfinders, aber die spätere Arbeit ist hier doch erwähnt worden, weil die Durcharbeitung der einzelnen Teile der Vorrichtung mit besonderem Verständnis geleistet worden ist.

An dieser Stelle mag auch der gleichzeitigen Erfindung des Parisers J. B. Donas (*1.*) noch gedacht werden, der sich ein *Physioskop* schützen ließ. Es war im wesentlichen ein Stereoskop, bei dem das vorzüglich als Glasbild gedachte Stereogramm ungefähr in Augenhöhe eingeschoben und in einem Spiegel am Boden des Instruments beobachtet wurde. Es mag sein, daß die größere Tiefenwirkung des Vordergrundes, die mit einer solchen Verkleinerung der Gesichtswinkel verbunden ist, den Erfinder auf jenen Namen gebracht hat, es ist aber auch möglich, daß er ihn durch die Ergänzung begründete, die er seiner Beschreibung gab. Um auch Einzelbilder körperlich zu sehen, wandte er nämlich an Stelle des einfachen Bodenspiegels zwei solcher an, die in einem Winkel zusammenstießen. „Während die gewöhnlichen Stereoskope eines Bilderpaares be- „dürfen, um einen räumlichen Eindruck hervorzubringen, kann mein „verbessertes Gerät für Einzelbilder eingerichtet werden; sein Boden trägt „dann zwei unter einem Winkel zusammenstoßende Spiegel, gestattet „die Verwendung größerer Platten und bringt die gleiche Wirkung her- „vor.“ Man sieht leicht ein, daß hier im Grunde dasselbe Mittel benutzt wurde, dessen sich C. Th. Tourtual (s. S. 52) bedient hatte, da nämlich jedes der beiden Augen in verschiedener Weise schief auf die räumlich zu sehende Zeichnung gerichtet wurde. Das war in dem älteren Falle durch eine symmetrische Drehung jedes der beiden übereinstimmenden Zeichenblätter erreicht worden, während J. B. Donas durch eine zweckmäßige Spiegelanordnung den Spiegelungen des Einzelbildes eine entsprechende Drehung erteilte.

Von sehr großer Wichtigkeit ist eine Mitteilung von J. Ch. d'Almeida (*1.*), die im nächsten Jahre der französischen Akademie der Wissenschaften gemacht wurde. Er beschäftigte sich mit Mitteln zur Herbeiführung des stereoskopischen Eindruckes, die späterhin hauptsächlich für stereoskopische Schirmbildvorführungen Anwendung gefunden haben. Zuerst tritt ein Verfahren mit verschiedengefärbten Halbbildern auf, bei denen die Lichter in den Farben der Brillengläser erscheinen, die je vor ein Auge des Beobachters gehalten werden; die Schatten kommen dadurch zustande, daß der Untergrund überhaupt kein Licht erhält. Es ist also gerade ein Durchlässigkeitsverfahren im Gegensatz zu dem Absorptionsverfahren W. Rollmanns, und man muß dessen Erfinderanspruch (*3.*) für voreilig halten. Eine Antwort darauf scheint J. Ch. d'Almeida nicht veröffentlicht zu haben.

Sein zweites Verfahren forderte abwechselnde Beleuchtung. Die beiden Bilder wurden durch je eine Zauberlaterne auf eine und dieselbe Stelle des Schirms geworfen und von dem Beobachter so betrachtet, daß das rechte Auge immer nur das Bild der zugehörigen Laterne auf einen Bruchteil einer Sekunde sah; durch ebenfalls wechselweis wirkende Blenden wurde gleichzeitig das rechte Auge und seine Laterne abgeblendet und das linke mit dem zugehörigen Bildwerfer geöffnet usw. Die Vereinigung der beiden Bilder zu einem stereoskopischen Eindruck kommt dadurch zustande, daß das soeben verdeckte Auge noch eine kurze Zeit die Empfindung zurückhält, obschon ihm die erregende Ursache bereits geschwunden ist.

Auf das *Stereomonoskop* von A. Claudet soll erst bei der Besprechung der rein theoretischen Ansichten dieses Zeitraums eingegangen werden, was um so eher angängig erscheint, als dieses Instrument eine praktische Bedeutung nicht erlangt hat.

Eine kurze Erwähnung verdient das Bennettsche (*1.*) Stereoskop insofern, als es zwar keinerlei neue Gedanken verkörpert, aber doch besonders bequem und billig ausgeführt worden ist. Man kann es als einen Vorläufer des später so weit verbreiteten amerikanischen Stereoskops ansehen, und man muß sich nur wundern, warum dieses geschickt zusammengestellte Gerät zu jener Zeit anscheinend keine willige Aufnahme gefunden hat.

Unsymmetrisch war das Stereoskop, das der Pariser H. A. Corbin (*1.*) im Frühjahr 1859 zum Schutze anmeldete. Er ging — allerdings ohne die Wheatstonesche Vorkehrung zu erwähnen — dazu über, das eine Halbbild unmittelbar, das andere aber nach der Spiegelung an einem ebenen Spiegel durch Vergrößerungslinsen zu betrachten, da er die Vorzüge dieser Überlagerungsart vor der durch Prismen bewirkten im Hinblick auf die Güte der Abbildung bemerkt hatte. Wie Erfinder in späterer Zeit, stieß auch er auf die Schwierigkeit, für die Spiegelverkehrung des einen Halbbildes zu sorgen. Er empfahl sowohl dieses Bild durch das Glas hindurch, also auf die abgewandte Schichtseite der Platte, aufzunehmen, als auch Übertragungsverfahren anzuwenden, um dann die gewohnten Aufnahmekammern verwerten zu können. Die Möglichkeit, dieses Halbbild durch die Aufnahme des Raumdinges in einem ebenen Spiegel zu erhalten, wurde ebenfalls erwähnt. Zum Schluß schlug er stereoskopische Weitwinkelaufnahmen vor, die, auf einem in sich zurücklaufenden Papierstreifen angebracht, symmetrisch abgewickelt werden mußten und einen rundbildartigen Eindruck hervorrufen sollten. Äußeren Erfolg wird auch er nicht geerntet haben.

Ebensowenig Anklang fand die Vorrichtung von H. SWAN (*1.* u. *2.*), worin, jedenfalls ohne Kenntnis dieser Vorgängerschaft, der früher von H. W. DOVE ausgesprochene Gedanke (s. S. 71) verschieden großer Halbbilder für das Stereoskop verwirklicht wurde. Der Erfinder nahm die beiden Halbbilder mit zwei Objektiven von ganz verschiedener Brennweite auf, und zwar betrug der Abstand der Objektivachsen in der Wagerechten 63,5 mm. Als Brennweiten wählte er $6^1/_2$ und 19 cm, die je für die Plattengrößen von 4 und $11^1/_2$ cm im Quadrat bestimmt waren, also gleiche Gesichtswinkel umfaßten. In schöner Gründlichkeit wurde auch eine für gleichzeitige Aufnahme der beiden Halbbilder geeignete Kammer und ein einfaches Stereoskop für solche Bilder empfohlen.

## H. W. Doves Stellung in der Stereoskopie.

Eines ganz besonderen Ansehens auf dem Gebiete der Stereoskopie erfreute sich H. W. DOVE und nicht allein in der deutschen Gelehrtenwelt. Von den bekannteren Männern der Wissenschaft hat er sich allein von der ersten Zeit, dem Beginn der vierziger Jahre, bis tief in das siebente Jahrzehnt mit stereoskopischen Versuchen beschäftigt, und namentlich seine Versuche über den Glanz haben seinen Namen sehr weit verbreitet. Er verfolgte daneben seine eigentlich stereoskopischen Versuche weiter und gab gegen das Ende des hier betrachteten Zeitraums auch auf diesem Gebiete reizvolle Darbietungen an, die eine außerordentliche Verbreitung erhielten.

Seine Stellung zu CH. WHEATSTONE in der Frage der Pseudoskopie berührte er (*10.*) in dem Vorfrühling des Jahres 1857. Er beschwerte sich zwar darüber, daß der englische Forscher seinem Prismenstereoskop den Namen des Pseudoskops beigelegt habe, aber er hob sehr deutlich dessen Verdienst hervor, die tiefenverkehrten Raumbilder zuerst in auffallender Weise vorgeführt zu haben. Sehr bald darauf hat er noch (*11.*) neben der Mitteilung verschiedener pseudoskopischer Versuche auf die eigentümlich lebhafte Täuschung hingewiesen, die man erhalte, wenn man durch ein Pseudoskop eine einfache, aber unter ungewohnten Bedingungen ausgeführte, perspektivische Darstellung betrachte. Er wählte dazu die Projektion eines aufrechtstehenden Kreuzes auf eine wagrechte Ebene. Diese Beobachtung steht in einem nahen Zusammenhange mit den entsprechenden Versuchen CH. WHEATSTONES und anderer, wie sie von M. VON ROHR (*5.* 334) zusammengestellt worden sind.

Ungefähr ein Jahr darauf gab er (*12.*) einfache Beispiele für die Genauigkeit an, mit der die Ortsbestimmung des beidäugig betrachteten Bildes ausgeführt wird. Die Lage der Bilder bei ebenen Spiegeln und bei Planscheiben werden hier angeführt.

Betrachtet man beidäugig einen ebenen Druck durch ein Kalkspatrhomboeder, so erscheinen zwei Bilder, und zwar ist das eine stark über die Ebene des andern gehoben. Diese Erscheinung an einem dreizeiligen Drucksatz ahmte er im Stereoskop nach. Er (*13.*) entwarf zu diesem Zwecke Halbbilder, in deren jedem jede Zeile doppelt untereinander gesetzt worden war. Außerdem aber zeigten die jeweils unteren Zeilen des einen Halbbildes eine Seitenverschiebung. Machte man diese drei unteren Zeilen für sich beweglich, so konnte man durch ein allmähliches Verschieben den Eindruck hervorrufen, daß die vorher heraustretenden Zeilen allmählich in die Ebene der anderen und dann auf der andern Seite hinter sie zurück traten. Er machte auf die Ähnlichkeit dieses Versuchs mit seinem Umdrehungsversuch (s. S. 69) aufmerksam. Es kann hier noch hinzugefügt werden, daß die Tiefenänderung durch eine einfache Seitenverschiebung bereits von A. CLAUDET (s. S. 115) im Jahre 1856 veröffentlicht worden war, während die vollkommenere Form des Umdrehungsversuchs bereits D. BREWSTER (s. S. 63) angegeben hatte.

Noch in derselben Sitzung gab er (*14.*) den weitbekannten Versuch an, mit Hilfe des Stereoskops eine ebene Darstellung von ihrer gleichgroßen Nachbildung zu unterscheiden, oder eine Teilung auf die Gleichmäßigkeit der Abstände zu prüfen; diese Vorschrift steht dem BREWSTERschen Prüfungsverfahren für Tapetenbilder (s. S. 56) jedenfalls nahe.

Hatte es sich hier im wesentlichen um räumliche Beobachtungen gehandelt, so führte er in einer andern Reihe von Arbeiten seine Farbenmischungsversuche durch. Sie haben zwar eine große physiologische Bedeutung, passen aber weniger zu dieser Schrift, die sich im wesentlichen mit der Strahlenbegrenzung beschäftigt. Sie sollen aber doch kurz angedeutet werden.

Er beobachtete (*4.*) schon 1851 einfache Zeichnungen mit farbigen Umrissen auf weißem oder auf schwarzem Grunde durch verschiedenfarbige Gläser vor den beiden Augen. Dabei konnte er zunächst feststellen, daß „die Anforderungen, die wir an die Vorstellung des Reliefs „machen, strenger sind als die, welche bei den Beziehungen stattfinden, „welche in einer Ebene liegend vorgestellt werden". Einfache Linien könnten sich mit entsprechenden Doppellinien zu einem Raumbild mit Doppelumrissen verbinden. Als Beleg gab er einen Versuch mit einem AMICIschen Reflexionsprisma aus Bergkristall an, womit er diese Doppellinien in einer durchaus strengen Weise hatte hervorbringen können. Eine Zeichnung könne sich mit einer andern als Umriß verbinden und gleichzeitig mit einer dritten als Farbe. Die im Stereoskop erfolgende Vereinigung von schwarzen und weißen Flächen, sowie die von zwei verschiedenfarbigen Flächen, ergebe die Erscheinung des Glanzes, dabei erschienen die schwarz-weißen oder die verschiedenfarbigen Umrisse nebeneinander und so gekreuzt, daß die dem linken Auge dargebotenen Linien rechts aufgefaßt würden.

Den Grund dafür suchte er in der mangelnden Farbenhebung des Auges, und zwar sehe man farbige Linien nebeneinander, farbige Flächen voreinander, bei Schwarz und Weiß wirke Weiß als näher. Diese verschiedenweite Verlegung der beiden, den einzelnen Augen dargebotenen Flächen gab ihm den Grund für den Glanz ab.

Seine verschiedenen stereoskopischen Versuche hatten schon früh eine solche Nachfrage erregt, daß er 1853 eine Zusammenstellung davon in einer Sammlung (*6.*) seiner Arbeiten abdrucken ließ und 1859 eine Fortsetzung (*15.*) anreihte.

Eine Erörterung über den Glanz spann sich mit D. BREWSTER (*12.*) an, aber ohne daß eine große Meinungsverschiedenheit bestanden hätte. H. W. DOVE äußerte sich mehrfach dazu, so schon 1854 (*7.*) in Liverpool auf der Versammlung englischer Naturforscher, wo er aber zu seinem Bedauern seinen Gegner nicht antraf, und dann noch 1855 (*8.*), wo er den BREWSTERschen Einspruch (*13.*) auf ein Mißverständnis seiner Worte zurückführte.

Schließlich benutzte er (*9.*) noch eben die Erscheinung des Glanzes, „um mit aller Strenge zu zeigen, daß, wenn man bei binocularem Sehen „durch verschiedengefärbte Gläser sich abwechselnd des Eindrucks des „einen und des andern Auges bewußt wird, der Durchgang stets durch „eine wirkliche Combination erfolgt.“ Er führte zu diesem Zwecke eine blaue Zeichnung auf rotem Felde aus und betrachtete diesen Gegenstand beidäugig durch eine Brille, die links ein rotes, rechts ein blaues Glas hatte. Man sehe zuerst das Bild schwarz auf rotem Grunde, plötzlich trete auch das blaue hervor, und dann sehe man beide Farben glänzend. Ähnliches gelte auch für rot und grüne Zeichnungen. Bei dieser Gelegenheit kam er noch auf A. DE HALDATS Vorgängerschaft zu sprechen, die er anerkannte; aber er selbst erst habe 1841 dessen Ergebnisse über allen Zweifel erhaben hingestellt.

Großen Reiz übte die Erscheinung des Glanzes auf J. J. OPPEL aus. Er äußerte sich bereits 1854 (*1.*) dahin, daß diese Erscheinung auftrete, wenn auf jedes der beiden Augen eine verschiedene Helligkeit einwirke; der Glanz sei ein auf Grund .der Erfahrung gefälltes Urteil. Noch schärfer stellte einige Jahre später W. WUNDT (*1.*) die Urteilsnatur des Glanzes fest.

J. J. OPPEL (*2.*) beschäftigte sich danach ganz planmäßig damit, nicht bloß Glanz überhaupt hervorzubringen, sondern den Glanz bestimmter, ihm vorliegender Gegenstände zu wiederholen. Bei seinen Versuchen versuchte er zunächst, mit Handzeichnungen auszukommen, die er sorgfältig austuschte. Er überzeugte sich aber bald, daß er die nötige Genauigkeit nur mit Hilfe der Photographie erreichen würde. Diese selbstgestellte Aufgabe löste er vollkommen, indem er durch einen Photographen eine innen versilberte Glaskugel aufnehmen ließ und in der Tat so den glasklaren Glanz erhielt. Nach den benutzten Schriften ist das das einzige Beispiel, in dem es ein Angehöriger der älteren deutschen Physikerschule für nötig hielt, für stereoskopische Untersuchungen photographische Aufnahmen machen zu lassen. Es war wirklich wie eine Scheu vor dem befleckenden Umgange mit einem Photographen, die den deutschen Gelehrten jener Zeit anhaftete. Man ließ sich für Vorführungen wohl käufliche, häufig sehr schlechte Stereogramme gefallen, aber es scheint zu jener Zeit auch nicht einer der bedeutenden, im Anstellen von Versuchen geübten Physiker Deutschlands auf den Gedanken gekommen zu sein, die Wirkung des Stereogramms mit der Wirkung der Gegenstände selbst zu vergleichen.

Den Abschluß dieser Arbeiten machte J. J. Oppel (4.) um 1857, indem er das Glitzern erforschte und eine stereoskopische Nachbildung davon gab. Es handelt sich dabei um einen Körper mit verschiedenen kleinen spiegelnden Flächen: „Einige derselben senden dem einen Auge „ein Maximum, und gleichzeitig dem andern ein Minimum von Lichte „zu, d. h. sie erscheinen für das rechte Auge z. B. als leuchtend helle, „für das linke als völlig dunkle (unsichtbare) Punkte; einige andere „zwar zeigen sich beiden Augen zugleich als helleuchtende Punkte, aber „doch in verschiedenem Grade, d. h. sie erscheinen dem einen Auge noch „merklich intensiver leuchtend, oder auch (vielleicht bloß durch Irradia„tion oder Wirkung von Zerstreuungskreisen) etwas größer als dem „andern; — wieder andere endlich (und nicht ganz wenige) zeigen sich „beiden Augen als Lichtpunkte von völlig gleicher Intensität und Aus„dehnung." Er ahmte das dadurch nach, daß er in einer geeigneten stereoskopischen Vorrichtung unregelmäßig durchlochte Pappscheiben betrachtete, die von der Rückseite her beleuchtet wurden. Er erhielt auf diese Weise den Anblick des Avventurins, eines stark glitzernden Schmucksteins.

## Die Brewsterschen Angriffe auf Ch. Wheatstone.

In dem hier behandelten Zeitraume kam es zur Äußerung der gegenseitigen Abneigung, die sich allmählich zwischen den beiden großen englischen Physikern angesammelt hatte. In älteren englischen Schriften ist man auf diese Frage selten eingegangen, und man kann den zugrunde liegenden Wunsch, bei keiner der beiden nationalen Größen durch Annahme kleinlicher Beweggründe eine Achtungsminderung eintreten zu lassen, im allgemeinen auch nur billigen. Doch liegt hier bei diesem Buche der Fall anders; für die Engländer jener Zeit konnte man eine ungefähre Kenntnis des Vorangegangenen voraussetzen, denn sie hatten die Vorgänge denkend miterlebt. Für die jetzige Zeit[1]) und für das Ausland ist aber zu beachten, daß die Kenntnis von Persönlichkeit und Leistung in bezug auf beide Forscher recht nebelhaft ist, und daß sich eine Bekanntschaft, wo sie überhaupt vorhanden ist, auf BREWSTERS leicht verständliches und ungewöhnlich anregendes Buch (*15.*) stützt, das bei seinen sonstigen großen Vorzügen nach dieser Richtung eine Parteischrift vom reinsten Wasser und zur Gewinnung eines sachlichen Standpunkts so ungeeignet ist wie möglich. Man kann für BREWSTERS Handlungsweise wohl nur entschuldigend anführen den Eifer des erfolgreichen Erfinders, das aus dem stillen Bewußtsein, dem Gegner unrecht getan zu haben, folgende Bestreben, ihn gleichsam zur eigenen Rechtfertigung herabzusetzen, und schließlich sein hohes Alter bei der Abfassung.

Schon oben war darauf hingewiesen worden, daß der Groll BREWSTERS mit dem äußeren Erfolge seines Prismenstereoskops wuchs. Seine Geringschätzung der früheren, wesentlich theoretischen Leistung CH. WHEATSTONES steigert sich in seiner Einzelschrift zu einer außerordentlichen Höhe. Nach seiner Darstellung hat WHEATSTONE an der Erfindung des Stereoskops kaum irgendwelchen Anteil. Die Tatsache, daß die beiden Augen von einem Raumdinge zwei verschiedene Bilder sehen, sei schon im grauen Altertum bekannt gewesen. Um 1834 habe J. ELLIOT einen einfachen stereoskopischen Versuch mit zwei Zeichnungen geplant und 1839 angestellt, die so merkwürdig seien, daß er sie in seinem Buche wiedergebe. Der WHEATSTONEsche Apparat sei plump und unbrauchbar, und was allein ein Verdienst gehabt hätte, habe und haben werde, sei seine eigene Erfindung des Prismenstereoskops sowie die der Nebenformen. Man wird in einem solchen Lobgesange auf die eigene Bedeutung keine sorgfältige Würdigung der Verdienste anderer erwarten, und man findet sie in der Tat auch nicht darin. Auch hierauf ging WHEATSTONE noch nicht ein[2]), sondern er erklärte sich erst gegen einen von BREWSTER (*16.*) geschriebenen, aber ohne Unterschrift erschienenen Brief an die Times vom 15. Okt. 1856, der eine Besprechung des obenerwähnten

---

[1]) Das gilt jetzt auch für England, wie man aus einem Aufsatze des Herausgebers (The Brit. Journ. of Phot. 1910, *57*. Nr. 2598, v. 28. II. 115—116) ersehen kann. Sein Verfasser steht etwa auf dem in diesem Buche vertretenen Standpunkte.

[2]) Wenn WHEATSTONE, wie das BREWSTER (*15.* 33) mit dem Brustton sittlicher Entrüstung mitteilt, 1854 einen an ihn gerichteten Brief BREWSTERS vom 27. Sept. 1838 zur Kenntnisnahme an F. MOIGNO einsandte, so geschah das offenbar nur, um diesen in den Stand zu setzen, zu weitgehende Äußerungen einzuschränken. Es ist nach allem, was von CH. WHEATSTONES durchaus liebenswürdigem, ja schüchternem Wesen bekannt geworden ist — man vergleiche nur den prächtigen Nachruf vor der großen Londoner Gesellschaft: *Proc. Roy. Soc.* 1875/76, *24*. XVI bis XXVII. — vollständig begreiflich, daß er einer Auseinandersetzung mit BREWSTER, als einem zu rechthaberischen Gegner („*so disputatious an antagonist*"), nach Möglichkeit aus dem Wege gegangen ist.

FAYEschen Stereoskops enthielt. Hieran schloß sich nun ein durch sechs Nummern fortgeführter Briefwechsel. BREWSTER verfocht wiederum den Anspruch von J. ELLIOT, der seinen Versuch bereits 1834 geplant und 1839 durchgeführt habe, und führte außerdem einen neuen Bewerber in G. MAYNARD auf, der 1836 eine entscheidende Veröffentlichung hätte erscheinen lassen. WHEATSTONE (*6.*) erhob gegen BREWSTER schwere Vorwürfe wegen der Unrichtigkeit der Darstellung seiner eigenen Ansichten und offenbarer Vernachlässigung der Ergebnisse anderer, namentlich deutscher Forscher. Mit einer scharfen Zurückweisung der BREWSTERschen Bezweiflung seiner eigenen Erfinderschaft und mit einem Versprechen, ihn in der Monatsschrift *The Philosophical Magazine* eigens zu widerlegen, schloß er den Briefwechsel. Jene Widerlegung scheint aber nicht erschienen zu sein.

Nur an einer Stelle findet sich in den durchgesehenen Schriften eine deutliche Schilderung des Eindrucks, den der bedauerliche Streit auf fernerstehende Zeitgenossen gemacht hat. Er stammt aus der Feder F. BURCKHARDTS (*1.*), eines Baseler Physikers, der zu jener Zeit die in dieses Bereich fallenden Arbeiten für die Fortschritte der Physik besprach. Es war das eine berichtende Zeitschrift, die von der Berliner Physikalischen Gesellschaft herausgegeben wurde. Er nahm deutlich für WHEATSTONE Partei und verurteilte die durch BREWSTER versuchte Verkleinerung seines Verdienstes auf das Entschiedenste.

Den nächsten Angriff unternahm BREWSTER (*17.* u. *18.*) einige Jahre später. Die beiden Brüder A. C. und J. BROWN hatten bei einem Besuch der WICARschen Sammlung in Lille zwei fast gleiche nebeneinandergestellte, ziemlich große (etwa 22:30 cm) Bilder aufgefunden, die, wie man annahm, von dem florentinischen Künstler JACOPO CHIMENTI DA EMPOLI stammten, und die BREWSTER als stereoskopische Zeichnungen auffaßte, während man sonst das eine Bild als Nachzeichnung des andern angesehen hatte. Da zunächst keine Nachbildungen dieser Museumsbilder beschafft werden konnten, wurde der mehrfach wiederholte Angriff auf WHEATSTONES Erfindung vorläufig noch nicht zurückgewiesen. Er hat aber mit den Anlaß zu einer Verteidigungsschrift gegeben, die, da sich WHEATSTONE in vornehmer Art nicht in diesen Zank mischte, von W. B. CARPENTER (*1.*) verfaßt wurde. Die Schrift ist ganz musterhaft ausgearbeitet und hat für die hier gegebene Darstellung der Entwicklung des WHEATSTONEschen Gedankens sehr wichtige Hinweise gegeben. Auch der Erfinderanspruch G. MAYNARDS wurde bei dieser Gelegenheit zurückgewiesen. Als nun, wie G. SHADBOLT (*3.*) bald mitteilte, durch die Vermittelung des für diese Angelegenheit erwärmten Hofes die CHIMENTIschen Bilder aufgenommen worden waren, entbrannte der Kampf von neuem, da die Meinungen über die stereoskopische Wirkung sehr geteilt waren. Namentlich die junge amerikanische Schule nahm durch ihr Mitglied E. EMERSON (*2.*) den Kampf gegen BREWSTER auf und beschrieb die Wirkung der Vereinigung der beiden Bilder als ganz natürlich aus den Ungenauigkeiten beim Nachzeichnen folgend. Hiergegen erklärte sich aber BREWSTER (*19.*) ganz entschieden und hielt den wirklichen stereoskopischen Eindruck für seine Person aufrecht. Er berichtete gleichzeitig von einem in Liverpool aufgefundenen binokularen Instrument, das 1670 in Rom angefertigt worden sei, und das vielleicht ein Stereoskop sei. In seiner Entgegnung wies E. EMERSON (*3.*) zunächst die Unrichtigkeit dieser letzten Annahme nach. Das Instrument sei kein Stereoskop, sondern ein Doppelfernrohr, es stamme nicht aus Rom, sondern aus Mailand, und es sei nicht um 1670, sondern 1726 angefertigt worden. Was aber die angebliche Tiefenwirkung der CHIMENTIschen Bilder angehe, so habe er eine ganz ähnliche immer erhalten, wenn er ein Bild und die von Menschenhand sorgfältig ausgeführte Nachbildung in das Stereoskop gelegt habe. Um die Angelegenheit aber wirklich zu erledigen, habe er die wagerechten Abstände entsprechender Punkte ausgemessen, und da zeige sich deutlich, daß in den CHIMENTIschen Bildern in buntem Wechsel Abstände vorhanden seien, wie sie teils zu stereoskoschen, teils zu pseudoskopischen Bilderpaaren paßten, so daß man an eine beabsichtigte stereoskopische Wirkung nicht zu denken habe.

Hiermit ruhten die Angriffe auf WHEATSTONE wahrscheinlich infolge des hohen Alters BREWSTERS, denn dieser starb über 86 Jahre alt am 10. Februar 1868.

## Die theoretischen Ansichten.

Schon die vorhergehenden Abschnitte, namentlich über die Fernrohre und über die Betrachtungsapparate, leiteten, soweit dabei die Neuerscheinungen dieses Zeitraums behandelt wurden, die Aufmerksamkeit auf die theoretischen Ansichten, deren Entwicklung damals mit großem Eifer und schönem Erfolge gefördert wurde.

Bereits bei der Besprechung der photographischen Aufnahmen war auf die Schwierigkeit hingewiesen worden, die man in dieser Zeit hinsichtlich der Entfernung der Aufnahmeobjektive empfunden hatte. Es ist ganz verständlich, daß auch die Vertreter der reinen Theorie und die ihrer Anwendung viele Mühe auf die Klarlegung ihres Standpunktes verwandt haben. Einer der ersten, der sich nach CH. WHEATSTONE mit dieser Frage beschäftigte, war der aus Frankreich eingewanderte und in London sehr hoch angesehene Photograph A. CLAUDET. Welch eine bedeutende Rolle dieser Fachmann dort durch seine Beziehungen spielte, darauf hat M. VON ROHR (*1.* 102) schon früher hingewiesen; man kann auf dem Gebiete der Stereoskopie noch weitergehen und sagen, daß er hier sehr schöne eigene Leistungen aufzuweisen hat.

Bereits 1853 behandelte er (*3.*) vor der englischen Naturforscherversammlung die Frage des Abstandes und erklärte sich dahin, daß man eine Vergrößerung des Abstandes der Aufnahmelinsen ertrage, indem man sich dann ein verkleinertes Modell in kurzer Entfernung vorstelle. Doch sei es wichtig, für die Aufnahme Objektive langer Brennweite zu wählen, denn bei solchen von kurzer Brennweite ergebe sich ein unnatürliches Raumbild infolge der übertriebenen Tiefenwirkung namentlich bei entfernteren Gegenständen. Es scheint, daß der Verfasser zu diesen Ansichten gekommen ist, indem er die Brennweiten seiner Aufnahmeobjektive nicht mit denen seiner Betrachtungslinsen übereinstimmend wählte. In dem ihm angenehmen Falle erhielt er anscheinend die Wirkung eines vergrößernden Doppelfernrohrs, in dem ihm unangenehmen die eines verkleinernden.

Eine gewisse Erklärung für den Standpunkt, den A. Claudet mit der Verkündung seiner auf S. 91 angegebenen Regel einnahm, läßt sich aus einer von ihm gegebenen Ableitung entnehmen (*4.*), aus der es hervorgeht, daß er für vollkommen raumähnliche Aufnahmen Objektivbrennweiten von der Länge der Augenbrennweiten forderte, und daß er für Aufnahmen mit Objektiven längerer Brennweite durchaus einen entsprechend vergrößerten Abstand vorschrieb. Daß er den Irrtum nicht bemerkte, ist um so wunderbarer, als er im ersten Falle eine Vergrößerung der kleinen Bildchen für unschädlich erklärte, wenn nur diese Vergrößerung bei der Betrachtung entsprechend weiter abgerückt würde. Er hat übersehen, daß eine Vergrößerung einer mit einem Objektiv von 17 mm Brennweite gemachten Aufnahme — richtig zeichnende Linsen vorausgesetzt — hinsichtlich der Perspektive von einer aus dem gleichen Orte gemachten Aufnahme mit einem Objektiv von $f = 17$ cm überhaupt nicht zu unterscheiden ist. Da ihm die Körperlichkeit im natürlichen Sehen zu gering vorkam, so begünstigte er größere Objektivabstände. Nach seinen Äußerungen scheint es, als habe er außerordentlich leicht einen modellartigen Eindruck erhalten, etwa ähnlich wie es bei H. Helmholtz der Fall gewesen zu sein scheint, eine Auffassung und Deutung, die nicht jedem Beobachter möglich ist.

A. Claudets Äußerungen führten zu einem Meinungsaustausche mit M. A. Gaudin (*2.*), einem Rechner in einer staatlichen Anstalt zu Paris, doch ohne daß die beiden Parteien zu einem gemeinsamen Ergebnis gekommen wären. Der Letztgenannte wollte am liebsten gar keine Vergrößerung des Objektivabstandes zulassen und gestattete höchstens eine Aufnahme mit doppelter Augenentfernung. Er konnte einen befriedigenden Eindruck von den Aufnahmen gesteigerter Tiefe nicht erhalten, und besonders versagte bei ihm das von A. Claudet (*5.*) vorgeschlagene Hilfsmittel, sich selbst für verkleinert zu halten, denn damit würde ihm die gesteigerte Tiefenwirkung nun gar nicht in Einklang zu bringen sein. Die Aufnahmen müßten, wenn sie dem Auge unmittelbar dargeboten werden sollten, mit Linsen einer Brennweite von 25 cm, wenn Okulare verwendet würden, mit Objektiven von deren Brennweite aufgenommen worden sein, sobald es sich um die Erzielung eines naturgetreuen Eindruckes handele. Kurzsichtige müßten bei der Benutzung eines solchen Apparats ihre Fernbrille aufsetzen. Aus dem CLAUDETschen Anteil an diesem Streit fesselt hier allein die gelegentliche Bemerkung, daß er schon um die Zeit von 1852/53 gemeinsam mit CH. WHEATSTONE planmäßige Versuche mit einer Apollobüste gemacht hatte, die unter den verschiedensten Achsenneigungen von 2 bis zu 12 Graden aufgenommen worden war. Der Eindruck des Bildes im gewöhnlichen Stereoskop war für die unter 4 Grad gemachten Aufnahmen am günstigsten, doch befriedigte ihn auch noch das zur Neigung von 12 Grad gehörige Paar von Aufnahmen.

Bei Gelegenheit seines gescheuten Vorschlags, die Verzeichnung im Prismenstereoskop durch Einführung der entgegengesetzten in die Halbbilder zu heben, machte A. CLAUDET (*8.*) noch darauf aufmerksam, daß bei einer symmetrischen Horizontalverschiebung der Halbbilder in ihrer Ebene eine Bewegung des Raumbildes nach der Tiefe zu bemerkt würde. Infolge der Verminderung der Konvergenz beim Auseinanderrücken würden die Gegenstände bei der Entfernung größer, beim Näherkommen kleiner aufgefaßt werden, da ja ihre scheinbare Größe unverändert bliebe. Das stehe im Gegensatz zu der Bewegung von Raumdingen. Wenn CH. WHEATSTONE bei seiner ersten Mitteilung vom Jahre 1834 (s. S. 45) und in seinem zweiten großen Vortrage (s. S. 74) auf etwas Ähnliches hingewiesen hatte, so tritt hier die deutliche Erkenntnis auf, daß eine seitliche Bewegung der Halbbilder eine Tiefenverschiebung zur Folge hat. In der heutigen Ausdrucksweise würde man von einem Falle von Reliefperspektive sprechen. Auch BREWSTER hatte (s. S. 56) bei der Feststellung von Ungenauigkeiten in Tapetenbildern in gewisser Weise auf diese Möglichkeit hingewiesen, doch war bei A. CLAUDET ein weiterer Schritt in einer Richtung getan worden, die bei dem Ausbau der stereoskopischen Meßinstrumente mit Nutzen verfolgt werden sollte.

Auf andere BREWSTERsche Ansichten führte ein sehr anziehender Aufsatz von W. J. READ (*1.*) zurück, der in einer Erwiderung auf eine Bemerkung TH. SUTTONS, die Tiefenwahrnehmung mit bloßen Augen sei, wenn der Objektivabstand bei der Aufnahme gleich dem Augenabstand gewesen sei, zu gering, ja fast verschwindend, auf die Notwendigkeit hinwies, den Augenabstand doch mit den Aufnahmeobjektiven einzuhalten. Zum Nachweise jenes Irrtums nahm er ein kleines Bildwerk in $^1/_5$ der natürlichen Größe aus einer Entfernung von 1,2 m mit Objektiven auf, die zunächst 1,3, dann 5,7 und schließlich 6,3 cm Abstand voneinander hatten. Im Stereoskop betrachtet führten die ersten Aufnahmen zu einem Standbilde in Lebensgröße, die zweiten auf eines in etwas kleinerem Maßstabe und die letzten auf das kleine Bildwerk, wie es in der Wirklichkeit bestand. Auf Grund dieser Erfahrung wurde die Bemerkung hinzugefügt, man könne aus einem Maschinenmodell im Stereoskop eine Darstellung der Maschine in natürlicher Größe erhalten.

Es lohnt nicht der Mühe, auf alle die verschiedenen Meinungsänderungen einzugehen, die Th. Sutton hinsichtlich der Theorie des Stereoskops durchgemacht hat; bei der Schnellfertigkeit dieses Schriftstellers wird man seinen Äußerungen nicht durchweg ein großes Gewicht beizulegen brauchen, und auch die verschiedenen Stereoskoppläne seiner ersten Zeit bieten keinen großen Reiz; sie sind anscheinend durch die Duboscqschen Apparate merklich beeinflußt worden.

In seiner 1856 begründeten Zeitschrift, *Photographic Notes*, gab er (*1.*) früh eine Theorie der beiden Stereoskope, worin bei dem Wheatstoneschen der sehr geringe Winkelwert auffällig ist, unter dem er die Halbbilder erscheinen ließ. Er betrug in der Breite 28 und in der Diagonale 36 Grad. Er nahm an, daß die Halblinsen des Brewsterschen Prismenstereoskops auch bei merklicher Exzentrizität der beiden Augen noch ebenso richtige Bilder entwürfen wie zentrisch benutzte, nicht verzeichnende Linsen (s. S. 59), wodurch dann allerdings die Theorie des Brewsterschen Stereoskops ganz selbstverständlich wurde. Zur Herbeiführung der ursprünglichen Gesichtswinkel müßten die Brennweiten der Aufnahme- und der Betrachtungslinsen übereinstimmen. Die Erweiterung des Abstandes der Aufnahmeobjektive erhöhe die Tiefenwirkung, vor deren Übertreibung man sich aber zu hüten habe. Auch bei geringeren Abständen ersetze die Erfahrung viel, die aus der Perspektive, aus Licht- und Schattenverteilung fast einen stereoskopischen Eindruck entwickeln könne. Zwei Abzüge von dem gleichen Negativ, die aufzufassen seien als Aufnahmen von demselben Ort oder von zwei sehr benachbarten Standpunkten, ergäben im Stereoskop die Wirkung eines flachen Bildes, das man gleichzeitig mit beiden Augen beschaue, doch komme auch hier die Erfahrung sehr zu Hilfe.

Ferner verdient ein Versuch Beachtung, den er (*2.*) mit G. B. Airys Unterstützung im Laufe des Jahres 1857 anstellte, um ein raumrichtiges Stereoskop zu bauen. Es handelte sich dabei um ein Wheatstonesches Linsenstereoskop mit Betrachtungslinsen von 13 cm Brennweite und $1\,^1/_2$ cm Durchmesser. Für Kurzsichtige war ein besonderer Träger mit Linsen von $16\,^1/_2$ cm Brennweite vorgesehen. Die Bilder wurden in einer dazugehörigen Zwillingskammer mit Landschaftslinsen von 13 cm Brennweite und 63,5 mm Abstand aufgenommen, deren Plattenhalter mit Masken für die Halbbilder versehen war, die eine quadratische Öffnung von 57 mm Seitenlänge frei ließen. So hergestellte Bilder müßten schon bei der Betrachtung mit freien Augen den richtigen Eindruck geben, wenn nicht die Schwierigkeiten der Akkommodation auf einen so kurzen Abstand hindernd im Wege ständen. Diese Schwierigkeiten würden gehoben, wenn man die Stereoskoplinsen zwischen Auge und Bild bringe und die Bilder so im Unendlichen erscheinen lasse. Mache man stereoskopische Neigungsaufnahmen und betrachte sie in einem gewöhnlichen Stereoskop, so würden sich die Paare zusammengehöriger Sehstrahlen für viele Punkte nicht schneiden, sondern zueinander windschief verlaufen, und man würde eine Schwierigkeit in der Ortsbestimmung der Raumpunkte empfinden. Bei der ganzen Untersuchung sind die Betrachtungslinsen stillschweigend als verzeichnungsfrei vorausgesetzt.

Daß ein solcher windschiefer Verlauf in dem betrachteten Falle tatsächlich eintreten muß, kann man sich wohl am leichtesten dadurch deutlich machen, daß man als Gegenstand eine senkrechte Gerade vor den beiden Einstellebenen voraussetzt. Handelt es sich um Neigungsaufnahmen, also um zwei unter einem ganz bestimmten Winkel gekreuzte Einstellebenen, so werden die Abbilder der Geraden im allgemeinen, d. h. wenn die Gerade nicht gerade in der Medianebene lag, verschieden groß ausfallen. Breitet man nun, wie es für das gewöhnliche Stereoskop geschehen muß, die beiden Abbildsbilder in eine Ebene aus, so bestimmen die Enden der ungleichgroßen Abbilder der Lotrechten mit den zugehörigen Augendrehpunkten zwei zueinander windschiefe Geraden.

Daß übrigens G. B. Airy (*2.*) nicht unter allen Umständen dieses Stereoskop raumgleicher Wiedergabe empfehlen wollte, läßt sich aus einem mit seinen Anfangsbuchstaben unterzeichneten Aufsatz erkennen, in dem er für weit entfernte Gegenstände, in seinem Beispiele für 8 km weit entfernte Berge, eine Trennung der Aufnahmeapparate auf $^1/_{10}$ bis $^1/_{20}$ der Entfernung, also auf 400—800 m vorschlug. Es sind das Vorschläge, die offenbar auf die große Wheatstonesche Schrift gebührende Rücksicht nehmen und für bestimmte Zwecke eine Abweichung von der Naturtreue zugunsten gesteigerter Tiefenwahrnehmung etwa in dem Sinne von W. Crookes (s. S. 104) empfehlen.

Die allgemeine Aufmerksamkeit wurde von neuem auf die Aufnahme mit großem Abstande und gleichzeitiger Achsenneigung gelenkt, als es gegen das Ende der fünfziger Jahre Warren de la Rue (*1.*) gelang, seine berühmten Mondaufnahmen in aller Vollkommenheit zu vollenden. In dieser Hinsicht gebührt ihm der Ruhm durchaus. Die ersten stereoskopischen Mondaufnahmen aber sind nach dem Berichte von J. A. Forrest (*1.*) von ihm und von .. Hartnup im Januar 1854 angefertigt worden. Nach den hier benutzten Schriften liegt aber keine gleichzeitige Veröffentlichung für diese stereoskopischen Aufnahmen vor. — Es ist ganz verständlich, daß man in England stolz war auf diese auch auf Laien wirkenden Aufnahmen des großen Astronomen; doch auch heute noch kann man nur aufrichtige Bewunderung hegen für die Sorgfalt und Genauigkeit, mit der er seine Überlegungen für das raumähnlich wirkende Mondstereoskop angestellt hatte, und die sich vorteilhaft unterscheiden von der Unbefangenheit, mit der schon bald danach solche Mondaufnahmen so vorgeführt wurden, als wären sie in einer Zwillingskammer entstanden. W. de la Rue ging von der Überlegung aus, daß die Konvergenz eines Beobachters mit normalem Augenabstande und bei Einhaltung der deutlichen Sehweite etwa 15 $^3/_4$ Grad betrage, und daß dieser

Winkelwert bei der Aufnahme auch nicht überschritten werden solle. Durch eine verständige Benutzung der Libration des Mondes könne man passende Halbbilder auch leicht erhalten. Sei der Neigungswinkel bei den Aufnahmen zu groß, was sehr wohl vorkommen könne, so erhalte der Mond ein unnatürliches, eiförmiges Aussehen. Große Aufmerksamkeit müsse man auf die richtige Stellung der Bilder im Stereoskop richten, und zu diesem Zwecke sei bereits bei der Ausstellung wissenschaftlicher Apparate in Leeds im Jahre 1858 ein besonderes Stereoskop, und zwar ein abgeändertes Wheatstonesches Spiegelstereoskop verwandt worden; abgeändert, weil bei den Halbbildern auf Glas Beleuchtungs- und Einstellungsvorrichtungen hätten verändert werden müssen. Als Spiegel dienten Ableseprismen, an deren Vorderseiten Hohlflächen angeschliffen worden waren, damit die großen Mondbilder von 20 cm Durchmesser in der deutlichen Sehweite erschienen. Für die Halbbilder auf Glas war außer einer Höhen- und Breitenbewegung auch eine Umdrehungsmöglichkeit vorgesehen worden. Denn diese Stellvorrichtungen sind für einen Fachmann, der wie W. de la Rue die Aufgabe beherrschte, durchaus notwendig. Der Erfolg entsprach seinen Erwartungen vollständig: das Mondbild erschien ihm kugelrund, und die Tiefenwirkung vollkommen.

Ein Jahr später wandte er (*1.* 148) sein Verfahren auch auf andere Himmelskörper an, und zwar konnte er auf der Naturforscherversammlung in Aberdeen bereits von gelungenen Aufnahmen des Jupiter und von Hoffnungen auf solche des Mars und Saturn berichten. Auch Sonnenaufnahmen waren geglückt (*1.* 153); ein Tagesabstand genügte, und die Sonne erschien im Stereoskop als Kugel. Später, um 1871, hat Mungo Ponton[1]) angegeben, daß W. de la Rue Stereoskopaufnahmen eines großen Sonnenfleckes gemacht habe, wonach dieser als eine ungeheure, tiefe Grube erscheine.

Diese Stereogramme erregten allgemein ein großes Aufsehen, und dem Verfasser hat ein solches Stück vorgelegen, das nach der Aufschrift von Ch. Panknin in London herausgegeben worden ist, der Mondaufnahmen von Warren de la Rue vergrößert hatte. Entsprechende Punkte des Mondrandes haben darin einen Abstand von etwa $72^1/_2$ mm, der Monddurchmesser beträgt 48 mm, und das Raumbild erscheint in übertriebener Tiefe, eiförmig. Nach dem umfangreichsten photographischen Fachblatt (*The Brit. Journ. of. Phot.* 1862. *9.* Nr. 177. 420 vom 1. Nov. 1862) hat man schon früh und unberechtigterweise solche Zusammenstellungen als Stereogramme nach Warren de la Rue bezeichnet, wovon Ch. Panknin in der Aufschrift noch Abstand nahm. Auch später noch sind solche Stereogramme regelmäßig in den Handel gekommen, wie es H. Martus (*1.* 33) über das Londoner Haus Smith, Beck &

1) Nach der Wochenschrift *The British Journal of Photography* 1871. *18.* Nr. 586. 352 v. 28. VII.

Beck berichtet, das um 1868 ein halbes Dutzend Mondstereogramme nach Warren de la Rue angeboten habe, und zwar das Stück zu 8 M. bei Glas-, zu 2,50 M. bei Papierbildern. — Andere Verfahren waren weniger zu rechtfertigen, so berichtete J. Müller (*1.*) 1859 von einem aus Paris stammenden Stereogramm, das wahrscheinlich nach einer, dem Vollmonde ähnlich angemalten Kugel gemacht worden war.

Aber alle solche Kniffe, so unangenehm sie dem betrogenen Käufer auch gewesen sein mögen, legen heute doch nur ein Zeugnis für die allgemeine Begeisterung ab und sind als ein Zoll des Schachergeistes aufzufassen, der seinem Wesen entsprechend auch seine Anerkennung in schäbiger Weise ausdrückt.

Das Aufsehen, das W. de la Rue erregt hatte, wurde bald von John F. W. Herschel (*1.*) benutzt, um in dem von W. Crookes geleiteten photographischen Blatte auf die Bedeutung der Objektivtrennung hinzuweisen, wenn es sich darum handele, einen Eindruck wie von einem treuen Modell des aufgenommenen Raumdings zu erhalten. Doch kann man aus der Mitteilung nicht erkennen, daß es auf die Neigung der Aufnahmeachsen dabei gar nicht ankommt, ja daß für die praktische Stereoskopie die Parallelität der Objektivachsen große Vorzüge hat, worauf W. Crookes einige Zeit vorher (s. S. 104) so deutlich hingewiesen hatte. Immerhin aber bezeugt die Mitteilung, welch großen Anteil auch auf den Höhen der geistigen Entwicklung zu jener Zeit dem Stereoskop geschenkt wurde; ein Anteil, der nur zu bald gänzlicher Nichtachtung, ja Verachtung weichen sollte.

Einige Zeit vorher, im Frühsommer 1857, teilte A. Claudet (*9.*) vor der *Royal Society* eine Beobachtung mit, die er zuerst im Frühling des Vorjahres gemacht hatte. Hinter einem lichtstarken Porträtobjektive könne er auf der Mattscheibe das Raumbild eines Gegenstandes sehen, auf den das Objektiv gerichtet sei. Am besten vermöge er die Erscheinung zu beobachten, wenn die große Linse bis auf zwei wagrechte Randteile abgeblendet werde, deren einem ein blaues, deren anderem ein gelbes Glas vorgeschaltet sei. Schließe man abwechselnd ein Auge, so bemerke man ein blaues oder ein gelbes Bild, während das gemeinsam wahrgenommene körperlich sei und grau aussehe[1]).

Schon H. Helmholtz hat (*2.* 686) kurz darauf hingewiesen, daß bei der Wahrnehmung des Raumbildes auf der Mattscheibe die Augen

---

[1]) Es muß aber darauf hingewiesen werden, daß G. Norman (*1.*) schon um 1855 von einem solchen Raumbild auf der Mattscheibe berichtet hatte. Er hatte es beobachtet, als er mit einer Landschaftslinse von $7^1/_2$ cm Durchmesser einstellte, die bis auf zwei in der Wagerechten liegende Öffnungen im Abstande von 63 mm abgeblendet worden war. Diese Bemerkung muß für seine Beobachtung genügen, da sie für ihn vereinzelt blieb, während sie für A. Claudet den Ausgangspunkt für eine gründliche Untersuchung abgab.

die Aussonderung der Bündel übernehmen, und in der Tat ergibt sich bei näherer Betrachtung die folgende Ableitung.

Denkt man sich zunächst sowohl jede Abblendung im Objektiv als auch die Mattscheibe entfernt, so handelt es sich offenbar um den einfachen Fall eines einheitlich wirkenden Systems, das für einen normalsichtigen Beobachter von einem Raumding ein reelles Raumbild entwirft. Aber auch die Zwischenschaltung einer Mattscheibe ändert kaum etwas an dem Sachverhalt, weil sie das Licht nur unvollkommen zerstreut und es zum größten Teile in der ursprünglichen Richtung weitergehen läßt. Wenn aber A. Claudet glaubte, durch Änderung der Einstellung auch einen tiefenverkehrten Eindruck hervorbringen zu können, so muß demgegenüber hervorgehoben werden, daß eine solche Einrichtung infolge der natürlichen Stellung der scheinbaren Augenorte nur tiefenrichtig wirken kann, wenn man das reelle Raumbild beobachtet, wie es hier stets angenommen wird.

Die Einführung der exzentrischen Blendenöffnungen mit den Farbgläsern ändert den Versuch insofern, als nunmehr auch diese Blenden und nicht mehr die scheinbaren Augenorte allein an der Strahlenbegrenzung Anteil haben können. Man wird, wenn vorläufig die Mattscheibe wieder weggelassen wird, die Forderung stellen, daß die Blendengröße richtig gewählt sei, so daß die auf die scheinbaren Augenorte zielenden Strahlen durch die Blenden nicht abgeschnitten werden. Schaltet man die Mattscheibe wieder ein, so tritt wenigstens zu einem gewissen Grade zerstreute Strahlung auf, und man kann daher die Abbilder auch von solchen Stellen des Bildraumes wahrnehmen, von denen die freie Strahlung durch die Blendungen abgehalten wird.

Man muß aber auch darauf hinweisen, daß ähnliche Beobachtungen bereits von J. B. Porta und J. Kepler gemacht worden waren (s. S. 21, 22). Ferner schließt sich die Wahrnehmung der Mischfarbe an die Janinschen und ähnliche Versuche an. In gewisser Weise ist auch die Farbenstereostopie von Ch. d'Almeida vorweggenommen, indem hier ein Bild mit gelben und eines mit blauen Lichtern den Augen einzeln dargeboten wird, nur geschieht die Aussonderung der rechts- und der linksseitigen Strahlenbüschel nicht durch die Farbgläser, sondern durch den in der Anlage des Versuchs bestimmten Strahlengang.

Es sollte nicht lange mehr dauern, bis A. Claudet (*10.*) sein Versprechen einlöste und einen stereoskopischen Apparat, das *Stereomonoskop*[1]), auf dieser Grundlage herstellte. Er ersetzte den Körper bei jenem Versuch nun durch seine beiden Halbbilder, die er als passend ausgewählte Glasbilder aufgestellt hatte, und die er durch zwei Objektive auf dieselbe Stelle der Mattscheibe abbildete. Die Gebiete, in denen die Halbbilder gleichzeitig bequem wahrgenommen werden konnten, trennten

[1]) Siehe die Anmerkung auf S. 98.

sich gleich hinter der Mattscheibe, und es war nicht schwierig, eine Stelle hinter ihr ausfindig zu machen, von der aus jedes Bild nur dem zugehörigen Auge sichtbar war.

Den nun noch übrigen Schritt tat der Erfinder (*11.*) etwa ein halbes Jahr später, indem er unmittelbar hinter die Mattscheibe, wie bei der alten Form der *camera clara* (s. M. VON ROHR [*5.* 303]) eine Sammellinse stellte, um den Strahlengang besser zu regeln. Dies geschah dadurch, daß die Sammellinse die Austrittspupillen der beiden Objektive im Bildraum reell und an Stellen abbildete, an die der Beobachter seine Augen bringen konnte. Es ist ganz einleuchtend, daß man durch eine derartige Einrichtung die Tiefenwirkung sowohl bei verhältnismäßig nahem als bei weitem Abstande von der Mattscheibe noch haben konnte, aber die Behauptung, das Gerät eigne sich zur stereoskopischen Projektion für mehrere (*many persons can see it at the same time*), ließ sich doch wohl nur schwierig rechtfertigen. Diese wohl schon früher ausgesprochene Behauptung hat zu jener Zeit, z. B. auch auf CH. D'ALMEIDA (*1.*) einen großen Eindruck gemacht. Aus den herangezogenen Schriften aber läßt sich eine solche Vorführung weder auf A. CLAUDET noch auf einen Nachfolger zurückführen.

Wie weit die allgemeine Freude an der Stereoskopie ging, kann man gut aus dem Aufsehen entnehmen, das ein Versuch des Photographen J. SANG (*1.*) erregte, eine sehr volkstümliche Bilderreihe stereoskopisch zu machen. Es handelte sich um die Folge der CRUIKSHANKsischen Kupferstiche *The Bottle*, worin in grauenerregender Naturtreue die Folgen der Trunksucht geschildert werden. Die im Spätherbst des Jahres 1858 erschienenen Stereogramme stachelten den Scharfsinn der Herausgeber der verschiedenen Fachzeitschriften mächtig an, und es dauerte auch nicht lange, bis eine einleuchtende Erklärung gefunden war. Danach ist das eine Halbbild eine treue Wiedergabe, während für das zweite die herauszuhebenden Figuren aus dem Kupferstiche ausgeschnitten und vor seiner Ebene, nötigenfalls noch mit vorwärtsgebogenen Gliedern aufgeklebt wurden. Die in dem Hintergrund bemerkbaren Lücken waren hinterklebt und mit der Zeichenfeder ausgefüllt worden. Das ganze Verfahren ließ sich natürlich vorteilhaft nur auf kleine Gruppen anwenden.

Diese volkstümliche Aufgabe veranlaßte eine ganze Reihe von Aufsätzen, die sich mit dem Vorwurf beschäftigten, zu einem gegebenen Bilde das zugehörige stereoskopische Halbbild zu zeichnen. Selbstverständlich ist eine solche Aufgabe, wenn es sich nicht um geometrisch genau bestimmte Figuren handelt, vieldeutig; es lassen sich aber dennoch gewisse Erleichterungen von allgemeinerer Bedeutung angeben. Es sei hier auf den HARDIEschen Aufsatz (*4.*) verwiesen, der sich durch besondere Klarheit empfiehlt.

Es ist daher auch nicht verwunderlich, daß um diese Zeit ein unternehmender Verleger, L. REEVE (*1.*), den Versuch machte, eine stereoskopische Zeitschrift, *The Stereoscopic Magazine*, herauszugeben. Wenn er, wie es scheint, daran gedacht hat, auch belehrend zu wirken, so hat er diese Absicht bald aufgegeben und sich auf die monatliche Herausgabe von Stereogrammen mit beschreibendem Text beschränkt. Dieses Unternehmen hat sich etwa sieben Jahre, bis zur Zeit des gänzlichen Niederganges, erhalten. Wann die zweite stereoskopische Zeitschrift desselben Verlegers, *The Stereoscopic Cabinet*, von ihrem Ende ereilt wurde, geht aus den hier benutzten Schriften nicht hervor.

Eine theoretische Arbeit erschien in dieser Zeit aus der Feder von W. B. ROGERS (*1.*), worin dieser amerikanische Forscher auf die den verschiedenen Formen der Stereoskope gemeinsame Trennung der Akkommodation von der Konvergenz aufmerksam machte. Sie müsse immer auftreten, wenn der dargestellte Gegenstand auch nur eine einigermaßen große Tiefe habe, denn eine Übereinstimmung könne nur bestehen für die Punkte einer einzigen Ebene, aber nicht mehr für alle Punkte eines in die Tiefe ausgedehnten Körpers. Auch er wies wieder sehr deutlich auf die Wichtigkeit hin, die verschiedenen Teile des im Stereoskop erscheinenden Gegenstandes nacheinander zu betrachten. Seine Theorie erfuhr Einspruch von D. BREWSTER (*14.*), da sie sich mit seinem Grundgesetz der Sehrichtung nicht in Einklang bringen lasse.

Zur Untersuchung von Schwingungserscheinungen, wenn die Bewegungen in zwei zueinander senkrechten Richtungen vor sich gehen, wurde das Stereoskop von J. LISSAJOUS (*1.*) im Spätherbst 1856 empfohlen, und daneben eingehend ein Zeichenverfahren zur Herstellung der Halbbildvorlagen behandelt. Die endgültigen Stereogramme hatte der Gelehrte durch J. DUBOSCQ herstellen lassen.

Eine sehr anziehende kurze Zusammenstellung der Entwicklungsgeschichte des Stereoskops veröffentlichte um diese Zeit J. TYNDALL (*1.*), der infolge seines Bildungsganges besonders dafür geeignet war. Er nahm nicht ganz den hier vertretenen Standpunkt ein, indem er beispielsweise die Tapetenbilder noch nicht CH. BLAGDEN und H. MEYER zuschrieb, aber sein aufrichtiges Bestreben nach Unparteilichkeit verdient eine besondere Anerkennung. Bei der Besprechung der beiden Theorien von CH. WHEATSTONE und E. BRÜCKE wies er darauf hin, daß auch bei ganz unbeweglichen Augen eine richtige Deutung der Tiefenzeichen möglich sein würde. Seine aus deutschen Angaben übernommene Anerkennung der MOSERschen Erstanwendung der photographischen Verfahren auf die Zwecke der Stereoskopie nahm er, eines Besseren belehrt, ausdrücklich zurück.

Recht bemerkenswert sind die Beobachtungen übr die Tiefenrichtigkeit des Raumbildes an der CORBINschen Form (s. S. 106) des WHEATSTONEschen Spiegelstereoskops. Er hatte bemerkt, daß wohl eine Spiegelverkehrung des Raumbildes eintrete, aber die Tiefenrichtigkeit hier erhalten bleibe, wenn man das rechte und das linke Bild vertausche, daß das aber nicht gelte, wenn man einem jeden Bilde eine Spiegelverkehrung erteile. Zur Abgabe einer tiefer eindringenden Erklärung ist dieser sonst unbekannte Fachmann nicht gekommen, doch muß darauf hingewiesen werden, daß seine Behandlung der bei der stereoskopischen Aufnahme entstehenden gepaarten Perspektiven wohl einer weiteren Ausbildung wert gewesen wäre.

Den Schluß in der Behandlung dieses Zeitraumes mag die Besprechung von Ansichten bilden, die von einigen deutschen Liebhabern des Stereoskops entwickelt wurden, und in denen ein sehr bedeutender Fortschritt zur Erkenntnis des wirklichen Strahlenganges gemacht wurde. Bei dem vollständigen Mangel an Schulung in den photographischen Verfahren suchten diese für ihre Versuche die Photogramme durch perspektivische Zeichnungen zu ersetzen, und diese Bestrebungen erwiesen sich als nützlich, indem nach der sorgfältigen Ausführung der Perspektiven die Einhaltung des richtigen Abstandes und die übrigen Erfordernisse der richtigen Betrachtungsweise weniger leicht übersehen wurden. Den Anfang mit solchen völlig richtigen Zeichnungen scheint der Mathematiklehrer J. M. HESSEMER (*1.*) in Frankfurt a. M. gemacht zu haben, der um die Mitte der fünfziger Jahre zwei Folgen stereometrischer Zeichnungen erscheinen ließ. Er ging bei der Anfertigung in der bekannten Weise vor, bei der man aus einem Grundriß und einem Seitenriß des zu zeichnenden Körpers leicht die beiden, für jedes Auge in aller Strenge geltenden Zeichnungen entwerfen konnte. Er berücksichtigte dabei sowohl den Fall, wo sich die Sehrichtungen hinter, als den, wo sie sich vor der Zeichenebene schnitten, und auch ihm fielen die dabei verschiedenen scheinbaren Größen auf. Gewiß ist seinerzeit auch CH. WHEATSTONE in dieser Weise vorgegangen, aber seine Zeichnungen wurden bald durch die viel leistungsfähigeren aber weniger durchsichtigen photographischen Verfahren ersetzt, während hier die viel einfachere Behandlung noch gute Früchte tragen sollte.

Denn sofort nahm der schon öfter genannte J. J. OPPEL (*2.*) diesen Gedanken auf, und zwar beabsichtigte er zunächst, das Raumbild doppelt gekrümmter Kurven im Stereoskop zu erhalten, indem er mit Hilfe der perspektivischen Zeichenregeln eine Reihe einzelner Punkte für die beiden Halbbilder bestimmte. Bei einem solchen Verfahren waren die beiden Gesichtspunkte so über allen Zweifel festgelegt, daß ein gründlicher Kopf wie J. J. OPPEL auf die Schwierigkeit stoßen konnte, die anscheinend allen von der Photographie ausgehenden Forschern entgangen ist, nämlich daß bei der Betrachtung solcher ebenen Bilder die beiden Zentren des direkten und des indirekten Sehens miteinander im Streit liegen. Seine Ausführungen sind so deutlich und schön, daß sie hier Platz finden mögen: „Überhaupt aber stellt sich der vollkommenen Wirkung der-„artiger stereoskopischer Zeichnungen noch eine Schwierigkeit entgegen, „die wohl nicht zu beseitigen sein wird, und auf welche meines Wissens

„noch Niemand aufmerksam gemacht hat. Es kann nämlich im gün„stigsten Falle höchstens gelingen, die fraglichen Bilder so zu zeichnen, „daß jeder Punkt derselben für das direkte Sehen, d. h. für die auf ihn „gerichteten beiden Augenachsen an der gehörigen Stelle erscheint. Wäh„rend nun aber beim Betrachten eines (in solcher Nähe gesehenen) körper„lichen Gegenstandes das Auge von Punkt zu Punkt weiter gleitet, „erleiden zugleich die Projektionen der indirekt (außerhalb der Augen„achse) noch mit gesehenen Punkte auf der Retina eine relative Ver„schiebung, die durch ebene Zeichnungen nicht nachzuahmen ist, und „deren Mangel sich namentlich bei solchen Figuren, wo die Kanten und „Striche nahe beieinander liegen und sich mannigfach durchkreuzen, in „störender Weise bemerklich machen kann."

Schon im nächsten Jahre veröffentlichte er (*3.*) eine Fortführung seiner Untersuchungen, die ihn schon im Mai 1856 zu der Meinung führten, daß man bei Landschaftsaufnahmen ohne nahen Vordergrund mit zwei gleichen Bildern müsse auskommen können. Handele es sich aber um Gegenstände mit viel geringeren Tiefen, als sie bei Landschaftsaufnahmen vorkämen, so könne man auch mit doppelt ausgeführten Bildern auskommen, wenn die Gegenstände viel näher lägen. So gäbe es gewisse, sehr flache Basreliefs in den Sammlungen des *Louvre*-Palastes, die von den Augen noch nicht $6^1/_2$ m abständen und auch keiner verschiedenen Bilder zu einer sehr täuschenden Tiefenwirkung bedürfen würden. Für seine Versuche auch mit gleichen Bildern erbaute er ein dem entsprechenden Wheatstoneschen ähnliches, linsenloses Stereoskop — er hat es z. B. in (*5.* 22) als „Haploskop (Einfachseher)" beschrieben — zunächst in der Weise, daß sich die Blicklinien hinter den Ebenen der Halbbilder schnitten. Er konnte damit feststellen, daß die Trennung der Halbbilder während des Versuchs in ziemlich weiten Grenzen geändert werden könne, ohne daß man es merke. Die Halbbilder für diese Versuche waren wieder, da ihm keine photographische Kammer zur Verfügung stand, Handzeichnungen oder geometrische Entwürfe. Als er von dem Fayeschen Versuche gehört hatte, benutzte er auch diese einfache Vorkehrung, wobei es ihm zustatten kam, daß er seinen Blicklinien eine sehr merkbare Divergenz — zwischen $7^1/_3$ und 8 Graden — geben konnte. Die französischen Stereogramme, die ihm für seine Versuche dienten, waren wohl nicht besonders sorgfältig hergestellt worden, vor allem aber gehörten sie offensichtlich zu Brewsterschen Prismenstereoskopen und zeigten Seitenabstände entsprechender Punkte bis zu 104,5 mm, was denn doch auch für ihn zu viel war; bis zu 102,3 mm konnte er aber, wenn auch unter Schwierigkeiten, kommen. Es kennzeichnet recht die Anspruchslosigkeit jener Zeit, daß ein wissenschaftlich gebildeter Mann von so lebhaftem Anteil und in einer Handelsstadt wie Frankfurt noch 1856 nichts davon gehört hatte, daß namentlich in England schon Bücher erschienen waren, denen Stereogramme als Bilder beigegeben waren. Hatte doch auch Ch. Wheat-

STONE (*3.* 6) von dieser Möglichkeit gesprochen. Wenn H. FAYE (s. S. 104), dies als bekannt voraussetzend, seine Vorkehrung auch zur Betrachtung solchen Bilderschmucks empfahl, so bemerkte J. J. OPPEL dazu nachdenklich: „... so muß ich bekennen, daß ich mir das nicht recht vor„zustellen vermag; — man müßte denn annehmen, daß die in Büchern etc. „befindlichen naturhistorischen Zeichnungen — absichtlich zu diesem „Zwecke entworfene stereoskopische Doppelbilder wä„ren (?)."

Schließlich machte er (*6.*) noch Versuche zu der Entkörperung von Raumdingen, wobei ihm schon CH. WHEATSTONE (s. S. 48), aber schließlich auch D. BREWSTER (s. S. 63) und H. W. DOVE (s. S. 70) vorausgegangen waren. Er steht dem Erstgenannten besonders nahe, geht aber insofern über ihn hinaus, als er nicht nur regelmäßige Kantengerippe, sondern sogar zwei Porzellanfigürchen dazu verwandte. — Was nun noch auf J. J. OPPEL (*5.*) zurückgeht, ist sehr wenig. Er veröffentlichte 1859 ein Stereoskop zum Sehen mit gekreuzten Achsen („ein Haploskop der zweiten Art"), wie es bereits von CH. WHEATSTONE (s. S. 46) beschrieben worden war, und entwarf dazu mit außerordentlicher Mühe Halbbilder geometrischer Körper, so die eines regelmäßigen 80flächigen Polyeders, das aus einem regulären Ikosaeder abgeleitet worden war. Auch Versuche über den Glanz stellte er mit diesen Halbbildern an und leitete ferner die Folgen ab, wie sie eintreten, wenn man solche für gekreuzte Blickrichtungen bestimmten Halbbilder mit parallelen betrachtet. Zum Schlusse kam er auch noch auf die Tapetenbilder zu sprechen, die er mit Steiftüll herstellte.

Seine letzte Arbeit nahm Bezug darauf, daß die Verschiedenheit der Akkommodation beim Betrachten von Stereogrammen von ihrer natürlichen Änderung mit der Konvergenz vielleicht die leicht auftretende Ermüdung der Augen bei der Betrachtung der Stereogramme erkläre; sie wird hier nicht besprochen, da ihr Inhalt nicht zu dem vorliegenden Gegenstande gehört.

Versucht man zu einem zusammenfassenden Überblick über die Leistungen in diesem Zeitraume zu kommen, so wird man zweckmäßig zwischen den verschiedenen Zweigen der Stereoskopie zu scheiden haben.

Die wissenschaftliche Stereoskopie erfuhr durch den WHEATSTONEschen Vortrag und die Erfindung der vielen verschiedenen Stereoskope große Förderung, die anerkannten Größen physikalischer Forschung beschäftigten sich mit diesem reizvollen Gebiet, und glänzende Namen, wie AIRY, BREWSTER, CLAUDET, CROOKES, DE LA RUE, HERSCHEL, TYNDALL, WHEATSTONE in England, wie DOVE, HELMHOLTZ, OPPEL, ROLLMANN in Deutschland, D'ALMEIDA in Frankreich, sind mit den Fortschritten auf diesem Gebiet verbunden. Dabei ist der Unterschied sehr bezeichnend, daß die Engländer sämtlich entweder selbst photographierten oder doch mit ausübenden Photographen in enger Verbindung standen, während das bei den deutschen Gelehrten dieser Zeit kaum vorkam. Die Folge davon war die, daß in dem erstgenannten Sprachgebiete die Wiedergabe der Erscheinung außerordentlich eingehend und erfolgreich betrieben wurde, wie die herrlichen Arbeiten WARRENS DE LA RUE beweisen, und wie es auch durch die Ausbildung des stereoskopischen Mikroskops bezeugt wird. Von alledem war in Deutschland kaum die Rede. Hier wurden die Versuche bevorzugt, die physiologische Erkenntnis fördern und nebenbei mit einem Mindestmaß von Geräten angestellt werden konnten. Man sieht daher die DOVEschen und die ROLLMANNschen Versuche fast ausschließlich mit Zeichnungen symmetrischer Körper angestellt und findet eine sorgfältige Erforschung des Glanzes in einer so gut wie immer von der bekannten Erscheinungsform losgelösten Gestalt. Nebenbei wurden auch wichtige Änderungen am Apparat angegeben, wie das DOVEsche Stereoskop mit den beiden AMICIschen Prismen, die DOVEschen Instrumente für Bilder verschiedener Größe und das ROLLMANNsche Verfahren farbiger Schirmbilder, aber mit der Feststellung dieser Möglichkeit erlosch auch die Freude daran. — In den verschiedenen Ländern wurde lebhafte Teilnahme einerseits den pseudoskopischen Instrumenten entgegengebracht, andererseits zeigten sich die ersten Untersuchungen über Raumähnlichkeit. Die Entwicklung dieser beiden Ideen führte in England schon im Anfang der fünfziger Jahre verschiedene Erfinder unabhängig zum Bau des Telestereoskops mit und ohne Fernrohrvergrößerung, und gegen Schluß des hier behandelten Abschnitts erhielt dieses Gerät durch H. HELMHOLTZ seine Theorie und seine weitere Verbreitung. Doch gelang es nicht, die bekannten Fernrohrwerke zur regelmäßigen Herstellung von Telestereoskopen mit Fernrohrvergrößerung zu bewegen.

Die rein geschäftsmäßige Versorgung des Marktes mit Stereoskopen und Stereogrammen begann erst in dieser Zeit. Durch die Londoner Weltausstellung vom Jahre 1851 wurde das BREWSTERsche Instrument weiten Kreisen bekannt und erlangte eine geradezu ungeheure Verbreitung. Die Form, in der es abgesetzt wurde, war in Frankreich gefunden worden, und dieses Land lieferte fortdauernd namentlich Stereogramme in gewaltigen Mengen. Die Entwicklung ging zu rasch vor sich, um gesund zu sein, förderte aber namentlich in der ersten Zeit die allgemeine Entwicklung, indem reizvolle Verfahren, wie die der Glasbilder, für diesen Zweck ausgearbeitet wurden. Eine große Gefahr lag in der Urteilslosigkeit der Menge, die dazu aufforderte, den stereoskopischen Eindruck zu übertreiben, und in der Tat hat man bald diesem Hange in einem ganz verderblichen Maße nachgegeben, wie es sich schon im nächsten Abschnitte zeigen lassen wird.

Die aussichtsreichste Entwicklung sollte auf die erwachende Teilnahme der Liebhaberphotographen folgen. Hier behauptete, wie es nach der Ausgestaltung seines Vereinslebens ganz natürlich war, England den unbestrittenen Vorrang, zumal da in Frankreich die Anteilnahme dieser

Teilnehmerklasse, die von der der großen Stereoskop-Ausfuhrhäuser wohl zu trennen ist, bald zu erlöschen scheint. — Die Liebhaberphotographen entwickelten schon früh — es ist nicht sicher, wer unter ihnen zuerst — die Zwillingskammer, während zunächst CH. WHEATSTONES Neigungsaufnahmen üblich gewesen waren, was nicht immer sehr klärend gewirkt hatte. Aber unter der Anweisung sehr tüchtiger Männer, unter denen neben einigen Wissenschaftern namentlich G. SHADBOLTS Erwähnung zu tun ist, wurde Ordnung unter die zuerst etwas wirren Ansichten gebracht. Man mäßigte sich in der Trennung der Objektive und begann die Entwicklung des WHEATSTONEschen Linsenstereoskops ohne Prismenwirkung. Ganz zweifellos hat der kameradschaftliche Wetteifer und die sachliche Beurteilung, die sich in den englischen Arbeitsvereinen fanden, zur Hebung des Wertes der Erzeugnisse beigetragen. Auch finden sich wenigstens Ansätze zu einer richtigen Theorie des Stereoskops. Bedauerlich aber blieb es, daß nirgendwo in einer verständlichen Weise die Rolle auseinandergesetzt wurde, die die photographischen Objektive bei einer stereoskopischen Aufnahme spielten; fehlte es daran doch auch für die Einzelaufnahmen vollständig. Die Beziehung der Augen zu den beiden Halbbildern war vollends ungeklärt geblieben, und man hat damals wohl immer das Auge bei der Betrachtung als ruhend angenommen. — Es berührt sehr angenehm, daß die einzigen und gar nicht einmal sehr verkümmerten Ansätze zu richtigen Ansichten von einem Manne gemacht wurden, dem das reiche Handwerkszeug der englischen Liebhaber fehlte: es war J. J. OPPEL. Er mußte sich seine Halbbilder auf dem mühsamen Wege des perspektivischen Entwurfs anfertigen. Daher waren ihm die Grundlagen der Perspektive, die der photographische Apparat den Benutzern unbewußt einhielt, recht lebhaft gegenwärtig, und es fiel ihm auf, daß eine strenge Raumähnlichkeit nur insofern möglich ist, als man sich auf die Wiederholung der im direkten Sehen erhaltenen Eindrücke beschränkt. So gelang denn diesem einsamen Vertreter der deutschen Liebhaber eine wichtige Förderung der Erkenntnis in der Zeit des lebendigsten photographischen Fortschrittes merkwürdigerweise eben darum, weil er selbst nicht photographierte.

Im großen und ganzen waren die Aussichten der Stereoskopie am Ende der fünfziger Jahre noch recht glänzend; wenn sich auch die hohe Wissenschaft von diesem anscheinend erschöpften Boden zurückzuziehen begann, so konnte die Ausbreitung der Teilnahme in den Kreisen der gescheiten Liebhaber diesen Verlust sehr wohl ersetzen, und die geradezu staunenswürdige Beliebtheit des Instruments versprach eine glänzende Zukunft noch auf Jahrzehnte hinaus.

# 4. Der Niedergang der Stereoskopie in den sechziger Jahren.

Zunächst war in dem neuen Jahrzehnt kein Mangel an Teilnahme zu bemerken, was sich namentlich bei der Entwicklung der binokularen Mikroskopie erkennen läßt. Die Veränderungen, die sich bei der Darstellung und Behandlung der allgemeinen Stereoskopie zeigen, lassen sich ungezwungen aus der Annahme erklären, es wären die photographischen Verfahren in ihrer Anwendung auf die Stereoskopie bereits so weit durchgearbeitet gewesen, daß man von einer eingehenderen Besprechung absehen konnte. Wahrscheinlich fielen aus diesem Grunde die Angaben über die Aufnahmegeräte und -verfahren dieser Zeit besonders dürftig aus.

## Die Arbeiten an der beidäugigen Brille.

Eine sehr wichtige Arbeit auf diesem Gebiet ging auf C. F. Donders (*1.*, *2.*) zurück, der in englischer Sprache schon 1864, in deutscher 1866 ein umfassendes Werk erschienen ließ, worin er für die Ausbildung der jungen Ärzte in den optischen Fragen ihres Berufs den Grund legte. Natürlich können hier nur einzelne Punkte daraus hervorgehoben werden, und so sei denn bemerkt, daß er für recht-, über- und kurzsichtige Augen zuerst die Lage der Grenzpunkte des Akkommodationsgebiets der einzelnen Augen zu dem Konvergenzpunkte festzustellen versuchte. Er erhob sodann die Frage, wie man sich bei der Brillenverordnung für Augenleidende zu verhalten habe, deren beide Augen verschiedene Brechwerte zeigten.

Ein weiterer Fortschritt von großer Bedeutung wurde in diesem Jahrzehnt dadurch erreicht, daß sich die Augenärzte nach dem Vorgange von Knapp und Donders mit dem Ausgleich des Augenastigmatismus durch Zylindergläser beschäftigten. Dadurch wurde die Möglichkeit für das Auftreten bestimmter Raumänderungen im beidäugigen Sammelbilde geschaffen, und in der Tat sollte über solche Beobachtungen bald, wenn auch nicht mehr in dem vorliegenden Zeitraum, berichtet werden.

## Die weitere Vervollkommnung der binokularen Mikroskope.

Die Teilnahme der Mikroskopiker an dem binokularen Mikroskop hatte in der letzten Hälfte der fünfziger Jahre völlig geruht, und es ist im wesentlichen das Verdienst des Ingenieurs F. H. Wenham, daß es am Anfange des vorliegenden Zeitraumes wieder erwachte und nun auch rege blieb.

Schon im Frühsommer 1860 brachte F. H. Wenham (*5.*) seine erste tiefenrichtige Einrichtung heraus, und zwar wurden bei ihr die Strahlen aus beiden Hälften des Objektivs wieder durch ein *Brechungsprisma* in die zugehörigen Okulare geleitet. Dieses Prisma war aber jetzt so geformt, daß sich die Strahlen überkreuzten, d. h. ähnlich wie bei der NACHETschen Form die aus der rechten Objektivhälfte stammenden Strahlen in das linke, und die aus der linken kommenden in das rechte HUYGENSische Okular gelenkt wurden (Abb. 69). Die Einstellung auf den Augenabstand wurde durch das Ausziehen der Okulare bewirkt, und zwar hatte der Erfinder Augenabstände zwischen 54 und 70 mm vorgesehen. Das Brechungsprisma war außerordentlich dünn, an der stärksten Stelle nur 2,4 mm stark, und die Ablenkung durch die Brechung infolge der Länge des englischen Tubus wie bei der ersten Form (s. S. 82) nur verhältnismäßig gering, aber F. H. WENHAM hielt es doch für nötig, darauf hinzuweisen, daß die Zweiteilung der Objektivöffnung nicht eben vorteilhaft auf die Bildgüte wirke.

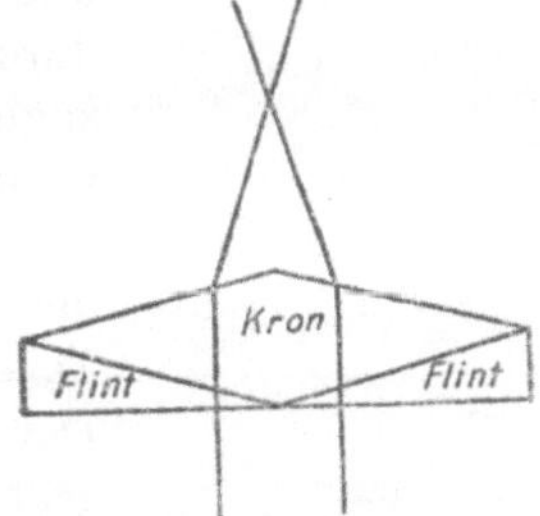


Abb. 69. F. H. WENHAMS (*5.*) erstes achromatisches Brechungsprisma mit tiefenrechter Wirkung.

War somit ein einfaches und, soweit es möglich war, leistungsfähiges Binokularmikroskop hergestellt worden, so verlangte doch seine Anlage immer noch die symmetrisch angeordneten Rohre eines Doppeltubus (Abb. 70). Es waren daher einmal ziemlich große Kosten für die erste Anschaffung notwendig, und ferner war es unmöglich, ein solches binokulares Mikroskop gelegentlich auch in der gewöhnlichen und für die Bildgüte günstigeren Weise, d. h. als einäugiges, zu benutzen.

Man hat nun mit Erfolg versucht, diese Beschränkung abzustellen, sei es in der in England bevorzugten Art, wo das binokulare Mikroskop asymmetrisch gebaut wurde und einen Haupt- und einen Nebentubus führte, oder mit dem hauptsächlich von nichtenglischen Optikern ausgebildeten stereoskopischen Okular.

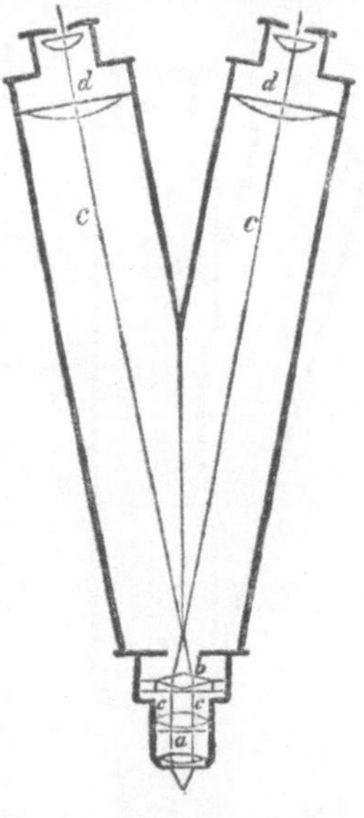

Abb. 70. Der nach F. H. WENHAM (*5.*) zu dem Brechungsprisma gehörige symmetrische Doppeltubus.

Bereits im Dezember von 1860 gab F. H. WENHAM (*6.*) sein verdienterweise sehr beliebt gewordenes *Spiegelprisma* an. Wie man aus Abb. 72 (S. 130) ersieht, wurden auch hier die beiden Objektivhälften gesondert zur Erzeugung der beiden überkreuzten Halbbilder verwandt. Doch nur die Strahlengruppe aus der rechten Objektivhälfte wurde abgelenkt, die aus der linken stammende ging geradeswegs zu dem rechten Auge des

Beobachters (Abb. 71). Es ließ sich nicht vermeiden, daß das dem linken Auge dargebotene Objektivbild eine etwas stärkere Vergrößerung zeigte, und der Erfinder empfahl daher, diesen Unterschied durch verschiedene Auszugslänge der Okulare auszugleichen oder verschieden starke Okulare zu wählen. Bei ganz starken Objektiven rückte F. H. WENHAM (*7.*) das Spiegelprisma möglichst nahe an die letzte Fläche heran, um eine Verdunkelung von Teilen des Gesichtsfeldes möglichst zu vermeiden. Der Grund dafür war, wie E. ABBE (*1.* 199) später gezeigt hat, der, daß die Teilung der Büschel, die von Rechts wegen genau in der Ebene der Austrittspupille hätte vorgenommen werden müssen, bei starken Objektiven notwendigerweise erst in einer ziemlichen Entfernung davon erreicht werden kann. Wollte man das Instrument für ein Auge allein gebrauchen, so zog man den das Prisma *c* tragenden Schieber einfach fort (Abb. 72).

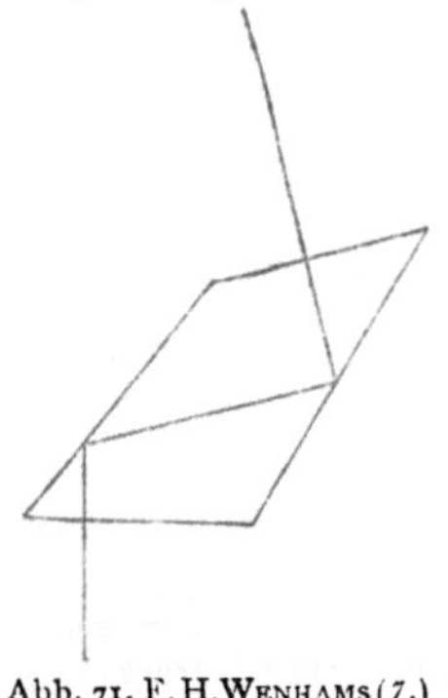

Abb. 71. F. H. WENHAMS (*7.*) Spiegelprisma.

Die in dieser Weise vorgeschlagene Einrichtung hat sich in England dauernd einer großen Beliebtheit erfreut, und noch heute werden dort große Mikroskope ständig mit ihr ausgestattet. Dem festländischen Mikroskop, das seiner kürzeren Rohrlänge entsprechend eine stärkere Ablenkung durch das Spiegelprisma erfordern würde, ist diese WENHAMsche Einrichtung nicht häufig angepaßt worden.

Als erstes eigentlich medizinisches Instrument wurde der Augenspiegel von F. GIRAUD-TEULON (*3.*) im Frühjahr 1861 zu beidäugigem Gebrauch eingerichtet. Er machte bei der Vorführung darauf aufmerksam, daß das von ihm verwandte Paar rhombischer Prismen, der RIDDELLsche Spiegelsatz, dazu diene, das Raumbild des Augenhintergrundes durch das enge Spiegelloch hindurch beidäugig zu betrachten. Es ist das ziemlich genau die von F. H. WENHAM (s. S. 85) vertretene Anschauung über die Verwendung dieses Spiegelsatzes an optischen Instrumenten. Bei H. HELMHOLTZ (*2.* 684) findet sich ein Achsenschnitt durch einen solchen binokularen Augenspiegel NACHETscher Herkunft.

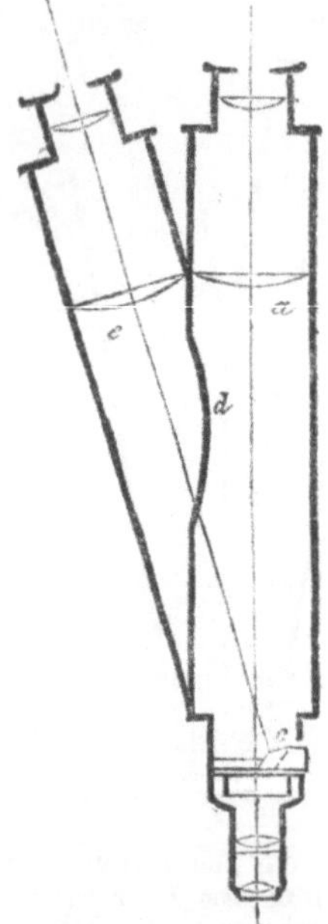


Abb. 72. Der nach F. H. WENHAM (*7.*) zu dem Spiegelprisma gehörige unsymmetrische Doppeltubus.

Einige Jahre später, 1863 und 1864, berichtete F. H. WENHAM (*8.*) ausführlicher über seine etwa ein Jahrzehnt früher angestellten Versuche mit mikrophotographischen Aufnahmen für das Stereoskop. Er teilte mit, daß er schon 1854 im Besitze der Kenntnis gewesen sei, daß zwei Aufnahmen mit je verschieden gerichteten Beleuchtungskegeln ein Raumbild mit deutlicher Tiefe ergeben, namentlich dann, wenn man Objektive großer Öffnung bei der Aufnahme benutze.

Die Veröffentlichung des WENHAMschen Spiegelprismas gab wohl R. BECK (*1.*) den Gedanken ein, eine unsymmetrische binokulare Lupe vorzuschlagen. Er verwandte nur eine Hälfte des RIDDELLschen Spiegelsatzes (s. S. 80), während die andere Hälfte der Lupe ihre Strahlen geradeswegs in das andere Auge des Beobachters sandte. Da er die Lupe für normale, auf die Ferne akkommodierte Augen eingerichtet hatte, so führte die Verlängerung des Lichtweges auf der linken Seite keinen Unterschied in der Vergrößerung herbei.

Bald darauf schlug der amerikanische Mikroskopfabrikant R. B. TOLLES (*1.*) wohl als erster ein eigentliches stereoskopisches Okular vor (Abb. 73), das er für Mikroskope sowohl wie für Fernrohre zu benutzen empfahl. Er hatte sehr deutlich erkannt, daß eine gleichmäßige Teilung der Strahlenbüschel durch ein ablenkendes Prisma nur erreicht werden könne, wenn man es in die Austrittspupille des Objektivs selbst oder in ein von ihr entworfenes Bild bringe. Daher bildete er die Austrittspupille durch ein Umkehrsystem — ein umgekehrtes HUYGENSisches Okular — reell ab und brachte dahinter den NACHETschen Prismensatz an. Zuerst scheint er seine Verbindung durch befreundete Fachmänner an die Öffentlichkeit gebracht zu haben. Mindestens stammt die Äußerung von Ungenannt H. L. S. (*1.*) aus dem Jahre 1864. Hier wird das TOLLESische stereoskopische Okular mit dem WENHAMschen Spiegelprisma in jenem großsprecherischen Tone verglichen, für den J. L. RIDDELL selbst ein bereits von F. H. WENHAM gerügtes Muster geliefert hatte. Wenn es in jener Mitteilung heißt, daß das stereoskopische Okular auch am Fernrohr verwendet werde, so ist das die früheste Angabe dieser Art in den hier benutzten Schriften. TOLLES (*1.*) selbst äußerte sich erst etwas später dazu, und seine (*2.*) Patentschrift wurde sogar nicht vor dem Juli 1866 ausgegeben. Die in den beiden letzten Veröffentlichungen auftretende Übersichtszeichnung wurde in dem Neudruck von 1890 durch die hier wiedergegebene, mehr Einzelheiten zeigende Darstellung ersetzt.

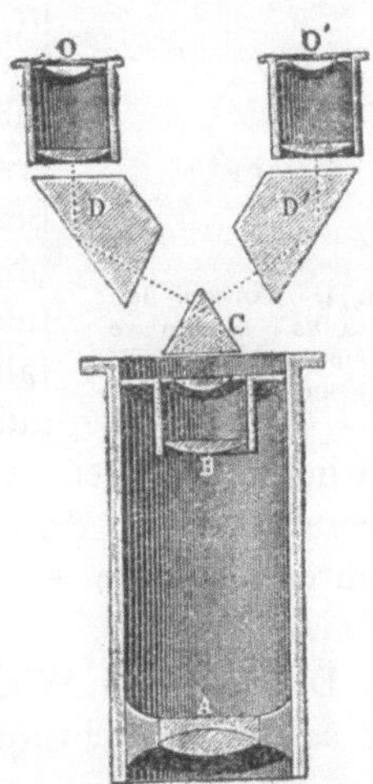

Abb. 73. Das stereoskopische Okular von R. B. TOLLES (*1.*) nach dem Neudruck von 1890.

Etwa um diese Zeit ließ sich P. H. LEALAND (*1.*) ein binokulares Mikroskop schützen, das (Abb. 74, S. 132) beiden Augen das gleiche Bild lieferte, also ein zweiäugiges Sehen ermöglichte. Dicht über das Objektiv wird eine gegen die Achse des Mikroskops unter etwa 45 Graden geneigte, dicke Glasplatte gesetzt, die alle Strahlen durchlaufen müssen, wobei sie sich an der Unterfläche in zwei Teile von verschiedener Helligkeit spalten. Der hindurchtretende Teil gelangt ohne Richtungsänderung in den Haupttubus und dann in das eine Auge des Beobachters. Der an der Unterfläche zurückgeworfene Teil durchsetzt ein Ableseprisma, das ihn in den Nebentubus lenkt. Da hier jeder einzelne Strahl gespalten wird, so handelt es sich um eine neue Art der Bündelteilung, und es ist der Ort gleichgültig, an den die teilende Einrichtung gebracht wird. Die Erfinder setzten sie dicht über das Objektiv, um sie ohne Schwierigkeit gegen das WENHAMsche Spiegelprisma auswechseln zu können. Diese Einrichtung war zwar nicht stereoskopisch — da beide Augen dasselbe Bild erhielten, so war nur ein zweiäugiges Sehen ermöglicht —,- doch war die Güte des Bildes wohl besser, und es trat auch bei ganz starken Mikroskopobjektiven keine Verdunkelung eines Teils des Gesichtsfeldes ein. Man machte hier wohl zuerst die Erfahrung, daß eine gute Vereinigung zweier Bilder auch dann erreicht wird, wenn das eine von ihnen viel lichtschwächer ist als das andere. — Die Einrichtung wird auch in neuerer Zeit von dem Hause POWELL & LEALAND angezeigt, tritt aber in ihrem Absatze wohl merklich gegenüber dem WENHAMschen Spiegelprisma zurück.

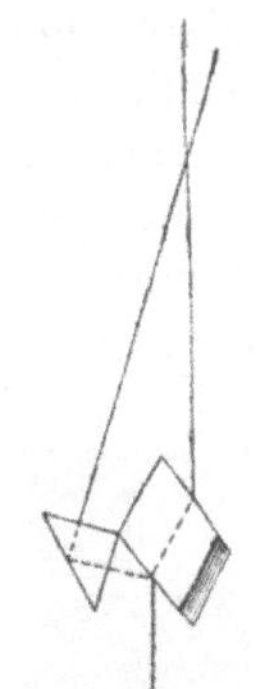

Abb. 74. POWELL und LEALANDS binokulare Einrichtung nach W. B. CARPENTER (*3.* III).

Die gleichen Wirkungen hat dann schon 1866 F. H. WENHAM (*9.*) mit seiner Einrichtung für nur zweiäugiges Sehen erreicht. Er schlug

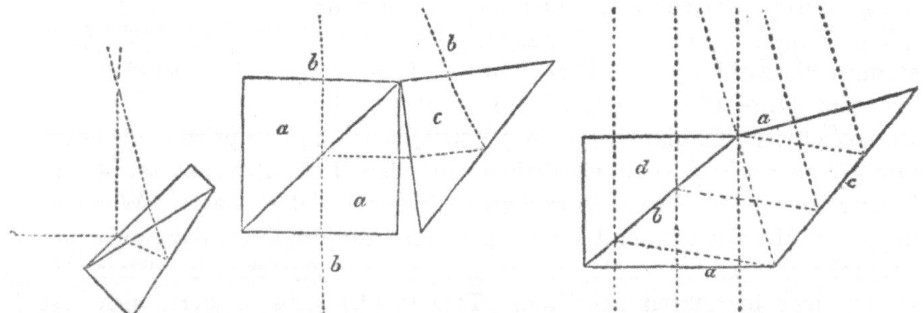


Abb. 75. Die drei Einrichtungen F. H. WENHAMS (*9.*) für ein binokulares Mikroskop.

die verschiedenen, nebenstehend (Abb. 75) abgebildeten Formen vor, von denen die erste für ein Mikroskop mit gebrochener Achse bestimmt war. Er hielt aber die Anfertigung für so außerordentlich heikel, daß er eine regelmäßige Herstellung für ausgeschlossen erachtete. Die in den beiden letzten Formen vorkommende dünne Luftschicht, die jeden einzelnen Strahl in zwei Teile spaltete, von denen einer in der Anfangsrichtung durchgelassen, der andere seitwärts gespiegelt wurde, findet sich aber nicht zum erstenmal. Man sieht ohne weiteres ein, daß sie bereits mehr als drei Jahre vorher in einem, H. SWAN (*3.*) erteilten, Patente beschrieben worden war. Diese Vorgängerschaft ist F. H. WENHAM anscheinend vollständig entgangen.

Merkwürdig aber ist es, daß er nun nicht die Probe auf seine Theorie vom Jahre 1854 (s. S. 83) machte und die vollen Bündel an zwei entgegengesetzten Stellen abblendete. Aus den hier benutzten Schriften ist nicht zu ersehen, warum er diesen Versuch unterlassen hat.

An dieser Stelle ist für 1866 auch L. JAUBERT (*1.*) mit seinem ungemein umfangreichen Patent anzuführen, das aber allem Anscheine nach keinen Einfluß auf die Herstellung dieser Instrumente ausgeübt hat. Es macht den Eindruck, als ob der Verfasser allzuviel hätte umschließen wollen, während die Durcharbeitung des optischen Teils nur bescheidenen Ansprüchen genügte.

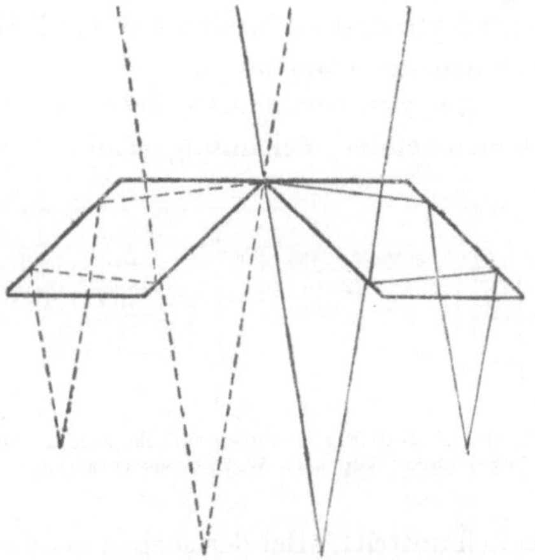

Abb. 76. Horizontalschnitt durch ein JAVALsches Eikonoskop nach M. VON ROHR (*7.* 423).

Die Doppellupen bieten nichts Bemerkenswertes, dagegen hat der Wunsch einer beidäugigen Beobachtung bei Mikroskopen, zu einer Reihe von Spiegel- und Prismenverbindungen geführt, die in früheren Schriften nicht aufgefallen sind. Der RIDDELLsche Prismensatz wird z. B. so abgeändert, daß die von der linken (rechten) Objektivhälfte kommenden Strahlen in das rechte (linke) Okular geleitet werden. Er macht auch große Anstrengungen, um zwei oder sogar noch mehr Objektive mittlerer Stärke auf den gleichen Dingpunkt zu richten, und muß dazu innere Linsenteile wegschneiden. Allerdings scheint er sich über die Wirkung von dingseitigen Bündeln sehr verschiedener Neigung ganz unklare Vorstellungen gemacht zu haben. Wenn er (15, Z. 36) Kegelspiegel anzuwenden vorschlug, so hat er anscheinend auf den dadurch ganz im allgemeinen herbeigeführten Astigmatismus keine Rücksicht genommen, und es ist nicht verwunderlich, daß diese Vorschläge eine Verwirklichung mit befriedigender Leistung nicht erlaubten.

An dieser Stelle kann noch eine Doppellupe schwächerer Vergrößerung angeführt werden, deren Erfinder der französische Ophthalmologe E. JAVAL (*1.*) ist. Er hatte, wie M. VON ROHR (*5.* 364) berichtet, 1866 ein umgekehrtes Telestereoskop (Abb. 76) sogar zusammen mit einem holländischen Doppelfernrohr als binokularen Betrachtungsapparat für einfache Bilder empfohlen. Bei dieser Gelegenheit erwähnte er nebenbei die Möglichkeit, jedes der beiden rhombischen Prismen mit einem Vergrößerungsglase auszustatten und auf diese Weise eine Doppellupe zu erhalten. Durch die Ausführung dieses Vorschlages wird die Konvergenz beim Gebrauch der Doppellupe vermindert worden sein.

Die rege Anteilnahme an den binokularen Instrumenten, wie sie sich in den Kreisen der englischen Mikroskopiker zeigte, war für A. NACHET der Anlaß, mit einigen sehr zierlichen Neuerungen auf den Markt zu kommen, die durch W. B. CARPENTER (*2.*) beschrieben wurden.

Er änderte das auch von ihm hergestellte Präpariermikroskop RIDDELLscher Art in der Weise ab, daß er zur Steigerung der Vergrößerung von einer 10- auf eine 35- bis 40-fache in die Okulare Zerstreuungslinsen legte und dadurch als erster BRÜCKEsche Lupen für die beidäugige Beobachtung benutzte.

Sein *stereo-pseudoskopisches Binokularmikroskop* hatte die in der nebenstehenden Zeichnung (Abb. 77) angegebene Form. Überkreuzten sich die Strahlen, so erhielt man ein tiefenrichtiges Raumbild und ein tiefenverkehrtes, wenn man mit einer einfachen Verschiebung der Prismen die Überkreuzung aufhob. Man erkennt leicht, daß hier zum erstenmal die Hälfte des RIDDELLschen Spiegelsatzes beweglich auftritt. Bei der soeben geschilderten Verschiebung wird zwischen der natürlichen und der gekreuzten Lage der scheinbaren Augenorte gewechselt, und zwar genügt dabei, wie man aus Abb. 77 erkennt, eine Verschiebung von geringerem Betrage als dem Durchmesser der bildentwerfenden Linse.

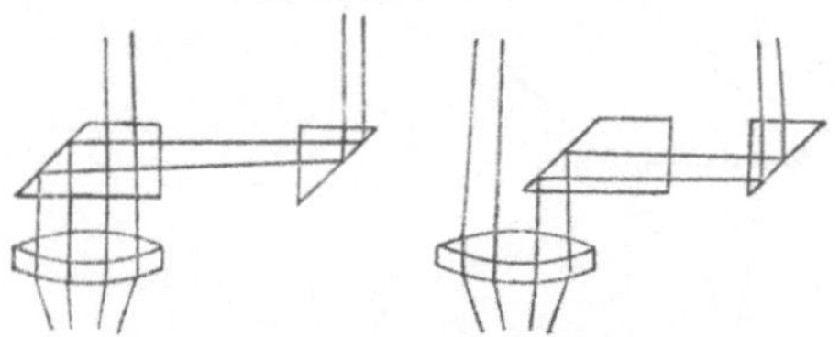

Abb. 77. A. NACHETS stereo-pseudoskopisches Binokularmikroskop nach W. B. CARPENTER (*2.*).

Um dieselbe Zeit findet sich das von S. HOLMES (*1.*) genommene Patent auf ein Doppelmikroskop mit geneigten Rohren, die zur Einstellung auf den Augenabstand um eine wagerechte, den Einstellpunkt enthaltende Achse geschwenkt werden konnten. Als Objektive dienten die beiden Hälften eines durch einen Achsenschnitt zerlegten Objektivs, und die Scharfstellung wurde durch Heben oder Senken des Objekttisches besorgt.

Die oben beschriebene Vorrichtung A. NACHETS erregte eine große Anteilnahme, und bald darauf brachte CH. HEISCH (*1.*) einige Verbesserungsvorschläge vor, die im wesentlichen darauf hinausliefen, den Glasweg in den Prismen möglichst zu verkürzen und die Anpassung an den Augenabstand des Beobachters abzuändern. Wenn er in dem bequemen Übergang von dem tiefenrichtigen zu dem tiefenverkehrten Raumbilde ein Mittel sah, um in Zweifelsfällen Höhenunterschiede festzustellen, so kann man ihm darin wohl recht geben.

Man sieht aus dieser Zusammenstellung, daß der regste Eifer für das binokulare Mikroskop zu einer Zeit erwachte, wo die Teilnahme an dem Stereoskop schon im Erlöschen war. Sicherlich haben die glänzenden Leistungen F. H. WENHAMS den größten Anteil an dieser schönen Entwicklung gehabt, aber aus dem Umstande, daß die Verbreitung der beidäugigen Mikroskope im wesentlichen auf England beschränkt blieb, kann man doch wohl schließen, daß sie auch von dem Verständnis abhing, das die Benutzer ihrem Instrument entgegenbrachten. Ganz ähnlich wie auf dem Gebiete der Photographie bereiteten auch in der Mikroskopie die musterhaften Arbeitsgesellschaften Englands den Boden, auf dem die Erfolge erwuchsen. Denn in den Vereinigungen für Mikroskopie wurden nicht allein die Ergebnisse mikroskopischer Forschung bekannt gegeben, sondern man schenkte auch dem Werkzeug die ihm gebührende Aufmerksamkeit und Teilnahme. Es ist nicht verwunderlich, daß sich in den Kreisen der Mikroskopiker auch Ansichten über die Erfindung des Stereoskops erhielten, die weniger parteiisch gefärbt waren als die sonst in der englischen Fachpresse üblichen. W. B. CARPENTER (*3.* 57 bis 60), wie es nach seinen Äußerungen scheint, ein persönlicher Bekannter CH. WHEATSTONES, gab in seinem vielgelesenen Buche eine CH. WHEATSTONE durchaus gerecht werdende Schilderung.

Von dieser erfolgreichen Entwicklungszeit sollte den englischen Mikroskopikern der Gewinn eines zweckmäßig geplanten und weit verbreiteten Binokularmikroskops auch für die Folgezeit erhalten bleiben.

## Die Ausbildung der Doppelfernrohre.

Die Entwicklung in diesem Sonderfach ist ebensowenig in ihren Einzelheiten vollständig und befriedigend zu übersehen, wie in dem vorhergehenden Zeitraume, und es wäre auch hier vor allen Dingen eine sachkundige Durcharbeitung der französischen Patentakten zu wünschen, da in jener Zeit das Pariser Gewerbe auf diesem Gebiete die Führung hatte.

An den BOULANGER-POUDRILHÉschen Vorschlag des vergangenen Zeitraums erinnert eine kurze Bemerkung J. WATSONS (*1*) aus dem Jahre 1864 insofern, als auch er für Himmelsbeobachtungen ein Doppelrohr empfahl. In seinem Falle war es aus zwei HERSCHELschen Reflektoren zusammengesetzt und bietet nach S. 33 wieder eine Verbindung von Spiegelfernrohren zu einem beidäugigen Gerät.

Sehr umfassende Ansprüche erhob in seinem Riesenpatent vom Sommer 1866 der bereits angeführte L. JAUBERT (*1.*) auch auf Doppelfernrohre, da er sowohl Operngläser wie Erd- und Himmelsfernrohre zu beidäugigem Gebrauch einzurichten bestrebt war. Es scheint nicht, als sei er mit den Aufgaben bekannt gewesen, die sich die Wissenschaft auf seinem Sondergebiet stellte, und seine Wirkung auf andere ist wohl ganz gering geblieben. Seine Vorschläge sind besonders umfassend, doch möchte man kaum annehmen, daß alle Möglichkeiten der Patentschrift auch wirklich durchprobt worden waren. Er beschäftigte sich, wie gesagt, nicht nur mit den holländischen Doppelfernrohren, sondern sah auch doppelte Himmels- wie Erdfernrohre vor. Bei den ersterwähnten wurden alle möglichen Reflektoren, nach Newton, Gregory und Cassegrain für die beidäugige Beobachtung verwendbar gemacht und immer Vorkehrungen für die Anpassung an den Augenabstand getroffen. Bei den Erdfernrohren hat er anscheinend keinen besondern Wert auf die Achsentrennung gelegt, sondern im Gegenteil gelegentlich innere Teile der Objektivlinsen ziemlich weit weggeschnitten, da er hier den Riddellschen Prismensatz nicht verwendete. Wo er hinter einem einfachen Objektiv Teilungsprismen anbrachte, um die Strahlen den beiden Augen zuzuführen, begegnet gelegentlich eine Überkreuzung der Strahlenbüschel von der linken Objektivseite nach dem rechten Okular und von der rechten nach dem linken.

Die Durcharbeitung ist zum Teil noch wenig gefördert, und wenn er gelegentlich den Achsen seiner Einzelrohre, sowohl bei doppelten Operngläsern wie bei zwei miteinander verbundenen Erdfernrohren eine kleine Neigung auf einen Gegenstandspunkt von endlicher Entfernung erteilte, so war diese nicht bloß Chérubin d'Orléans bekannte Einrichtung eben nicht so neu, wie er wohl glaubte.

Die Pariser Weltausstellung des Jahres 1867 hatte auch auf dem Gebiete der Fernrohre die Wirkung, den deutschen Werkstätten Gedanken und Pläne nahezubringen, die in Paris schon lange bekannt und verwirklicht worden waren. Dazu gehört in erster Linie die Porrosche Prismenumkehrung, deren Verwertung an verschiedenen Stellen des deutschen Sprachgebiets um das Ende der sechziger Jahre lebhaft umworben wird, ohne daß man damals einen größeren Erfolg erzielt hätte. Sodann aber gingen auf dem Gebiete der beidäugigen Instrumente einigen deutschen Herstellern die Augen dafür auf, daß auch das gewöhnliche Opernglas von Rechts wegen einer Anpassung an den Drehpunktsabstand der Benutzer bedürfe, und man braucht hier nur die Überschrift des betreffenden Abschnitts aus der Buschischen Preisliste anzuführen: „Reise-Militair und Jagd-Perspective mit verstellbarer Axen-Entfernung für beide Augen (*Centré* genannt)", um eines eingehenden Nachweises der Herkunft dieser Neuerung enthoben zu sein. Man möchte danach glauben, daß der (s. S. 42) für 1836 belegte französische Fachausdruck in der langen Zwischenzeit in Frankreich erhalten geblieben sei, daß also dort auch dauernd, wenngleich wohl nur in geringerer Zahl, Operngläser geliefert worden seien, die eine Anpassung an den Drehpunktsabstand gestatteten. Zunächst lieferte E. Busch seine einander angelenkten Doppelrohre mit einer Einstellungssicherung, die man allem Anscheine nach später aufgab, da ein straffer Gang des Gelenks genügte.

Die Einstellmöglichkeit der Operngläser scheint dann aber nicht wieder verlassen worden zu sein, und man findet gelegentlich in den Preisbüchern jener Zeit für Geräte dieser Art den Ausdruck „Familien-Theater-Perspective".

Die Wissenschaft ihrerseits hatte zu dieser Zeit die Freude daran verloren, den Eindruck eingehender zu behandeln, den die Raumbilder eines vergrößernden Telestereoskops machten, und man scheint in den sechziger Jahren die folgenrichtigere, auf das Raumbild allein eingehende Auffassung des ersten Zeitraums aufgegeben zu haben. Auf diesen Standpunkt wurde bereits auf S. 92 hingewiesen, und auch daß er bei HELMHOLTZ (s. S. 93), BREWSTER (s. S. 154) sowie CLAUDET (s. S. 114) zu bemerken war. Man wird sich eben diesen Rückschritt damit erklären müssen, daß die scheinbare Tiefensteigerung, die im einfachen Telestereoskop bei der Betrachtung bekannter, naher Gegenstände auffiel, durch die wirkliche Verflachungswirkung vergrößernder Fernrohre aufgehoben werden sollte.

Im großen und ganzen ist auf diesem Gebiete ganz im Gegensatz zu dem Leben des Mikroskops kein frischer Zug zu bemerken: das Geschäft wird fortgesetzt, ohne daß das Gewerbe irgendwie eine nahe Fühlung mit den Aufgaben der Wissenschaft erkennen läßt.

## Die Vorarbeiten zu dem beidäugigen Entfernungsmesser.

Das Streben nach einem beidäugigen Entfernungsmesser läßt sich zwar schon bis auf 1853 und F. H. WENHAM (s. S. 88) zurückverfolgen, aber man wird kaum annehmen können, daß die Grundlage seines Messungsverfahrens, nämlich die Herstellung eines richtig erscheinenden Tiefeneindrucks von dem gerade betrachteten Raumdinge, eine wirklich genaue Messung ermöglichte. Es war ein ganz anderer Unterbau nötig, und die ersten Steine dazu sollten nunmehr von österreichischen Gelehrten gelegt werden.

Bereits 1861 ließ A. ROLLET (2.) eine Fortsetzung seiner Untersuchungen über das beidäugige Sehen (s. S. 88) gemeinsam mit A. BECKER erscheinen.

Spannte er in einer lotrechten, zwischen fernen Gegenständen und dem Beobachter angenommenen Querebene Fäden von etwa 50 cm Länge so auf, daß ihre Entfernung oben den Augenabstand übertraf, während sie sich unten stark näherten, so erschienen sie dem in die Ferne blickenden Beobachter bei richtiger Kopfhaltung leicht als ein geradliniges, nach einem Punkte der Landschaft gespanntes Seil, das, in seiner Nähe ausgehend, in die Ferne verlaufe. Die Verfasser erwähnten selbst den SMITHischen Zirkelversuch und eine Arbeit von WELLS; vielleicht aber könnte man auch noch die erste stereoskopische Zeichnung R. SMITHS (s. S. 33) als besonders hierhergehörend ansehen. — Ziehe man zwei den Fäden entsprechende Gerade auf einer senkrechten Glastafel und versehe sie mit gleichlangen Querstrichen gleichen Abstandes (Abb. 78 links), so ergebe sich bei der Vereinigung ein stereoskopisches Meßband oder eine stereoskopische Leiter, deren Sprossen aber in der Ferne immer weiter voneinander abzustehen und immer größer zu werden schienen. Habe man die Sprossen beziffert, so sei es nicht schwierig, die Lage der Gegenstände der Außenwelt in bezug auf die Marken anzugeben. — Es gelang A. ROLLET auch, durch zweckmäßige Anordnung der Teilungsstriche auf der Glastafel und richtige Wahl ihrer Breite, ein stereoskopisches Meßband zu erzielen (Abb. 78 rechts), das durch gleichbreite Marken in Teile von gleicher Länge zerlegt erschien. Die Hoffnung, danach einen Entfernungsmesser zu bauen, mußte er aber aufgeben, weil sich der Konvergenzwinkel der Sehachsen gar zu schnell der Null näherte.

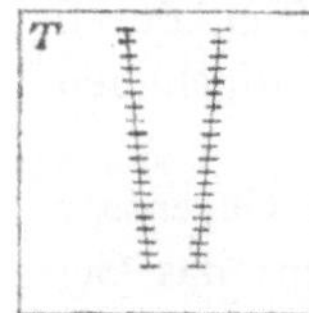

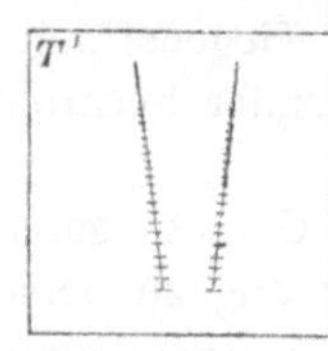


Abb. 78. Zwei Formen stereoskopischer Meßbänder nach A. ROLLET (2.).

Die Bedeutung dieser Arbeit ist so groß, daß es angemessen erscheint, ihr einige Worte zu widmen. Nach den zugrunde liegenden Schriften handelt es sich hier zum ersten Male um den Gedanken, zwei im beidäugigen Sehen wahrgenommene Räume zum Zwecke der Messung eindeutig einander zuzuordnen. Da dieser Gedanke in den später so wichtig gewordenen stereoskopischen Meßinstrumenten noch häufig wiederkehren wird, so wird man zweckmäßig die beiden Räume unter besonderen Namen einführen und sie etwa als *zu messenden* und als *Maßraum* voneinander trennen. Die Messung geht dadurch vor sich, daß das Zusammenfallen von Punkten des zu messenden Raumes mit besonders bezeichneten des Maßraumes festgestellt wird; sie verzichtet also völlig darauf, diese Entfernungen selbst zu bestimmen, sondern begnügt sich damit, bei den betrachteten Orten beider Räume das Nichtvorhandensein eines Entfernungs*unterschiedes* festzustellen. Diese Möglichkeit läßt sich auf sehr verschiedene Weisen verwirklichen. Hier liegt der Fall vor, daß der Dingraum der zu messende Raum ist, und daß die ein festes Meßband darstellenden Halbbilder des Maßraumes unmittelbar vor die beiden Augen des Beobachters gebracht werden. Da bei der Messung der Maßraum ruhig bleibt, so kann man sein Raumbild in enger Anlehnung an einen in neuester Zeit von W. TRENDELENBURG geprägten Ausdruck als *schwebendes* Meßband bezeichnen. — Es sollte nur wenige Jahre dauern, bis dieser Gedanke von E. MACH aufgenommen wurde, und zwar erschien er mit der wichtigen Änderung, daß die Halbbilder des Maßraumes nicht mehr unmittelbar, sondern mit Hilfe einer Spiegelung an je einem unbelegten Spiegel dem Beobachter dargeboten wurden.

In einer geistvollen Weise benutzte E. MACH (2.) seine Durchdringungsbilder zur Lösung der Aufgabe, einen stereoskopischen Entfernungsmesser zu bauen, woran sein Kollege A. ROLLET trotz seinem vielversprechenden Anlaufe gescheitert war. Ausgehend von dem Drahtgerippe etwa eines Würfels, das an einem unbelegten Spiegel gespiegelt bei beidäugiger Beobachtung an nahen Gegenständen hinter jenem Spiegel Messungen vorzunehmen gestatte, verlangte er die Anfertigung zweier Halbbilder eines solchen Messungsgerippes. Diese Halbbilder seien durch Stereoskoplinsen und unbelegte Spiegel so den Augen zuzuführen (Abb. 79), daß sich ihr Sammelbild in den Augenraum lagere und darin die Entfernung zu messen gestatte. Die Anordnung der optischen Teile war dabei so, wie sie die nebenstehende Abbildung angibt. Zum Schluß hob er auch noch hervor, daß die Verbindung mit dem Telestereoskop für manche Fälle zweckmäßig sein würde. Grundsätzlich ist hier also ein stereoskopisches Entfernungsmesser vorweggenommen, dessen Ausführung aber noch ein Menschenalter auf sich warten lassen sollte.

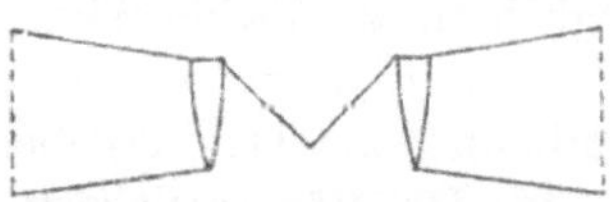

Abb. 79. Die Anordnung der (gestrichelten) Halbbilder des Maßraumes nach E. MACH (*2.*).

## Die Herstellung der stereoskopischen Aufnahmen.

In erster Linie sei der österreichische Photograph A. OST (*1.*) erwähnt, nicht so sehr wegen der Wichtigkeit seiner Mitteilung, sondern weil diese ein gutes Bild gibt von den Verfahren, wie sie sich augenscheinlich in einer schon etwas zurückliegenden Zeit in England herausgebildet hatten. Man erkennt aus seinen Vorschriften unschwer die WHEATSTONEschen Neigungsaufnahmen, doch ist es kennzeichnend und wurde auch von ihm zu der französischen Übung in deutlichen Gegensatz gestellt, daß keine gewaltigen Objektivtrennungen empfohlen wurden. Für Gruppen soll der Objektivabstand 8—15 cm betragen, für Gebäude $^1/_4$—$^1/_3$ m, für Landschaften $^1/_3$—$^1/_2$ m, und für Landschaften mit besonders großer Fernsicht $^3/_4$—1 m. Für die Aufnahmen wurde besonders die Vermeidung des sehr störenden Höhenfehlers eingeschärft.

Hierher gehört auch das stereoskopische Handbuch von H. DE LA BLANCHÈRE (*1.*), das, nach der Vorrede zu schließen, um 1860 erschienen ist. Man merkt von einem Rückgange der Teilnahme noch nichts, und der Verfasser, der sich als Maler und Photograph einführt, hat eine gute Kenntnis des in Frankreich und in England geleisteten besessen. Das Hauptgewicht legte er auf die Ausführung, doch wandte er auch theoretischen Erwägungen seine Aufmerksamkeit zu. Er stützte sich in hohem Maße auf das BREWSTERsche Buch, ließ aber auch anderen und namentlich CH. WHEATSTONE Gerechtigkeit widerfahren. Daß die Besprechung der BREWSTERschen Vorschläge einen größeren Raum einnimmt, ist ganz natürlich und ebenso die eingehende Aufführung der DUBOSCQschen Formen. Wenn er (*1.* 70) die Anlage des WHEATSTONEschen Linsenstereoskops dem oben genannten Pariser Optiker .. HERMAGIS zuschrieb, so kann man ihm daraus um so weniger einen Vorwurf machen, als dieser Anspruch CH. WHEATSTONES anscheinend stets übersehen worden ist. — Bei der Beschreibung der Verfahren spielten noch immer die Verschiebungsaufnahmen eine große Rolle, weil sie eine Steigerung der Tiefe ermöglichten, die Zwillingskammern behaupteten für ihn einen Vorrang nur für die Aufnahme von Bewegungsvorgängen. Daß diese Instrumente überhaupt eine Tiefe ergäben, nahm ihn (*1.* 188) eigentlich wunder.

In der etwa gleichzeitigen Mitteilung TH. SUTTONS (*5.*) über die Stereoskopkammer des mit ihm befreundeten Optikers TH. ROSS findet sich ein Bericht über neuere englische Verfahren. Hier handelt es sich um eine Zwillingskammer mit einer sehr vollständigen Ausrüstung. Die Kammer hatte eine neigbare Mattscheibe, um das Stürzen der lotrechten Linien zu vermeiden. Ihr waren drei Objektivpaare beigegeben, nämlich ein Paar anastigmatischer Porträtobjektive und ein Paar solcher mit Bildfeldebenung im übertragenen Sinne, beide von 11 $^{1}/_{2}$ cm Brennweite, und dann noch ein Paar einfacher Landschaftslinsen mit Vorderblende von 15 cm Brennweite und einem Öffnungsverhältnis von 1 : 12. Man kann aus der Anzeige einer so vollständigen und selbstverständlich kostspieligen Ausrüstung mit Sicherheit den Schluß auf einen lebhaften Anteil der Käufer ziehen.

O. N. ROOD (*2.*) behandelte nicht viel später mikrophotographische Aufnahmen, für die er die Anwendung der Wippe lebhaft empfahl. Doch findet sich in seinem Aufsatz kein Hinweis darauf, daß solche mikrophotographischen Stereogramme genau wie die Mondaufnahmen W. DE LA RUES eines besonderen Stereoskops bedürften, wenn sie richtig wirken sollten.

Die wichtigste Veröffentlichung in diesem Zeitraume, was Aufnahmeverfahren anlangt, stammt aber von dem schottischen Astronomen CH. PIAZZI SMYTH (*2.*). Er war in dem Jahre 1865 in Ägypten gewesen, um die große Pyramide zu untersuchen, über die er sich sehr eigentümliche Ansichten gebildet hatte, indem er ihre Anlage auf unmittelbare Eingebung zurückführte. Um mit seinen bescheidenen Mitteln viel zu leisten, war er in einer sehr zweckmäßigen Weise vorgegangen. Seine Metallkammer war mit einem PETZVALschen Porträtobjektiv von 4,6 cm Brennweite ausgestattet und führte Platten der kleinen Ausmaße von 2,5 : 2,5 cm. Das Bildfeld umfaßte also nur einen Winkel von 43 Graden quer über die Platte. Die Strahlenvereinigung seiner Linse sicherte besonders scharfe Bilder, und das feine Korn des nassen Verfahrens gestattete, in der nachträglichen Vergrößerung der Bildchen sehr weit zu gehen. Aus zwei dasselbe Raumding enthaltenden Negativen suchte er die für ein Stereogramm passenden Teile mit Hilfe eines zu diesem Zwecke gebauten Doppelmikroskops heraus. Dabei war die Einrichtung getroffen worden, daß jedes Negativ für sich in seiner Ebene sowohl vorwärts und rückwärts als auch nach rechts und links verschoben und außerdem gedreht werden konnte. Die Vergrößerungen wurden dann so angefertigt, daß die Halbbilder des Stereogramms 68,7 mm in der Breite und 82,6 mm in der Höhe maßen, und die entsprechenden Fernpunkte 68,7 mm voneinander entfernt waren. Es wird nicht angegeben, daß er auf Raumähnlichkeit großes Gewicht legte, und nach der Beschreibung seines Verfahrens ist ein Zweifel gerechtfertigt, daß sie stets erreicht wurde. Jedenfalls aber gelang es ihm, eine sehr befriedigende Tiefenwirkung zu erzielen. Über das dabei benutzte Stereoskop wird noch weiter unten zu handeln sein.

Diese Besprechung der verschiedenen neu vorgeschlagenen Geräte oder Aufnahmeverfahren würde aber von der Bedeutung der Stereoskopie ein unvollständiges Bild geben, wenn man nicht auch noch betonte, wie eifrig die alten Vorschriften befolgt wurden. Wieder ist es England — und nach den verschiedenen Schilderungen des Vereinslebens in diesem Lande wird das niemand wundernehmen —, wo die Ausübung der Stereoskopie eine geradezu mustergültige Höhe erreichte. Man braucht nur an die wunderbaren Aufnahmen des schottischen Photographen G. W. Wilson (als Wilson's *gems* bekannt) und an die hohen Preise (das stereoskopische Glasbild wurde mit 5 M. bezahlt) zu erinnern, um verständlich zu machen, wie lebhaft der Anteil war. Einen guten Einblick in die Sorgfalt, mit der zu jener Zeit in berühmten Häusern die Stereogramme angefertigt wurden, erhält man aus den fesselnden Erinnerungen des tüchtigen Fachphotographen J. Harmer (*4.* u. *6.*). Die Bemühungen, die auf die richtige Wiedergabe der Raum- und unter Umständen der Farbenverhältnisse verwandt wurden, sind staunenswert. Eine weitere Bestätigung des hohen Standes mancher englischen Stereoskopengeschäfte liegt darin, daß sie Anstrengungen machten — und dabei sicherlich die Kosten nicht scheuten —, um aus den entlegensten Teilen der Erde gute Stereogramme von Unterrichtswert zu erhalten.

Allerdings stand diesem durchaus berechtigten Streben, durch Erhöhung des stofflichen Reizes den Absatz zu vermehren, ein unberechtigtes gegenüber, indem minder hoch stehende Geschäftsleute das weitverbreitete Vergnügen an unsauberen Darstellungen ausnutzten, um die Forderung nach neuen Stoffen durch anstößige Bilder zu befriedigen. Es ist ganz begreiflich, daß diese auf die gröbste Geschmacklosigkeit berechneten Bilder eine ihrem gemeinen Gegenstande entsprechende, rohe Ausführung zeigten, und es scheinen in der Tat jene Leute, die so ihre Schweine auf diesen zunächst noch guten Markt trieben, das heute in ähnlichen Fällen beliebte Künstlermäntelchen nicht umgehängt zu haben. Eine ähnliche Vergröberung erfuhren andere durchaus berechtigte Zugmittel jener Höhenentwicklung. Da man die Feinheit der Ausführung jener mustergültigen Glasbilder so leicht nicht hervorbringen konnte, so schob man Darstellungen unter, bei denen man die Tiefenwahrnehmung auf alle Weise gesteigert hatte. Der Zug der Zeit kam an sich schon dieser

Bestrebung entgegen, denn die Erhöhung der Tiefe war auch den größten Geistern des vergangenen Abschnittes als etwas Erstrebenswertes an sich erschienen. Es läßt sich daher denken, daß man in dem Bestreben, die Wettbewerber aus dem Felde zu schlagen, nicht leicht eine Grenze kannte, und die Folge davon war, daß die Tiefenwirkung zu vollkommener Unnatur führte und empfindlicheren Naturen den Geschmack an der Stereoskopie für immer verdarb. Hatten sich schließlich die vornehmen Geschäfte nur an kaufkräftige und verständige Kreise gewandt, und daher auch vernünftige Preise aufrechterhalten können, so mußten die Nachahmer mit der breiten, nicht sachverständigen Menge rechnen, was zu einer immer weiter gehenden Preisdrückung und einer entsprechenden Verschlechterung führte. Es wird sich zeigen lassen, daß derselbe Vorgang auch bei den stereoskopischen Betrachtungsgeräten zu verfolgen ist.

## Die Stereoskope.

Die Erfindertätigkeit war auf diesem Gebiete reger als auf dem der Vorkehrungen für die Aufnahme. Von so törichten Vorschlägen, wie sie z. B. . . Boulanger (*1.*) 1860 (kaum als erster) machte, die beiden Halbbilder auf die gleiche Platte aufzunehmen, brauchte man überhaupt nicht zu reden, wären sie nicht im laufenden Jahrhundert allen Ernstes von neuem aufgetreten. Ein Gedanke wird indessen von drei Erfindern anscheinend ganz unabhängig voneinander behandelt. Es spielte dabei eine solche Anordnung eine Rolle, daß verschiedene Teile einer einheitlichen Fläche oder Flächenfolge für jedes der beiden Augen je eines der beiden Halbbilder eines Stereogramms abbilden.

Zunächst erschien ein sonst ganz unbekannter Liebhaber . . . . Schmalenberger (*1.*) mit einem offenbar zufällig zusammengestellten Gerät. Er kehrte ein gewöhnliches Papierstereogramm um und stellte es einem etwa 13 cm breiten Hohlspiegel so gegenüber, daß ein reelles aufrechtes verkleinertes Bild entstand. Dieses reelle Bild des Stereogramms mußte mit einer angenähert parallelen Richtung der Augenachsen beobachtet werden. Der Erfinder hob die starke Änderung der scheinbaren Größe hervor, die sich einstelle, wenn der Beobachter seinen Abstand von dem Hohlspiegel während der Beobachtung verändere. Die Wirkung ließe sich noch verbessern, wenn man ein großes Leseglas vor die Augen bringe.

Man versteht die Wirkung dieses Geräts am besten, wenn man sich die Lage der scheinbaren Augenorte vergegenwärtigt. Sie sind spiegelverkehrt und außerdem umgekehrt. Da aber auch das Stereogramm umgekehrt ist, so muß sich ein aufrechtes Bild ergeben, in dem nur eine Spiegelverkehrung übriggeblieben ist. Da sowohl die Halbbilder richtig liegen, als auch die Stellung der scheinbaren Augenorte die natürliche ist — sie werden ja durch eine einheitlich wirkende Fläche hervorgebracht —, so muß das Raumbild tiefenrichtig, nicht tiefenverkehrt sein.

Schon 1856 (S. 103) hatte D. Brewster vorgeschlagen, mit seinem Leseglasstereoskop gekreuzt aufgestellte Halbbilder zu beobachten. Diese Anregung scheint aber ganz unbemerkt geblieben zu sein, denn ein ähnlicher Vorschlag wurde vielleicht schon 1864, jedenfalls aber 1866 von C. F. Donders (*2.* 194), dem holländischen Augenforscher, gemacht; er stand dem Schmalenbergerschen Vorschlage ziemlich nahe, indem der Spiegel durch eine virtuelle Bilder entwerfende Sammellinse ersetzt worden war. Die gleiche Anlage schlug A. Claudet (*13.*) 1866 auf der englischen Naturforscherversammlung vor. Hier wurde die Linse -- zur Erhöhung der Täuschung mit einer viereckigen Blendung versehen — in einer Entfernung aufgestellt, auf die der Beobachter seine Augenachsen richten konnte. Die Halbbilder des Stereogramms mußten vertauscht werden, da man ja mit gekreuzten, auf die Linsenmitte gerichteten Achsen beobachtete. Die Linse hatte nur den Zweck, die Akkommodation zu verändern; doch ist ein großer Vorteil dieser Anlage nicht eigen gewesen.

Eine in gewisser Beziehung verwandte Vorrichtung brachte J. Clerk Maxwell (*1.*) ein Jahr später zur Kenntnis derselben Versammlung. Man hat ein Stereogramm mit richtig angeordneten Halbbildern umzukehren und vor ein gewöhnliches Stereoskop zu setzen, bei dem die Stereoskoplinsen eine Brennweite von 15 cm und einen Achsenabstand von 32 mm haben. Eine große Linse von 20 cm Brennweite und $7^1/_2$ cm Öffnung bildet die beiden Stereoskoplinsen überkreuzt in einer Entfernung von etwa 60 cm so ab, daß die Bilder ihrer Scheitel einen Abstand von 64 mm haben. Der Beobachter kann mithin seine Augen an diese Stellen bringen. Durch Änderung des Abstandes zwischen dem Stereogramm und den Stereoskoplinsen kann man die scheinbare Größe des Raumbildes steigern oder verringern. Man erkennt ohne Schwierigkeit, daß es sich hier um eine Einrichtung handelt, die dem Claudetschen Stereomonoskop (s. S. 120) verwandt ist. Er ist einfacher, weil die Halbbilder von den zugehörigen Systemen nicht umgekehrt werden. Der Strahlengang ist von dem Erfinder mit großer Sorgfalt geregelt worden. Das Verständnis seiner Wirkung läßt sich durch eine Betrachtung erleichtern, die ganz der im Schmalenbergerschen Falle entspricht.

Ein wichtigerer Vorschlag wurde 1862 von J. Czermak (*1.*) in seinem *Mikrostereoskop* für Kehlkopfphotogramme gemacht. Er erhielt solche Aufnahmen auf sehr kleinen Glasplatten und fertigte danach Glasbilder an; diese verband er je mit einer starken Lupe und vereinigte die beiden mit den Lupen versehenen Halbbilder an einer „zirkelartig artikulierenden“ Handhabe, um so eine raumähnliche Abbildung zu vermitteln. Abgesehen von der unzweckmäßigen Verbindung der beiden Lupen — bei der Anpassung an den Augenabstand mußten die Einzelbilder nachgerichtet werden, damit die Halbbilder von Senkrechten senkrecht blieben — scheint auch eine Änderung der Konvergenz möglich gewesen zu sein, die nach früheren Erwägungen keinen Vorteil gebracht haben kann.

Besonders reizvoll war ein Verfahren des schon früher erwähnten Photographen H. SWAN (*3.* u. *4.*), das eine kurze Zeitlang großes Aufsehen machte und ganz unverdienterweise aus der Übung gekommen ist. Auf einer dem Naturforschertage zu Newcastle vorangehenden Abendunterhaltung wurden *Miniaturbüsten* bewundert, die anscheinend in einer Kristallsäule von etwa $2^1/_2$ cm Breite und 5 cm Höhe äußerst zierlich eingebettet schienen. Das Verfahren war dabei das folgende: Von einer Person wurde ein stark verkleinertes Stereogramm der Büste aufgenommen, danach Glasbilder angefertigt und an zwei rechtwinkligen Prismen angebracht. Dabei mußte aber beachtet werden, daß das eine Glasbild spiegelverkehrt wurde, damit nach der Spiegelung an der dünnen Luftschicht zwei zusammengehörige Abbildsbilder auf die Augen des Beschauers wirkten. Die Anordnung der Halbbilder war so getroffen worden, daß die Büste in das Innere der Glassäule verlegt wurde (Abb. 80). Wie aber jedes der Halbbilder nur einem Auge sichtbar gemacht wurde, das erklärte der verdiente G. SHADBOLT (*2.*) in einem Aufsatz des damals noch von ihm herausgegebenen Fachblattes *The British Journal of Photography* mit Hilfe der hier wiedergegebenen Zeichnung. Man sieht ein, daß wenigstens für die Mittelstrahlen *h'z*, *hz* die totale Reflexion an der dünnen Luftschicht die Sonderung der von den beiden Halbbildern ausgehenden Strahlen für die beiden Augen herbeiführt. H. SWAN (*5.* 237) hat später merken lassen, daß diese Sonderung für die Seitenteile des Bildes nicht ganz erreicht werden konnte. Nach dem Schlußabsatz des hier berücksichtigten Aufsatzes scheint es, als sei außerdem die Prismenbegrenzung so gewählt worden, daß sie jedem Auge störende Strahlen des unrichtigen Halbbildes abblendete. Bei der Betrachtung der Abbildung sieht man auch, daß das Bild von *h'* infolge der Brechung an *i j* mit einseitigen Farbensäumen behaftet sein muß. Ihr Auftreten wird aber nicht zu störend gewesen sein, da jene Brechung nur gering war.

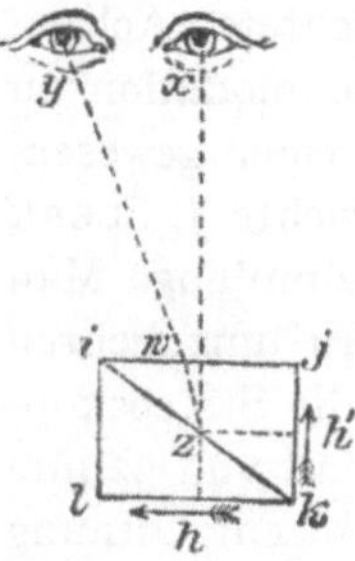


Abb. 80. Zu G. SHADBOLTS (*2.*) Erklärung der SWANschen Miniaturbüsten.

In der nun bald folgenden Zeit, wo die Freude am Stereoskop in der Abnahme begriffen ist, hört man von den SWANschen Miniaturbüsten nichts. Nur im Anfang der siebziger Jahre erwähnte der Erfinder (*6.*) eine Verbesserung seines Verfahrens, wodurch störende Spiegelungen beseitigt worden seien. Aber das blieb auch trotz seinem Versprechen, Näheres zu veröffentlichen, die letzte Mitteilung über diesen Gegenstand.

Bevor diese SWANschen Prismen verlassen werden, sei noch darauf hingewiesen, daß hier in der dünnen Luftschicht eine Mittel gegeben war, einer und derselben Einfallsrichtung zwei Austrittsrichtungen, die des durchgelassenen und die des gespiegelten Strahls, zuzuordnen. M. VON ROHR (*7.* 418) hat darauf aufmerksam gemacht, daß diese Einrichtung, der SWANsche *Würfel*, bald darauf von F. H. WENHAM (s. S. 132) und später von E. ABBE in einer von der SWANschen Benutzung abweichenden Weise für das binokulare Mikroskop benutzt wurde.

Den alten BREWSTERschen Gedanken des Farbenstereoskops nahm E. BRÜCKE (*4.*) im Jahre 1868 auf; er sehe beidäugig Flächen mit kürzerwelligen Farben deutlich hinter solchen mit längerwelligen; einäugig sei die Sicherheit weniger groß, und er erklärte es da aus der stärkeren Akkommodationsanstrengung, die für Rot gegenüber Blau zu machen sei. Wenn aber diese Erscheinung bei beiden Augen eintrete, so müsse im Sehfelde das Rot mehr nach der Nasenseite zu liegen scheinen, als Blau und Grün, die sich im Dingraume in derselben Senkrechten befänden. Man müsse also mit dem rechten Auge auf eine oben rote, unten blaue Strecke blickend, den roten Teil mehr nach links liegen sehen und mit dem linken Auge mehr nach rechts. Seine Abb. 1 stellt seine Gesichtserscheinung, wenn mit dem rechten Auge auf Rot akkommodiert wird, bei einem Abstande von 2 m deutlich so dar, und seine Abb. 2, wenn mit demselben Auge auf Blau aus einem Abstande von 0,34 m akkommodiert wird, weniger deutlich. Man könne danach den Ausdruck für die farbige Abstandsverschiedenheit angeben

$$d = \frac{\delta p}{q},$$

wo $\delta$ die Seitenversetzung sei, $p$ die Entfernung von der die Farben tragenden Ebene, $q$ der halbe Abstand zwischen dem rechten und dem linken Knotenpunkt. Von 10 Personen sahen zwar 8 ebenfalls beidäugig Rot vor Blau, aber nur noch eine konnte einäugig die gleiche deutliche Verschiebung beobachten wie er. Man könnte das nur durch eine unsymmetrische Brechung in der Flächenfolge des Auges erklären, und nach HELMHOLTZ verlaufe ja auch die Gesichtslinie unsymmetrisch.

An dieser Stelle sei auch eine Aufgabe besprochen, die zwar nicht eigentlich in das Bereich der Stereoskopie gehört, aber doch im Grenzgebiete liegt, nämlich die Betrachtung eines einfachen Bildes mit beiden Augen. In den fünfziger Jahren war bereits an verschiedenen Stellen die Frage aufgeworfen worden, ob man nicht von einem Paare gleicher Bilder im Stereoskop einen Vorteil haben könne, und man kann auch auf die Jugendzeit der Stereoskopie zurückweisen, wo C. TH. TOURTUAL (s. S. 52) den Nachweis geliefert hatte, daß man in dem WHEATSTONEschen Stereoskop damit sehr wohl einen richtigen Tiefeneindruck erhalten könne; man müsse sie nur zweckmäßig neigen, nämlich so, daß ihre Projektionen auf die „Horopterflächen" verschieden ausfielen. Diesen mit so schöner Klarheit vorgetragenen Überlegungen war der Vorschlag von J. B. DONAS verwandt gewesen, wie er auf S. 105 geschildert worden ist. Ein gleiches Ziel steckte sich der Londoner Augenarzt TH. WHARTON JONES (*1.* u. *2.*), der aus einem dem MOSERschen (s. S. 55) ähnlichen

Gedankengang heraus die Betrachtung von Einzelbildern durch zerstreuende Zylinderlinsen vorschlug, um durch die in beiden Augen für verschiedene Bildpunkte verschieden starke prismatische Ablenkung eine Tiefenwirkung zu erhalten. Er gab seinen Linsen eine Bezeichnung, die einen Chemiker erfreut hätte (*moniconostereoscopic glasses*), scheint aber nicht einmal die Frage aufgeworfen zu haben, was man gegen den durch die Zylinderfläche eingeführten Astigmatismus tun solle, obwohl doch zu dieser Zeit die Aufmerksamkeit der Augenärzte bereits auf diese Wirkung derartiger Gläser gerichtet war. Für die Betrachtung von Photogrammen schlug er auch noch vor, solche Gläser vor die Okulare eines Doppelfernrohrs zu setzen. Er näherte sich auf diese Weise ein wenig dem etwas früher veröffentlichten Vorschlage Fr. de Zinellis, von dem M. von Rohr (*5*. 364) ausführlich gehandelt hat. Es ist wohl ganz zweifellos, daß Th. W. Jones die Tiefendeutung auf Kosten der Tiefenwahrnehmung hervorhob; allerdings fehlte diese auch nicht ganz, aber sie hatte zu dem Gegenstande des so betrachteten Bildes auch nicht die geringste Beziehung, wie die englischen Fachzeitschriften bei der Besprechung der Jonesischen Einführungsschrift sehr deutlich hervorhoben. Hier sei besonders auf die musterhaft sachliche Beurteilung hingewiesen, die die Zeitschrift *The Photographic News* abdruckte, ein Wochenblatt, an dem W. Crookes so viel Anteil nahm, daß er es seit 1858 herausgab. Der Berichterstatter faßte seine Meinung in knappen Worten dahin zusammen, daß „die Gläser die *Fläche* des Bildes im Raume abbilden und es so wirken „lassen würden, als wäre es auf der Innen- oder der Außenseite einer „krummen Fläche entworfen".

Von größerer Bedeutung für die Allgemeinheit waren die Bestrebungen, die bekannten Stereoskopformen leistungsfähiger zu machen.

Man begegnet dabei zunächst Th. Sutton (*4*.), der das Wheatstonesche Spiegelstereoskop mit Zusatzlinsen für große photographische Papierbilder empfahl. Er wählte Größen von 10 cm im Quadrat, die durch Plankonvexlinsen von 18 cm Brennweite betrachtet wurden. Die Planspiegel erhielten derartige Ausmaße (9: $9^1/_2$ cm), daß sie das Gesichtsfeld nicht beschränkten, doch mußte man beim Gebrauch darauf achtgeben, daß die Halbbilder von den Spiegeln nicht in störender Weise beschattet wurden.

Ähnliche Schwierigkeiten ergaben sich bei der Abänderung des Spiegelstereoskops, wo eines der wagerecht gelegten Bilder oben, eines unten angebracht wurde. Eine entsprechende Anordnung war übrigens bereits von J. Duboscq (s. S. 72) vorgeschlagen worden.

Wenn Th. Sutton bei dieser Gelegenheit auch noch zwei Weitwinkelstereoskope vorschlug, so hat er selbst wohl kaum auf ihre Aufnahme in weiteren Kreisen gerechnet; ihm war es dabei anscheinend mehr darum zu tun, die Leistungen seiner soeben erfundenen *Glas-Wasser-Linse* auch diesen Kreisen rühmend vorzuführen.

Ungleich wichtiger aber waren die auf das gewöhnliche Linsenstereoskop gerichteten Verbesserungsbestrebungen, deren Beginn ja schon in dem vorigen Abschnitte geschildert worden war. Sie wurden in diesem Zeitraum von der höheren Schicht der Liebhaber eifrig fortgesetzt und fanden einen angemessenen Ausdruck in einem Aufsatz, der offensichtlich dem auf so vielen Gebieten rühmlich bekannten Astronomen CH. PIAZZI SMYTH (*1.*) zuzuschreiben ist. Danach war bereits um 1864 ein Linsenstereoskop ohne Prismenwirkung in weiteren Kreisen sehr beliebt. Es war mit achromatischen Betrachtungslinsen von 12,5 cm Brennweite ausgestattet, deren Abstand auf 67,3 mm bemessen war. Achromatische Linsen mit Prismenwirkung zog der Berichterstatter zu jener Zeit allerdings noch vor; man müßte ihnen eine längere Brennweite von 14 cm geben, und sie hätten den Vorteil, die Vereinigung von Halbbildern mit einem größeren Abstande der Fernpunkte zu ermöglichen, als das bei der ersten Form angängig sei. Er ist aber nach späteren Äußerungen (*3.*) doch zu der zentrischen Benutzung der Betrachtungslinsen übergegangen, oder, mit anderen Worten, er hat das BREWSTERsche Prismenstereoskop zugunsten des WHEATSTONEschen Linsenstereoskops aufgegeben.

Nach derselben Richtung wiesen auch die Vorschläge, die H. HELMHOLTZ (*2.* 679) in einem gegen Ende des Jahres 1866 veröffentlichten Stereoskop verwirklichte. Er hatte, als er mit den Stereogrammen des Handels Versuche anstellte, das Bedürfnis empfunden, den Betrachtungsapparat den Bildern anzupassen, namentlich auch um die häufig vorkommenden Höhenfehler auszugleichen. Ein Instrument, das er von dem Berliner Optiker J. ÖRTLING erhielt, war offenbar nach den einfachen Vorschlägen J. DUBOSCQS angelegt und zeigte zwei drehbare Halblinsen. H. HELMHOLTZ ging über diese Anordnung weit hinaus und kam zur Anwendung von vollständigen Linsen, also zu der WHEATSTONEschen Anlage, wofür ihm aber nur eine Vorgängerschaft von A. CLAUDET (s. S. 102) bekannt war. Die dafür benutzten Lupen waren in einer ihm eigentümlichen Weise je aus zwei Einzellinsen von 12 und 18 cm Brennweite zusammengesetzt, gestatteten also nach Entfernung des unteren Linsenpaares, das Stereoskop auch mit einer geringeren Vergrößerung zu verwenden. Abgesehen von der wagerechten Verschieblichkeit der Linsenpaare hatte er auch eine Höhenverstellung vorgesehen, um Höhenfehler in den Stereogrammen ausgleichen zu können. Es war das eine Vorkehrung, die bereits zu demselben Zwecke von CH. WHEATSTONE (s. S. 78) veröffentlicht worden war.

Ziemlich gegen den Ausgang des vorliegenden Jahrzehnts machte der damals wohlbekannte Fachphotograph W. HARDING WARNER (*1.*) den Versuch, eine andere Größe für das stereoskopische Halbbild einzuführen. Er wählte als Ausmaße $7^1/_2$ cm in der Breite und $13^1/_2$ cm in der Höhe und schlug ziemlich stark prismatisch wirkende Betrachtungslinsen mit

Brennweiten von 18 cm und darüber vor. Wenn er den Träger mit diesen größeren Halbbildern als *Weitwinkel-Stereogramm* bezeichnete, so muß doch darauf hingewiesen werden, daß die so erreichte Steigerung des Gesichtsfeldes fast ausschließlich dem Höhenwinkel zugute kam. W. H. WARNER (*2*) sprach noch einige Jahre später über denselben Vorwurf und teilte mit, daß er solche Instrumente von den Firmen MURRAY & HEATH und G. HARE habe ausführen lassen. Trotz der angenehmer wirkenden Bildbegrenzung scheint aber auch diesem Versuch, das BREWSTERsche Prismenstereoskop wieder aufleben zu lassen, der Erfolg versagt geblieben zu sein.

Als neue stereoskopische Versuche beschrieb J. B. LISTING (*1.*) 1869 Sammelbilder und Vorkehrungen dazu, die wohl zutreffender als Verwendungen des BREWSTERschen Stereoskops mit einem einzelnen brechenden Prisma (s. S. 63) gekennzeichnet werden, bei denen aber — und das ist das Neue — die Brechungsebene des Einzelprismas nicht die Verbindungslinie der Augendrehpunkte enthielt, sondern gerade senkrecht zu ihr stand. Zwei seiner ebenen Zeichnungen zur Hervorrufung des stereoskopischen Sammelbildes zeigten zwei, einander wie die Striche eines X durchdringende Richtungen. Jede dieser Richtungen war — etwa wie eine schiefe Leiter — durch gleiche wagerechte Sprossen in gleichen Abständen bestimmt, und zwar war jede Sprosse entweder durch eine Gruppe zusammenhangloser Buchstaben oder durch einige Worte gebildet. Brachte man nun das Prisma vor ein Auge und verschmolz eine Sprosse des unbewaffneten Auges mit der folgenden oder der vorhergehenden des prismenbewaffneten, so entstand ein Sammelbild, worin die beiden Leitern in verschiedener Entfernung lagen, beide aber der Zeichenebene parallel waren. Wegen der geringen Ungenauigkeiten, die beim Satz der Buchstabengruppen oder Worte unvermeidlich waren, ließen die einzelnen Sprossen die DOVEschen (s. S. 108) Tiefenwerte nicht völlig gleicher Halbbilder deutlich erkennen. Die dritte Zeichnung enthielt zwei Wellenzüge, die bei richtiger Vereinigung zu zwei einander umschlingenden Schraubenlinien wurden. Formeln zur Berechnung der Entfernungsunterschiede waren beigegeben worden.

Auch in Amerika war die Freude am Stereoskop groß, und man suchte den allmählich eintretenden Mangel an Teilnahme schon früh zu heben; so liest man von einem Gerät mit achromatischen Betrachtungslinsen, wie es E. EMERSON (*1.*) im Jahre 1861 vorschlug. Es hat sich dabei um horizontal verschiebbare, achromatische Halblinsen mit Prismenwirkung gehandelt.

Einen guten Griff tat aber einige Jahre später, in der Zeit des entschiedenen Verfalls, der in Amerika seinerzeit als Plauderer geschätzte OLIVER WENDELL HOLMES (* 1809, † 1894). Er war Professor der Anatomie an der Harward Universität. Seine ersten dieser Darstellung zugänglichen Arbeiten (*1.*) auf dem vorliegenden

Gebiet[1]) gehen auf das Ende der fünfziger Jahre zurück, die erste Erwähnung eines einfachen Stereoskops scheint in (*2*. 29) zu stehen. Etwas über die Entwicklungsgeschichte seines Gedankens findet sich aus neuester Zeit bei dem amerikanischen, in Paris ansässigen Augenarzt . . BULL (*1*. 316), und in den sechziger Jahren war O. W. HOLMES dem Herausgeber des umfangreichsten englischen Fachblattes als Erfinder des amerikanischen Stereoskops wohl bekannt. In der späteren Zeit ist es bekannt geworden als ein mit einfachen prismatischen Linsen versehenes Stereoskop mit einem SCHYRLschen Schirm ohne eigentlichen Körper, also zur Betrachtung von Papierbildern im auffallenden Licht besonders geeignet. Die Einstellung geschah durch die Verschiebung der Bildebene. Alle diese Einrichtungen waren an sich zweckmäßig und auf eine Herstellung in großen Massen berechnet. Gewiß hatte man sich, wie das im Zug jener Zeit lag, allmählich mehr und mehr von der Erzielung eines raumähnlichen Sammelbildes entfernt, aber immerhin stand doch die durchaus zweckmäßige allgemeine Einrichtung des billigen Instruments turmhoch über den Schundstereoskopen der Alten Welt. Kein Wunder, daß sich für diese sicherlich nicht mustergültige Einrichtung bei der urteilslosen Menge ein gewisser Anteil erhalten konnte.

In Amerika wurden bis auf die neueste Zeit eine ungemeine Menge von Abänderungen an der ursprünglichen Form unter den Patentschutz gestellt, worauf nach der ganzen Anlage dieser Schrift hier nur hingewiesen werden kann. Als ein Beispiel dafür sei für diesen Zeitraum auf J. W. STORRS (*1*.) hingewiesen, der schöne Wirkungen durch den Zurückwurf des Lichts von farbigen, leicht auswechselbaren Papierstreifen erreichte. Freilich ist dieser Gedanke bei gewöhnlichen Lichtbildern viel älter und nach M. VON ROHR *5*. 329, 362) namentlich um den Anfang der sechziger Jahre in England durchgearbeitet worden.

In Europa hatten betriebsame Geschäftsleute schon längst die Herstellung von Stereoskopen begonnen, die sich würdig den Stereogrammen anreihten, über deren Verwilderung nach Gegenstand und Ausführung oben geklagt worden war. Diesen Instrumenten fehlte zur Brauchbarkeit so gut wie alles. Die chromatischen Linsen waren schlecht ausgeführt, zu klein, unzweckmäßig gestellt und häufig so eingesetzt, daß sich grobe Höhenfehler ergaben. Dem Stereoskop fehlte die Scharfstellungsvorrichtung und die Möglichkeit, die Linsen zu trennen. Um die aus der starken Prismenwirkung folgende Verzeichnung möglichst zu verdecken, waren die Brennweiten so lang gewählt, daß die im Stereoskop betrachteten Bilder unverhältnismäßig klein (allerdings auch tief) erschienen. Anlockend war bei diesen Erfolgen des durch keinerlei Sachkenntnis gehemmten Schachergeistes einzig der niedrige Preis, und er

[1]) Ich verdanke diese Angaben der liebenswürdigen Hilfsbereitschaft von Herrn O. K. KASPEREIT.

zog allerdings für eine Zeit die Käufer an. Allmählich aber wurde dieser Raubbau auf dem allerdings sehr ertragreichen Felde einer weit verbreiteten Liebhaberei doch zu arg, und die Anteilnahme der Menge an den schlechten Instrumenten und den noch schlechteren Bildern ließ deutlich nach. Der Bankbruch des Wahlspruches „billig und schlecht" traf aber bei der allgemeinen Verstimmung und Entrüstung auch die Vertreter ehrenhafter Grundsätze, und so kam es, daß in den letzten Jahren dieses Zeitraums die Stereoskopie für weite Kreise mehr und mehr in Mißachtung geriet, ja verschwand. Zuerst wanderten wohl in England die Stereoskope, die vor kurzem noch zu dem eisernen Bestande des Empfangszimmers gehört hatten, in die Rumpelkammer, doch auch in Frankreich und in Deutschland erlosch — dem späteren Anfang entsprechend etwas später — die allgemeine Freude an diesen Instrumenten gründlich. Es ist ganz verständlich, daß auch der Nachwuchs der Liebhaberphotographen davon stark beeinflußt wurde, und so kam es, daß in den siebziger und den achtziger Jahren in weiteren Fachkreisen kaum noch von Stereoskopie die Rede war.

## Die theoretischen Ansichten.

Es stimmt mit dem allmählichen Erlöschen der Freude an diesen Erscheinungen überein, daß sich in dem vorliegenden Zeitraum nicht viele neue Wissenschafter hervortun. Fast ausnahmslos begegnet man den Namen aus dem vorhergegangenen Jahrzehnt. Die strenge Wissenschaft beschäftigte sich mit den Apparaten kaum mehr, für sie war hauptsächlich die — hier nicht eigentlich behandelte — Lösung physiologischer und psychologischer Aufgaben von Wert.

Eine ganz allgemeine Behandlung der Bedingungen, die er bei der Anpassung optischer Instrumente an den beidäugigen Beobachter für nötig erachtete, teilte F. Giraud-Teulon (*2.*) der Pariser Akademie in den ersten Tagen des Jahres 1861 mit. Ohne auf seine Vorschriften zur Brillenanpassung (s. S. 80) zurückzukommen, empfahl er ausdrücklich, zerstreuende Okulare nach innen, aus Sammellinsen bestehende nach außen zu dezentrieren. Nebenbei wies er darauf hin, daß man ein mit verlängerten Auszügen versehenes Opernglas sehr wohl als ein Stereoskop verwenden könne.

Noch in seinem letzten Lebensjahre beschäftigte sich A. Claudet mit seinem Lieblingsgebiet, und zwar beschrieb er (*14.*) einen Versuch, der in hübscher Weise die Genauigkeit der stereoskopischen Wahrnehmung belegte. Er nahm dazu ein in jener Zeit beliebtes Spielzeug, ein *Thaumatrop.* Man versteht darunter ein längliches, auf der Vorder- und Rückseite bedrucktes Kartenblatt, an dessen kurzen Kanten je ein Faden so angebracht war, daß beide, gespannt, die Verlängerungen der größeren Mittellinie einer der beiden bedruckten Seiten bildeten. Versetzte man durch Drillen der straff gespannten Fäden das Blatt in schnelle Drehung, so wurden die Zeichnungen auf beiden Seiten den Augen in rascher Folge sichtbar. Da die Eindrücke eine Zeitlang auf der Netzhaut bestehen bleiben, so sieht man beide Zeichnungen gleichzeitig. Stellt beispielsweise die Vorderseite einen leeren Käfig, die Rückseite einen Vogel dar, so scheint sich beim Drillen der Vogel in dem Käfig zu befinden. An einem solchen Thaumatrop hatte A. CLAUDET deutlich wahrnehmen können, daß die Marken der Vorderseite ihm näher waren als die der Rückseite, und er war über eine solche Genauigkeit der Ortsbestimmung erstaunt; denn da der Abstand des Thaumatrops von seinen Augen 38 cm betragen hatte und die Dicke der Karte nur 0,32 mm gewesen war, so hatte er noch einen Entfernungsunterschied von $^1/_{1200}$ des Abstandes wahrnehmen können. Diese überraschende Genauigkeit erklärte er durch die Doppelbilder der nicht fixierten Zeichnung; man wird aber wohl besser auf die von E. HERING (*2.*) gegebene Erklärung der Schärfe der Breitenwahrnehmung zurückgehen. Berechnet man aus seinen Angaben ganz in der HELMHOLTZischen Weise das Winkelmaß der Breitenwahrnehmung, so kommt man, wenn man für A. CLAUDET einen Augenabstand von 63,5 mm annimmt, zu einem Betrage von $\eta = 28'',7$, was überraschend gut zu dem $\eta$-Werte von $30'',4$ stimmt, der sich aus den Versuchsergebnissen von H. HELMHOLTZ ableiten läßt. Dabei muß noch bemerkt werden, daß es sich in beiden Fällen sicherlich um Messungen handelt, deren Umstände nicht darauf gedrängt hatten, die Genauigkeit bis zu ihrer äußersten Grenze zu treiben.

Auch die letzten hierher gehörigen Veröffentlichungen H. W. DOVEs fallen in diese Zeit. Er berührte nacheinander die verschiedenen Gebiete, auf denen er vorher so erfolgreich gearbeitet hatte. An seine einfachen und doch so wirksamen stereoskopischen Apparate erinnerte die Verwendung, die er für das Stereoskop zur Feststellung der Übereinstimmung zweier die Halbbilder vertretenden Darstellungen vorschlug. Dabei schloß man ganz im Sinne BREWSTERs (s. S. 56) aus der Abwesenheit jeder Tiefenwirkung auf die völlige Gleichheit der beiden verglichenen Darstellungen. Schon früher hatte er (*14.*) dies Verfahren zur Erkennung gefälschter Kassenscheine empfohlen, und jetzt benutzte er (*16.* u. *18.*) sie zum Nachweis der durch die elastischen Eigenschaften verschiedener Metalle bedingten Formänderungen geschlagener und gegossener Schaumünzen. Legte man zwei von demselben Stempel stammende Stücke aus verschiedenem Metall in das Stereoskop, so zeigte die Wölbung des darin erscheinenden Sammelbildes sehr deutlich jene Verschiedenheit an.

Auch auf die „flatternden Herzen" kam er (*17.*) zu sprechen und führte diese Erscheinung auf die verschiedene Entfernung zurück, in die die Augen infolge ihrer Farbenfehler verschiedenfarbige Bilder verlegen. Auch eine Vorrichtung zur Anstellung von Glanzversuchen veröffentlichte er (*19.*) noch, aber dann scheint sein Anteil an diesem Gegenstande zu erlöschen, und er begegnet (*20.*) dem Leser nur noch einmal gegen den Ausgang dieses Jahrzehnts, wo er auf die große Bedeutung psychologischer Momente für die Beurteilung des Gesehenen hinwies.

In einem gewissen Zusammenhange mit H. W. Dove stand O. N. Rood, der häufig in seinen Streitigkeiten mit D. Brewster die Partei H. W. Doves nahm. Doch lag O. N. Roods Arbeitsgebiet gar zu sehr auf der Seite physiologischer Forschung, um in dieser Darstellung vollständig behandelt zu werden, wenngleich manche Grenzgebiete zu erwähnen sind. Namentlich in den Versuchen zum Glanz folgte er H. W. Dove, und er wiederholte auch, sicherlich ohne Kenntnis dieser Vorgängerschaft, einige Versuche J. J. Oppels über das Glitzern. Eine im Anschluß an die Sangschen Kunststereogramme lebhaft aufgenommene Aufgabe beschäftigte auch ihn (*1.*), nämlich die Lösung der Frage, wie zu einer gegebenen Perspektive eines bekannten Raumdings das zugehörige Halbbild zu entwerfen sei. Das dafür vorgeschlagene Verfahren erfordert, da bereits auf die verschiedenen Vorgänger hingewiesen worden ist (s. S. 121), keine besondere Besprechung.

Recht bemerkenswerte Ansichten äußerte 1861 der auf dem Gebiete der binokularen Mikroskopie so ausschlaggebende Ingenieur F. H. Wenham (*7.*). Er plante ein Doppelmikroskop mit parallel gerichteten Rohren zu dem Zwecke, Abweichungen in ebenen Darstellungen — er dachte u. a. an gefälschte Warenzeichen — durch das Auftreten von Tiefenunterschieden in dem Raumbilde zu entdecken. Es war offenbar der Gedanke H. W. Doves (s. S. 108), mit stark vergrößerten Bildern durchgeführt. Er machte Versuche mit zwei entsprechend angebrachten einfachen Linsen von $6^1/_2$ cm Brennweite und war damit imstande, an einzelnen Briefmarkenpaaren ein büstenartiges Heraustreten des Kopfes festzustellen. Allem Anscheine nach ließ er aber den vielversprechenden Gedanken liegen.

Auch Th. Sutton findet sich in diesem Zeitraum durch einige Arbeiten vertreten. Sie bezogen sich beide auf Vorwürfe, die schon früher von ihm behandelt worden waren. In dem ersten der beiden Aufsätze kam er (*3.*) auf die Wiedergabe von nahen Gegenständen bei einer Zwillingskammer zu sprechen und wies — allerdings in einer etwas umständlichen Art — nach, daß solche Gegenstände in einem richtig gebauten Stereoskop durchaus nicht in unendlicher Entfernung, sondern in ihrem natürlichen Abstande erscheinen würden. Als richtig gebautes Stereoskop erschien ihm ein solches ohne Prismenwirkung, also ein Wheatstonesches Linsenstereoskop, mit Betrachtungssystemen von der Brennweite der Aufnahmeobjektive. Eine gewisse Schwierigkeit bereitete ihm dabei nur der Fall, daß Beobachter mit einem kleineren Augenabstande ein solches Stereoskop benutzen wollten.

Auf diesen Punkt kam er (*6.*) in einer späteren Arbeit zurück, die sich gegen die von E. Emerson gemachten Verbesserungsvorschläge richtete. Hier stellte er sich ganz auf den Boden seiner früher (s. S. 116) besprochenen Arbeit, wo er unter der stillschweigend gemachten Annahme einer vollkommenen Abbildung durch die ganze Linsenöffnung natürlich auf jede seitliche Verschiebung der exzentrisch benutzten Linsenteile verzichten konnte. Man wird wohl zugeben können, daß bei aller theoretischen Richtigkeit der SUTTONschen Ansichten jene Voraussetzung bei stark abweichenden Augenabständen doch nicht mehr erfüllt war, und also die EMERSONsche Lösung der Schwierigkeit (s. S. 148) tatsächliche Vorteile bot.

Von den neuen Namen, die in dieser Zeit des Niederganges durch die Arbeit am Stereoskop bekannt wurden, gehört einer dem englischen Sprachgebiete an. Das ist der des Ingenieurs ROBERT HENRY BOW (* 27. Jan. 1827, † 17. Febr. 1909). Auf ihn ist zunächst eine Vortragsfolge (*1.*) zurückzuführen, die in der damals sehr rührigen Edinburger photographischen Gesellschaft gehalten wurde. Auch hier war der Niedergang des Anteils an dem einst so beliebten Gerät aufgefallen, und man sah um so lieber ein angesehenes Mitglied des Vereins diesen Gegenstand behandeln.

Die stereoskopische Wahrnehmung kommt ihm mittels der Augenbewegungen zustande, und die Innervation der Augenmuskeln gibt dem Beobachter einen Anhalt über die Entfernung der Objekte. Die Lehre von dem Horopterkreise war dem Vortragenden bekannt, und auch ihm bereitete es eine außerordentliche Schwierigkeit, die fortwährende Bewegung der Augenpupillen beim direkten Sehen in eine strenge Beziehung zu den perspektivischen Bestimmungsstücken eines Stereogramms zu setzen. In Wirklichkeit könne doch nur der unmittelbar fixierte Bildteil stereoskopisch gesehen werden. — Daß die Gemeinschaft der Punkte des Raumbildes aber eben perspektivisch liege zu den beiden Augendrehpunkten, diese schon J. J. OPPEL bekannte Lehre wurde von R. H. BOW nicht entwickelt, weil er gar zu streng an der Strahlenbegrenzung durch die Augenpupillen festhielt. — Betrachte man ein Stereogramm ohne Zwischenschaltung von Stereoskoplinsen, so mache Weitsichtigen die Trennung von Akkommodation und Konvergenz meistens größere Schwierigkeiten. Der Kurzsichtige aber, der auf 10—11 $^1/_2$ cm akkommodieren könne, habe dann einen viel besseren Eindruck, als er ihm durch irgendein Instrument zu vermitteln sei. Nach einer längeren Behandlung der optischen Einrichtung des Menschenauges und der perspektivischen Verhältnisse im allgemeinen wird auch die große Bedeutung betont, die die auch der einäugigen Betrachtung zugänglichen Tiefenzeichen auf die richtige Auffassung eines Stereogramms haben. Deren Bedeutung gehe so weit, daß man auch aus zwei gleichen Bildern einer Landschaft im Stereoskop eine ganz gute Tiefenvorstellung der Gegend erhalten könne. — Betrachte man die Halbbilder aus unrichtiger Entfernung, so daß die Gesichtswinkel verändert würden, so gingen die Änderungen in der

Perspektive der einzelnen Halbbilder und die der beidäugigen Tiefenwahrnehmung Hand in Hand, was sich durch Versuche auch nachweisen lasse. Man müsse daher die gleichen Gesichtswinkel herbeiführen, die bei der Aufnahme gälten, und zu diesem Zwecke Augenlinsen von der Brennweite der Aufnahmelinsen, also meistens $11\,^1/_2$ cm, benutzen. Eigentlich sollte dabei die Pupille die Blende abgeben; da sie sich aber beim Betrachten bewege, so werde der günstigste Augenort der Linse etwas näher liegen müssen. — Auch aus diesen Überlegungen eines Mannes von erprobter Fähigkeit in der Lösung optischer Aufgaben geht hervor, wie schwierig es war, aus der Kenntnis von der Wichtigkeit des Augendrehpunkts die Forderungen für die richtige Anlage von Lupen abzuleiten. — Bei dem Bau eines Stereoskops solle man aber möglichst von der Prismenwirkung exzentrisch benutzter Linsen absehen; man führe dadurch nur eine Verzeichnung ein, die sich im stereoskopischen Raumbilde als Tiefenfälschung äußere. — Vergrößere man den Abstand der Aufnahmelinsen auf den $k$-fachen Betrag des Augenabstandes, so seien die geometrischen Bedingungen für die Wahrnehmung eines $k$-fach verkleinerten Modells gegeben, doch treffe man bei der Auffassung des Raumbildes einen Ausgleich mit der Erfahrung. Er wenigstens könne ein mit einem Objektivabstande von 30 cm aufgenommenes bekanntes Raumding nicht beinahe 5 fach verkleinert auffassen. Bei den Aufnahmen solle man nicht gar zu nahe und gar zu ferne Gegenstände in ein und dasselbe Bild kommen lassen; es empfehle sich vielmehr, einen Mindestabstand vom 10—20fachen der Achsentrennung einzuhalten. Wirkliche Naturtreue erhalte man indessen nur, wenn dieser Achsenabstand der Augenentfernung gleichkomme. Allerdings ergäben sich dann nur sehr wenig verschiedene Bilder, die von gleichen Halbbildern kaum zu unterscheiden wären, wenn es sich um etwas weit entfernte Gegenstände handele. Es schade übrigens nichts, wenn man jedes Halbbild auf der Außenseite größer lasse; ähnliches finde auch in der Natur statt, da die Nase auch die Innenseite des einäugigen Gesichtsfeldes beschränke.

Derselbe Gelehrte (*1.*) bemerkte kurz darauf, daß Brewster in einem Beitrage zu einem Nachschlagewerk aus dem Jahre 1860 der Vergrößerung des Linsenabstandes eine einseitige Übertreibung der Tiefenverhältnisse zugeschrieben habe, während die wirkliche Folge eines solchen Vorgehens in seinem Buche vom Jahre 1856 ganz richtig geschildert worden sei. Brewster ist damit trotz seiner früheren richtigen Auffassung zu den gleichen Ansichten gekommen, die vor ihm W. Hardie und A. Claudet (s. S. 91) vertreten hatten und die nachher anscheinend von H. Helmholtz (s. S. 93) angenommen wurden.

Sehr bald danach forderte der leitende Herausgeber des wichtigsten englischen Fachblattes (*The British Journal of Photography*), nämlich der soeben nach London berufene Schotte J. Traill Taylor, seinen von der Edinburger Gesellschaft her wohlbekannten Landsmann R. H. Bow zu einer Reihe von erläuternden Aufsätzen über das Stereoskop auf, und R. H. Bow (2.) entsprach dem Verlangen.

Das Hauptgewicht legte er auf die Feststellung des Umstandes, daß die Größe der Konvergenz keinen bedeutenden Einfluß auf die Bestimmung der Entfernung des im Stereoskop wahrgenommenen Gegenstandes habe. Er führte dafür eine ganze Reihe von Beweisen an. So sei die Änderung nur geringfügig, die man empfinde, wenn man die Außenwelt mit nur einem freien Auge betrachte, während das andere durch ein Prisma blicke, das eine Ablenkung von etwa $1\,^2/_3$ Grad ergäbe. In dem Brewsterschen Stereoskop könne man die Bilder auseinanderziehen, ohne wesentliche Änderungen wahrzunehmen. Bei der Betrachtung von Halbbildern mit divergenten Blicklinien — er konnte ähnlich wie J. J. Oppel eine Divergenz von $7\,^3/_4$ Grad erreichen — fasse man das Raumbild nicht besonders weit entfernt auf. Zwei mit gekreuzten Blickrichtungen betrachtete Münzen gäben ein Vereinigungsbild, das nicht so klein erscheine, wie man annehmen sollte, wenn es im Kreuzungspunkte der Blickrichtungen aufgefaßt würde. Die von Brewster vorgeschlagenen Versuche mit Tapetenbildern und Marken von Rohrstuhlgeflecht fielen für ihn nicht überzeugend aus. Wende man nun den auf diese Weise belegten Leitsatz auf das Stereoskop an, so komme man leicht zu dem Ergebnis, daß man im Stereoskop die Gegenstände da sehe, wo man sie nach der Erfahrung erwarte. Die Tiefe werde dabei nach denselben Regeln erhöht oder gemindert, die auch für die Perspektive der Halbbilder maßgebend seien. Eine genaue Feststellung des Ortes der beidäugig gesehenen Gegenstände sei auch im Doppelfernrohr schwierig, auch dort sähe man die Gegenstände meistens nicht größer, sondern näher. Gehe man nun auf das gewöhnlich gebrauchte Brewstersche Stereoskop ein, so sei die Verlegung entsprechender Bildpunkte infolge der Prismenwirkung bestimmt durch die Exzentrizitäten beider Augen gegen die Linsenmitten, also für kleine Augenabstände beträchtlicher als für große. Da man nun lerne, mit immer kleineren Exzentrizitäten auszukommen, so solle eine Vorrichtung, um die Linsen einander zu nähern und voneinander zu entfernen, am Stereoskop vorhanden sein. Nehme man an, daß die beiden Fernpunkte auf dem Stereogramm einen Abstand von 76,2 mm erhielten, und daß die nächsten Punkte des aufgenommenen Raumdings in einer Entfernung lägen, die dem 20 fachen des Augenabstandes gleich sei, so komme man auf die Forderung einer Verschiebungsmöglichkeit der beiden Halblinsen für alle Lagen zwischen 57 und 83 mm Entfernung. Da die Stereoskoplinsen die Halbbilder im Unendlichen erscheinen ließen, so werde durch das Brewstersche Stereoskop das Schwanken des Raumbildes bei Kopfbewegungen sehr vermindert. Beim Aufkleben der Halbbilder seien namentlich die Höhenfelder sorgfältig zu vermeiden. In der Aufsatzreihe ist schließlich das Verfahren noch ganz bemerkenswert, für die auf den Abbildungen angedeuteten

Stereogramme die Zeichnungsebene stets zwischen Raumding und Augen anzunehmen, um das Wesen der als Perspektiven dienenden Abbildsbilder deutlicher hervortreten zu lassen. Auf dieses den neuzeitigen Anschauungen schon sehr nahe kommende Vorgehen R. H. Bows hat M. von Rohr (*5.* 335) ausführlicher hingewiesen. Ferner sei hervorgehoben, daß der Verfasser in dieser Arbeit auch die Brille als stereoskopisches Instrument behandelte und namentlich vor der Schädlichkeit eines merkbaren Höhenfehlers warnte.

Bei dieser recht bemerkenswerten, auch auf die Physiologie des Sehvorganges eingehenden Arbeit hat die Vergleichung des im Stereoskop erscheinenden Raumbildes mit der Natur gefehlt. Eine ziemlich matte Stimmung spricht aus ihr, wie ja überhaupt hier, anders als in dem vorhergehenden Aufsatze, die Frage der Raumähnlichkeit kaum gestreift wurde. Die ganze Anlage der Arbeiten aber gibt Zeugnis von einer sehr bemerkenswerten Fähigkeit für die Behandlung solcher verwickelten Aufgaben, und man bekommt einen guten Eindruck von der geistigen Höhe der derzeitigen englischen Liebhaber.

Im deutschen Sprachgebiete gingen damals die lebhaftesten Anstöße, die leider aber nicht nachhaltig wirken sollten, von Österreich aus. Wie man auch aus der in diesen Zeitraum fallenden Gründung der Kreutzerschen „Zeitschrift für Fotografie und Stereoskopie" sehen kann, war dort der Anteil an diesen Fragen bemerkenswert hoch, und es hat sicher der Sache der Stereoskopie geschadet, daß der gut unterrichtete und gründliche K. Kreutzer schon so früh (wohl 1863) starb.

Gegen Ende des Jahres 1865 veröffentlichte E. Mach (*1.*), ein junger Physiker an der Grazer Universität, eine kurze Bemerkung zur stereoskopischen Darstellung einander durchdringender Körper und vervollständigte *2.*) sie im Jahre darauf.

Er schlug vor, die Körper, die einander durchdringen sollten, nacheinander auf dieselben Platten aufzunehmen, sie würden einander bei der Betrachtung nicht stören. Solche Aufnahmen empfahl er für die Darstellung anatomischer Präparate, da sie zweifellos von hohem Lehrwerte sein würden. Es scheint nicht, als seien ähnliche Darstellungen in größerer Zahl zustande gekommen, und man wird bei der Betrachtung eines solchen Durchdringungs-Stereogramms wohl auch stets gegen die Erfahrung zu kämpfen haben, der ein derartiges Raumbild entschieden widerspricht. — Im weiteren Verlaufe der Arbeit bemerkte der Verfasser, daß bereits Brewster (s. S. 100) auf dieselbe Weise Geistererscheinungen im Stereoskop dargestellt hätte. In der Tat hat er ja in seinem zweiten Vorschlage noch eine weitere, für gewisse Zwecke folgenreichere Möglichkeit angegeben.

Es ist möglich, daß dieser Aufsatz schon früh auf Ärzte wirkte, jedenfalls kann man den Titel des gegen Ende desselben Jahres an den Pester Arzt C. Bartha (*1.*) erteilten Patents hierfür anführen.

In jüngster Zeit ist ein solches MACHsches Durchdringungs-Stereogramm von G. BUCKY (*1.* Taf. II) an einer bequem zugänglichen Stelle veröffentlicht worden. Nach seinen Äußerungen (*1.* 143) scheint es nicht ausgeschlossen, daß es sich um eine der Aufnahmen aus der hier besprochenen Zeit handelt.

Eine weitere Mitteilung, die E. MACH (*3.*) zu dieser Zeit über den gleichen Gegenstand veröffentlichte, steht den Durchdringungsbildern nahe. Sie führte die stereoskopische Darstellung eines in drei Pyramiden zerlegten Holzprismas vor und erläuterte ein einfaches Verfahren, solche stereoskopischen Aufnahmen etwa von Knochenpräparaten durch die billige Zinkographie im Buchdruck wiederzugeben.

Er behandelte den gleichen Gegenstand noch im gleichen Jahre in einem gemeinverständlichen Aufsatze, und im Jahre darauf auf dem Dresdener Naturforschertage, wo er sehr lehrreiche Bilder vorführte.

Auch ein ganzes Jahrzehnt später kam E. MACH (*4.*) auf den gleichen Gegenstand zurück und benutzte nun gelegentlich an Stelle der nacheinander erfolgenden Aufnahmen die Spiegelung an unbelegten oder halbdurchlässigen Spiegeln. Es handelt sich um ein Verfahren, dem hier einige Worte gewidmet werden müssen. Man kann schon aus dem Jahre 1858 einen Aufsatz von H. DIRCKS (*1.*) nachweisen, worin das an einer großen unbelegten Spiegelplatte entstehende Spiegelbild einer Reihe von Zuschauern vorgeführt werden sollte. Mehrere Jahre darauf, jedenfalls seit dem Jahre 1863, benutzte der Erfinder (*2.*) zusammen mit seinem gewandteren Genossen J. H. PEPPER diesen Gedanken zur Vorführung von Geistererscheinungen auf der Bühne, und das führte auf die zu jener Zeit ganz ungemein beliebten, unter dem Namen von „PEPPER's *ghost*“ [1]) bekannten Schaustellungen. Dabei wurde durch einen unbelegten Spiegel das Bild einer hell gekleideten und stark beleuchteten Person in einen

[1]) Die folgenden näheren Angaben über diese in zahlreiche physikalische Lehrbücher übergegangene Anlage sind wohl von Wert. In der von QUINTIN HOGG gegründeten Londoner Fortbildungsanstalt *(Polytechnic Institution)* wurden auch in ziemlich großem Umfange allgemein verständliche physikalische Unterhaltungen dargeboten, wie Lebensrad, Taucherglocke, Schirmbilder u. ä. Das Eintrittsgeld betrug 1 M., und in den fünfziger und sechziger Jahren gehörte dieses wissenschaftliche Theater zu den stark besuchten Sehenswürdigkeiten Londons. Zu der Zeit, wo der Anteil an spiritistischen Vorführungen sehr lebhaft war, zeigte ein Angestellter *(Honorary Director)* des Unternehmens, der Professor der Chemie J. H. PEPPER, großes Geschick bei der Lösung der Aufgabe, einer großen Zuhörerschaft Geister erscheinen zu lassen. Wie es in der Monatsschrift „The Lantern Record“ 1900, S. 30, geschildert wird, benutzte er dazu die DIRCKSische Anlage, brachte aber den wahren Erfinder um seinen Anteil, was man aus einer Darstellung des bitter gekränkten H. DIRCKS (*3.*) entnehmen kann. Der Zulauf war ungeheuer; wird doch berichtet, daß diese Darbietungen in den ersten sechs Monaten den gewaltigen Ertrag von 1/4 Million Mark einbrachten. Nach seiner Trennung von der Anstalt ging J. H. PEPPER nach Australien und setzte dort sein Vermögen zu mit aussichtslosen Versuchen, durch Sprengschüsse in den höheren Luftschichten Regen herbeizuführen. Er starb in den ersten Monaten des Jahres 1900.

verhältnismäßig dunklen Raum (die Bühne) gespiegelt, wobei schon von selbst darauf gesehen wurde, daß der Geist nicht gerade mit einer lebenden Person oder einem Möbelstück denselben Platz einnehme. Eine solche Darstellung ließ sich genau so gut durch ein in einer Kammer entstandenes Stereogramm darstellen wie die Spiegelung an einem gewöhnlichen Spiegel, und das schlug E. Mach in seiner letzten Mitteilung vor. Er ging darin so weit, die Möglichkeit anzunehmen, daß man auch einen Menschenkopf in den verschiedenen Zergliederungsstufen auf dieselbe Platte aufnehemen könne, und daß es dann noch möglich sein würde, von den zeitlich verschiedenen Teilbildern ein brauchbares, die Knochen, Muskeln und Hautlagen in ihrer räumlichen Anordnung zugleich zeigendes Raumbild zu erhalten.

In seiner physiologischen Optik hat H. Helmholtz (2.) gegen Ende des Jahres 1866 eine Behandlung des Stereoskops und der binokularen Instrumente gegeben, die auf Jahre hinaus mindestens für das deutsche Sprachgebiet klassisch bleiben sollte. In der Tat wird überall der Versuch gemacht, auf die ersten Quellen zurückzugehen, und er ist auch gelungen, soweit es sich um die eigentlich wissenschaftlichen Schriften handelte. Von der Einseitigkeit Brewsters und seiner Parteinahme gegen Ch. Wheatstones Verdienste ist hier nichts vorhanden. Die Hauptverdienste des Buches für das vorliegende Gebiet lagen aber auf der theoretischen Seite.

Zum ersten Male wurde hier (665) eine vollständige mathematische Theorie der Raumbilder gegeben, deren Punkte sich als die Schnittstellen der Verbindungslinien je eines Projektionszentrums mit dem zugehörigen Punkte des Halbbildes ergaben. Dabei wurden Änderungen im Abstande der Projektionszentren von der Ebene des Stereogramms, also Tiefenänderungen, und symmetrische Verschiebungen der Halbbilder in ihrer Ebene, also der Fall der Reliefbilder, ganz eingehend (668) besprochen. Dieser letzte Fall wurde auch auf die Regeln der schon früh behandelten Reliefperspektive zurückgeführt, und es wurde darauf hingewiesen, daß das Reliefbild von einem mitten zwischen beiden Augen liegenden Punkte aus zu dem Urbild perspektivisch ist.

Die so ganz allgemein analytisch abgeleiteten Lehren wurden zunächst (672) auf die Brillen angewandt, bei denen ein falscher Scheitelabstand eine Reliefwirkung bedingen müsse, sodann wurden auch andere binokulare Instrumente so behandelt. Dabei wurde (673) bei Fernrohren auf die Tiefenänderung (Porrhallaxie) hingewiesen, (673) die Theorie des einfachen Spiegelstereoskops, (681) die des Telestereoskops mit Fernrohrvergrößerung gegeben, wobei, wie schon früher (s. S. 93) erwähnt wurde, die eigentümliche Abweichung von der früher gegebenen Beschreibung mit unterlief. Auch für die Wirkung des binokularen Mikroskops nach A. Nachet (s. S. 134) gab er (682) eine Erklärung, bei der auf die Halbierung der Eintrittspupille des Instruments Rücksicht genommen worden war. Beim eigentlichen Stereoskop nahm er (671) ungefähr den etwas früher von R. H. Bow (s. S. 155) vertretenen Standpunkt ein, daß es auf den Winkelwert der Konvergenz der Gesichtslinien nicht sehr ankomme, und daß für die Tiefenanschauung die Erfahrung eine sehr bedeutende Rolle spiele. Auch er beschäftigte sich mit der Raumähnlichkeit nicht, was wohl daraus zu erklären ist, daß er nicht selbst photographierte und daher nur schwierig die Vergleichung des stereoskopischen Raumbildes mit dem Raumding vornehmen konnte. — Lebhaft zog ihn (644) die Feststellung der Genauigkeit der stereoskopischen Tiefenbestimmung an. Er gab zu diesem Zwecke einen Versuch an, der darin bestand, daß eine verschiebbare Nadel in die durch zwei feste bestimmte Ebene gebracht werden solle. Er selbst fand eine Genauigkeit, die er nach einer ziemlich rohen Messung auf eine halbe Nadeldicke (etwa $^1/_4$ mm) angab, eine Bestimmung, die zu einer Schärfe der Breitenwahrnehmung von $\eta = 30'',4$ führt. Obwohl er kurz vorher (643) bei den Doveschen Münzenvergleichungen von der ungewöhnlichen Feinheit der beidäugigen Tiefenwahrnehmung gesprochen hatte, schien ihm doch eine über „die Grenze der kleinsten sichtbaren Abstände" hinausgehende Genauigkeit zu groß. Er setzte für die obige halbe die ganze Nadeldicke (etwa $^1/_2$ mm) ein, wo die Einstellung „von vollkommener Sicherheit" war, und folgerte somit, „daß die Vergleichung der Netzhautbilder beider „Augen zum Zweck des stereoskopischen Sehens mit derselben Genauig- „keit geschieht, mit welcher die kleinsten Abstände von einem und dem- „selben Auge gesehen werden". Durch diese Nachgiebigkeit einer vorgefaßten Meinung gegenüber beraubte er sich des Verdienstes, die schöne Feststellung, die er bereits gemacht hatte, nach ihrer Bedeutung zu erkennen und den Grund dafür anzugeben. Die Erklärung dafür sollte erst nach einem Menschenalter gegeben werden, als wirklich ausgeführte Messungen längst die Unhaltbarkeit der hier angegebenen Minutengrenze dargetan hatten.

Versucht man zu einem zusammenfassenden Überblick über diesen Zeitraum zu kommen, so ergibt sich ein von dem vorhergehenden sehr abweichendes Bild. Auf fast allen Gebieten der Stereoskopie ist ein deutlicher Niedergang eingetreten, und das Stereoskop versinkt mehr und mehr in Vergessenheit.

Die Teilnahme der Wissenschafter hat sich im wesentlichen von den stereoskopischen Instrumenten abgewandt, und diese erregen nur noch so weit Anteil, als sie andere, namentlich physiologische Forschungen ermöglichen. Hier fördert A. Rollet die Stereoskopie durch den außerordentlich fruchtbaren Gedanken, zwei Räume zum Zwecke der stereoskopischen Entfernungsmessung einander zuzuordnen, und E. Mach gelangt dazu, von den Durchdringungsbildern ausgehend, die Grundzüge eines wirklich brauchbaren Meßgeräts mit bewunderungswürdigem Scharfsinn anzugeben. — Allgemeine theoretische Überlegungen werden um diese Zeit allein von H. HELMHOLTZ für sein großes Werk ausgeführt. Er gab als erster eine allgemeine Theorie des Raumbildes, behandelte die Reliefbilder und faßte für die mathematische Behandlung alle binokularen Instrumente mit dem Stereoskop zusammen, indessen berücksichtigte er in dieser Behandlung die Augendrehung noch nicht besonders. Ihr historischer Teil, der vor der harten Einseitigkeit BREWSTERS so ganz frei war, wurde jedenfalls im deutschen Sprachgebiet als die mustergültige Darstellung der Entwicklungsgeschichte dieser Instrumente angesehen.

Viel deutlicher aber wird der Rückgang auf dem Gebiete der die große Menge versorgenden geschäftlichen Stereoskopie. Die mit dem englischen Vereinsleben in Fühlung stehenden gewissenhaften Häuser hielten zwar an ihren guten Überlieferungen fest, sie versuchten durch Erhöhung des stofflichen Reizes, durch Verfeinerung der Technik, durch immer sorgfältigere Durcharbeitung der Aufnahme- und der Betrachtungsapparate ihre Käufer anzuziehen; doch wurde diesen durchaus rechtmäßigen Bestrebungen in schädlichster Weise entgegengewirkt durch den Schachergeist gewissenloser Händler. Diese ersetzten ohne irgendwelches Verständnis für das Wesen des Instruments die lehrreichen Aufnahmen durch unsaubere, die verfeinerte Ausführung durch vergröberte Tiefenwirkung, die sorgfältig gebauten Stereoskope durch billigen Schund. Gewiß war die Teilnahme der Käufer groß, aber sie beruhte weit mehr auf der Neugier und dem Herdentriebe als auf richtigem Verständnis; und war sie in der letzten Hälfte der fünfziger Jahre in ungesunder Weise gesteigert, so folgte jetzt in den ersten sechziger Jahren ein um so entschiedenerer Rückschlag. Die wilde Unterbietung der Preise hatte die Wertschätzung für diese ganze Klasse von Instrumenten gemindert, und leider litten unter jenen törichten Mißgriffen auch die tüchtigen Betriebe. Die allgemeine Liebhaberei nahm zum Erstaunen jener Schleuderhändler fast ebenso schnell ab, als sie erwachsen war, und es war wieder ein Beispiel mehr dafür geliefert worden, daß blinde Profitgier, vom Unverstand geleitet, mit Sicherheit in die Grube des Mißerfolges fällt. Erst in Jahrzehnten sollte wieder ein merkbarer Umsatz in Stereoskopen und Stereogrammen möglich werden, aber auch dann ungemein weit hinter dem der so schmählich verwüsteten Glanzzeit zurückbleiben.

Ganz glänzend ist in diesem Zeitraume allein die Entwicklung des binokularen Mikroskops, das gerade jetzt in die ausgezeichneten Arbeitsgesellschaften Englands namentlich durch die Arbeiten F. H. WENHAMS Eingang fand und sich dort auch dauernd behaupten sollte.

Wendet man sich nun zu dem Stande der Liebhaberphotographie, so erhält man in dem allgemeinen Niedergange immer noch das günstigste Bild. Die gute Überlieferung für die Aufnahmen wird bewahrt, und es ist mindestens im Anfang dieses Abschnitts mit großem Eifer gearbeitet worden. Auch an dem Werkzeug wurde zunächst noch nicht gespart, wie man aus gelegentlichen Äußerungen entnehmen kann. Die Bemühungen der Fachzeitschriften um Anregung und um Hebung des Verständnisses waren namentlich in England, das hier noch ganz die Führung hatte, sehr anerkennenswert, und der Erfolg wird auch nicht ganz ausgeblieben sein. In CH. PIAZZI SMYTH brachte der Stand der englischen Kenner einen ganz vorzüglichen Praktiker hervor, der wesentliche Verbesserungen im Aufnahmegerät selbst erprobte und namentlich für die Verwertung verschiedener Einzelaufnahmen im Stereoskop eine Bahn eröffnete und beschritt, die erst spät abermals aufgefunden und noch weiter verfolgt werden sollte. In den Betrachtungsapparaten läßt sich ganz deutlich das Bestreben erkennen, allmählich die Prismenwirkung mehr und mehr auszuschalten und damit auf die von CH. WHEATSTONE angegebene Form des Stereoskops zurückzukommen, bei der die Betrachtungslinsen zentrisch benutzt werden. — Ganz fehlen aber bei dem Liebhabertum dieser Zeit auch die Schatten nicht. Es sieht so aus, als ob mehr und mehr die Freude an der Raumähnlichkeit verschwände, ja auch die besten Kenner des Instruments scheinen sich die Frage gar nicht mehr vorzulegen, und eine schöne Hinterlassenschaft der älteren Zeit geht so verloren. Der Tod so bedeutender und bekannter Förderer, wie es CLAUDET und BREWSTER waren, die Zurückhaltung von WHEATSTONE und DOVE diente begreiflicherweise auch nicht dazu, den erlahmenden Anteil zu kräftigen, und wenn man nun noch den Niedergang berücksichtigt, der gegen das Ende der sechziger Jahre in der allgemeinen Bewertung der Photographie mindestens in England nicht zu verkennen ist, so kann man sich nicht wundern, daß auch die Pflege der Stereoskopie darunter litt. Der junge Nachwuchs in den Vereinen wandte sich anderen Aufgaben zu, und die älteren Vertreter übten ihre Kunst seltener oder gar nicht mehr aus, da die allgemeine Freude an ihren Leistungen verschwunden war.

## 5. Der Tiefstand der Bewertung in den siebziger und achtziger Jahren.

Dem trüben Ausblick, der sich am Ende des letzten Zeitraums geboten hatte, entsprach die Folgezeit. Wohl gab es immer noch einzelne Vertreter der alten Kunstfertigkeit, die ab und zu hübsche stereoskopische Beobachtungen besprachen oder unter Umständen wichtige Instrumente veröffentlichten, hier und da beschäftigte sich auch wohl ein Gelehrter erfolgreich auf diesem Gebiet, aber im großen und ganzen herrschte eine störungslose Gleichgültigkeit vor, und mit hurtiger Schnelle verlernte die große Menge auch den geringen Bestand von stereoskopischen Kenntnissen, den sie ein Jahrzehnt zuvor noch besessen hatte. So ist es kein Wunder, daß von den obenerwähnten, zum Teil wirklich bewunderungswürdigen Arbeiten auch nicht eine einzige Anlaß zu weiteren Forschungen gibt. Einbalsamiert in Druckerschwärze, ist jeder dieser Gedanken ein stummer und doch so beredter Zeuge für die Unterlassungssünden der Zeitgenossen.

## Die Arbeiten an der beidäugigen Brille.

Eine Tiefenfälschung durch ein Zylinderglas mit senkrechter Achse wurde 1876 von dem amerikanischen Augenarzt .. WADSWORTH (*1.*) beschrieben. Nach dem kurzen Bericht zweiter Hand, der hierfür nur eingesehen werden konnte, handelte es sich um ein astigmatisches Auge, das früher am beidäugigen Sehen kaum teilnahm. Die Anwendung des oben beschriebenen astigmatischen Glases stellte eine ausreichende Sehschärfe wieder her, und mit ihr ein beidäugiges Sehen. Da aber die Blickwinkel für das bewaffnete Auge geändert wurden, so zeigte das Sammelbild Tiefen, die von den wirklichen merklich und zunächst in störender

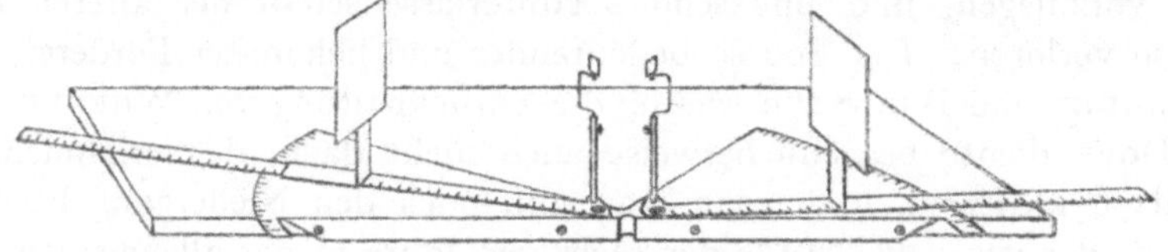

Abb. 81. Ein HERINGsches Spiegelhaploskop nach H. PERELES (*1.*).

Weise abwichen. — Denselben Erfolg wie seinerzeit BRÜCKE mit seiner Dissektionsbrille (s. S. 79) und GIRAUD-TEULON mit sammelnden und zerstreuenden Brillen, nämlich die Verminderung der Konvergenz beim Arbeiten, suchte . . BOETTCHER (*2.*) 1876 durch den RIDDELLschen Prismensatz (s. S. 80) zu erreichen, den er in eine Brillenfassung gebracht hatte. Daß damit eine Minderung der Körperlichkeit verbunden war, bemerkte er, war doch das gleiche Gerät zehn Jahre zuvor geradezu als Eikonoskop (s. S. 133) vorgeschlagen worden. — F. HALSCH und H. PERELES (*1.*) wiederholten 1889 die von DONDERS (s. S. 128) zuerst versuchten Bestimmungen des Zusammenhanges zwischen Akkommodation und Konvergenz mit Hilfe eines ihren Zwecken angepaßten HERINGschen Spiegelhaploskops, das in Abb. 81 dargestellt worden ist. Als Sehproben dienten ihnen neue österreichische Fünfguldennoten wegen der darauf in großer Zahl vorhandenen feinsten Einzelheiten. Sie glaubten, bei Recht- und bei Kurzsichtigen einen Zusammenhang aufgedeckt zu haben, wie ihn die Exponentialfunktion vermittele, und damit imstande zu sein, die ganze relative Akkommodationsbreite durch die Bestimmung nur dreier Werte mit befriedigender Annäherung festzulegen.

## Die Weiterbildung der binokularen Mikroskope.

Auch die englischen Mikroskopiker schenkten in diesem Zeitraume der Weiterbildung des binokularen Mikroskops nur noch geringe Aufmerksamkeit, da ihre Anforderungen offenbar durch das WENHAMsche Spiegelprisma (s. S. 130) im wesentlichen erfüllt worden waren. Die Vorschläge J. W. STEPHENSONS (*1.* u. *2.*) aus dem Anfange der siebziger Jahre hätten nicht erwähnt zu werden brauchen, da sie dem zusammengesetzten Mikroskop von J. L. RIDDELL gegenüber kaum etwas Neues brachten; doch ist das geschehen, weil sich E. ABBE in seinen Schriften auf sie bezog. Wenn J. W. STEPHENSON (*3.*) ferner noch darauf aufmerksam machte, daß zwei verschiedenfarbige Gesichtsfelder im binokularen Mikroskop eine Mischfarbe ergäben, so nahm er damit die alten Versuche von J. JANIN, A. DE HALDAT und H.W. DOVE (s. S. 51) wieder auf.

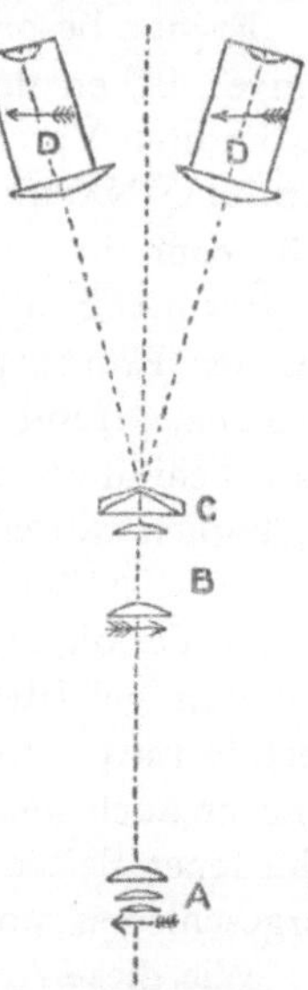


Abb. 82. Das stereoskopische Okular von A. PRAZMOWSKI nach Ungenannt (*1.*). Es zeigt bei *C* das letzte WENHAMsche orthoskopische Brechungsprisma.

F. H. WENHAM (*10.*) machte 1873 eine Mitteilung über ein binokulares Mikroskop, das mit einem abgeänderten Brechungsprisma, dessen Form in Abb. 82 bei *C* angegeben ist, ausgestattet worden war. Er fügte ihm ferner zwei Ableseprismen ein, um die Achsenrichtung zu ändern und das Bild vollständig aufzurichten.

Einige Zeit später faßte er (*11.*) seine Ansichten über den Gebrauch der binokularen Mikroskope dahin zusammen, daß man die Formen, bei denen die stereoskopische Wirkung durch eine Zweiteilung der Objektivöffnung erreicht werde, nur mit Objektiven verwenden solle, die mehr als 5 mm Brennweite hätten; für stärkere Objektive sei die beidäugige Beobachtung keine Entschädigung für die jener Spaltung der Bündel folgende Verschlechterung des Bildes. Hier kämen die Einrichtungen zu zweiäugiger Beobachtung (s. S. 132) zu ihrem Recht. Diese ermöglichten zwar keine Tiefenwahrnehmung, böten aber jedem Auge ein gutes Bild dar.

Bald nach diesen Veröffentlichungen brachte der französische Optiker A. PRAZMOWSKI ein stereoskopisches Okular heraus, das insofern dem TOLLESischen ähnlich sah, als durch ein besonderes Umkehrsystem ein reelles Bild der Austrittspupille des Objektivs erzeugt wurde, in das die Spaltungseinrichtung gebracht wurde (Abb. 82). Zu dieser Spaltung verwandte er aber nicht wie jener die NACHETsche, sondern nach Ungenannt (*1.*) die soeben besprochene Form des WENHAMschen Brechungsprismas.

Der über diese Neuheit im Januar 1879 erstattete Bericht C. CRAMERS (*1.*) erlaubt eine brauchbare Zeitbestimmung; der Züricher Gelehrte hatte das Okular von dem Optiker .. ERNST des gleichen Ortes entliehen, der es zu dem Preise von 160 M. anbot. Die angefügten Auseinandersetzungen über das Raumbild einer solchen Vorkehrung bestätigen den sogleich noch näher zu belegenden Schluß, daß jetzt auch im deutschen Sprachgebiet der Tiefenwiedergabe durch derartige Instrumente einige Beachtung geschenkt wurde. Denn bereits 6 Jahre zuvor hatte G. FRITSCH (*1.*) gerade diesem Gegenstande der Tiefenwahrnehmung im binokularen Mikroskop eine längere Darstellung gewidmet und hatte Anweisungen zur Herstellung mikrophotographischer Aufnahmen gegeben.

Er hat besonderes Gewicht auf die physiologische Lehre vom beidäugigen Sehen und ferner auf die geschichtliche Entwicklung der dafür bestimmten Vorrichtungen gelegt. Dabei erörterte er Einrichtungen von RIDDELL, NACHET und WENHAM und teilte bei dieser Gelegenheit mit, daß schon in den sechziger Jahren von dem damals Berliner Optiker E. GUNDLACH WENHAMsche Spiegelprismen ausgeführt worden seien. Bei der Erörterung der Möglichkeiten, stereoskopische Beobachtungen zu machen, fand sich G. FRITSCH durch den geringen Umfang der Kenntnisse behindert, die damals über die Strahlenvereinigung im Mikroskop zugänglich waren. Man erkennt auch aus dieser Darstellung, welch gewaltiger Fortschritt von E. ABBE eben um dieselbe Zeit mit der rechnerischen Verfolgung von Strahlen großer Neigung durch Mikroskopobjektive hindurch geleistet worden war. Für stereoskopische Aufnahmen verwertete FRITSCH die stereoskopische Wippe (s. S. 81), an deren Verbesserung er auch gearbeitet hatte, dagegen hatte ihm die Abblendung verschiedener Seiten des Aufnahmeobjektivs, die, wie er wußte, mehrfach vorgeschlagen worden war, keine befriedigenden Ergebnisse geliefert.

Wie diese Arbeit im einzelnen aufgenommen wurde, müßten ältere, auf diesem Sondergebiet erfahrene Mikroskopiker wohl noch angeben können; daß der Zug der Zeit in dieser Richtung überhaupt wirkte, das beweisen einige Vorschläge und Neuerungen aus dem deutschen Sprachgebiet, die zum Teil von dauernder Wichtigkeit waren.

So geht 1874 ein Verbesserungsvorschlag für den stereoskopischen Augenspiegel GIRAUD-TEULONS auf den Stabsarzt BOETTCHER (*1.*) zurück, der sich bereits 1866 durch physiologische Untersuchungen zum beidäugigen Sehen bekannt gemacht hatte, und zwar verlangte er jetzt einen größeren Ausschnitt, nämlich von 9: 18 mm, in dem Beleuchtungsspiegel, um ein größeres Feld zu übersehen. Den RIDDELLschen Prismensatz des GIRAUD-TEULONschen Geräts wandte er mit Erfolg auf eine Lupe an, die den äußeren Gehörgang und das Trommelfell zeigen sollte, um auch hier von einer beidäugigen Beobachtung sprechen zu können. Von den binokularen Mikroskopen sei bei schwacher Vergrößerung nicht viel zu erwarten, da die Zerstreuungskreise der außerhalb der Einstellebene gegebenen Gegenstandspunkte zu störend wirkten. Gerade dieser Punkt sollte bald danach durch E. ABBE (*1.*) besonders sorgfältig behandelt werden.

Ferner wendete der noch genauer zu behandelnde H. GOLTZSCH dem binokularen Mikroskop seine Aufmerksamkeit zu, und zwar empfahl er (*2.*) 1879 eine Einrichtung, wo Spiegelprismen die Hälften der aus dem Objektiv austretenden Strahlen auffangen und den beiden Augen zuführen sollten (Abb. 83). Da die beiden spiegelnden Flächen aber sehr weit von der Austrittspupille des Objektivs entfernt standen, so würde die Lichtverteilung über das Gesichtsfeld sehr ungleichmäßig gewesen sein. Er hatte auch die Möglichkeit vorgesehen, das eine Prisma fortzuschlagen und das Mikroskop dann als ein unokulares brauchen zu lassen. Die Strahlen wurden gleich hinter dem Objektiv rechtwinklig zur Objektivachse geknickt. Doch ist es zweifelhaft, ob die hier gewählte Anordnung, wo sich das Objektiv in wagerechter Lage und rechts von beiden Tuben

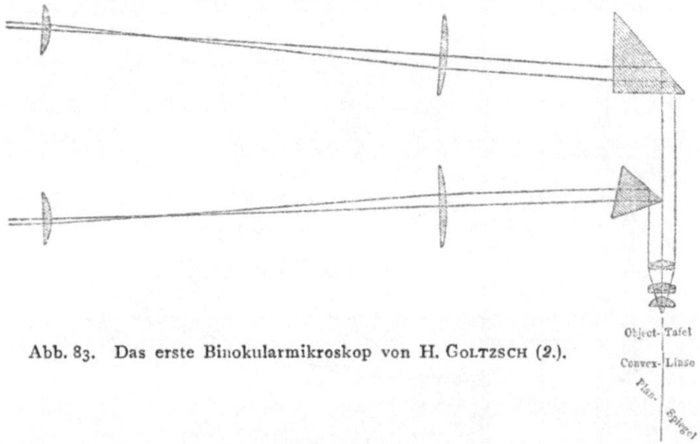


Abb. 83. Das erste Binokularmikroskop von H. GOLTZSCH (*2.*).

befand, im Gebrauch zweckmäßig gewesen wäre. Um die Prismendicke nicht schädigend auf die sphärische Korrektion des Objektivs einwirken zu lassen, brachte er das Objekt in den Brennpunkt, so daß die Strahlen hinter dem Objektiv parallel verliefen; er hat aber dabei nicht bedacht, wie E. ABBE (*1.* 205) hervorhob, daß das Objektiv für einen solchen, von dem gewöhnlichen vollständig abweichenden Strahlengang besonders korrigiert werden müßte. Die beiden unendlich fernen Halbbilder wurden durch zwei kleine astronomische Fernrohre betrachtet, die zunächst noch aus zwei einfachen Linsen zusammengesetzt waren. Da das ganze System also ein bildaufrichtendes war, so hatte sich eine Tiefenverkehrung vermeiden lassen, obwohl die beiden Bilder nicht überkreuzt worden waren. Das Neue an diesem Vorschlage war offenbar die Einführung des Objekts in die Brennebene des Objektivs, zur Vermeidung der Prismenabweichung.

Eine Abänderung dieses binokularen Mikroskops ließ er (*4.*) bald darauf erscheinen. Die Knickung senkrecht zur Objektivachse wurde nun aufgegeben, und die beiden Tuben wichen nur um je 7 Grad von der Richtung der Objektivachse ab. Diese Ablenkung wurde in einer von dem Vorgehen J. L. RIDDELLS (s. S. 83) kaum abweichenden Weise durch zwei AMICIsche Reflexionsprismen bewirkt, die zwar nebeneinander, aber in verschiedenen Achsenabständen von der letzten Objektivfläche angeordnet waren. Das Objekt befand sich noch immer im Brennpunkt des Objektivs, aber die beiden Betrachtungsfernrohre hatten nunmehr achromatische Objektive erhalten. Der Beleuchtungsapparat war prismatisch gestaltet worden, um gleichmäßig zerstreutes Licht in allen gewünschten Richtungen abzugeben.

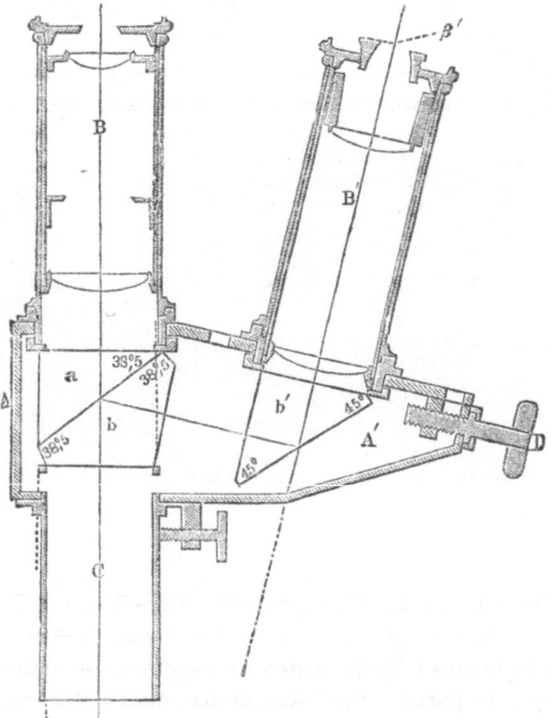


Abb. 84. Das ABBEsche (*1.*) stereoskopische Okular.

Unmittelbar nach H. GOLTZSCHENS erster Veröffentlichung beschrieb E. ABBE (*1.*) sein stereoskopisches Okular, das auf eine Anregung von E. SELENKA entstanden war. Ihm lag daran, ein Instrument zu schaffen, das auch bei den stärksten Vergrößerungen für binokulare Beobachtung geeignet sei. Zu diesem Zwecke spaltete er nicht die Strahlenbündel in möglichster Nähe der Austrittspupille des Objektivs, sondern er zerlegte, ganz so wie es ohne sein Wissen F. H. WENHAM bereits 1866 getan hatte (s. S. 132), durch die Einführung einer dünnen Luftschicht jeden einzelnen Strahl in einen stärkeren durchgelassenen und einen schwächeren gespiegelten Teil (Abb. 84). Da die beiden, abgesehen von der Helligkeit, völlig gleichen Bilder in verschiedener Entfernung von den Endflächen der beiden Prismen lagen, so berechnete er zwei Okulare von verschiedenem Bau aber gleicher Brennweite, die so beschaffen waren, daß bei richtiger Einstellung des Bildes die beiden Austrittspupillen etwa gleichweit, nämlich um 25 cm, von dem Schnittpunkt der beiden Okularachsen entfernt waren. Beobachtete man ohne weitere Vorkehrungen mit beiden Okularen, so erhielt man in jedem Auge das gleiche Bild, also keinen stereoskopischen Eindruck, da es sich um eine zweiäugige Beobachtung handelte. Der stereoskopische Eindruck wurde erzielt durch das Aufsetzen von einem oder zwei Okulardeckeln, die einen oder zwei Halbkreise der Austrittspupillen abblendeten. E. Abbe gab eine sehr einfache, für alle stereoskopischen Mikroskope mit einem Objektiv stimmende Regel an, um sofort zu erkennen, ob die Wirkung der Einrichtung ortho- oder pseudoskopisch wäre (Abb. 85). Waren zwei Halbkreise vorhanden, so war die Wirkung in dem mit *O* bezeichneten Falle ortho-, in dem mit *P* bezeichneten pseudoskopisch. Gab es nur einen Halbkreis, so zeigte die Abb. 85, wie die vier neuen Möglichkeiten den beiden Tiefenwirkungen zuzuordnen waren. — Der Beweis seines Ausspruches war besonders einfach. Läßt man zunächst die Spaltung hinter dem Objektiv außer acht, so liefert das ganze Mikroskop von dem Objekt ein Raumbild, das im Endlichen vor dem beobachtenden Auge liegen möge. Infolgedessen wird es betrachtet werden wie ein natürlicher Gegenstand, d. h. wenn das Auge durch die rechte Hälfte der Austrittspupille in der Richtung auf den eingestellten Punkt schaut, so werden nähere Punkte in bezug auf diesen eingestellten nach links, fernere nach rechts verschoben erscheinen. Schaut das Auge durch die linke Hälfte der Pupille, so ergeben sich die umgekehrten Verschiebungen. Wird aber das Raumbild der Tiefe nach richtig aufgefaßt, so bekommt man auch vom Raumding die richtige Tiefenauffassung, da die Abbildung durch optische Instrumente stets rechtläufig ist, d. h. die Tiefenfolge der Objektpunkte sich bei der Abbildung nicht ändert. Wurden nun in E. Abbes stereoskopischem Okular durch die Einführung der sowohl spiegelnden als auch durchlassenden Luftschicht die beiden Austrittspupillen so weit getrennt, daß man beide Augen gleichzeitig ihnen nähern konnte, so mußte, wenn man beide Pupillen abblenden wollte, dafür Sorge getragen werden, daß das linke Auge durch die linke, das rechte Auge durch die rechte Pupillenhälfte blickte. Auch die Abdeckung einer einzelnen Pupille genügte, um eine zwar nicht so sehr hervortretende, aber immer noch genügend deutliche stereoskopische Wirkung zu erzielen; die dazu nötige Lage der Blende ergibt sich, wie schon oben gesagt, ohne weiteres aus der Abb. 85.

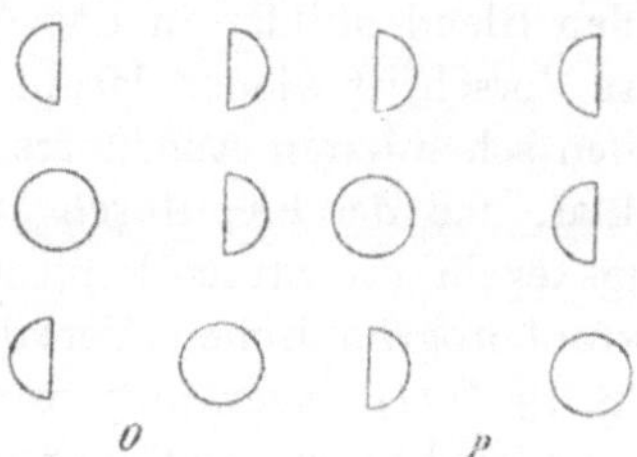


Abb. 85. Die sechs Abbeschen Fälle für die orthomorphe (*O*) und die pseudomorphe (*P*) Wirkung.

Sobald schwächere Mikroskopobjektive auf Objekte von verhältnismäßig großer Tiefe angewandt wurden, ergab diese Regelung des Strahlenganges befriedigende Wirkungen, dagegen war sie bei starken Objektiven mit ihrem außerordentlich beschränkten Tiefenraum nicht immer ausreichend. Denn man ist in solchen Fällen bei gerader Beleuchtung auf einen ziemlich engen Beleuchtungskegel beschränkt, um die Tiefenschärfe nicht allzusehr zu vermindern. Die Verschiedenheit der Bilder für die beiden Hälften dieses Beleuchtungskegels ist daher nicht groß genug, um eine auffällige stereoskopische Wirkung herbeizuführen. E. Abbe (*1.* 211) empfahl, in solchen Fällen zwei schiefe Beleuchtungskegel zu wählen, indem man zwei geeignete exzentrische Blenden in den Beleuchtungsapparat einlegte. Es mußte dann nur jede einzelne Austrittspupille des Binokularmikroskops so abgeblendet werden, daß nur das äußere der beiden Blendenbilder in das Auge gelangte. Man sieht leicht ein, daß diese Vorschrift wieder darauf hinauskommt, eine natürliche Stellung der beiden scheinbaren Augenorte zu erzielen. Aus dem vorhergehenden ist es klar, daß der hier durchgebildete Gedanke, mit den beiden Beleuchtungskegeln die stereoskopische Wahrnehmung herbeizuführen, in den mikrophotographischen Verfahren schon sehr früh von F. H. Wenham (s. S. 130/131) angewandt worden war.

Es leuchtet ein, daß die von E. Abbe gegebene Behandlung in theoretischer Hinsicht weit über dem stand, was so viele tüchtige Männer vor ihm geleistet hatten. Seine sinnvolle Aufdeckung des Grundes für die Tiefenrichtigkeit und -verkehrung bei allen binokularen Mikroskopen mit gemeinsamem Objektiv war ein Ergebnis, an das von seinen Vorgängern niemand auch nur zu denken gewagt hatte. Jetzt nach einem Vierteljahrhundert war der schöne Gedanke F. H. Wenhams, die stereoskopische Wirkung erst durch eine Abblendung (s. S. 83) zu erreichen, nicht bloß verwirklicht, sondern durch die Hinzunahme der Tiefenverkehrung noch erweitert worden. Von der oben durchgeführten (s. S. 12—14) Behandlung weicht die Abbesche Betrachtungsweise insofern ab, als sie noch auf das Rechts und Links Wert legt, Begriffe, die zweckmäßiger durch die natürliche und die gekreuzte Lage der scheinbaren Augenorte zu ersetzen sind.

Daß diese Ansichten aber nicht gleich allgemein anerkannt wurden, zeigte sich sofort, als noch im Herbst desselben Jahres das Abbesche stereoskopische Okular der Londoner Gesellschaft vorgeführt wurde. W. B. Carpenter (*4.*), der angesehene Vertreter der alten Schule, äußerte sich dazu und nahm, wie es auch richtig war, die Vorgängerschaft für die dort angewandten Mittel zur Spaltung jedes einzelnen Strahls für F. H. Wenham in Anspruch. Er traute aber weiterhin der neuen Anlage kein tiefenrichtiges Raumbild zu, weil die beiden Halbbilder einander nicht überkreuzten, wie es doch bei den offenkundig tiefenrichtigen Anordnungen von A. Nachet (s. S. 83) und F. H. Wenham

(s. S. 130) geschehe. Seiner Meinung nach könne durch einen einfachen Wechsel der Blenden kein Wechsel im Sinne der Tiefenwiedergabe erzielt werden.

E. Abbe (*2.*) antwortete auf diese Ansichten in einer bei der Darstellung seiner Theorie schon benutzten Arbeit und erkannte die Vorgängerschaft F. H. Wenhams an. Die unrichtige Schlußfolgerung W. B. Carpenters hinsichtlich der Notwendigkeit einer Überkreuzung der Halbbilder wies er im einzelnen zurück.

Sehr bald danach findet sich eine Zustimmung zu den Abbeschen Ansichten in dem englischen Sprachgebiet. Hier erklärte A. C. Mercer (*1.*) die manchmal überraschend auffällig stereoskopische Wirkung nur zweiäugiger Einrichtungen wie der von Powell und Lealand in einer sehr glücklichen Weise. Sind die Okulare dem Augenabstande des Beobachters entsprechend gestellt, so nehmen sie beide die Austrittspupillen ganz in sich auf, und man erhält keine Tiefenwahrnehmung. Stehen die Okulare zu tief, ist also ihr Abstand zu gering, so fallen nur die äußeren Teile der Austrittspupillen in die Augen, und es ergibt sich durch die natürliche Abblendung ein tiefenrichtiges Raumbild. Dagegen entsteht ein tiefenverkehrtes Raumbild, wenn der Abstand der zu weit ausgezogenen Okulare für die Augenweite des Beobachters zu groß geworden war, so daß nur die inneren Teile der Ramsdenschen Kreise in seine Augen gelangten.

Einige Jahre danach äußerte sich der alte W. B. Carpenter (*5.*) noch einmal in einem liebenswürdigen Vortrage zu der Abbeschen Lehre, die von ihrem Urheber (*3.*) unmittelbar zuvor in kurzer Zusammenfassung veröffentlicht worden war. Ihm bereitete namentlich der telezentrische Strahlengang mit der Abwesenheit aller perspektivischen Verkürzung Schwierigkeit. Er wünschte darauf hinzuweisen, daß bei schwachen Objektiven im binokularen Mikroskop wirklich verschiedene Halbbilder entständen, was ihm E. Abbe zu bestreiten scheine. Diese letzte Annahme beruht auf einem Irrtum. In Wirklichkeit besteht kein wesentlicher Widerspruch zwischen E. Abbe und den von W. B. Carpenter vertretenen alten Ansichten F. H. Wenhams. Auch ist es zur Theorie des binokularen Mikroskops durchaus nicht notwendig, immer einen telezentrischen Strahlengang auf der Dingseite anzunehmen.

Nur im uneigentlichen Sinne gehört das beidäugige Mikroskop von E. J. Molera (*1.*) und J. C. Cebrian vom Jahre 1880 hierher, weil nur stark verkleinerte Schriften, also ebene Gegenstände, damit betrachtet werden sollten, so daß die Tiefenwahrnehmung fortfiel. Nach der den Strahlengang ohne rechtes Verständnis angebenden Abb. 1 des Patents handelt es sich im wesentlichen um die erste tiefenverkehrende Anordnung J. L. Riddells (s. S. 80), nur waren die Kollektive so groß bemessen, daß auch in die Huygensischen Okulare, deren Achsen übrigens parallel angeordnet erscheinen, zwei rhombische Prismen eingebaut werden mußten, um den Abstand der Austrittspupillen auf die Entfernung von Menschenaugen zu bringen.

In gewisser Weise auf die binokularen Mikroskope zurück führen die um den Ausgang der achtziger Jahre verfolgten Bestrebungen, eine binokulare Lupe herzustellen.

Der Berliner Zoologe F. E. SCHULTZE (*1.*) hatte den Rostocker Optiker H. WESTIEN (*1.*) veranlaßt, aus zwei CHEVALIER-BRÜCKEschen Lupen ein Doppelinstrument zusammenzusetzen und es unter Patentschutz zu stellen. Es handelte sich zuerst um schwache (6- und 10 fache) Vergrößerungen. Die Achsen der beiden Lupen schnitten sich unter dem gewöhnlichen Konvergenzwinkel bei der Beobachtung naher Gegenstände. Dabei war es, wie bei L. JAUBERT (s. S. 133), notwendig gewesen, die Innenseiten der Objektivlinsen zu beschneiden, um sie genügend aneinanderrücken zu können.

Nach den gleichzeitigen Angaben H. WESTIENS (*1.*) hat die gemeinsame Arbeit im Frühjahr 1886 begonnen. Doch scheint es, als habe der damals in Rostock tätige Ophthalmologe W. VON ZEHENDER sehr frühzeitig die SCHULTZE-WESTIENsche Grundanlage den besonderen Zwecken des Augenarztes anzupassen gewünscht, und so sei die *Kornealupe* entstanden, die den Augenärzten als ZEHENDER-WESTIENsche Doppellupe bekannt geworden ist. Nähere Einzelheiten darüber, sowie über die Ausführung einer leichteren Form der Doppellupe durch H. WESTIEN um den Ausgang des 19. Jahrhunderts möge man bei M. VON ROHR (*14.*) und W. STOCK nachlesen.

Etwas später, 1890, hat R. H. AUBERT (*1.*) eine solche Doppellupe von etwas stärkerer (25 facher) Vergrößerung als *binokulares Perimikroskop* vorgeschlagen und sich damit schon mehr den Doppelmikroskopen genähert, die bald von H. S. GREENOUGH erfolgreicher behandelt werden sollten.

Die Vorzüge der soeben besprochenen Anlage beruhen besonders auf dem großen Arbeitsabstande und der Helligkeit, die beide auch der Einzellupe dieser Bauart zukommen. Raumähnlich wirken sie nicht, da — von allem anderen abgesehen — durch diese Lupen die Gesichtswinkel vergrößert werden; ja, es entsteht nicht einmal ein Raumbild im eigentlichen Sinne, da entsprechende Strahlenpaare des Augenraums im allgemeinen windschief verlaufen.

## Die Arbeiten am Doppelfernrohr.

Wendet man sich wiederum zunächst den Gewerbsleuten zu, so meint man den französischen, auf S. 136 berührten Einfluß in einem zwischen 1873 und 1875 anzusetzenden Preisbuche des Rathenower Hauses von SCHULTZE & BARTELS zu erkennen. Es empfiehlt dort „Militair-, Marine- und Reisefernrohre für beide Augen“. Es handelt sich also hier um doppelte Erdfernrohre alter Art[1]), wie sie (S. 42) von J. T. Hudson und (S. 89) von P. G. Bardou erwähnt worden waren. Hier werden Objektivdurchmesser von 27 mm angegeben, was mit der aufgeführten 16 fachen Vergrößerung einen Durchmesser der Austrittspupille von 1,7 mm als möglich erscheinen läßt. Das Gelenk zur Anpassung an den Augenabstand wird ausdrücklich erwähnt, und man wird auf eine ziemlich geringe Länge des gebrauchsfähigen Instruments schließen können, da nur zwei Auszüge angegeben werden.

Ungefähr um dieselbe Zeit nahmen . . Lafleur (*1.*) und . . Roulot den Erfindungsgedanken auf, der schon (S. 90) von A. A. Boulanger und M. Ph. Poudrilhé ausgesprochen worden war, mit einem einzelnen Objektiv und einem Paare rhombischer Prismen zwei Okulare zu beidäugiger Beobachtung zu verbinden. Wenn dieser Vorschlag erst an

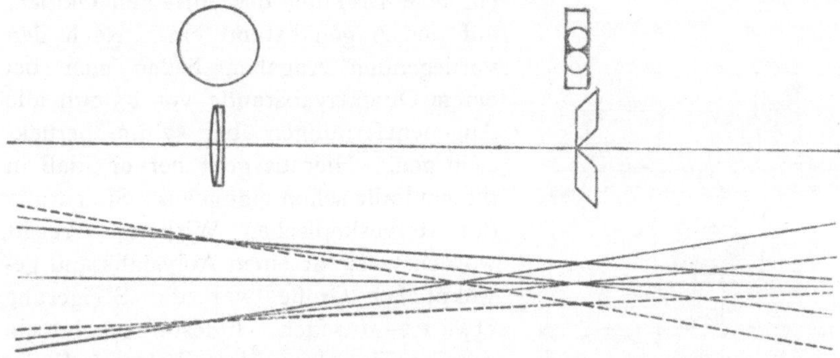

Abb. 86. Beidäugiges Fernrohr nach Lafleur und Roulot. Oben: Dingseitige Blendenränder. Mitten: Wagerechter Achsenschnitt. Unten: Dingseitige Strahlenräume.

dieser Stelle besprochen wird, obwohl es sich sicher nicht um eine eigentliche Erfindung handelt, so geschieht das aus dem Grunde, weil sich hier eine Herstellung solcher Instrumente anschloß; ein Belegstück dafür befindet sich in der schönen Sammlung des Herrn K. Stegmann in Rathenow.

Nimmt man den wagerechten Achsenschnitt von Abb. 86 an, so braucht man nur die beiden kleinen Kreise auf den zusammenstoßenden Stirnflächen der rhombischen Prismen durch das Objektiv in den Dingraum abzubilden und die beiden dingseitigen Strahlenräume zu ziehen, um in jedem Einzelfall zu erkennen, wie weit sich die Räume unver-

[1]) H. Goltzsch (*3.* 106) hat 1881 seine Verwunderung darüber ausgesprochen, daß die Doppelfernrohre auf die Doppelperspektive (holländischen Fernrohre) beschränkt seien, und daß doppelte Erdfernrohre ganz fehlen. Da man ihm einen großen Anteil an dieser Frage und auch eine gewisse Sachkenntnis zugestehen muß, so wird man für Deutschland einen häufigeren Absatz und gar die regelmäßige Herstellung solcher Instrumente vorläufig nicht viel vor den achtziger Jahren annehmen können.

minderter und die verminderter Helligkeit erstrecken. Das Instrument wurde unter der Bezeichnung *lunette prismatique* eingeführt, was an den Namen des BOULANGERschen Doppelfernrohrs (S. 90) wenigstens anklingt.

Seit dem Jahre 1870 beschäftigte sich der Pariser Optiker C. NACHET (*1.*), dessen Werkstätte schon bei den binokularen Mikroskopen genannt worden ist, mit der Herstellung eines Doppelfernrohrs mit bildaufrichtenden Prismen und suchte einige Jahre danach für diese, als *Jumelle Prismatique* beschriebene Anlage den Patentschutz nach (Abb. 87). Sie unterschied sich von der BOULANGERschen *Néojumelle* im wesentlichen durch eine andere Form des Prismenkörpers. Auch war der dort vorgesehene Trieb zur Abstandsänderung der Okulare weggefallen, und man stellte durch eine einfache Drehung des einzelnen Okulars auf den Augenabstand ein. Nach den vorliegenden Angaben ließen sich bei einem Objektivabstande von 83 mm alle Augenentfernungen über 57 mm berücksichtigen. Hieraus geht hervor, daß in diesem Falle schon eine gewisse Steigerung des stereoskopischen Wirkung erreicht worden war; für einen Augenabstand gewöhnlicher Größe war die Steigerung etwa 1,2—1,4 fach. Indessen scheint ein damit verbundener Vorteil dem Erfinder nicht bewußt geworden zu sein, da er ihn in seinem Patent nicht aufführte. Was oben zu der Bedeutung der BOULANGERschen Neuerung gesagt wurde, läßt sich auch hier ziemlich unverändert wiederholen, daneben war wohl die von C. NACHET erreichte Steigerung des Objektivabstandes zu gering, um von den Benutzern bemerkt zu werden, und es ist sicher, daß auch dieser Ansatz, die Prismenfeldstecher in den Handel zu bringen, an der Teilnahmslosigkeit der Käufer scheiterte.

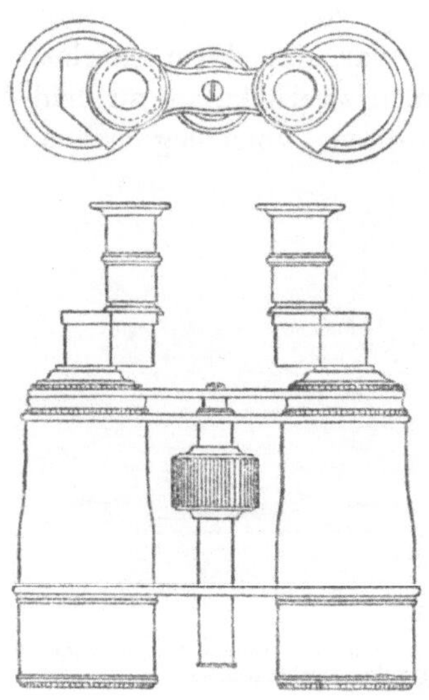

Abb. 87. C. NACHETS Jumelle prismatique. Grundriß und Vorderansicht.

Der zeitlich nahestehende Vorschlag, mit dem W. H. THORNTHWAITE (*1.*) 1877 hervortrat, hatte ein Himmelsfernrohr zum Gegenstande, wo ebenfalls ein einzelnes Objektiv, genauer ein Hohlspiegel, vorhanden war, und ein jeder Strahl mittels eines halbdurchlässigen ebenen Spiegels gespalten, sowie dann beiden Okularen zugeleitet wurde. Die Möglichkeit, eine Prismenverbindung etwa WENHAMscher Art (S. 132) anzuwenden, deutete er ebenfalls an. Man erkennt, daß hier beide Augen des Beobachters das gleiche Bild erhalten würden, doch hätten so weit entfernte Raumdinge im Fernrohr unter keinen Umständen Tiefe zeigen können.

Kurze Zeit darauf, 1881, machte H. GOLTZSCH (3.) den Vorschlag, ein astronomisches Doppelfernrohr zu bauen. Die Form, die er zunächst vorschlug — er hat sie mit einigen, sogleich zu beschreibenden Abänderungen auch wirklich ausführen lassen, und zwar hatten die Objektive einen Öffnungsdurchmesser von 74 mm — war die folgende (Abb. 88). Die beiden Hauptrohre wurden zueinander parallel und so angebracht, daß sie zum Teil untereinander lagen, denn es war notwendig, daß die senkrechten Achsenschnitte der beiden Hauptrohre einen Abstand von 60 mm hatten, dem kleinsten regelmäßig vorkommenden Augenabstande, wie H. GOLTZSCH annahm. In die Austrittspupillen der astronomischen Fernrohre wurden zunächst Ableseprismen $P$ gestellt, die die Achsenrichtungen senkrecht nach oben warfen. Diese Prismen $P$ befanden sich, wie die Abb. 88 zeigt, nicht in einer Wagerechten und hatten daher von den wagerecht liegenden Augen des abwärts blickenden Beobachters einen verschiedenen Abstand. Um diese Verschiedenheit auszugleichen, verwandte er, wie aus der Abbildung ersichtlich ist, zwei astronomische Fernrohre verschiedener Länge, aber gleicher Vergrößerung $\Gamma = 1$, durch die er die beiden Austrittspupillen $P$ in die Augenorte abbildete. Die Einstellung auf den Augenabstand sollte durch Drehung um die Fernrohrachsen erfolgen, so daß sich ein um so größerer Konvergenzwinkel $v'$ ergab, je weiter der Augenabstand des Beobachters über den oben angesetzten Betrag von 60 mm hinausging.

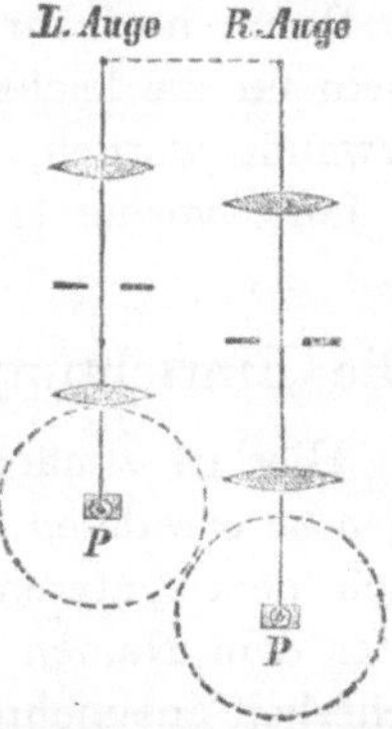

Abb. 88. Das astronomische Doppelfernrohr nach H. GOLTZSCH (3.). Die Fernrohrobjektive (mit gestrichelten Umrissen) sind senkrecht hinter der Papierebene zu denken.

Von dieser Form ist er dann nach zwei Richtungen abgewichen. Einmal wurden, der besseren Ausnutzung der Totalreflexion wegen, die einfachen Ableseprismen durch gleichseitige Prismen ersetzt — in diesem Falle blickte der Beobachter nicht senkrecht nach unten, sondern unter einem Senkungswinkel von 60 Graden nach vorn —, und dann schlug er zur Verminderung der Linsenzahl vor, das HUYGENSische Fernrohrokular durch eine Negativlinse zu ersetzen und sie zu dem ihr folgenden astronomsichen Fernrohr von der Vergrößerung $\Gamma = 1$ so abzustimmen, daß sich ein brauchbares Fernrohrokular ergab. Diese letzte Neuerung gehört zur Geschichte der Fernrohrokulare, sie mußte aber hier erwähnt werden, weil sich H. GOLTZSCH durch den Übergang von dem HUYGENSischen umkehrenden Okular zu der nicht umkehrenden Negativlinse gezwungen sah, den Verhältnissen seine Aufmerksamkeit zu schenken, die das Zeichen der Tiefenwiedergabe bestimmen. Er tat das in einer ausreichenden, allerdings ganz beschränkten Weise, indem er auf die stereoskopischen Differenzen im Bildraume einging. Die natürliche Stellung der scheinbaren Augenorte führte er im letzten Falle dadurch herbei, daß er von jedes Auge ein Amicisches Reflexionsprisma brachte. Bei der Betrachtung irdischer Objekte durch sein Doppelfernrohr bemerkte er aber doch eine gewisse Störung der stereoskopischen Wirkung, die er mit Recht auf die nicht horizontale Lage der dingseitigen Projektionszentren zurückführte.

Der Boulangerschen Erfindung entsprach ein Doppelfernrohr, das Carston Diederich Ahrens (*1.*) Ende 1884 in England zur Patentierung anmeldete. Von der Vervollständigung dieses Patents sah er aber ab. Nach dem in der Zeissischen Werkstätte vorhandenen Stück zu schließen, ist der Mißerfolg dieser Anlage ganz verständlich, da die Vorteile der Bildumkehrung durch Porrosche Prismen weder für die Verkürzung der Rohre noch für die Erhöhung der Bildgüte ausgenutzt worden sind. Allein für die leichte Anpassung an den Augenabstand sind die Prismen verwandt worden, und zwar in der Art, die A. A. Boulanger schon 25 Jahre vorher (s. S. 90) vorgesehen hatte.

## Die Einrichtungen zur beidäugigen Entfernungsmessung.

Hier ist zunächst eine Vorrichtung zum Nachzeichnen ebener Vorlagen zu erwähnen, deren Erfinder bisher nicht ermittelt werden konnte. Nach dem späteren Aufsatze von Ungenannt (*3.*) hat man dieses Gerät unter dem Namen *Calcograph* vertrieben. Nach L. Wolff (*1.*) ist mit Sicherheit anzunehmen, daß diese Einrichtung gegen das Ende des Jahres 1878 als bekannt gegolten hat. Sie beruhte auf demselben Kunstgriff wie die Geistererscheinungen nach H. Dircks (*1.*) (s. S. 157). Eine lotrechte Glasplatte stand als unbelegter Spiegel wirkend vor dem Zeichner, der hinter ihr das schwache Spiegelbild der vor ihr liegenden Zeichnung sah und es mit dem durch die Spiegelplatte hindurch wahrgenommenen Zeichenstift umfahren konnte. Jene Anordnung bei den Geistererscheinungen ist hier zu einer Art Meßverfahren ausgebildet worden, und zwar diente die Spitze des Zeichenstifts als wandernde Marke.

Die weiteren hierhergehörigen Vorkehrungen stellen sowohl den Maßraum wie den zu messenden als Sammelbilder im Stereoskop dar. Von wirklicher Bedeutung hierfür ist in diesem Zeitraum eigentlich allein der englische Photograph J. Harmer, der in einer geradezu staunenswürdigen Weise einen Ausblick auf ein stereoskopisches Meßinstrument gab, das tatsächlich in den ersten Jahren des folgenden Jahrhunderts von C. Pulfrich in Jena wiedererfunden und veröffentlicht werden sollte. Aus einer Äußerung (*4.*) geht hervor, daß sich J. Harmer in der Glanzzeit der Stereoskopie mit der Anfertigung besonders genauer Stereogramme beschäftigt hatte. Er hat sich namentlich auch damit abgegeben, aus zwei Stereogramm-Negativen einen Zweiplattendruck so herzustellen, daß keine Störung der Tiefenwahrnehmung eintrat. Man kann diese seine Anregungen also unmittelbar auf jene Zeit lebendigster Anteilnahme zurückführen und ihn als eines der wenigen Bindeglieder ansehen, die zwischen jener „guten alten Zeit“ und dem Zeitraum des neuen Aufschwunges stehen.

Seine erste Äußerung (*1.*) noch vom Jahre 1879 hatte wesentlich geschichtlichen Inhalt, und er machte damals auf das längst vergessene CLAUDETsche Projektionsstereoskop (s. S. 121) wieder aufmerksam. Wahrhaft bemerkenswert ist erst seine zweite Mitteilung (*2.*, *3.*), die, ihrem Inhalt nach an zwei verschiedenen Orten veröffentlicht, zunächst wohl im Spätherbst 1880 erschienen ist.

Es handelte sich dabei um ein Meßgerät zur Feststellung der Wolkenhöhe. Um die dazu nötige Markenreihe zu erhalten, ging J. HARMER mit folgendem Behelf vor (Abb. 89). Er zeichnete in großem Maßstabe ein Quadrat, dem er eine Reihe kleinerer so einbeschrieb, daß immer das nächste die folgenden umschloß. Der Mittelpunkt jedes kleineren Quadrats war immer um einen kleinen Betrag nach rechts versetzt, und schließlich war noch eine senkrechte Marke ein wenig links vom Mittelpunkt durch das umschließende Quadrat gezogen. Machte man von dieser zur wagerechten Mittellinie symmetrischen Zeichnung zwei Glasbilder in verkleinertem Maßstabe und legte sie so zusammen, daß die der linken Begrenzung entsprechenden Kanten einander am nächsten waren, so konnte die Vereinigung der beiden symmetrischen Halbbilder bei zweckmäßiger Wahl der Verkleinerung und des Abstandes als Raumbild eine Schar senkrechter, einander paralleler Ebenen hervorrufen, von denen die unter dem kleinsten Gesichtswinkel erscheinende am weitesten entfernt war. Die senkrechte Marke aber wurde ganz in den Vordergrund verlegt. Ohne weiteres konnte die Entfernung zwischen diesen Ebenen und dem Beobachter aus der Zeichnung nicht ermittelt werden, und J. HARMER schlug dazu folgendes behelfsmäßige Verfahren vor, wofür ein genau vermessenes Gebiet mit zwei parallel ausgerichteten Kammern aufgenommen werden mußte. Diese befanden sich an den beiden Enden eines etwa 15 m langen, drehbaren Balkens, und man nahm damit zunächst jenes genau bekannte Gebiet auf. Lege man die Glasbilder der Landschaft auf die Platte, die jene Halbbilder der Meßebenen trage, so könne man ohne weiteres ermitteln, mit welchen Gegenständen die Ebenen zusammenfielen, und danach für den genau einzuhaltenden Abstand der beiden Kammern die Entfernungswerte der willkürlich gewählten Meßebenen feststellen. Belichte man jetzt die auf die Wolken im Zenit gerichteten Kammern, so könne nunmehr die vorher ausgewertete

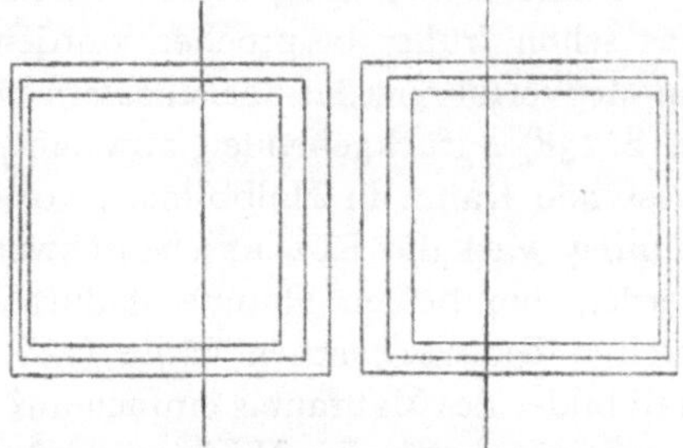
Abb. 89. Das HARMERsche Stereogramm für die Schar der Meßebenen.

Ebenenschar dazu dienen, die Entfernung der Wolken zu bestimmen. Neige man die Kammern unter verschiedenen Winkeln gegeneinander, so müsse man für jede solche Neigung eine besondere Schar von Meßebenen auswerten.

Bei dem hier gewählten Kammerabstande von etwa 15 m war die Steigerung der Körperlichkeit eine etwa 230 fache. Man würde also imstande gewesen sein, die Höhe der niedrigen Wolken mit einer befriedigenden, die der höchsten mit einer ausreichenden Genauigkeit zu bestimmen, immer vorausgesetzt, daß die Wolkenformen bestimmt genug waren, um die Auffassung des verkleinerten Raumbildes mit Sicherheit zu gestatten. Die Genauigkeitsgrenzen für die Messung sind unter Annahme von zwei Werten der Breitenwahrnehmung, $\eta = 30''$ und $\eta = 10''$, bei M. VON ROHR (*15.*) mitgeteilt worden.

Bemüht man sich, diesen Vorschlag J. HARMERS dem anzugliedern, was schon früher besprochen worden ist, so erkennt man hier deutlich ein Meßverfahren, das aber insofern von dem auf A. ROLLET und E. MACH (s. S. 138) zurückgehenden abweicht, als, wie oben gesagt, auch der zu messende Raum in Halbbildern vorliegt. Auf diese unterbrochene Abbildung wird die ROLLETsche schwebende Markenreihe angewandt, nur werden die beiden Räume dadurch einander zugeordnet, daß in der zweiten BREWSTERschen Weise (s. S. 100) die wesentlich durchsichtigen Halbbilder des Maßraums einfach auf die des zu messenden gelegt werden. Das Stereogramm der Markenreihe kann also als Ganzes über das Stereogramm des zu messenden Raumes hingeschoben werden. Infolge der weiten Trennung der Aufnahmeobjektive war die Empfindlichkeit weit größer als bei dem ROLLETschen Verfahren, und in dieser Hinsicht steht der neue Vorschlag der MACHschen Verwendung eines Telestereoskops nahe. Um Mißverständnisse auszuschließen, sei ausdrücklich bemerkt, daß an eine Beeinflussung J. HARMERS durch die ebengenannten Vorgänger wohl gar nicht zu denken ist, dagegen erscheint eine mittelbare Beeinflussung durch BREWSTER möglich.

Eine Reihe von Jahren verstrich, bevor sich J. HARMER (*5.*) wieder äußerte. Auch diesmal war der Inhalt seines Aufsatzes hauptsächlich geschichtlich und ließ erkennen, daß der Verfasser mit offenen Augen in jener Zeit gelebt hätte, wo sein Lieblingsinstrument in so hohem Maße geschätzt gewesen war. Auch einige recht beachtenswerte, für den durchschnittlichen Benutzer allerdings nicht schmeichelhafte Gründe des Niederganges finden sich angegeben. Als eine neue Möglichkeit der Verwendung erschien ihm die Benutzung des Stereoskops in der Himmelsphotographie. Vergleiche man zwei zu verschiedenen Zeiten gemachte photographische Aufnahmen eines und desselben Himmelsgebietes im Stereoskop, so könnten sich Bewegungen eines Sternes in bezug auf seine Nachbarn im Stereoskop als Tiefenverschiedenheiten herausstellen. Auch spektrographische Aufnahmen könne man im Stereoskop vergleichen und aus einer Ortsänderung ganzer Liniengruppen auf eine Bewegung der Lichtquelle schließen, auf die jene Gruppen zurückzuführen seien.

Sehr nahe steht diesem Aufsatz eine Mitteilung (*6.*) aus dem Jahre 1892. Hier schlug J. HARMER vor, die photographische Aufnahme binokular mit dem Bilde in der Brennebene des Objektivs zu vergleichen, um auch die Zuverlässigkeit der Wiedergabe einer strengen Prüfung zu unterziehen. Der Hauptfortschritt lag aber darin, daß er — möglicherweise auf Grund dieser Vergleichung im Teleskop — die Forderung aussprach, die miteinander zu vergleichenden Plattenpaare unter starker Vergrößerung zu prüfen.

Weitere Arbeiten dieses Mannes sind in den hier benutzten Schriften nicht vorhanden. Es scheint nicht, als sei jemals der Versuch gemacht worden, die Vorschläge J. HARMERS in die Wirklichkeit überzuführen. Es war ein Unglück, daß sie in der photographischen Fachpresse vergraben blieben und nicht in den Gesichtskreis der Physiker und Astronomen kamen.

Die Teilnahme fehlte diesen Kreisen nicht ganz, denn nur ein halbes Jahr nach J. HARMERS (*5.*) Äußerung veröffentlichte der amerikanische Geodät CH. H. KUMMELL (*1.*) die Anregung, die Astronomen sollten zur Entdeckung von Fixsternparallaxen das Stereoskop verwenden. In der eingehenden Kenntnis dieses Instruments stand er J. HARMER sicherlich nach, betonte er doch ausdrücklich, daß es sich hier nur um einen Vorschlag handele, dessen Brauchbarkeit sich erst zeigen solle.

Ungefähr um dieselbe Zeit versuchten M. WOLF und PH. LENARD, wie M. WOLF (*1.*) 1895 berichtete, den gleichen Gedanken für die Auffindung von Planetoiden zu verwenden; doch war ihnen ebensowenig Erfolg beschieden wie V. WELLMANN (*1.*), der etwas später, 1892, auf W. FÖRSTERS Anregung von den DOVEschen Vergleichungen einer Vorlage mit ihrer Nachbildung ausgehend, ebenfalls Sternbewegungen zu erkennen strebte. In diesem, vor dem WOLFschen veröffentlichten Aufsatze findet sich auch ein Hinweis auf die Vorgängerschaft CH. H. KUMMELLS.

Nur uneigentlich hierher gehört der Vorschlag CH. V. ZENGERS (*1.*) vom Jahre 1876, wo einem einfachen Himmelsfernrohr ein parallel gerichtetes zweites Okular mit einer Quadratfelderung angefügt wurde. Diese sollte im Wettstreit der Sehfelder gleichzeitig mit den Sternen wahrgenommen werden und eine schnelle Messung ermöglichen.

Ebenfalls nicht mit vollem Rechte wird hier der Vorschlag des Offiziers J. PH. NOLAN (*1.*) aufgeführt, der sich im Jahre 1889 einen binokularen Entfernungsmesser schützen ließ, aber zur Messung nicht die beidäugige Tiefenwahrnehmung verwandte. Vor dem einen Rohr eines gewöhnlichen doppelten Erdfernrohrs wurden in der beide Fernrohrachsen enthaltenden Ebene zwei GOULIERsche Pentaprismen im Abstande der gerade gewählten Standlinie angebracht. Auf diese Weise hatte für den Gebrauch das Doppelfernrohr die gewünschte Grundlinie erhalten. Richtete man die Achse des mit den Vorschalteprismen versehenen Fernrohrs auf den Gegenstand, dessen Entfernung zu messen war, so schickte er in das freie Fernrohr einen um so schieferen Strahl, je geringer die Entfernung war. Hier befand sich im Okular eine vorher nach der Besonderheit des Instruments berechnete und nach der Maßeinheit bezifferte Entfernungsplatte. Die Beobachtung konnte gleichzeitig zweiäugig oder schnell nacheinander mit je einem Auge erfolgen.

## Die Aufnahmevorrichtungen.

Auf diesem Gebiete ist das Leben in dem vorliegenden Zeitraum fast ganz erloschen. Insofern als bei den auf der Mattscheibe aufgefangenen Halbbildern doch eine unterbrochene Abbildung vorliegt, gehört hierher eine auf J. Bischof (*1.*) zurückzuführende Einrichtung, die als *Camera obscura* geschützt und als *Vivantoskop* vertrieben worden zu sein scheint. Es handelte sich dabei um einen schon früher (S. 73) besprochenen Wunsch, die nebeneinander entstehenden Mattscheibenbilder in einem körperlichen Sammelbilde zu sehen, nur war hier das ganze Gerät vereinfacht, und es sollte wohl Bilder liefern, die sich an Lebhaftigkeit mit denen eines kleinen Telestereoskops vergleichen konnten. Man wird es am einfachsten beschreiben, wenn man sagt, daß ein Barnardscher Winkelspiegel (s. S. 96) mit einer alten, das Bild durch einen ebenen Spiegel nach oben werfenden dunklen Kammer und mit einem Brewsterschen Stereoskop verbunden worden war. Möglich wäre es schließlich auch, es den Telestereoskopen anzureihen, doch scheint auf diesem Gebiete in den siebziger und achtziger Jahren überhaupt kaum gearbeitet worden zu sein.

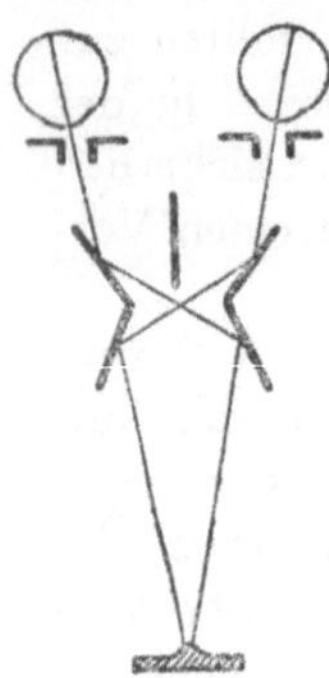

Abb. 90. Ein Ewaldsches Spiegelpseudoskop.

Wenigstens sind aus den dafür durchgesehenen Schriften nur zwei solcher Vorkehrungen bekannt geworden. Zunächst ein Spiegelpseudoskop, das J. R. Ewald nach seiner Darstellung (*1.*) vom Jahre 1906 bereits 1889 angegeben hat. Wie die nebenstehende Abb. 90 zeigt, handelt es sich um zwei Spiegelpaare, die eine gekreuzte Lage der scheinbaren Augenorte einem gegebenen Raumdinge gegenüber hervorbringen, ohne daß es dabei zu einer Spiegelverkehrung des Raumbildes käme.

Als zweite Arbeit ist hier aus dem Herbst 1875 anzuschließen die Abhandlung A. Righis (*1.*) über das *Polystereoskop*. Es ist das ein aus zwei ebenen beweglichen Spiegeln bestehendes Gerät, ungefähr ein halbes Helmholtzisches Telestereoskop ohne Vergrößerung, das auch etwa in der Nachetschen Art (s. Abb. 77) gebraucht werden kann. Es wird vor eines der beiden Augen geschaltet, während das andere den Gegenstand unmittelbar ansieht. Je nach der Stellung der Spiegel vermittelt es einen tiefenrichtigen oder -verkehrten Eindruck, oder es kann als Eikonoskop gebraucht werden, wenn die beiden scheinbaren Augenorte einen geringen Seitenabstand haben oder gar einigermaßen hintereinander zu liegen kommen. Besonderen Wert legte er auf die Erscheinung von Trugbildern bei der Betrachtung bewegter Raumdinge, worauf ja Ch. Wheatstone (s. S. 49) bereits in gewisser Weise hingewiesen hatte. — Angeschlossen ist eine eingehende mathematische Behandlung der Grundlagen, die allerdings in weiteren Kreisen gar keine Beachtung gefunden zu haben scheint. — Im Jahre darauf hat A. Righi sein Gerät auf der Londoner Ausstellung wissenschaftlicher Apparate [1]) vorgeführt, wo sich auch eine leider allzustark verkürzte und der Abbildungen ermangelnde Beschreibung findet.

In engstem Zusammenhange mit der Forderung völliger Raumgleichheit steht ein von Fr. Stolze (*1.*) 1882 nachgesuchtes Patent, worin eine Aufnahmekammer und ein Stereoskop beschrieben werden. Es war ihm natürlich unmöglich, über die alten Grundforderungen der Raumgleichheit hinauszukommen, wie sie schon vor Jahren in England entwickelt worten waren. Daß er seine beiden Kammern mit je einer Spiegelung versah und zur Betrachtung dann einfach das Wheatstonesche Spiegelstereoskop verwenden konnte, sei hier wenigstens erwähnt.

## Arbeiten zur Farbenstereoskopie.

Gleich zu Anfang dieses Zeitraumes tritt das Farbenstereoskop auf, und zwar bemerkte F. Kohlrausch (*1.*) 1871, daß man eine deutliche Tiefenwirkung erhalte, wenn man eine Darstellung in verschiedenen Farben durch zwei geradsichtige Prismen betrachte, dabei sollten aber die Farben aneinanderstoßen und jedenfalls ein weißer Hintergrund vermieden sein. Seien die Farben rot und blau, so sehe man, je nach der Stellung der Prismen, die roten Gebiete näher als die blauen oder umgekehrt. Man erhalte die Erscheinung auch, wenn man beidäugig durch eine einfache Sammellinse von genügendem Durchmesser hindurchsehe. — Zur beidäugigen Farbenmischung lieferte W. von Bezold (*1.*) 1874 einen Beitrag; biete man den beiden Augen verschiedengefärbte Flächen in solchen Abständen dar, daß sie bei gleicher Akkommodationsanstrengung gleichzeitig deutlich gesehen würden, so sehe auch ein Beobachter eine Mischfarbe, dem das früher unmöglich gewesen sei. Die Mischfarbe entspreche im wesentlichen der durch den Farbenkreisel gelieferten. — Seine Ergebnisse bestätigte durchaus W. Dobrowolsky (*1.*) im nächsten Jahre;

---

[1]) Herr H. Erfle, mein Kollege, hatte die große Freundlichkeit, mich in letzter Stunde auf diese Beschreibung hinzuweisen, wofür ihm mein herzlicher Dank ausgesprochen sei.

zur Herbeiführung richtiger Akkommodation schaltete er Brillengläser ein und fand, wie andere Arbeiter auf diesem Gebiete, eine ungemeine Verschiedenheit der Ergebnisse bei verschiedenen Beobachtern. Auch ihm gelang die Beobachtung einer wirklichen Mischfarbe. — Auf die Wheatstoneschen flatternden Herzen (s. S. 56) zurück führt eine Darstellung, die G. Mayerhausen (*1.*) im Januar 1884 abgeschlossen hatte. Er nannte die Erscheinung *Chromatokinopsie* und gab eine sehr eingehende Zusammenstellung der hierher gehörigen Schriften. In der Behandlung ging er weiter als seine Vorgänger, und berücksichtigte auch Bewegungen des Grundes in der Blickrichtung als fähig, solche Scheinbewegungen auszulösen; als besonders wichtig nahm er die positiven Nachbilder an. — Eine

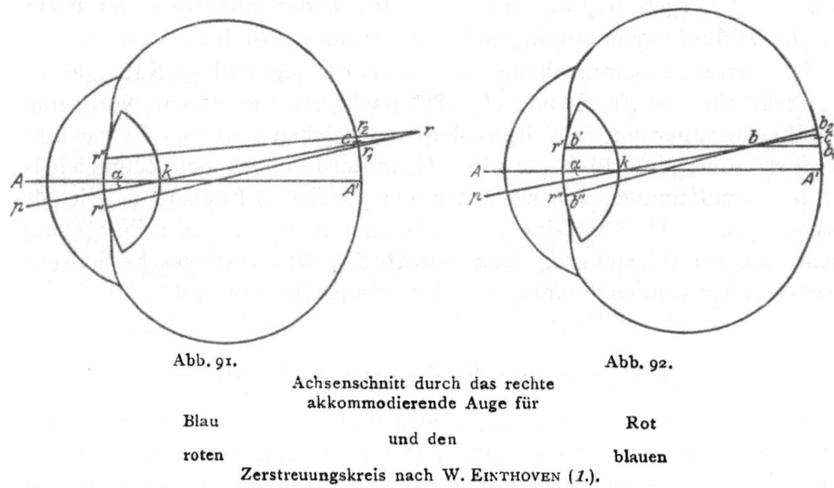


Abb. 91. Abb. 92.

Achsenschnitt durch das rechte akkommodierende Auge für $\left\{\begin{matrix}\text{Blau}\\ \text{Rot}\end{matrix}\right\}$ und den $\left\{\begin{matrix}\text{roten}\\ \text{blauen}\end{matrix}\right\}$ Zerstreuungskreis nach W. Einthoven (*1.*).

weitere, sehr bedeutungsvolle Arbeit aus diesem Gebiet fällt in das Jahr 1885, wo W. Einthoven (*1.*) auf eine Anregung von C. F. Donders hin den Schlußstein zu dem Gebäude lieferte, das E. Brücke (s. S. 145) so weit gefördert hatte. An dem Zusammenhange mit ihm ist nicht zu zweifeln, und zwar wird der Forscher wohl zweckmäßiger auf die Brückesche Arbeit (*4.*) zurückgreifen, als auf desselben Gelehrten Vorlesungen über Physiologie, die Einthoven anführt. Der Fortschritt über Brückes Standpunkt hinaus liegt darin, daß er auf der Netzhaut den Zerstreuungskreis der anderen Farbe aufsucht, wenn auf die eine akkommodiert wird. Da nun im rechten Auge der Mittelpunkt des $\left\{\begin{matrix}\text{roten}\\ \text{blauen}\end{matrix}\right\}$ Zerstreuungskreises bei Akkommodation für $\left\{\begin{matrix}\text{Blau}\\ \text{Rot}\end{matrix}\right\}$ $\left\{\begin{matrix}\text{schläfen}\\ \text{nasen}\end{matrix}\right\}$ wärts verschoben wird (Abb. 91 u. 92), so erscheint das rote Gebiet stets näher. Ist nun aber, wie es nicht eben selten vorkommt, die Pupille nasenwärts verschoben und der Winkel $\alpha$ zwischen Gesichtslinie und Augenachse klein, so können umgekehrt bei einzelnen Beobachtern die blauen Zeichen vor den roten gesehen werden. EINTHOVEN wies darauf hin, daß man durch eine entsprechende Abblendung mit Blendenöffnungen, die zu weit oder zu nahe gestellt seien, einem und demselben Beobachter beide Raumanordnungen vorführen könne. — Nahe verwandt mit dem Inhalt dieser Arbeit scheint nach der beschränkten Kenntnis, die hier davon zugänglich war, ein Aufsatz, den W. EINTHOVEN (*2.*) 1894 über die Wirkung von Farben auf die Auffassung von Schatten und die Deutung von Perspektiven veröffentlichte.

## Die eigentlichen Stereoskope.

Aus der großen Zahl der amerikanischen Patente auf Stereoskope, die hauptsächlich den mechanischen Teil des HOLMESischen Stereoskops abänderten, sei hier der Vorschlag von A. BECKERS (*1.*) aus dem Jahre 1871 erwähnt, der für diese billigen Instrumente eine Linsentrennung vorsah. Es scheint, daß dieser Gedanke, über dessen Entstehung die hier benutzten Schriften keinen Hinweis gaben, den Theoretikern dieses Abschnitts unbekannt blieb, die mehrfach die Unmöglichkeit der Änderung des Linsenabstandes an den Stereoskopen des Handels tadelten.

Eine gewisse Beachtung verdient der Vortrag J. HENDERSONS (*1.*) im Jahre 1871. Sind auch im allgemeinen seine Ansichten hier schon bei seinen Vorgängern besprochen worden — in der historischen Auffassung ist er anscheinend von BREWSTER beeinflußt —, so war seine entschiedene Forderung der Raumähnlichkeit für die damalige Zeit neu. Er wünschte eine ganz oder doch nahezu zentrische Benutzung der Betrachtungslinsen, die von gleicher Brennweite wie die Aufnahmeobjektive sein sollten, und schrieb einen Abstand von 70 mm für entsprechende Punkte des Hintergrundes vor. In der Auseinandersetzung seiner Ansichten über die Raumähnlichkeit kam er auch zu der Forderung, daß die Achsen der Betrachtungslinsen dieselbe Neigung gegen den Horizont einnehmen müßten wie die der photographischen Objektive bei der Aufnahme. Soweit hier die Schriften berücksichtigt wurden, muß J. HENDERSON für diese allgemein bei Achsenhebung wichtige Vorschrift das Verdienst zuerkannt werden.

Die nächsten Veröffentlichungen von einiger Bedeutung gingen von TH. SUTTON aus. Er empfahl mehrfach sein verbessertes WHEATSTONEsches Instrument für große Papierbilder (s. S. 146) und wies auch auf seine Weitwinkelstereoskope hin, ohne jedoch für einen dieser Vorschläge eine größere Teilnahme zu erwecken. Durch unvorsichtige Äußerungen kam er im Anfang des Jahres 1873 in einen, in den Spalten der verbreiteten Wochenschrift *The British Journal of Photography* mit recht großer Heftigkeit gegen TH. GRUBB und seinen Sohn HOWARD geführten Streit. Man kann die sehr gereizte Stimmung der Gegner nur aus dem Groll erklären, der aus ihrem nunmehr weit zurückliegenden Strauß auf dem Gebiete der geometrischen Optik des photographischen Objektivs zurückgeblieben war, denn der gegenwärtige Kampf bot zu einer solchen Verstimmung keinen Anlaß. Th. Sutton hat dabei mehr auf dem theoretischen Standpunkte gestanden und eine möglichst vollkommene Raumähnlichkeit gefordert, während die beiden Grubbs größeren Wert auf die Bequemlichkeit bei der Benutzung legten und dieser ein wenig Naturtreue zu opfern bereit waren.

Den Anlaß zu der Meinungsverschiedenheit hatte ein von H. Grubb hergestelltes Stereoskop mit gekreuzten Blickrichtungen geboten, das von J. Traill Taylor (*1.*) näher beschrieben worden ist. Das Stereogramm zeigte der Kreuzung der Blicklinien entsprechend das für das rechte Auge bestimmte Halbbild auf der linken Seite und umgekehrt. Zwischen das Auge und das zugehörige Halbbild war je ein achromatisches, ebenes Prisma eingeschaltet, um die Konvergenz auf der Bildseite zu vermindern. Eine solche Einrichtung hatte neben der Bequemlichkeit, die beiden Halbbilder auf einer ebenen Unterlage zu einem Stereogramm vereinigen zu können, noch den Vorteil, beträchtliche Bildgrößen zuzulassen. Schon bei der ersten Veröffentlichung schlug H. Grubb für die Halbbilder die großen Ausmaße von 20:25 cm vor.

Der Streit mit Th. Sutton brachte ihn (*1.*) dazu, ein anderes einfaches Stereoskop zu beschreiben. Im wesentlichen handelte es sich dabei um die Anwendung des Telestereoskops für Stereogramme, bei dem die einfachen Spiegel durch totalreflektierende Prismen ersetzt worden waren. Auch hier waren recht beträchtliche Halbbilder, in der Größe von $16^1/_2$: $21^1/_2$ cm, vorgesehen.

Eine abschließende Behandlung dieser Frage gab H. Grubb (*2.*) einige Jahre später, 1879, als sein Vater ebenso wie sein Gegner Th. Sutton aus dem Leben geschieden waren, indem er zu Dublin vor der Königlichen Irischen Gesellschaft eine geschichtliche Darstellung der Arbeit am Stereoskop vortrug. Das Bestreben, allen Vorgängern, nicht zum mindesten auch dem alten Gegner Th. Sutton, gerecht zu werden, wirkt dabei außerordentlich anziehend. Wie schwierig aber schon damals, auch im Vaterlande der Stereoskopie, die Verfolgung der Geschichte dieses Gebiets geworden war, kann man daraus ersehen, daß der Redner nicht vermocht hatte, von den Apparaten A. Claudets (s. S. 120) und H. Swans (s. S. 144) eine Beschreibung aufzufinden. Auch war ihm jede Erinnerung an das Farbenstereoskop (s. S. 56) Brewsters geschwunden, denn er gab die Erklärung seiner Wirkung, als wenn es sich um etwas ganz neues handele. Von den übrigen Stereoskopformen, die er in seinem Vortrage behandelte, sind nicht alle neu; so hatte er das Dovesche Stereoskop mit den beiden Amicischen Reflexionsprismen wiedererfunden, zog aber vor, die Bilder nicht neben-, sondern übereinander anzuordnen. Er hat dabei übersehen, daß solche Vorschläge nicht nur von J. Duboscq (s. S. 72) vorlagen, sondern daß sein eigener Landsmann W. Hardie (s. S. 105) gerade diese Anordnung in besonders hübscher Durcharbeitung veröffentlicht hatte.

Sodann erfand er auch die Anlage für stereoskopische Schirmbilder wieder, die unter J. CH. D'ALMEIDAS (s. S. 106) Namen bekannt ist, und die auf einer zeitlichen Trennung der beiden Halbbilder beruht.

Neu dagegen war ein hauptsächlich für Glasbilder bestimmtes Stereoskop (Abb. 93) mit doppelter Spiegelung. Das Glasbild wurde wagerecht mit der Schirmseite nach oben gelagert, und zwar so, daß sich das rechte Halbbild auf der linken und das linke auf der rechten Seite des Beschauers befand, beide ihm also die Fußteile zukehrten. Unter beiden Halbbildern fanden sich Spielgelprismen mit angekitteten Linsen vor, deren Achsen sich im Scheitel eines Hohlspiegels schnitten. Die Abstände zwischen Halbbild, Spiegelprisma und Hohlspiegel waren so gewählt worden, daß ein etwas vergrößertes Bild des Halbbildes auf dem Hohlspiegel entworfen wurde. Da durch die Spiegelung in dem Prisma das Halbbild in der Richtung von oben nach unten verkehrt worden war, so ergab sich durch die Linsenwirkung ein, was oben und unten angeht, aufrechtes, hinsichtlich links und rechts aber spiegelverkehrtes Halbbild. Durch die Umkehrung der Lichtrichtung am Hohlspiegel wurde auch diese Spiegelverkehrung aufgehoben, im übrigen aber hinsichtlich der Größe und Lage an dem von der Linse entworfenen Bilde kaum etwas geändert. Wie gesagt, lagen beide Halbbilder um den Spiegelscheitel herum gleichsam übereinander, und es mußte nun noch dafür gesorgt werden, daß die Strahlen eines jeden nur dem zugehörigen Auge zugeführt wurden. Dies geschah durch eine zweckmäßige Wahl der Spiegelbrennweite. Diese wurde so bestimmt, daß die Austrittspupillen der beiden Linsenprismen reell und ein wenig vergrößert in der Entfernung der Augen des Beobachters abgebildet wurden. Man erkennt unter Berücksichtigung der Abb. 93 leicht, daß auf diese Weise wirklich die zu dem linken Halbbilde gehörigen Strahlen durch das linksliegende Bild des Linsenprismas, die linke Austrittspupille des Instruments, traten, und entsprechend verhielt es sich mit den Strahlen vom rechten Halbbilde. Brachte man seine Augen an die beiden Austrittspupillen, so sah man, wie H. GRUBB hervorhob, tatsächlich das Raumbild ohne Schwierigkeit etwa an dem Orte des Spiegels schweben. Es sieht nicht so aus, als sei dieses Instrument ernsthaft eingeführt worden, und das ist auch ganz erklärlich, da jener Zeit entschieden das Verständnis gemangelt haben würde.

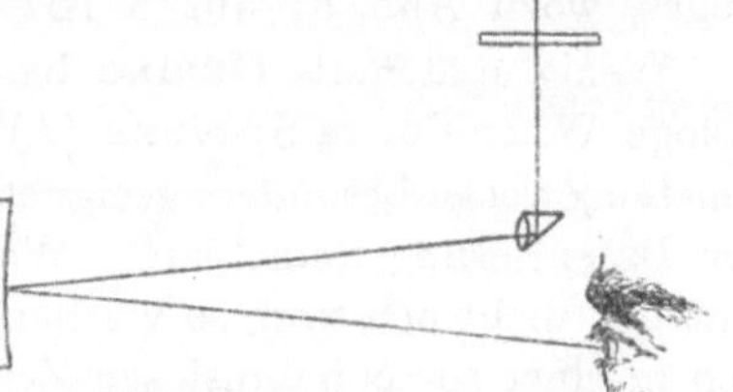

Abb. 93. Das GRUBBsche Spiegelstereoskop.

Aus dem vorstehenden geht hervor, daß es sich hier um ein Gegenstück zu dem Stereomonoskop von A. CLAUDET (s. S. 121) handelt oder zu der ihm entsprechenden Einrichtung, die J. CLERK MAXWELL (s. S. 143) vor etwa 12 Jahren beschrieben hatte. Hier ist nur die große Mittellinse durch einen Hohlspiegel ersetzt worden, und man konnte sich die Zerschneidung des Stereogramms sparen, die für das Stereomonoskop nötig gewesen war; in allen diesen Fällen aber ist die Strahlenbegrenzung mit großem Geschick behandelt worden.

Eine Abänderung an dem beweglichen Spiegelstereoskop WHEATSTONES (s. S. 74) hatte schon 1879 E. HERING (*1.*) als *Spiegelhaploskop* vorgeschlagen, doch scheint es später abweichend davon in der Regel abgekürzt als *Haploskop* (s. S. 125) angeführt worden zu sein. Näheres darüber, wie zu einer späteren auf HERING zurückgehenden Ausführungsform, läßt sich aus dem auf Untersuchungen von F. HALSCH und H. PERELES zurückgehenden Aufsatz von H. PERELES (*1.*) aus dem Jahre 1889 entnehmen. Es handelte sich dabei um ein WHEATSTONEsches Spiegelstereoskop mit zwei drehbaren Armen, nur daß auch die Spiegel mit gedreht wurden; die senkrechten Drehachsen des rechten und des linken Armes gingen verlängert durch den Drehpunkt des rechten und des linken Auges, wozu Abb. 81 auf S. 162 verglichen werden kann.

Wenig später als HERING beschäftigte sich der amerikanische Physiologe W. LE CONTE STEVENS (*1.*) mit dem Bau eines für die verschiedensten Zwecke besonders geeigneten Stereoskops, das er im Jahre darauf zur Patentierung anmeldete. Wenn auch die einzelnen Teile der Ausstattung nicht neu sind, so verdient doch ihre Zusammenstellung namentlich in einer so teilnahmslosen Zeit eine Erwähnung. Die prismatischen Linsen lassen sich einzeln nach der Breite verstellen. Eine kleine Zwischenwand kann aufgestellt und niedergeklappt werden. Man kann die Linsen in ihrer Fassung umkehren, gegen einfache Prismen auswechseln und schließlich auch ganz entfernen, so daß man auch Halbbilder ohne Zwischenschaltung von Linsen mit angenähert parallelen oder mit gekreuzten Augenachsen betrachten kann. Um gleiche Bilder stereoskopisch zu sehen, kann der Bildträger in zwei um lotrechte Achsen drehbare Teile zerlegt werden, die man dann gegeneinander symmetrisch neigen muß. Man sieht, daß hier die von C. TH. TOURTUAL für das WHEATSTONEsche Stereoskop angegebene, dem Patentanmelder sicherlich unbekannte Einrichtung (s. S. 52) auftritt. Ein großer Erfolg durch die Einführung in weite Kreise von Benutzern ist diesem Instrument nicht beschieden gewesen. — Auf die Stellung (*2.*) des amerikanischen Gelehrten zur ersten Ausgabe dieses Buches sei hingewiesen.

## Die theoretischen Arbeiten.

Zunächst handelt es sich um den österreichischen Schulmann ANTON STEINHAUSER. Schon 1870 erschien seine erste Schrift (*1.*) über Stereoskopie, worin er seinen Vorwurf mit großer Gründlichkeit behandelte. Er kannte das große HELMHOLTZsche Werk (*2.*), gründete aber seine eigenen Darlegungen allein auf die Elementargeometrie.

Wie die meisten seiner Zeitgenossen setzte er ruhende Augen voraus, ging aber abweichend von ihnen auf die Perspektiven der Halbbilder zurück. Die Vereinigung von zwei solchen Perspektiven gab ihm die Tiefenwahrnehmung. Läßt man von den sich darbietenden Fällen den einen, nicht sehr wichtigen unbehandelt, so bestanden für ihn die beiden Möglichkeiten, daß das Objekt hinter, und daß es vor der Ebene der Halbbilder läge. In der hier festgehaltenen Bezeichnungsweise sind das die Fälle, wo mit gleichgerichteten und wo mit gekreuzten Sehachsen beobachtet wird. Von besonderer Wichtigkeit erschien ihm die Bestimmung der bei beiden Möglichkeiten vorkommenden Bildbreiten. Bei der Gelegenheit ergaben sich gewisse allgemeine Regeln, so die, daß entsprechende Punkte in beiden Halbbildern stets gleiche Höhe über oder unter der Horizontalen erhalten, und er ging kurz auf die als Reliefperspektive bekannte Raumänderung ein, die sich einstelle, wenn die Halbbilder in ihrer Ebene in wagerechter Richtung einander genähert oder voneinander entfernt würden. Nach einigen Bemerkungen zu der Anlage, wenn die Halbbilder vorher bestimmte Ausmaße erhalten sollen, wurde die Theorie der Aufnahmeapparate behandelt. Auch hier gebe es ein perspektivisches Zentrum, und als solches diente ihm die Linsenmitte. Ein neuer Fall ergebe sich, wenn der Abstand $M$ der Objektive den $m$ der Augen übertreffe; alsdann stelle sich eine Verkleinerung des Raumbildes ein im Verhältnis von $m : M$. Wenn nun noch die Stereoskope kurz zu schildern seien, so handele es sich vornehmlich um die BREWSTERsche Form, bei der die Prismenwirkung der Halblinsen eine Steigerung der Bildbreite gestatte, und um eine Vorkehrung zur bequemen Betrachtung von Halbbildern des letzten Falles. — Diese unterschied sich von der alten WHEATSTONEschen (s. S. 46) nur dadurch, daß zwischen dem Stereogramm und den Augen ein Querschirm vorgesehen worden war, der eine Luke von solcher Größe trug, daß sie für das Raumbild genügte, aber die unnötigen Doppelbilder abblendete. — Eine warme Empfehlung der Stereoskopie für den Unterricht in der darstellenden Geometrie, der als Musterbeispiel das allerdings nicht gut gelungene Stereogramm eines Konoids mit kreisförmiger Grundfläche beigegeben worden war, machte den Schluß.

Die Arbeit ist ausgezeichnet durch die Folgerichtigkeit, mit der die Stereoskopie an die Lehre von der Perspektive angeschlossen wurde. Nach den hier benutzten Schriften wurden zum ersten Male Stereogramme, die für die Beobachtung mit gekreuzten Achsen berechnet sind, nicht nur als Merkwürdigkeit, sondern als ein Hilfsmittel empfohlen, das für bestimmte Zwecke besonders geeignet sei.

Dieses Verfahren führte A. STEINHAUSER (2.) einige Jahre darauf wirklich in das Leben ein, indem er derartige stereoskopische Wandtafeln für den Unterricht in der Schule vorschlug. Solche könnten gleichzeitig von einer Reihe von Personen betrachtet werden, da es sich bei der Erprobung ergeben habe, daß eine Abweichung von dem einzigen theoretisch richtigen Standpunkte keine große Bedeutung habe. Man sieht, daß der Verfasser hier ein Mittelding zwischen dem gewöhnlichen Stereoskop und stereoskopischen Schirmbildern vorschlug, wohl aus dem Grunde, weil zu jener Zeit im deutschen Sprachgebiete an eine einigermaßen große Verbreitung des Bildwerfers nicht zu denken gewesen wäre.

Einen sehr viel wichtigeren Aufsatz ließ derselbe Verfasser aber im nächsten Jahre (*3.*) erscheinen, und dieser verdient eine ganz eingehende Besprechung, da er allem Anscheine nach die vollständigste Theorie gibt, die überhaupt über das BREWSTERsche Stereoskop veröffentlicht worden ist.

In erster Linie handele es sich beim Stereoskop, als einem wissenschaftlichen Instrument, darum, daß das darin erblickte Raumbild, wenn auch nicht raumgleich, so doch mindestens raumähnlich sei. Denke man sich die beiden Perspektiven (Halbbilder) eines Raumdinges in bezug auf die beiden Augen auf einer und derselben Ebene entworfen, die in der Entfernung der deutlichen Sehweite liege, so würden bei der Betrachtung die beiden Halbbilder für die Augen den Eindruck des Raumdinges hervorrufen. Allerdings sei in diesem Falle die Winkelgröße des darzustellenden Objekts sehr beschränkt, wenn die beiden Darstellungen nicht ineinander übergreifen sollen. In diesem Falle bedürfe man also keiner Betrachtungslinsen. Handele es sich um ein Raumding von größerer Winkelausdehnung, so müsse man die Bildebene näher an die Augen bringen, um das Übergreifen der beiden Halbbilder zu vermeiden, sei aber dann nicht imstande, sie mit unbewaffneten Augen deutlich zu sehen. Die Brennweiten der den Augen ganz nahen Betrachtungslinsen seien dann so zu wählen, daß sie die Halbbilder virtuell in der Entfernung der deutlichen Sehweite abbildeten. Aber auch bei einer solchen Anordnung sei man in der Halbbildbreite beschränkt, und zwar könne sie, wie eine einfache Überlegung zeige, nicht größer werden als der Augenabstand, also im Mittel etwa 65 mm. Nun könne es aber bei Landschaftsaufnahmen dazu kommen, daß man eine größere Bildbreite wünsche, und in diesem Falle biete das BREWSTERsche Stereoskop eine Möglichkeit, diese Forderung zugleich mit der der Raumähnlichkeit zu erfüllen. Die von dem Objekt $A\ B$ (Abb. 94) erhaltenen, zu $L$ und $R$ perspektivischen Halbbilder $m\ n$ und $p\ q$ würden sich in der angegebenen Lage aber gegenseitig stören. Man verschiebe sie nun symmetrisch so, daß sie die Lagen $m'n'$ und $p'q'$ einnähmen. Sei nun mit $E_1$ die Lage der Ebene der deutlichen Sehweite bezeichnet, so liegen $\beta_1$ mit $m'n'$ in bezug auf $o_1$ und $\beta_2$ mit $p'q'$ in bezug auf $o_2$ perspektivisch. Es sei nun ohne weiteres möglich, die Brennweite einer Sammellinse zu bestimmen, die, mit ihrer Mitte nach $o_1$ gebracht, $m'n'$ in $\beta_1$ abbilde, und das gleiche gelte offenbar von $o_2$, $p'q'$ und $\beta_2$. Nimmt man nun — so muß hier über A. STEINHAUSER hinaus hinzugefügt werden — weiterhin an, daß die Linsen in $o_1$ und $o_2$ für ihre ganze Öffnung sphärisch korrigiert seien, so muß auch der Strahl

$m' L$ nach der Brechung in $E_1$ $L$ übergegangen sein. Nach der Erledigung dieser Voruntersuchung wendet sich A. STEINHAUSER dem Aufnahmeapparat zu. Dabei erledigt sich zunächst der Fall, wo die Bilder eine so geringe Breite haben, daß sie sich gegenseitig nicht stören. Der Fall des größeren Objektivabstandes führt ohne weiteres auf das durchaus ähnliche, aber entsprechend verkleinerte und genäherte Raumbild. Doch in der Regel werde bei Stereoskopaufnahmen eine bestimmte Bildbreite vorgeschrieben, und diese sei meistens größer als der Augenabstand; mithin müßten die Halbbilder um diesen Betrag auseinandergerückt werden. Unter Berücksichtigung der oben angestellten Überlegungen sei es verständlich, daß man die Lage des Mittelpunkts der dünnen Linse und ihre Brennweite finden könne, die das symmetrisch verschobene Halbbild in

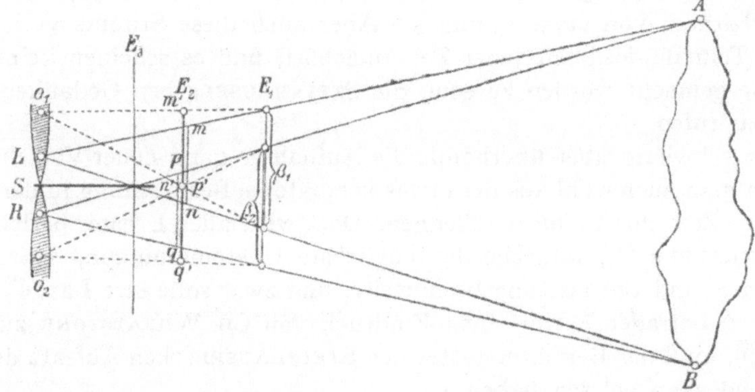


Abb. 94. Zur Behandlung des BREWSTERschen Stereoskops nach A. STEINHAUSER (3.).

der Entfernung der deutlichen Sehweite so abbilde, daß es, von dem exzentrisch gelegenen Augenort aus betrachtet, perspektivisch sei zu dem aufgenommenen Raumdinge. Die Brennweite der Betrachtungslinse sei nur von der des Aufnahmeobjektivs und von der deutlichen Sehweite abhängig. In der vollständig entwickelten Formel für die Lage des Linsenmittelpunkts aber kommen eine ganze Reihe von Unveränderlichen vor, und zwar spielen die deutliche Sehweite, die Halbbildbreite, der Augenabstand, der Objektivabstand, die Aufnahmebrennweite und die Entfernung der Einstellebene eine Rolle, wobei eigentlich nur die Änderung der letzterwähnten Größe unberücksichtigt bleiben kann, wenn es sich um Aufnahmen weit entfernter Gegenstände, etwa von Landschaften, handelt. Der Verschiedenheit des Augenabstandes verschiedener Beobachter lasse sich durch die seitliche Verschiebung der Halblinsen Rechnung tragen, und die deutliche Sehweite könne man durch die Anwendung entsprechender Brillen erzielen, die andern drei Größen aber sollten möglichst gar nicht geändert werden. Sei dies nicht der Fall, so sei doch wenigstens geboten, die Abweichungen von den Normalwerten anzugeben.

Als Grundwerte schlug er vor eine Aufnahmebrennweite von 15 cm, eine Halbbildbreite von 75 mm, einen Abstand der Aufnahmeobjektive von 80 mm.

Man sieht ohne weiteres ein, daß zwar auch hier noch unberechtigte Annahmen über die Güte der Abbildung gemacht wurden, daß aber auf dem Boden dieser Voraussetzung die Aufgabe eine erschöpfende Lösung fand. Der grundsätzliche Unterschied von der namentlich durch Th. Sutton gegebenen Theorie lag darin, daß hier infolge der Einführung der deutlichen Sehweite eine neue Veränderliche erschien, die namentlich den günstigen Einfluß hatte, daß die Brennweiten der Betrachtungslinsen wesentlich länger wurden. So ergab sich beispielsweise in dem soeben behandelten Falle für eine Objektivbrennweite von 15 cm und eine deutliche Sehweite von 25 cm eine Betrachtungsbrennweite von 37,5 cm und Exzentrizitäten von etwa 13 mm. — Aber auch diese Stimme verhallte bei der Teilnahmlosigkeit jener Zeit ungehört, und es scheinen keinerlei Versuche gemacht worden zu sein, die Steinhauserschen Gedanken ins Leben zu rufen.

Wie schwierig aber überhaupt die Aufnahme ganz neuer Vorschläge ist, kann man auch wohl aus der etwas verspäteten Besprechung in der angesehenen Zeitschrift *Nature* erkennen. Dort wird allen Ernstes berichtet, A. Steinhauser (*4.*) wünsche die möglichste Übereinstimmung zwischen Aufnahme- und Betrachtungsbrennweite, und zwar solle ihre Länge etwa 25—30 cm betragen. Um einen Eindruck von Ch. Wheatstone zu gebrauchen, muß der Berichterstatter den Steinhauserschen Aufsatz durch ein Pseudoskop gelesen haben.

A. Steinhauser trat gegen Ende des hier behandelten Zeitraumes noch einige Male berichtend auf, doch kann diesen Äußerungen, so zutreffend seine Bemerkungen auch waren, hier keine weitere Beachtung geschenkt werden.

Ebenfalls als praktischer Schulmann wurde Th. Hugel (*1.*), zu dieser Zeit der Leiter der Gewerbeschule zu Neustadt a. d. H., auf die Beschäftigung mit der Stereoskopie geführt. Er wünschte ein Verfahren, um mit einfachen Mitteln genaue Stereogramme von Kristallformen anzufertigen. Da ihm das perspektivische Zeichenverfahren, wie es beispielsweise J. M. Hessemer und J. J. Oppel angewandt hatten, nicht genau genug war, so entwickelte er analytische Formeln, um aus den Raumkoordinaten eines Körpers die ebenen Koordinaten seiner Punkte in den beiden Halbbildern auch dann ableiten zu können, wenn das darzustellende Objekt um eine lotrechte und dann um eine wagerechte Achse gedreht worden sei. Waren die Koordinaten entsprechender Punkte in den Halbbildern gefunden, so ist die Ausführung in allen einfacheren Fällen mit dem Lineal allein möglich, und nur in den mehr verwickelten mußte eine Teilmaschine zu Hilfe genommen werden. Es ist ganz verständlich, daß bei einer so strengen, analytischen Behandlung manches wiedergefunden werden mußte, was bereits auf einem ähnlichen, wenn auch einfacheren Wege von H. Helmholtz gefunden worden war. Und so ist es auch in der Tat gewesen, da auch Th. Hugel auf den Einfluß des Betrachtungsabstandes, der Augenentfernung u. a. einging. Beobachtete er ein richtig hergestelltes Stereogramm mit gekreuzten Blickrichtungen, so ergab sich ein tiefenverkehrtes Raumbild, und dafür stellten sich Beziehungen heraus, die den von Helmholtz (s. S. 158) für Reliefbilder abgeleiteten entsprachen; so konnte er zeigen, daß das Trugbild, von dem Punkte mitten zwischen beiden Augen betrachtet, perspektivisch liege zu dem wahren Raumbilde, und daß auch bei dieser Lagenbeziehung die harmonische Teilung eine Rolle spiele. Auch die ziemlich verwickelten Grenzbedingungen dafür leitete er ab, daß die beiden Halbbilder in ihrer Ebene nicht übereinander greifen.

Neben der sehr knappen mathematischen Behandlung finden sich aber auch Bemerkungen, die deutlich erkennen lassen, daß Th. Hugel für die Anwendung seiner Ergebnisse in hervorragendem Maße befähigt war. So empfahl er, die beiden Halbbilder leicht zu tönen, etwa das linke saftgrün, das rechte hellrosa, weil dann die Wirkung vollkommener werde. Wenn sich das Übergreifen der Halbbilder nicht vermeiden läßt, „so „müssen die Kanten des linken Bildes in anderer Farbe (grün) wieder„gegeben sein, als die Farbe (rot) der Kanten des rechten Bildes ist, und „die Bildebene selbst muß mit schwarzem Grunde versehen sein, so daß „unter Anwendung eines farbigen Glases oder einer gefärbten Flüssig„keit für das linke Auge diesem die Kanten des rechten Bildes nicht „sichtbar, unter gleichzeitiger Anwendung eines andern durchsichtigen „Mittels für das rechte Auge diesem die Kanten des linken Bildes un„sichtbar sind." Man erkennt daraus, daß er hier das Gegenstück zu dem alten Rollmannschen Verfahren vorschlug, wie es inzwischen von Ch. d'Almeida (s. S. 105/06) für stereoskopische Schirmbilder empfohlen worden war.

Im nächsten Jahre veröffentlichte er (*2.*) einen ausführlichen Bericht über seine soeben besprochene Arbeit und fügte einige Erweiterungen hinzu. Während er im ersten Aufsatze die Vereinigung der beiden Halbbilder mit unbewaffneten Augen empfahl, kam er nunmehr auf das Wheatstonesche Stereoskop zu sprechen, das auch die Möglichkeit gewähre, Halbbilder verschiedener Größe zu vereinigen, wenn nur ihre Entfernung von den Spiegeln ihrer Größe entspreche; wie man sieht, ein von H. W. Dove (s. S. 71) und H. Swan (s. S. 107) bereits verwirklichter Gedanke. Betrachte man ein gewöhnliches Stereogramm mit gekreuzten Achsen, so entstehe ein tiefenverkehrtes Raumbild, und er bemerkte dazu in einer sehr treffenden Weise: „Hier tritt dann oft die Erscheinung des Streites „zwischen Sehen und geistiger Vorstellung auf, so daß man einige Augen„blicke statt des Pseudoskops das Orthoskop zu schauen glaubt; dies ist „um so mehr der Fall, wenn, wie bei photographischen Stereoskopien von

„Häusern, Landschaften usw. das Pseudoskop im Widerspruch mit der „Wirklichkeit steht. Mehrere Versuche, photographische Pseudoskope „als solche zu erkennen, scheiterten bei mir, weil stets die subjektive „Vorstellung gegen den objektiven Eindruck in den Vordergrund trat."

Man wird ohne weiteres die hervorragende Begabung Th. Hugels für Aufgaben dieser Art zugeben und Bedauern darüber empfinden, daß seine Tätigkeit in eine so stumpfe Zeit fiel. Verwunderlich aber ist es, daß dieser feine Kopf an der Augenbewegung keinen Anstoß nahm; man wird sich das wohl so erklären müssen, daß seine scharfsinnig entwickelten Formeln ihm wohl die Zeichnungen der Halbbilder in strenger und verhältnismäßig bequemer Weise lieferten, aber doch ihre Eigenart als Perspektiven für das Einzelauge nicht so klar heraustreten ließen, wie die technisch viel weniger leistungsfähigen perspektivischen Zeichenregeln J. J. Oppels (s. S. 123). So mag es gekommen sein, daß Th. Hugel diesen wichtigen Punkt übersehen hat.

Von einer wesentlich geringeren Bedeutung als die beiden Schulmänner ist der ebenfalls um die Mitte der siebziger Jahre in Berlin auftretende Privatgelehrte H. Goltzsch († vor 1891). Er erschien zuerst in dem Vogelschen Verein Berliner Photographen, wo er in den Schlußsitzungen des Jahres 1876 bei der Aussprache einige noch recht allgemeine Bemerkungen über Stereoskopie vortrug. Erst im Frühjahr des folgenden Jahres äußerte er (*1.*) sich etwas eingehender, und zwar sprach er über das amerikanische Stereoskop (s. S. 149), bei dem er eine Seitenverstellung der Linsen vermißte. Er verlangte nämlich, daß eine Änderung des Linsenabstandes Hand in Hand gehen solle mit der Einstellung, und zwar so, daß mit zunehmendem Bildabstande die Linsen einander genähert werden sollten; am liebsten hätte er eine zwangläufige Führung gefordert. Die Linsentrennung war ihm abhängig von Brennweite, Bildbreite und Augenabstand; doch ist eine Abhängigkeit von der so viel ausführlicheren Arbeit von A. Steinhauser aus dem Grunde ausgeschlossen, weil diese erst später veröffentlicht wurde. Großes Gewicht legte er auf die Beleuchtung der Stereogramme, und zwar reizten ihn Papierbilder, die im auffallenden und nachher im durchfallenden Li ht betrachtet wurden, ganz besonders. Es ist das eine Einrichtung, die im Anfange der sechziger Jahre in England als Tag- und Nachtbilder viele Freunde hatte. Genauere Angaben darüber finden sich bei M. von Rohr (*5.* 329, 362).

Die Umgestaltung des Stereoskops behandelte H. Goltzsch (*5.*) noch einmal um 1890, doch nahm er da fast ganz den von Th. Sutton (s. S. 116) vertretenen Standpunkt ein. Nur insofern ging er darüber hinaus, als er vorschlug, auf die Einstellvorrichtungen ganz zu verzichten und lieber die Augen mit ihrer Fernbrille zu versehen. Geschähe das nicht, so müßte sich bei der Einstellung der Linsenabstand in passender Weise ändern.

Ein Rückblick auf diese zwanzig Jahre kann nur Bedauern wachrufen. Sicherlich hat es auch in diesem Zeitraum an guten Köpfen, ja an hervorragenden Begabungen nicht gefehlt, aber die Gleichgültigkeit der Menge ließ die Worte der Hingabe und Begeisterung, die jenen Vorkämpfern wohl zu Gebote standen, zu jener Zeit ungehört verhallen. An der Verzögerung einer Weiterentwicklung, für die dem Zurückblickenden alle wesentlichen Bedingungen gegeben scheinen, kann man das unheimliche Nachwirken der früheren Verschuldung erkennen. Was frommte aller Eifer und alle Begabung, was nützten die besten Vorschläge, wenn sich die Zeitgenossen stumpf und dumpf von dem blendenden Spiele der Gedanken abkehrten?

## 6. Das Erwachen der Teilnahme in den neunziger Jahren.

Ganz allmählich beginnt sich eine Hebung der gänzlich daniederliegenden Freude an stereoskopischen Darstellungen fühlbar zu machen. In englischen Schriften wird nicht selten J. Traill Taylor (*2.*), dem angesehenen Leiter der wichtigsten photographischen Fachzeitschrift, das Verdienst zugerechnet, durch einen zusammenfassenden Aufsatz vom Jahre 1887 die Anteilnahme für die Stereoskopie geweckt zu haben. Gewiß wird eine solche Anregung bei der großartigen Bedeutung der Fachpresse in jenem Lande sehr wichtig gewesen sein, aber auf sie allein wird man den sehr deutlichen Umschwung nicht zurückführen können. Die allgemeine Teilnahme an der Photographie erstarkte um die gleiche Zeit in jenem für diese Kunstfertigkeit so wichtigen Lande sichtlich, und das Auftreten der neuen Objektive, das auf den Anfang der neunziger Jahre zu verlegen ist, wird ebenfalls mit dazu beigetragen haben, die Stereoskopie aus ihrem tiefen Schlummer zu erwecken.

Für die große Menge hat sicherlich auch die Einführung der Prismendoppelfernrohre mit gesteigertem Achsenabstande eine merkbare Anregung gegeben, die Blicke auch auf die verwandten stereoskopischen Instrumente zu richten. So wird sich zeigen lassen, daß in diesem Zeitraum eine aufsteigende Bewegung entsteht, die, wenn auch geschichtslos und nicht immer richtig geleitet, vorteilhaft absticht von der Stumpfheit der unmittelbar vorhergehenden Jahrzehnte, so wenig sie auch die Blütezeit der fünfziger Jahre zu erreichen vermag.

### Die Arbeiten an der beidäugigen Brille.

Das Verständnis der Brillenwirkungen wurde durch H. Friedenwald (*1.*) 1893 gefördert, indem er darauf hinwies, daß sich bei zylindrischen Gläsern mit geneigten Achsen die augenseitigen entsprechend veränderten Einzelperspektiven zu einem Sammelbild vereinigen könnten, das von dem betrachteten Raumding recht abweiche. In dem von ihm an einer Brillenträgerin beobachteten Fall handelte es sich um die sehr geringe Zylinderwirkung von $1^1/_4$ dptr, und zwar waren die Achsenrichtungen der Zylinder symmetrisch angeordnet. Die Raumfälschung verschwand nach einigen Tagen dauernden Tragens, und es stellte sich nach zwei Wochen beim Sehen mit unbewaffneten Augen verständlicherweise die entgegengesetzte Täuschung ein.

Hier ist auch der in neuer Zeit so beliebt gewordene Fingerkneifer zu erwähnen, der 1894 von dem Schweizer J. COTTET (*1.*) erfunden wurde, aber, wie es scheint, erst nach einem Umweg über Nordamerika zu seinem ganz großen Umsatz kam.

## Die Weiterbildung der binokularen Mikroskope und Lupen.

Die auf so verschiedenen Gebieten neuerwachte Freude an binokularer Beobachtung zeigte sich auch in der Mikroskopie. Hier wandte sich, wie das S. CZAPSKI (*3.*) angegeben hat, der amerikanische Zoologe HORATIO S. GREENOUGH bereits 1892 an die optische Werkstätte von CARL ZEISS mit dem Wunsche, nach seinen Vorschlägen ein *orthomorphes* Mikroskop zu bauen.

In der ZEISSischen Werkstätte wurde diese Anregung aufgenommen, und es entstand etwa um den Ausgang des Jahres 1895 das GREENOUGHsche Doppelmikroskop (Abb. 95). Es zeigte zwei unter einem Winkel von 14 Graden gegeneinander geneigte Rohre, die an ihren unteren Enden die beiden Objektive trugen. Dabei war dafür gesorgt worden, daß die Achsen der beiden Objektive in einer Ebene lagen, sich also auch wirklich schnitten. Zwischen die Objektive und die Okulare waren PORROsche Umkehrprismen eingeschaltet worden, denn die Aufrichtung der Bilder war nicht nur eine Forderung von H. S. GREENOUGH, der damit das Arbeiten erleichtern wollte, sondern sie verbürgte erst die Tiefenrichtigkeit des Raumbildes. Man braucht sich nur des CHÉRUBINschen Doppelmikroskops zu erinnern, um einzusehen, daß das Tiefenmerkmal gebieterisch aufrichtende Okulare forderte. Die Verwendung PORROscher Prismen zur Bildaufrichtung hatte die große Annehmlichkeit einer bequemen Anpassung an den Augenabstand, die ja von A. A. BOULANGER bereits 1859 (s. S. 90) gefunden worden war. Ohne von diesem Vorgänger zu wissen, erfand, wie S. CZAPSKI (*5.*) berichtet, der wissenschaftliche Mitarbeiter an der ZEISSischen Werkstätte, K. BRATUSCHECK, diese Verwendung der PORROschen Prismen von neuem. Die Gleichheit der Gesichtswinkel, die H. S. GREENOUGH auf Grund seiner richtigen Theorie forderte, wurde aber nicht immer herbeigeführt. Denn da im allgemeinen das Verlangen nach einer raumähnlichen Abbildung nicht lebhaft war, ihre Verwirklichung bei den vorhandenen Okularen aber gewichtige Mängel im Gefolge hatte, so hat die ZEISSische Werkstätte in der Regel davon abgesehen, diese Bedingung zu erfüllen.

Einige Jahre darauf hat S. CZAPSKI (*3.*) bei dem einführenden Aufsatz eine Theorie des Instruments gegeben und darauf hingewiesen, daß man allgemein von einem homöomorphen Mikroskop verlangen müsse, daß die Gesichtswinkel auf der Objekt- und auf der Bildseite gleich seien. Die Pupillen müßten also in die Knotenpunkte des zusammengesetzten Mikroskops fallen. Um dies zu erreichen, setzte er entweder in den vorderen

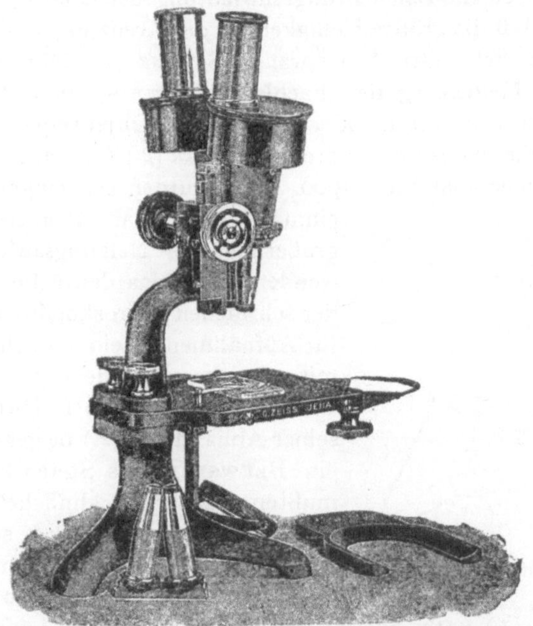

Abb. 95. Die ZEISSische Form des GREENOUGHschen Doppelmikroskops.

oder in den hinteren Knotenpunkt des Mikroskops eine Blende, die nun mit der geforderten Strahlenbegrenzung das erwünschte raumähnliche Sammelbild hervorbrachte. Indessen blieb bei einer solchen ungewöhnlichen Strahlenbegrenzung die Bildgüte des Instruments nicht erhalten, und man hat in der Folgezeit diese Blenden aufgegeben. Es würde durchaus im Bereiche der verwendbaren Mittel liegen, diesen Strahlengang einzuhalten, ohne die Bedingungen der guten Abbildung zu stören, aber es ist, wie schon erwähnt, der Anteil der Benutzer auch dieses Instruments an der Raumähnlichkeit zu gering, um die Einführung einer viel umständlicheren Anlage dieser Forderung zuliebe gerechtfertigt erscheinen zu lassen.

Der obere, die Objektive, Prismen und Okulare enthaltende Teil wurde bald auch noch für andere Zwecke verwandt. So benutzten ihn schon zu Anfang des Jahres 1897 L. DRÜNER (*1.*) und H. BRAUS für ihr binokulares *Präpariermikroskop*, bei dem Einrichtungen getroffen worden waren, um ganz bequem dieses die optischen Bestandteile in sich vereinigende Glied unter jeder gewünschten Richtung an ein vorliegendes räumliches Gebilde heranzuführen und in ihr festzustellen. — Wenig später verwandte S. CZAPSKI (*4.*) jenen Oberteil zum Bau seines binokularen *Kornealmikroskops*, wozu ihm der amerikanische Facharzt A. BARKAN die Anregung gegeben hatte. Es hatte sich als notwendig herausgestellt, dem Gerät eine eigene Beleuchtungseinrichtung beizugeben, und es ward dafür gesorgt, daß die größte Helligkeit an die Kreuzungsstelle der beiden Objektivachsen fiel. Der Augenarzt F. SCHANZ (*1.*) führte das fertige Gerät 1898 in Heidelberg den Fachleuten vor. — Mindestens das auf einem Schlitten fest miteinander verbundene Objektivpaar des GREENOUGHschen Mikroskops verwandte L. DRÜNER (*2.*) für seine vergrößernde Stereoskopkammer vom Jahre 1900. Hier wurden seit langer Zeit wieder einmal — und zwar für mittelstarke Vergrößerungen — Neigungsaufnahmen verwendet, denn das deutliche Gesichtsfeld der schwachen Mikroskopobjektive reichte für Aufnahmen in einer Zwillingskammer mit gemeinsamer Bildebene nicht aus. Zur Betrachtung benutzte L. DRÜNER an der seiner Abhandlung (*2.*) beigegebenen Tafel ein BREWSTERsches Stereoskop, und es mußten sich dabei ähnliche Tiefenübertreibungen einstellen, wie seinerzeit (s. S. 118) bei den Mondbildern.

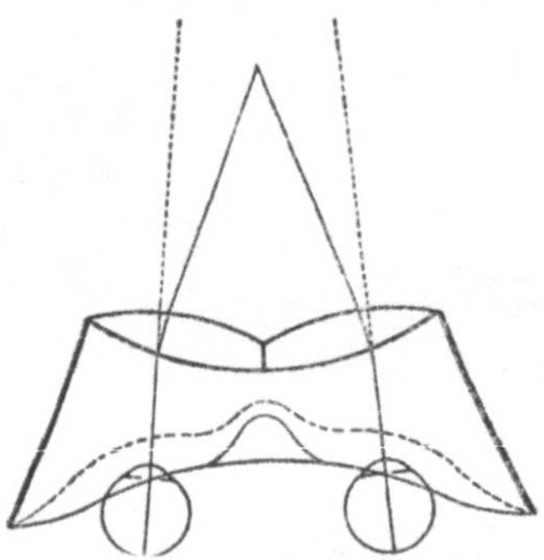

Abb. 96. Die BERGERsche Doppellupe.

Erwähnung verdient auch die 1898 von E. BERGER (*1.*) unter Schutz gestellte und bald (*2.*) in französischen und deutschen Zeitschriften beschriebene Doppellupe (Abb. 96). Er neigte die Achsen zweier Sammellinsen gegeneinander, um wie seinerzeit E. BRÜCKE mit seiner Dissektionsbrille (s. S. 79) die Konvergenz im Augenraum zu vermindern. Gelegentlich hat er auch auf der Augenseite noch Zylinderlinsen angebracht, um den in den Sammellinsen entstandenen Astigmatismus schiefer Büschel zu vermindern. In bestimmten Ausführungsformen führte sein Grundgedanke auf Vorkehrungen, die der WESTIENschen Doppellupe (s. S. 170) ähnlich waren.

## Das Wiederauftreten des Hohlspiegelversuchs.

An früheren Stellen dieser Schrift ist darauf hingewiesen worden, daß die schönen Spiegelversuche A. KIRCHERS (s. S. 25) zwar um den Anfang des 19. Jahrhunderts wieder auflebten (s. S. 26), dann aber, der geistlichen Beziehung entkleidet, zu einem nicht besonders fesselnden

Versuch mit dem reellen Bilde eines Blumenstraußes herabsanken. Das Verdienst, durch Spiegelung lebender Personen[1]) Vorführungen dieser Art neues Leben eingeführt zu haben, kommt einer Zauberkünstlerin BERTHA HORSTMANN (*1.*) zu, die sich im Herbst 1899 eine Anlage besonderer Art schützen ließ. Wie man aus der oben mitgeteilten Beschreibung weiß, mußte bei dem alten Versuch das Standbild des Jesusknaben verkehrt aufgehängt werden. Eine solche Lage wurde jetzt nach Abb. 97 für eine lebende Person durch Abbildung in einem ebenen Winkelspiegel herbeigeführt, und eine hinter dem Raumbild aufgestellte Blende verdeckte nicht nur dem Zuschauer die Anlage der abbildenden Teile, sondern lieferte ihm zugleich auch eine passende greifbare Umrahmung, der gegenüber die sinnenfällige Ortsbestimmung des meist etwas verkleinerten Raumbildes durch das beidäugige Sehen vorgenommen wurde. Die Täuschung ging sehr weit und war ungemein reizvoll. Der Anordnung hafteten allerdings auch einige Nachteile an. Da es sich um eine dreifach wiederholte Spiegelung handelt, so ist das dem Beschauer dargebotene Schlußbild spiegelverkehrt, was bei der Ausführung irgendwelcher Handgriffe die Vorstellung eines linkshändigen Bühnendarstellers erzeugen kann. Ferner muß bei solchen Darstellungen der Hohlspiegel in schiefem Strahlengang benutzt werden, und das zeigt sich im Auftreten eines ziemlich bedeutenden Astigmatismus schiefer Büschel. Dieser Bildfehler wird dadurch weniger schädlich, weil die durch die Pupillen des Beobachters begrenzten, für diesen das Bild entwerfenden Bündel

Abb. 97. Zum HORSTMANNschen (*1.*) Spiegelversuch.
Links: Achsenschnitt durch den Hohlspiegel. Die unten aufrecht stehende Person wird durch den Winkelspiegel umgekehrt und durch den Hohlspiegel oben aufrecht und spiegelverkehrt abgebildet.
Rechts: Vorderansicht des oberen Spiegelbildes mit seiner Umrahmung vom Zuschauerraum aus.

[1]) Für Hinweise auf diese Entwicklung bin ich Herrn Geh. Reg.-Rat Dr. H. HARTING zu großem Dank verpflichtet; ohne seine Unterstützung hätte ich hierzu nur verschwommene Vermutungen statt bestimmter Belege anführen können.

sehr eng sind, doch kann er, ebenso wie die Verzeichnung, für merklich seitlich sitzende Zuschauer störend werden. Man bemerkt ihn auch leicht, wenn man das Luftbild aus ziemlicher Nähe mit einem Opernglas betrachtet.

## Die Einführung der neuen Doppelfernrohre.

Als E. ABBE (*6.*) nun 1893 seine Aufmerksamkeit dem seit Jahren aufgegebenen Bau von Prismenfernrohren von neuem zuwandte — sein Vorgänger I. PORRO wurde ihm erst durch eine Bemerkung des Berliner Patentamts bekannt —, da faßte er sogleich die Herstellung von Doppelfernrohren ins Auge. Er ging aber insofern auch über die NACHETsche Form weit hinaus, als er in der seitlichen Versetzung der Achse im Bildraume gegen ihre Lage im Gegenstandsraume, wie sie dem PORROschen Prismensatz eigen ist, ein Mittel erkannte, um das HELMHOLTZische Telestereoskop mit Fernrohrvergrößerung zu verwirklichen. Durch dieses Mittel konnte er auch schon bei den ZEISS*ischen Feldstechern* (Abb. 98) den dingseitigen Achsenabstand der Augenentfernung gegenüber vergrößern. Die Steigerung war hier nur klein, immerhin noch $1\,^3/_4$- und 2 fach, doch ließ sie sich bei den *Relieffernrohren* (Abb. 99) sehr beträchtlich, auf mehr als das 5 fache, erhöhen. Die Verbindung der beiden Einzelrohre zu einem Relieffernrohr erlaubte eine Benutzung sowohl mit gestreckten als mit geschlossenen Schenkeln, im ersten Falle als Telestereoskope HELMHOLTZischer Art, im zweiten als Polemoskope für beidäugiges Sehen, und zwar konnte in beiden Fällen jeder zwischen 58 und 72 mm liegende Augenabstand berücksichtigt werden.

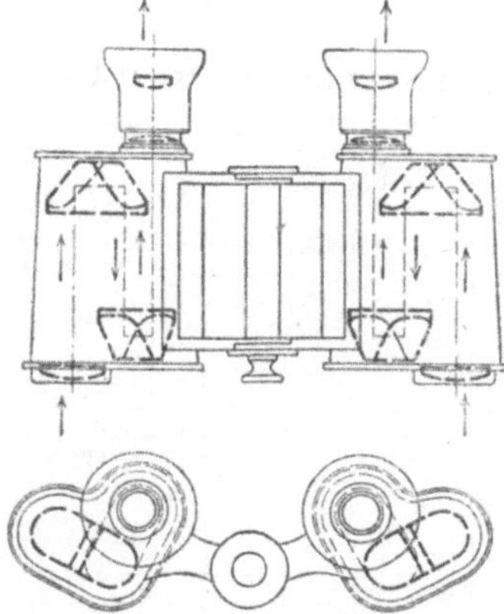
Abb. 98. Der ZEISSische Feldstecher nach E. ABBE. Vorderansicht und Grundriß.

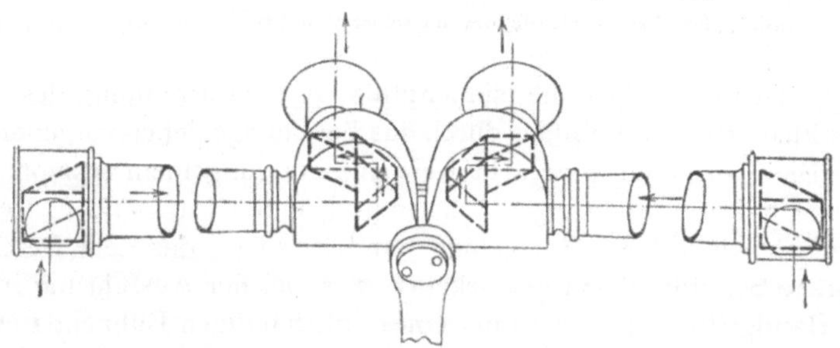
Abb. 99. Das Relieffernrohr nach E. ABBE.

Es muß aber darauf hingewiesen werden, daß der soeben erwähnte Gedanke (Doppelfernrohre nach Art des HELMHOLTZischen Telestereoskops mit Vergrößerung derartig wie eine Schere zusammenzuklappen, daß sie sowohl bei gestreckter Lage der Rohre als auch bei annähernd paralleler dem Augenabstande des Beobachters angepaßt werden konnten) E. ABBE (*5.*) wichtig genug erschien, um einen besonderen Schutz auf seine Verwirklichung nachzusuchen. Bei dieser Gelegenheit erreichte er jenes Ziel mit zwei gewöhnlichen Erdfernrohren, die ganz in der ursprünglich (s. S. 93) von H. HELMHOLTZ vorgeschlagenen Weise je mit zwei ebenen Spiegeln verbunden waren. Später hat er diese Form als *Relief-Standfernrohr* zu einem Instrument ohne Gelenk mit zwei Vergrößerungen ausgebildet.

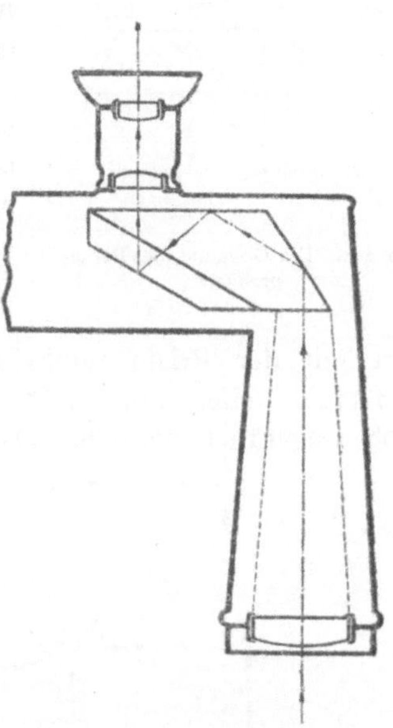

Abb. 100. Einzelrohr mit einem LEMANschen Umkehrprisma nach ED. SPRENGER (*1.*).

Die Herstellungseinrichtungen für die neuen Prismen-Doppelgläser setzten die einführende Werkstätte bereits im Herbst des Jahres 1894 in die Lage, mit diesen Erzeugnissen auf den Markt zu kommen, und der Geschäftserfolg befriedigte sie auch sehr bald. Selbstverständlich blieb die ZEISSische Werkstätte bei der Herstellung der neuen Instrumente nicht allein. Alle optischen Anstalten Deutschlands beschäftigten sich mit diesen einträglichen Instrumenten, da infolge der Vorgängerschaft I. PORROS dem Hause CARL ZEISS eben nur die weitere Trennung der Objektive mittels der PORROschen Prismen, nicht deren Verwendung zur Bildumkehrung hatte geschützt werden können. In der Regel wurde der ursprüngliche PORROsche Satz verwandt und die beiden Einzelglieder so miteinander verbunden, daß der Objektivabstand der Entfernung der Drehpunkte des Benutzers gleichkam.

Abweichungen hiervon zeigten sich (Abb. 100) bei einem Vorschlage ED. SPRENGERS (*1.*) aus dem Anfange des Jahres 1895. Hier wurde ein aus einem Stück bestehendes Umkehrprisma, das auf A. LEMAN als Erfinder zurückzuführen ist, zur Bildaufrichtung verwandt. Dem PORROschen Prismensatz gegenüber sind Vorteile und Nachteile vorhanden: zu den ersten zählt die geringe Anzahl von nur zwei brechenden Flächen und die recht merkliche Achsenversetzung, die auf eine verhältnismäßig große Steigerung der Tiefenwahrnehmung führt. Als Nachteile sind anzuführen die geringere Verkürzung der Fernrohrlänge und die schwierigere Herstellung der Prismenkörper. Indessen hat sich das SPRENGERsche Doppelfernrohr damals nicht einführen lassen; zum mindesten hat das Patent nur etwa $2^1/_2$ Jahre bestanden.

Ein günstigeres Schicksal erwartete die Ausführungen H. L. Huets (*1.*). In einem besonders gut durchgebildeten Falle wurde hier die Bildumkehrung und die Versetzung der Achsen durch ein nach A. Daubresse (*1.*) abgeändertes Gouliersches Pentaprisma[1]) geleistet. Während nämlich die ursprüngliche, nicht umkehrende Form (Abb. 101) zwei versilberte Flächen hatte, fand A. Daubresse bereits 1897, daß man eine Versilberung ersparen könne, wenn man einer Seite einen Winkelspiegel von 90 Graden anschliffe (Abb. 102). Einen solchen Körper brauchte er nun nur noch mit einem einfachen Ableseprisma zu verbinden, um die beiden obenerwähnten Forderungen zu erfüllen.

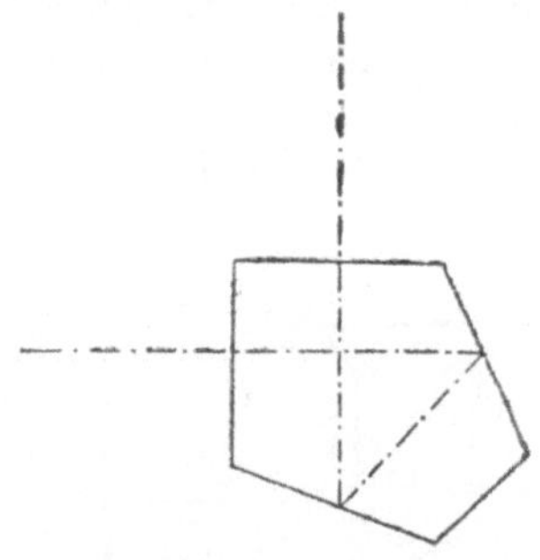

Abb. 101. Ein Gouliersches Pentaprisma.

Es ist ganz verständlich, daß man in Paris ziemlich bald auf einige der vielen Versuche hinwies, die seit den fünfziger Jahren dort mit der Prismenumkehrung angestellt worden waren (s. S. 90 und 172). Hier kann dafür die Mitteilung P. Bordés (*1.*) vom Jahre 1898 angeführt werden. Daß in jener alten Zeit eine bewußte Einführung der Achsenversetzung zur Steigerung der Tiefenwahrnehmung erfolgt sei, kann man heute wohl mit Sicherheit in Abrede stellen.

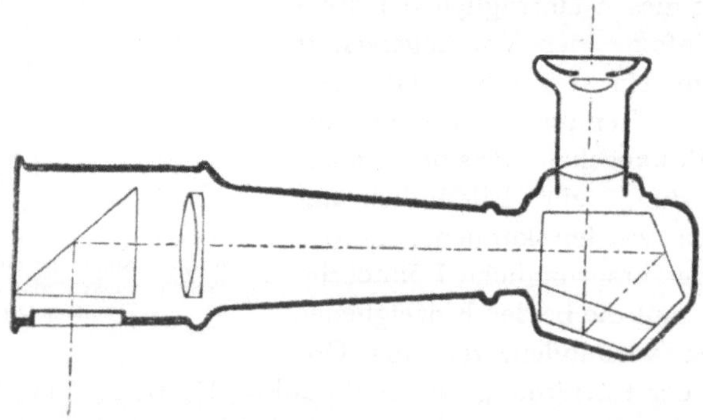

Abb. 102. Ein Arm eines Relief-Fernrohrs nach A. Daubresse mit einem abgeänderten Goulierschen Prisma nach H. L. Huet (*1.*).

[1]) Die Festsetzung des richtigen Namens für dies Prisma hat eine ziemliche Mühe gekostet. Schon (*8.* 177) habe ich geglaubt, es dem fähigen französischen Genieoffizier C. M. Goulier und dem Jahre 1864 zuweisen zu müssen, wofür J. de Marre (*1.* 115) als Zeuge vom Jahre 1880 anzuführen war. Spätere Forschungen schienen für I. Porros (*1.*) Pentaprisma zu sprechen. Doch ist das wohl eine ganz andere Vorrichtung gewesen — der Mangel an Abbildungen macht sich hier sehr fühlbar — und man wird das vorliegende Pentaprisma weiter nach C. M. Goulier benennen müssen.

Die auf A. Daubresse zurückgehende Verwendung des Pentaprismas wurde in Deutschland durch eine Veröffentlichung C. Hensoldts (*1.*) vom Dezember 1897 bekannt, und das Wetzlarer Haus hat lange Zeit hindurch derartige Prismendoppelfernrohre nach Abb. 103 mit erweitertem Achsenabstande in den Handel gebracht.

Aber auch auf den Ausbau der doppelten Erdfernrohre hat der gewaltige Anstoß gewirkt, den die Prismengläser ausübten; hörte man doch schon im Sommer 1897, daß M. Hensoldt (*1.*) von der Wetzlarer Werkstätte ein kurzes doppeltes Erdfernrohr von 7 facher Vergrößerung und 25 mm Durchmesser der Objektive anbot. Es scheint nicht lange auf dem Markt geblieben zu sein. Immerhin wurde eine solche Grundanlage noch nicht gänzlich aufgegeben, vielmehr ist zu berichten, daß K. Fritsch (*2.*) 1898 ein doppeltes Erdfernrohr mit allmählich veränderlicher Vergrößerung herausbrachte. Er sah damals zwei Formen vor, von denen die kleinere mit 18 mm Objektivdurchmesser alle Vergrößerungen zwischen 5- und 15 fach gestattete und dabei ein wahres Gesichtsfeld von 8 bis etwa 3 Graden beherrschte. Das größere Modell hatte Objektivlinsen von 38 mm, Vergrößerungen zwischen 12- und 36 fach und ein wahres Gesichtsfeld zwischen 3 Graden und 1 Grade. Beide konnten allen Augenabständen zwischen 55 und 75 mm angepaßt werden.

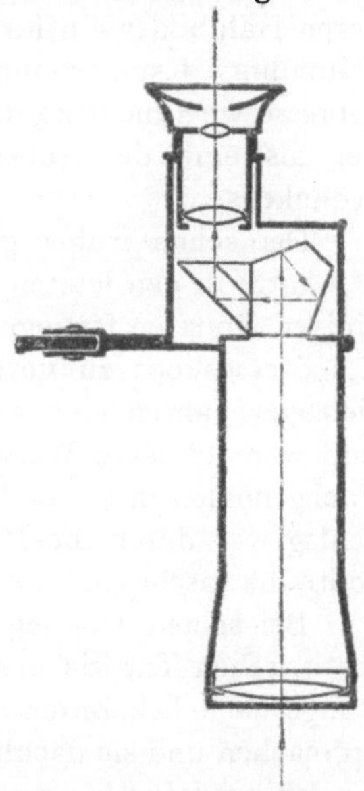

Abb. 103. Einzelrohr eines Hensoldtschen (*1.*) Prismenglases.

Auf jeden Fall wuchs durch den lebhaften Anteil der Käufer an den neuen Hilfsmitteln das Verständnis für die Steigerung der Tiefenwahrnehmung, und wieder wie in der Blütezeit des Stereoskops erlebte man eine allgemeine Teilnahme für binokulare Beobachtung. Wiederum kam ein für das beidäugige Sehen bestimmtes Instrument, das jetzt aber mit aller nur möglichen Sorgfalt hergestellt wurde, für sehr ausgedehnte Kreise von Benutzern in die Mode.

## Der stereoskopische Entfernungsmesser.

Bereits 1891, also gleich am Anfange dieses letzten Jahrzehnts, findet sich ein anscheinend ganz unbemerkt gebliebener Gedanke, der auf E. Machs Durchdringungsbilder und seinen Vorschlag zur stereoskopischen Entfernungsmessung (s. S. 139) zurückgeht.

Der Mediziner J. Mies (*1.*) hatte dessen Ansichten durch die Vermittelung des hier weiter nicht wichtigen Rueteschen Lehrbuchs kennen gelernt, und er regte, ähnlich wie sein Vorgänger, an, bei Schädelmessungen die Hirnwindungen, das Schädeldach und die Kopfhaut, außerdem aber noch einen zur Linsenachse parallelen Maßstab auf dieselbe Platte aufzunehmen. Seine Angaben lauten wörtlich: „Außerdem photographire man „zugleich einen Massstab, welcher mit der Schädellänge in einer Ebene „liegt, die mit dem Objektiv parallel ist. Auf diese Weise würde man „Punkte, welche auf Gehirn, Schädeldach und Kopfhaut übereinander„liegen, sehen und ihre Lage mit Hilfe des reduzirten Massstabes an„nähernd richtig schätzen können." Man sieht ohne weiteres ein, daß es sich hier um eine Messung an einem schwebenden Meßband handelte, deren Halbbilder ein für allemal mit den Halbbildern der zu messenden Raumdinge fest verbunden waren. An eine große Genauigkeit der Ergebnisse wird nicht zu denken sein, aber der Vorschlag gehört doch hierher als eine der frühesten Anwendungen des MACHschen Messungsgedankens.

Der schon früher genannte, photographische Fachmann F. STOLZE (*2.*) hatte in den letzten Tagen des Jahres 1892 eine allerdings schon vor einigen Monaten fertiggestellte Schrift veröffentlicht, die die Verwendung des Stereoskops zu vorläufigen Messungen empfahl. Er hatte in den siebziger Jahren eine wissenschaftliche Reise nach Persien mitgemacht und war auf diese Weise mit Verhältnissen vertraut geworden, die den Fachgenossen in seiner Heimat noch ganz fern lagen. Auch dieser Vorschlag war durch die Bedürfnisse der Praxis angeregt worden, denn er sollte die rasche und zuverlässige Niederlegung des Reisewegs erleichtern.

Bei seinen Überlegungen (*2.* 60—65) ging er ganz von der HELMHOLTZischen Theorie aus und empfahl, an den Endpunkten einer ihrer Länge nach bekannten Grundlinie zwei Aufnahmen in ziemlicher Größe zu machen und sie nachher in einem geeigneten Stereoskop zu betrachten. Er schlug dafür in erster Linie das WHEATSTONEsche Spiegelinstrument vor, gab daneben aber auch noch eine Art des HELMHOLTZischen Telestereoskops an. Schon die bloße Anschauung eines in dieser Weise stark verkleinerten Raumdinges könne für jene Niederlegung einen großen Wert haben, doch könne man auch noch das folgende Meßverfahren anbringen. Nähme man nämlich mit H. HELMHOLTZ an, daß die Genauigkeit, mit der die stereoskopischen Differenzen bestimmt werden, 1′ betrage, so reiche für einen Beobachter mit einem Augenabstande von 68 mm die Fähigkeit, Punkte von dem unendlich fernen Hintergrunde abzulösen, bis zu 234 m, dem $n$-fach verkleinerten Raumbilde gegenüber also $n$-mal so weit. Lege man nun auf die beiden Papierdrucke übereinstimmende Gitter gleichabstehender Senkrechten, so könne man deren Mittellinien leicht so ausrichten, daß die im Stereoskop erscheinende Mittelmarke mit dem Raumbilde eines Meßzeichens zusammenfalle, dessen Entfernung vorher durch Längenmessung ermittelt worden sei. Verschob er nun bei der Beobachtung im Stereoskop eines der beiden Gitter, während das andere an seinem Platze blieb, so erschien ihm das Raumbild des Gitters, wenn die stereoskopische Differenz verringert wurde, ferner, wenn vergrößert, näher, und zwar konnte der neue Abstand aus der Größe der Verschiebung und der bekannten Entfernung des Meßzeichens leicht ermittelt werden. F. Stolze schlug eine Mikrometervorrichtung vor, um jene Größe der Verschiebung genau zu bestimmen.

Man sieht ohne weiteres, daß er in dem Vorschlage, photographische Halbbilder einer stereoskopischen Entfernungsmessung zu unterwerfen, hinter J. Harmer (s. S. 175) zurückstand, daß sich sein Vorschlag aber durch die Meßvorrichtung von dem seines Vorgängers unterschied. Denn während J. Harmer an der auch schon von anderen empfohlenen Möglichkeit der schwebenden Markenreihe festgehalten hatte, findet sich hier zum ersten Male der Gedanke der wandernden Marke.

Noch etwas vor dem Erscheinen der Stolzeschen Schrift, nach S. Czapskis (*5.*) Angaben nämlich um 1891/92, kam der Ingenieur Hektor de Grousilliers auf den stereoskopischen Entfernungsmesser. Er legte seinen Plan, wie das sein Bekannter Fr. von Hefner-Alteneck in der dem Vortrage C. Pulfrichs (*1.*) folgenden Erörterung angegeben hat, H. Helmholtz zur Begutachtung vor, erhielt aber einen abfälligen Bescheid, da H. Helmholtz die Schärfe der Breitenwahrnehmung viel zu gering veranschlagte (s. S. 159). Im März 1893 wandte er sich, nachdem er im Januar die Patentanmeldung eingereicht hatte, mit seiner Erfindung an die Zeissische Werkstätte, wo nach langen, seit dem Frühling des Jahres 1893 fortgesetzten Bemühungen dieser Gedanke verwirklicht wurde, nachdem die Eigentumsrechte von dem Erfinder erworben worden waren.

Der stereoskopische Entfernungsmesser war ein Helmholtzisches Telestereoskop mit Fernrohrvergrößerung, wobei in den Brennebenen der beiden Okulare die Halbbilder einer stereoskopischen Meßvorrichtung angebracht waren. Das konnte entweder, wie es A. Rollet, E. Mach, J. Harmer vorgeschlagen hatten, und wie es zunächst auch jetzt wieder bevorzugt wurde, in der Form eines schwebenden Meßbandes geschehen, oder in der von F. Stolze eingeführten Weise der wandernden Marke oder schließlich durch eine Verschiebung des Raumbildes gegen die unveränderlich erscheinende Meßvorrichtung. Diese dritte, E. Abbe (*7.*) eigentümliche Art der Messung war zunächst in den Patentschutz eingeschlossen worden, um eine verhältnismäßig einfache Umänderung anderer binokularer Entfernungsmesser in stereoskopische zu verhindern. Später stellte es sich heraus, daß diese Verwendung des wandernden Raumbildes mit Rücksicht auf die Sicherheit der Bewegung der bei der Messung zu verschiebenden Teile noch besondere Vorteile bot.

An der Ausbildung des ganzen Instruments, wofür E. Abbe außer seiner im Juni 1893 eingereichten Umarbeitung der Grousilliersschen Beschreibung und der Ansprüche auch noch die Patentanmeldung (*4.*)

auf eine besonders wichtige Justiervorrichtung einreichte, hat C. PULFRICH einen großen Anteil, und er (*1.*) hat auch 1899 nach Überwindung von vielfachen Schwierigkeiten zuerst eine nähere Beschreibung des ganzen Instruments veröffentlicht. Im Anfange waren offenbar die späteren HELMHOLTZischen Ansichten noch in Gültigkeit, denn das Instrument kam in drei Größen heraus, bei denen die Objektivtrennung $D$ (von 50, 87 und 144 cm) und die Fernrohrvergrößerung $V$ (entsprechend 8-, 14- und 23 fach) in dem von der sogenannten HELMHOLTZischen Regel geforderten Zusammenhange standen, daß galt

$$\frac{D}{V} = 62{,}5 \text{ mm (dem mittleren Augenabstande).}$$

Einige Jahre, nachdem mit der Ausbildung des stereoskopischen Entfernungsmessers nach H. DE GROUSILLIERS begonnen worden war, wurden die beiden französischen Forscher T. MARIE und H. RIBAUT durch die Aufgabe einer möglichst genauen Bestimmung eines Raumdings aus zwei durch RÖNTGENsche Strahlungen erhaltenen Halbbildern auf die Aufgabe der Tiefenmessung an stereoskopischen Halbbildern geführt.

Während sie (*1.*) sich in der ersten Veröffentlichung noch ganz auf eine Anwendung der Vorschriften von L. CAZES beschränkten und sich an der schönen Klarheit dieser Darstellung (s. S. 214) schulten, gingen sie (*2.*) im nächsten Jahre dazu über, ein Koordinatensystem gleichzeitig mit dem zu messenden Raumding an derselben Stelle zu sehen und es demnach mit dieser schwebenden Meßvorrichtung auszumessen. Es war das ziemlich der Gedankengang, wie ihn E. MACH 1866 (s. S. 139) angedeutet und J. HARMER 1881 (s. S. 175) beschrieben hatte, wie er dann mit geringerer Klarheit von J. MIES 1891 (s. S. 199) vertreten worden war, aber er erscheint jetzt in einer vollständigen Durcharbeitung. Die beiden Verfasser lieferten gleich 1898 den Nachweis, daß man mit dem Stereogramm eines einzigen Koordinatensystems auskomme, wenn man bei den radiographischen Aufnahmen für die Projektionszentren gewisse einfache Bedingungen einhalte, die von der Tiefe des Raumdings und den Bestimmungsstücken der Maßhalbbilder abhingen.

In schöner Folgerichtigkeit ließen die beiden Gelehrten (*3.*) 1899 und (*4.*) 1900 den Gedanken der Messung mit der wandernden Marke folgen, wie er sich zuerst 1892 bei F. STOLZE (s. S. 200) gefunden hatte. An eine Beeinflussung wäre wohl von vornherein nicht zu denken, zu allem Überflusse versichern noch beide Verfasser, daß sie sich für die ersten hielten, die das Stereoskop zu Messungen verwendeten. Ihr Meßapparat, das *Stereometer*, bestand aus je einem lotrechten Faden, der sich in einem sorgfältig gearbeiteten Metallrahmen verschieben ließ; der Abstand der beiden Fäden voneinander konnte durch eine grobe und eine feine Einstellung verändert und an einer Millimeterteilung abgelesen werden. Ihr Verfahren ergab zunächst nur den Abstand des zu messenden Punktes, doch wurde es im Jahre darauf so umgeändert, daß aus der Einstellung unmittelbar die drei rechtwinkligen Koordinaten des Punktes bestimmt werden konnten. Dazu war an der lotrechten wandernden Marke ein Punkt hervorgehoben worden, und das ganze Stereometer ließ sich in seiner Ebene um genau meßbare Strecken nach oben oder unten und nach rechts oder links verschieben. Die für die Auswertung der Messung nötigen Formeln wurden in beiden Arbeiten vollständig mitgeteilt.

Beide Forscher berücksichtigten durchaus nur die Messung am raumähnlichen Raumbilde, was allerdings für die stereoskopischen Schattenbilder ausreichte und für die Zwecke des Mediziners sehr erwünscht war. Die weitere Anwendung ihrer Ideen auf die messende Stereoskopie, wobei allerdings zur Erhöhung der Messungsgenauigkeit eine Vergrößerung der bildseitigen Gesichtswinkel eingeführt und infolgedessen mit abgeflachten Raumbildern gearbeitet werden mußte, scheint sie wenigstens in dem hier behandelten Zeitraume nicht gereizt zu haben.

Ohne Zwang läßt sich hier auch die 1900 durch Ungenannt (*3.*) bekannt gewordene Verbesserung des auf S. 174 eingeführten Kalkographen anfügen, die auf einen Pariser Fachmann PRUDHOMME zurückzuführen ist. Er ließ die nachzubildende Zeichnung noch an einem andern, einem gewöhnlichen ebenen, Spiegel zurückwerfen und entging dadurch der Spiegelverkehrung des Schlußbildes. Im übrigen handelte es sich hier ebenso wie bei der ursprünglichen Vorkehrung um eine einfache beidäugige Entfernungsmessung mit wandernder Marke.

## Die Förderung der stereoskopischen Photographie und der Stereoskope.

Im Herbst des Jahres 1891 suchte LOUIS DUCOS DUHAURON (*1. 2.*) ein französisches Patent auf ein Druckverfahren nach; es hatte die Herstellung von solchen Stereogrammen zum Ziel, die zur Hervorrufung des Raumbildes nur geringer Vorkehrungen bedurften. Das Verfahren bestand darin, daß die beiden Bilder in zwei verschiedenen Farben auf weißes Papier gedruckt und durch eine Brille mit Gläsern entgegengesetzter Farbe betrachtet werden. Wenn der Verfasser in seiner Beschreibung auch auf das Verfahren CH. D'ALMEIDAS (s. S. 106) hingewiesen hatte, so ist doch ohne weiteres klar, daß es die noch ältere Vorschrift W. ROLLMANNS war, die hier zu verdienten Ehren kam (s. S. 101/2). Die Patentschrift betonte ferner in einer nicht sehr strengen Weise die Notwendigkeit, eine etwa dem Augenabstande gleiche Entfernung entsprechender Punkte entfernter Gegenstände einzuhalten. Durch eine Verschiebung durchsichtiger Bilder übereinander hin könne man Wirkungen nach Art der Phantasmagorien erzielen, d. h. den Anschein erwecken, als änderten die Raumbilder rasch ihre Größe. Auch gleiche Halbbilder könnten eine gute Wirkung ergeben. Stereogramme nach diesem Verfahren sind öfter als *Anaglyphen* beschrieben und in ganzen Heften abgesetzt worden, worüber man bei P. GRÜTZNER (*1.*) nähere Angaben findet.

Eine der ersten Anwendungen dieses Verfahrens im deutschen Sprachgebiete scheint eine Beilage zur Deutschen Photographen-Zeitung, einer wesentlich für Berufsphotographen bestimmten Wochenschrift, gewesen zu sein, und zwar wurde die betreffende Nummer im Frühjahr 1894 versandt. Später hat sich dies Verfahren durch die Plastischen Weltbilder bekannt gemacht, die der Deutsche Verlag in Berlin nach M. SKLADANOWSKYS (*1.*) Vorschlage herstellte und in den Handel brachte.

Ebenfalls auf dem ROLLMANNschen Farbenverfahren beruhte der Vorschlag stereoskopischer Schirmbilder, wofür M. PETZOLD seine beifällig aufgenommenen Glasbilder bereits in diesem Zeitraume empfohlen hatte. Er stellte die beiden Halbbilder mittels Chromgelatine in zwei möglichst gleich hellen Farbentönen her, die sich gegenseitig so vollständig wie möglich verschluckten; dazu eignete sich ein bläuliches Grün und ein gelbliches Rot in besonders hohem Maße. Die eine Farbe wurde für das rechte, die andere für das linke Halbbild verwandt, und es mußte darauf gesehen werden, daß auf beiden Bildern die Weißen möglichst rein erhalten blieben. Die beiden Glasdrucke wurden aufeinandergelegt, miteinander verklebt, und es bedurfte ein solches Zweifarben-Glasbild zur Abbildung auf dem Schirm nur eines Bildwerfers. Die Beschauer mußten nach S. 102 mit derartigen doppelfarbigen Brillen ausgerüstet werden, daß die Farbe des zugehörigen Halbbildes von dem betreffenden Brillenglase verschluckt, die des nicht zugehörigen ungehindert durchgelassen wurde. Da die ersten Veröffentlichungen hier nicht zugänglich waren, so sei eine spätere PETZOLDsche Darstellung (*1.*) dafür angegeben.

War bei diesen Vorkehrungen nach S. 102 nebenbei der Hintergrund in der Mischfarbe gesehen worden, so beschäftigten sich in diesen Jahren verschiedene Gelehrte ausdrücklich mit Aufgaben der Farbenstereoskopie, und es mögen ihre Namen hier in zeitlicher Reihenfolge angeführt werden. A. CHAUVEAU (*1.*) gab 1891 eine sehr eingehende Beschreibung der Versuchsanordnung, die ihn, ursprünglich einen Bekämpfer der Mischfarbe, zu einem Wechsel seiner Ansicht gebracht hatte. — Das verwandte Gebiet der „flatternden Herzen“ besprachen nacheinander A. SZILI (*1.*) 1892, der einen Zusammenhang mit negativen Nachbildern fand, und A. SCHAPRINGER (*1.*) 1893, der die Bedeutung der Seitenteile der Netzhaut betonte. In diese Gruppe der Farbenerscheinungen gehört eine Arbeit von W. A. HOLDEN (*1.*), wo er ebenfalls auf die WHEATSTONEschen flatternden Herzen einging. Nach ihm ist diese Erscheinung im Gegensatze zu der MAYERHAUSENschen Erklärung gerade eine Folge der negativen Nachbilder; doch kann nach der ganzen Anlage dieser Schrift keine Entscheidung zwischen diesen Meinungen angestrebt werden. Eine Zusammenfassung[1]) der Ergebnisse zahlreicher Vorgänger findet sich bei W. H. R. RIVERS (*1.*) im Jahre 1895.

Andere Farbenaufnahmen sollten das Raumbild in natürlichen Farben und zwar mit einem Vierfarbenverfahren zeigen, wie das E. T. BUTLER (*1.*) schon im Frühjahr 1900 vorschlug. Dabei hatte jede Zwillingskammer im Innern einen halbdurchlässigen Spiegel, der das gespiegelte Bild nach der Seite warf. Ein jeder dieser beiden Teile des einzelnen Halbbildes wirkte auf ein zu dem andern komplementäres Filter, so daß beispielsweise das linke Halbbild ein gelbes und ein blaues, das rechte ein rotes und ein grünes Filter durchsetzte. Im Betrachtungsapparat führte man genau den entgegengesetzten Strahlengang herbei. Da hier schon die Einzelaufnahmen nach dem Zweifarbenverfahren Farben erkennen lassen konnten, so mag die Verschmelzung erträglich leicht erfolgt sein, doch scheint sich dieses ziemlich verwickelte Verfahren nicht in weitere Kreise eingeführt zu haben; im nächsten Jahrzehnt ist bei den hier benutzten Schriften dazu nur noch ein denselben Gegenstand behandelndes Patent aufgefallen.

Noch in demselben Jahre, in dem L. DUCOS DUHAURON sein französisches Patent erhielt, ließ sich der Londoner Feinmechaniker J. ANDERTON (*1.*) ein neues Verfahren zur stereoskopischen Projektion schützen. Die Trennung der übereinander entstehenden Halbbilder wurde in diesem Falle durch den Polarisationszustand des Lichts herbeigeführt. Das Licht, das jedes der beiden Halbbilder sichtbar machte, war linear polarisiert, und zwar standen die Schwingungsebenen der beiden Lichtbündel senkrecht zueinander. Die Augen des Beschauers wurden mit Analysatoren bewaffnet, die nur das Licht des zugehörigen Bildes hindurchtreten ließen. Polarisatoren und Analysatoren waren Glasplattensätze, deren Elemente nicht ganz parallel zueinander angeordnet waren, damit die sonst störenden Nebenbilder möglichst vermieden wurden. Als Schirm konnte jede Fläche dienen, die den Polarisationszustand des auffallenden Lichts bei der Reflexion nicht aufhob; als besonders günstig empfahl der Erfinder einen Leinenschirm, der mit mattem Silberpapier beklebt war.

Ein solcher Schirm hatte aber den Nachteil, zu wenig zu streuen, und infolgedessen mußten die Plätze der Zuschauer ziemlich in der Mitte vor dem Schirme angeordnet werden, weil sich sonst leicht eine ungleichmäßige Beleuchtung für sie ergeben hätte. Zur Abhilfe schlug J. ANDERTON (*2.*) eine senkrechte Streifung der spiegelnden Schirmfläche vor, und er empfahl bei dieser Gelegenheit gleich eine etwas veränderte Fassung der Glasplattensätze, bei der durch Verkittung ein besserer Schutz gegen Feuchtigkeit erreicht worden war.

Die Liebhaberphotographen beschäftigten sich vielfach mit Stereoskopaufnahmen, doch kamen sie in ihren Vorschlägen meistenteils auf

[1]) Auch diese Angabe verdanke ich Herrn H. ERFLE.

Gedanken zurück, die längst in der Blütezeit der Stereoskopie ausgesprochen worden waren. In der vorliegenden Schrift sind solche Neuerfindungen in der Regel ganz unerwähnt gelassen worden. Ab und zu aber findet sich auch ein neuer Gedanke. Hierher gehört der KRAUSEsche Vorschlag (*1.*), Aufnahmen auf Platten der Größe 13:21 cm ohne Einbuße für ein gewöhnliches Stereoskop verwendbar zu machen. In seiner nur mit einem Objektiv ausgerüsteten Kammer verschob er das Objektiv um 10,5 cm und fertigte die Halbbilder seiner Landschaftsaufnahmen nacheinander an. Um nun eine für sein Stereoskop brauchbare Bildgröße zu erhalten und doch den Gesichtswinkel nicht zu verkleinern, verkleinerte er seine Aufnahmen etwa in dem Verhältnis von 4 auf 3. Da die Zentren bei der Aufnahme einen größeren Abstand hatten, als der Augenabstand des Beschauers betrug, so wird das Raumbild in einem zweckmäßig gebauten Stereoskop zwar etwas kleiner aber doch raumähnlich ausgefallen sein.

Schon im nächsten Jahre, 1894, wurde eine Vorkehrung vorgeschlagen, um ebenfalls mit einem einzelnen Objektiv für Stereoskopaufnahmen auszukommen, dabei aber doch für gleichzeitige Aufnahmen gerüstet zu sein. Die Einrichtung war TH. BROWN (*1.*) geschützt worden, und sie wurde unter der Bezeichnung *Stereo-Photo-Duplicon* von der Firma J. FALLOWFIELD herausgebracht. Es handelte sich hier um ein Paar Spiegelsätze, das die rechte und die linke Hälfte des Hauptstrahlenbündels für die Bildung des rechten und des linken Halbbildes beanspruchte. Die Erläuterung der Einrichtung mag hier folgen.

Man läßt zweckmäßig die inneren Spiegel unter 90 Graden zusammenstoßen und gibt nach der Darstellung des Erfinders (*1.*) den äußeren eine veränderliche Neigung, um sowohl Landschaften als auch nahe Gegenstände aufnehmen zu können. In der Abb. 104 ist der wagrechte Achsenschnitt durch das für ferne Objekte eingerichtete Instrument dargestellt, und zwar ist dabei die Neigung der Außenspiegel so gewählt, daß parallel zueinander und zur Achse des Objektivs die Strahlen austreten, die für jede Hälfte in der Mitte des Gesichtsfeldes verlaufen; sie seien als *Mittelstrahlen* bezeichnet. Die nötigen Formeln lassen sich leicht durch mehrfache Anwendung des Sinussatzes ermitteln, und man kann unschwer zeigen, in welcher Weise die Trennung der beiden Eintrittspupillen $P_l$, $P_r$ von den Bestimmungsstücken abhängt. Als solche kommen in Betracht der Abstand der inneren Spiegelkante von der Eintrittspupille, die auf dem Mittelstrahl gemessene Entfernung beider Elemente eines Spiegelsatzes, der halbe Gesichtswinkel einer jeden Hälfte, d. h. der Winkel $w$ zwischen Mittelstrahl und Achse, und, wenn man will, der Winkel zwischen den inneren Spiegeln, der aber, wie oben erwähnt, meistens gleich einem Rechten gesetzt wird. Wie auch auf der Abbildung (unten an beiden Außenseiten) angedeutet, sieht man leicht ein, daß ein solches Spiegelzeug für Objektivöffnungen, die gegen die inneren Spiegel gehalten klein sind, eine nicht ungünstige Lichtverteilung vermittelt, wenn die Spiegel auch nur so groß gewählt werden, wie es der Gang der Hauptstrahlen eben erfordert. Die Einstellebenen sind natürlich senkrecht zu den inneren Grenzstrahlen anzunehmen, die nach der doppelten Spiegelung ja in die Achsenrichtung fallen. Man sieht aus der Abbildung ohne weiteres, daß für eine richtige Betrachtung die Abbildsbilder nicht auf einem einfachen ebenen Träger vereinigt werden dürfen, sondern daß

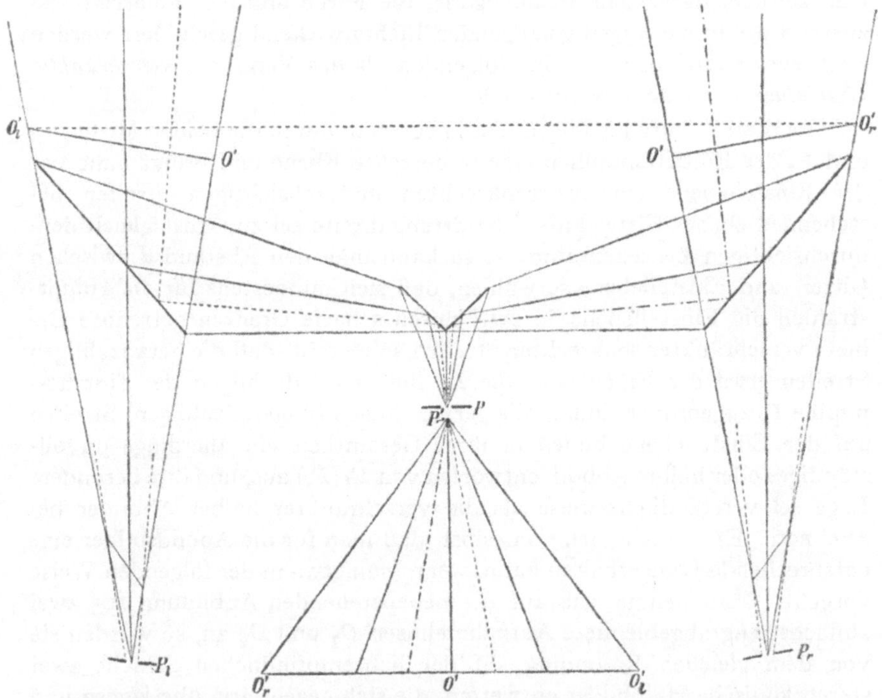


**Abb. 104.** Der wagrechte Achsenschnitt durch das Photo-Stereo-Duplicon Th. Browns. Die obere gestrichelte Wagrechte läßt die Neigungswinkel erkennen, unter denen die Abbildsbilder $O'O'_l$; $O\,O'_r$ aufgestellt sein müssen. $P_l$ und $P_r$ sind die Spiegelbilder der Eintrittspupille $P$. Die von ihren Rändern ausgehenden gestrichelten Geraden schließen die Gebiete ohne Abschattung ein. Das Objektiv ist im allgemeinen unsymmetrisch vorausgesetzt.

dieser in einer aus der Zeichnung verständlichen Weise durch zwei Ebenen zu bilden ist, die unter einem ganz bestimmten Winkel zusammenstoßen. Bei einer solchen richtigen Betrachtung wird das Bild im allgemeinen raumähnlich und raumgleich dann, wenn die Trennungsstrecke der beiden Eintrittspupillen $P_lP_r$ gleich dem Augenabstand des Beobachters wird, eine Einrichtung, die Th. Brown herbeizuführen bestrebt war.

Eine Bemerkung muß noch zu der Lage der Halbbilder auf der Platte gemacht werden. Wie man aus der Verfolgung der beiden nach einem näheren Dingpunkt zielenden und der Seite 10 entsprechend gestrichelten

Strahlen ersieht, sind beide (natürlich umgekehrten) Halbbilder, da sich die Hauptstrahlen ja beim Durchtritt durch das Objektiv gekreuzt haben, wie bei dem BARNARDschen (s. S. 97) Winkelspiegel richtig gelagert, und das ist zweifellos ein Vorteil dieser Einrichtung.

Ein sehr wichtiger Vorschlag für die Erzeugung von stereoskopischen Halbbildern wurde im Frühjahr 1896 durch den französischen Ingenieur A. BERTHIER (*1.*) gemacht. Er fügte den Trennungsverfahren, die räumlich, zeitlich, durch den Strahlengang, die Farbe und den Polarisationszustand des in die Augen gelangenden Lichts wirkend geschildert worden sind, ein neues hinzu, das im folgenden als das Verfahren *verschränkter Halbbilder* bezeichnet werden soll.

Es besteht kurz im folgenden. Legt man durch die beiden Mitten $P_l$ und $P_r$ der Eintrittspupillen eine wagerechte Ebene und bringt nahe vor der Einstellebene ein aus senkrechten undurchsichtigen Streifen bestehendes ebenes Gitter an — die Streifenbreite sei zunächst gleich dem durchsichtigen Zwischenraum —, so kann man den Abstand $d$ zwischen Gitter- und Einstellebene so wählen, daß sich mindestens für die Hauptstrahlen die Einstellebene in zwei durch scharfe Grenzen getrennte Gebiete verschränkter senkrechter Streifen so einteilt, daß die geradzahligen Streifen etwa der Eintrittspupille $P_l$, die ungeradzahligen der Eintrittspupille $P_r$ zugeordnet sind. Alle geradzahligen (ungeradzahligen) Streifen auf der Einstellebene bilden in ihrer Gesamtheit ein allerdings unvollständiges oder halbes Abbild, entworfen von $P_l$ ($P_r$) aus, und ihre besondere Lage sei verständlicherweise als die verschränkter halber Abbilder bezeichnet. Es versteht sich von selbst, daß man für die Abbildsbilder eine entsprechende Lage erhalten kann, wenn man etwa in der folgenden Weise vorgeht. Man nehme wie auf der nebenstehenden Abbildung 105 zwei zunächst eng abgeblendete Aufnahmelinsen $O_1$ und $O_2$ an, so würden sie von dem gleichen Raumding auf der lichtempfindlichen Schicht zwei stereoskopische Halbbilder entwerfen, die sich gegenseitig überlagern und stören würden. Schiebt man aber in der Entfernung $z$ vor der Platte ein aus gleichbreiten, zur Papierebene senkrechten Streifen bestehendes Raster ein, so ordnen sich bei richtiger Wahl von $z$

$$z = \frac{lD}{A}$$

die beiden Halbbilder in zahlreichen ebenfalls zur Papierebene senkrechten Streifen nebeneinander an. Die Lage der Halbbilder auf der Platte ist bei der in der Abbildung gemachten Annahme verständlicherweise eine gekreuzte. — A. BERTHIER hat sich mit dieser letzten Frage nicht beschäftigt, da er seinen Vorschlag hauptsächlich zu dem Zwecke machte, die verschränkten Halbbilder nach einem vorliegenden Stereogramm herzustellen. Zur Betrachtung muß ein entsprechendes Gitter in der richtigen Entfernung vor der Bildschicht angebracht werden, und es bildet eine sehr bequeme, weil dauernd mit den Abbildsbildern verbundene Betrachtungsvorrichtung.

An diesen Grundzügen brachte man im Laufe der Zeit Abänderungen in der Breite der hellen und dunklen Streifen, in der Aufstellung der Objektive usw. an, die für die Ausführung der Aufnahme gewiß von Wichtigkeit sind, an dem Wesen des Verfahrens aber nichts ändern. An späterer Stelle (S. 234) wird darüber noch zu handeln sein.

Wie bereits gesagt, machte A. BERTHIER 1896 den ersten Vorschlag, doch scheint er damals noch keine Erfahrung in der Herstellung solcher Aufnahmen gehabt zu haben. Die erste genauere Anweisung für die Herstellung verschränkter Halbbilder ist nach den hier benutzten Schriften

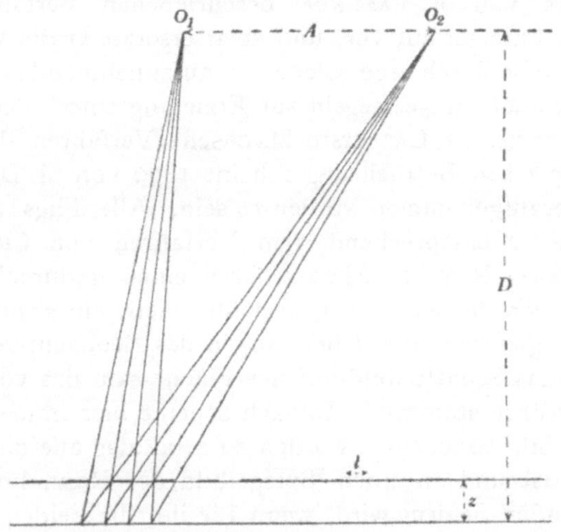


Abb. 105. Ein Achsenschnitt durch eine Aufnahmekammer für das BERTHIERsche Verfahren.

J. JACOBSON (*1. 2.*) zuzuschreiben, der ein solches Verfahren zwei Jahre danach zur Patentierung einreichte, und im Frühjahr 1899 durch seine Schutzschriften der Öffentlichkeit zugänglich machte.

Eine ganz unerwartete Förderung erhielt die Stereoskopie durch die nach dem RÖNTGENschen Verfahren angefertigten Schattenbilder. Diese Entdeckung war im Ausgange des Jahres 1895 gemacht und bei der Jubiläumsausstellung der Berliner physikalischen Gesellschaft veröffentlicht worden. Sobald man erst auch an anderen Orten der Schwierigkeit, die Instrumente richtig zu handhaben, Herr geworden war, versuchte man sehr bald, die Schattenbilder für beidäugige Beobachtung zu verwenden. Einer der ersten, der diese Aufgabe bearbeitete, war E. MACH, wie das aus dem von J. M. EDER (*1.*) und E. VALENTA erstatteten Bericht hervorgeht. Er versuchte schon im Februar 1896 das Raumbild eines schattenwerfenden Menschengerippes durch unmittelbare Beobachtung zu erhalten. Mit zwei, allem Anschein nach in 65 mm Entfernung aufgestellten

HITTORFschen Röhren entwarf er die Schattenbilder eines Menschenkörpers auf dem Bariumplatincyanür-Schirm; doch war die Helligkeit des Lichts zu gering, um eine deutliche Wahrnehmung des Raumbildes zu gestatten. Es scheint, daß er dann zu photographischen Aufnahmen griff, und zwar hat E. VALENTA (*2.*) über die Versuchsanordnung berichtet, daß er einen Abstand der Lichtquelle vom Objekt von 25 cm einhielt und für die zweite Aufnahme die Röhre um den Betrag des Augenabstandes verschob. Die so erhaltenen Schattenbilder ergaben im Stereoskop die gewünschte Wirkung. Über die Art des dabei benutzten Stereoskops verlautet nichts Näheres; doch ist klar, daß sich hierfür ein WHEATSTONEsches Spiegelinstrument besonders gut geeignet haben würde. — Eine Abänderung des von E. VALENTA beschriebenen Verfahrens schlug P. CZERMAK (*1.*) kurz darauf vor, und zwar ersetzte er die Verschiebung der Strahlungsquelle durch eine solche des aufzunehmenden Raumdings. Nebenbei gab er auch einige Regeln zur Erzielung eines möglichst raumähnlichen Eindrucks. — Das erste MACHsche Verfahren der unmittelbaren stereoskopischen Betrachtung scheint 1899 von M. DAVIDSON (*1.*) mit Erfolg wiederaufgenommen worden zu sein. Allerdings wich er davon insofern ab, als er entsprechend dem Verfahren von CH. D'ALMEIDA (s. S. 106) vor zwei RÖNTGENschen Röhren einen undurchlässigen, mit zwei Öffnungen versehenen Schirm umlaufen ließ; ein ähnlicher Schirm drehte sich ganz gleichzeitig vor den Augen des Beobachters, so daß ein jedes Auge nur das Schattenbild auf der Fläche sah, das von der gegenüberstehenden Röhre stammte. Danach scheint hier immer das tiefenverkehrte Raumbild beobachtet worden zu sein, das allerdings dann besonders einfach ist und zu einem Spiegelbild des Raumdings in bezug auf den leuchtenden Schirm wird, wenn für ihn die beiden Zentren der RÖNTGENschen Strahlungen genau symmetrisch zu den Augen des Beobachters angeordnet sind. — Ein ähnliches Verfahren veröffentlichte TH. GUILLOZ (*1.*) nach einer hier nicht zugänglichen Quelle im Jahre 1900. Es wurde 1902 von ihm (*2.*) unter Bezugnahme auf das Verfahren CH. D'ALMEIDAS beschrieben, und als neues findet sich ein Meßverfahren nach der Art, die von TH. MARIE und H. RIBAUT (s. S. 202) zuerst für stereoskopische Schattenbilder empfohlen worden war. Die Messungen wurden an jenem Trugbilde ausgeführt.

Jedenfalls kann man aus der Geschichte der stereoskopischen Schattenbilder den Schluß ziehen, daß die glänzende Entwicklung der Stereoskopie in der Blütezeit auch in den Kreisen der Wissenschafter gänzlich vergessen war; wer nicht noch, wie E. MACH, selber in jener Zeit wurzelte, der wußte nichts mehr von ihr, und es ist gar nicht ausgeschlossen, daß das ALMEIDAsche Verfahren der abwechselnden Beleuchtung auch hier wiederum, wie schon so oft vordem, neuerfunden worden ist.

Von neuvorgeschlagenen Stereoskopen ist zunächst das *Orthostereoskop* F. STOLZES (*3.*) zu erwähnen. Dieses Instrument gehörte zu der

Klasse der WHEATSTONEschen Linsenstereoskope und war mit einem dreifachen Satz von Doppellinsen ausgerüstet, die einzeln oder in zweifachen oder dreifachen Verbindungen jedem Auge sechs verschiedene Betrachtungsbrennweiten zwischen 23 und 5 1/2 cm zur Verfügung stellten. Auf diese Weise gestatteten sie noch mehr als die von H. HELMHOLTZ vorgeschlagenen Verbindungen nur zweier Linsen (s. S. 147) eine Anpassung an verschiedene Aufnahmeobjektive. Die in der Medianebene des gewöhnlichen Stereoskops liegende Scheidewand war durch eine sehr zweckmäßige Rahmeneinrichtung ersetzt, wobei im dritten Teil des Bildabstandes eine der Bildebene parallele Fläche mit zwei rechteckigen Ausschnitten angebracht war, deren virtuelle Bilder vereinigt wie ein Ausschnitt in einem festen Schirm wirken sollten, durch den hindurch das Raumbild betrachtet werde.

Hierher gehört ferner F. DROUIN (*2.*), der sich bereits (*1.*) durch ein mit Beifall aufgenommenes Lehrbuch der Stereoskopie vorteilhaft bekannt gemacht hatte. Sein erstes, aus dem Jahre 1895 stammendes Stereoskop beruht auf dem ALMEIDAschen Gedanken der zeitlichen Trennung der Halbbilder, und zwar war zur Durchführung die Anordnung des Thaumatrops gewählt worden (Abb. 106). Die beiden Halbbilder wurden von ihm auf die Vorder- und auf die Rückseite eines ebenen Trägers geklebt, und dieser befand sich, wie die Zeichnung erkennen läßt, in einem die Augenöffnungen tragenden Zylinder. Die beiden Öffnungen sind voneinander um 180 Grad entfernt und stehen je dem zugehörigen Halbbilde gegenüber. Der ganze Apparat muß sich schnell um die Achse des Zylinders drehen, und seine Anwendung erfordert, wie man leicht einsieht, eine helle Beleuchtung der beiden Bilder.

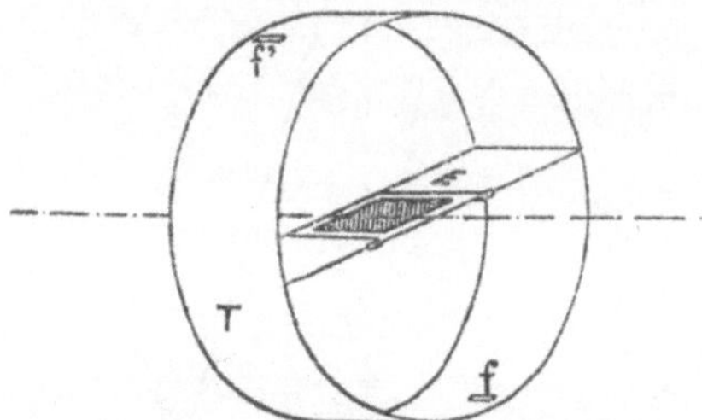

Abb. 106. F. DROUINS (*2.*) stereoskopisches Thaumatrop.

Derselbe Erfinder trat einige Jahre später (*3.*) mit einer Vorrichtung auf, die an eine zuerst von H. W. DOVE (s. S. 70) und BREWSTER (s. S. 103) verwirklichte Möglichkeit erinnert. Es handelt sich nämlich darum, von den beiden Halbbildern nur eines unmittelbar, das andere aber durch ein geeignetes Prisma oder einen Spiegelsatz zu betrachten. Bei seinen Versuchen war es H. W. DOVE auf die Eigenschaften des Prismas nur insoweit angekommen, als er Farben auf alle Weise auszuschließen strebte, Spiegelverkehrungen und Ablenkungen der Hauptstrahlrichtungen waren ihm gleichgültig, da er seine einfachen geometrischen Zeichnungen immer leicht der besonderen Natur des Prismas anpassen konnte. F. DROUIN ging darüber hinaus und schloß sich insofern mehr BREWSTER an, als er sein Hilfsmittel auch für gewöhnliche Stereogramme verwendbar gemacht hatte. Er gab seinem Prisma zwei Spiegelungen, um die Spiegelverkehrungen auszuschließen, und er führte in einer für den Gebrauch sehr zweckmäßigen Weise eine Richtungsänderung der Hauptstrahlen ein (Abb 107 u. 108). Er konnte auf diese Weise sein Spiegelprisma sowohl für richtig als für gekreuzt gelagerte Halbbilder verwenden. In Rücksicht auf die Raumähnlichkeit war die Einführung eines endlichen Konvergenzwinkels für ferne Punkte bei Aufnahmen mit Zwillingskammern ein Mangel, doch wird man das Spiegelprisma F. Drouins wohl mehr als eine Vorkehrung zur schnellen Durchmusterung zahlreicher Stereogramme ansehen, denn als ein nach allen Richtungen streng angelegtes Instrument. Dazu fehlt ihm schon die Vergrößerung, die für die meisten,

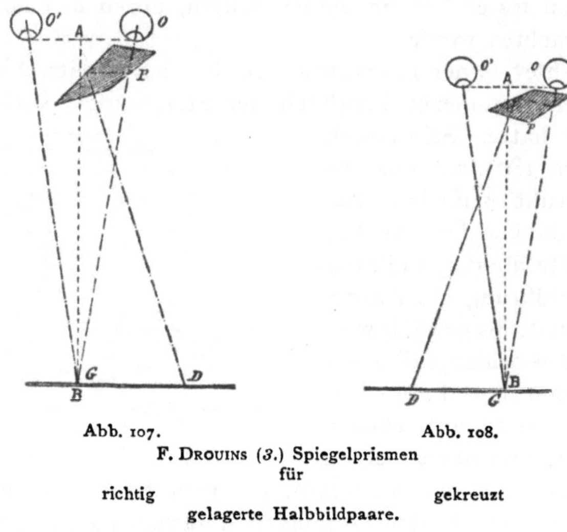


Abb. 107. Abb. 108.
F. Drouins (3.) Spiegelprismen für richtig gekreuzt gelagerte Halbbildpaare.

nämlich für alle mit kurzbrennweitigen Objektiven angefertigten, Stereogramme nicht zu entbehren ist.

Die Forderung, auch gekreuzt gelagerte Stereogramme verwendbar zu machen, tritt in dieser Zeit häufig auf, und das ist auch ganz verständlich. Bei der gewöhnlichen Zwillingskammer müssen die Abdrucke der negativen Halbbilder für sich umgekehrt werden (s. S. 15), wenn sich keine Tiefenverkehrung ergeben soll. Das führt auf die Notwendigkeit, entweder die Negative oder die Abdrucke zu zerschneiden, und das ist bei Glasbildern eine unangenehme Aufgabe. Hat man nun ein Verfahren, das auch gekreuzt gelagerte Halbbilder so zu betrachten gestattet, daß sich ein tiefenrichtiges Raumbild ergibt, so wird jene Zerschneidung unnötig. Rücksichten auf die Bequemlichkeit spielen aber eine um so größere Rolle, je weniger unterrichtet der Benutzer ist, und je mehr er die Stereoskopphotographie nur als Modesache betreibt. Kommt es ihm bei seinen Aufnahmen nur auf das Endergebnis eines tiefenrichtigen

Raumbildes an, während seine Beziehung zum Raumding unverstanden bleibt, so werden solche Hilfsmittel Erfindern lohnend erscheinen. Und sie haben auch wohl nur darum bis jetzt keinen großen Anklang gefunden, weil ihre Leistung nicht über allen Zweifel erhaben war.

Die DOVEsche Anordnung der beiden AMICIschen Reflexionsprismen (s. S. 70) eignet sich dafür, da sie die scheinbaren Augenorte in die gekreuzte Stellung bringt; sie wurde ja schon ziemlich früh von J. DUBOSCQ (s. S. 72) für diesen Zweck angewandt, doch ist bei diesem Gebrauch ihr Gesichtsfeld wohl immer als gar zu klein empfunden worden, und auch später ist ihre Einführung nicht geglückt.

Ganz gegen Ende des hier betrachteten Zeitraums trat in England ein anderer Vorschlag auf, der eine solche Spiegelwirkung bereits in die Aufnahmekammer legen wollte, daß die beiden Halbbilder eine richtige Lagerung erhielten (Abb. 109). Dieser dem Instrument W. K. L. DICKSONS (*1.*) zugrundeliegende Gedanke ist bereits auf S. 87 mit seinen Bedenken geschildert worden; hinzu kommt noch der Einwand, es werde das Gesichtsfeld des rechten Objektivs durch das Ableseprisma beschränkt worden sein. Sicherlich ist der Gedanke, durch eine einfache Verschiebung des rechten Prismas den Achsenabstand zu steigern, ganz verlockend und für genügend ferne Gegenstände auch wohl zulässig, aber die aus der Herabsetzung des Gesichtsfeldes folgenden Einwände sind doch zweifellos von größerem Gewicht. Und bedenkt man, daß alle diese optischen Mittel doch nur deshalb aufgewendet werden, um weniger gutes auf bequeme Weise zu erhalten, so muß man es als eine gerechte Vergeltung solchen Unterfangens ansehen, daß auch dieser Vorschlag keinen größeren Anklang gefunden hat.

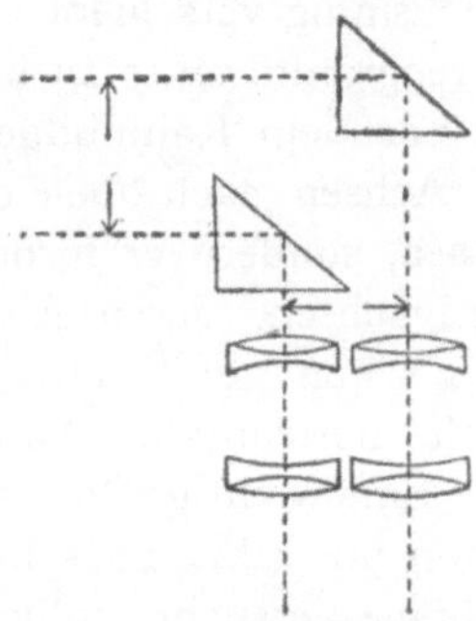

Abb. 109. Ein Achsenschnitt durch die DICKSONsche (*1.*) Kammer.

Fast an dem Schluß dieses Zeitraums machte H. H. HILL (*1.*) zwei nicht durchaus neue Versuche, ein einzelnes Photogramm körperlich zu sehen. Der erste davon, in dem zwei unter einem Winkel zusammenstoßende ebene Spiegel benutzt werden, kommt auf den Vorschlag von J. B. DONAS (s. S. 105) hinaus und steht wie jener der TOURTUALschen Anregung nahe. Seine zweite Erfindung, bei der zwei Prismen verwandt wurden, die sich ihre Basen zukehrten, gehört nicht unter die stereoskopischen Instrumente. Es handelt sich hier — H. H. HILL wohl ganz unbewußt — um den auf W. ZENKER und das Jahr 1872 zurückgehenden Gedanken, eine dem BREWSTERschen Prismenstereoskop entgegengesetzte Wirkung hervorzubringen. Näheres darüber findet sich bei M. VON ROHR (*5.* 363). Wenn H. H. HILL noch Lupen zwischen seine Prismen und die Augen des Beobachters setzte, so ist das eine Neuerung, für die ihm wohl das Verdienst zukommt.

Hinsichtlich der Stereoskopie bleibt nunmehr noch die Besprechung der Lehrbücher übrig, die in diesem Zeitraum von größerer Wichtigkeit sind.

Im Jahre 1894 veröffentlichte der mit seinem Orthostereoskop bereits erwähnte Fachschriftsteller F. Stolze (*3.*) eine sehr bekannt gewordene Anweisung für die Anfertigung von Stereogrammen, der er einige theoretische Darlegungen beigab. Da die kleine Schrift für ausübende Photographen bestimmt war, so gab er seine Anweisungen in der Form von einfachen Regeln und erläuterte sie durch einfache, meistens den Horizontalschnitt wiedergebende Übersichtszeichnungen. Er behandelte dabei die hauptsächlichsten Raumverzerrungen und tat im einzelnen auch der Formänderung Erwähnung, die sich im Raumbilde zeigt, wenn man die beiden Halbbilder in ihrer Ebene um die gleiche wagrechte Strecke gleichsinnig verschiebt. Er vertrat sehr bestimmt die Ansicht, ein jedes Stereogramm sei so zu begrenzen (s. S. 102), daß sich bei der Betrachtung ein vor dem Raumbilde liegender Rahmen ergäbe. Von einer Neigung der Achsen nach oben oder unten (s. S. 181) wollte er (*3.* 19) gar nichts wissen, sondern er forderte stets sorgfältige Horizontalstellung der Objektivachsen, deren Abstand er möglichst 65 mm zu nähern empfahl. Sein schon auf S. 210 besprochenes Orthostereoskop war ebenfalls für solche horizontalen Aufnahmen eingerichtet.

Eine wichtige Rolle spielt ferner der französische Schulmann L. Cazes. Schon im Jahre 1885 hatte er (*1.*) sich an der von J. Marey gestellten Aufgabe versucht, vollkommene Raumähnlichkeit zu erzielen, und hatte dabei nachdrücklich auf die Schwierigkeiten hingewiesen, die in der Akkommodation des Auges liegen. Durch den Fortfall dieser mit der Konvergenz so eng verbundenen Muskeltätigkeit konnte seiner Ansicht nach leicht die Naturtreue leiden. Er wünschte daher eine solche Verkleinerung des Raumbildes, daß seine Tiefenerstreckung ganz in das Akkommodationsgebiet des Beobachters falle.

Eine genauere Ausführung seiner Gedanken ließ er (*2.*) zehn Jahre später in einem besonderen Werkchen erscheinen, das verdientermaßen in Frankreich eine große Verbreitung gefunden zu haben scheint. Als Grundforderung blieb die Erzielung eines streng ähnlichen Raumbildes bestehen, aber er untersuchte im Anfang der Schrift mit den Hilfsmitteln der elementaren Mathematik eine große Zahl von Fällen, wo sich die von den perspektivischen Zentren nach entsprechenden Punkten gezogenen Strahlenpaare wirklich schneiden und nicht etwa windschief verlaufen. Es wurden von Raumverzerrungen auf diese Weise untersucht die einfachen Tiefenänderungen, die Stolzeschen Verzerrungen bei gleichsinniger Horizontalverschiebung der Halbbilder, die Reliefbilder und die Folgen einiger weniger wichtigen Drehungen der Bilder. Eine besondere Behandlung erfuhren die Neigungsaufnahmen, sobald sie ausgebreitet in einem gewöhnlichen Stereoskop betrachtet wurden. Wie Th. Sutton vor ihm (s. S. 117) erhielt auch er das Ergebnis, daß man in einem solchen Falle von einem wirklichen Raumbilde überhaupt nicht sprechen könne. — Bei der Behandlung der Akkommodation, worauf er hier wie in der früheren Arbeit einen großen Wert legte, betonte er seine Forderung, das Raumbild stets in einer solchen Entfernung zu entwerfen, daß das dafür geltende Akkommodationsgebiet die Tiefe des Raumbildes übertreffe oder sie mindestens doch erreiche. Die Bestimmung dieser Größe für die verschiedenen Objektentfernungen wurde für eine unveränderliche Pupillenöffnung gemacht, und es ergab sich im Laufe der Untersuchung, daß der nächste noch scharf erscheinende Punkt 3,3 m vom Beobachter entfernt sei. — Legt man einen mittleren Winkelwert der Unschärfe von 2′ zugrunde, so ergibt sich aus jenen Angaben ein Pupillendurchmesser von 4 mm. — Bei der Aufnahme von Stereogrammen habe man die Möglichkeit, entweder raumgleiche Raumbilder zu schaffen oder durch Steigerung der Objektivtrennung ein verkleinertes raumähnliches Raumbild hervorzubringen, bei dem die Tiefen deutlicher wahrgenommen würden. Man müsse dabei aber darauf achten, daß das Akkommodationsbereich nicht überschritten werde, und daß die nächsten Punkte des Raumbildes mindestens noch um die deutliche Sehweite vom Beobachter entfernt seien. — Nach einer kurzen Übersicht über die Entwicklung der Stereoskopapparate schlug er sein Stereoskop für große Halbbilder vor. Es war ein nach Art des Telestereoskops gebautes, mit Metallspiegeln ausgestattetes Instrument. Beide Spiegelpaare waren auf zwei gegeneinander senkrechten Trägern beweglich, damit sie dem Augenabstande des Beobachters und der Entfernung entsprechender Punkte im Stereogramm angepaßt werden konnten. — Waren die Halbbilder von einer Breite, die den Augenabstand nicht überstieg, so schlug L. Cazes vor, sie unmittelbar oder nötigenfalls nur durch passende Brillengläser zu betrachten.

## Die theoretischen Arbeiten.

Es ist nicht weiter verwunderlich, daß die Teilnahme der wissenschaftlichen Kreise in diesem und auch noch in dem folgenden Abschnitt in erster Linie durch die neuen binokularen Instrumente gefesselt wurde, die in rascher Folge seit dem Jahre 1893 von der Jenaer Werkstätte herausgebracht wurden, und zwar spielten die dem Telestereoskop verwandten die Hauptrolle. Man wird eben für dieses ganze Gebiet daran denken müssen, daß zwar die Anlage der Helmholtzischen Geräte von 1857 reichlich angestaunt worden war, daß aber die Erprobung ihrer Wirksamkeit an den vorliegenden Ausführungen doch eine noch lebhaftere Verwunderung erregte.

Das Aufsehen, das diese Prismenfernrohre machten, war ganz allgemein; war doch wirklich hier eine nicht bloß dem anpreisenden Optiker sichtbare Lücke ausgefüllt worden, indem jetzt Handfernrohre mittlerer

Vergrößerung und großen Gesichtsfeldes auf den Markt gebracht wurden. Eine für alle einschlägigen Veröffentlichungen wichtige Darstellung dieser Verhältnisse gab S. Czapski (*1. 2.*) an zwei verschiedenen Orten im Dezember 1894 und im Januar des nächsten Jahres. Ja man kann sagen, daß diese seine Ausführungen für die späteren Besprechungen der neuen Fernrohrform erst die Grundlage lieferten.

Über die stereoskopischen Verhältnisse der neuen Instrumente gibt der Vortrag wenig. Für das Verständnis der Wirkung wird auf die Darstellungen von H. Helmholtz zurückverwiesen, doch wurde offenbar zu jener Zeit die Frage nach der Raumähnlichkeit überhaupt noch nicht wieder aufgenommen. Es findet sich aber die Bestätigung der Ansicht, die man sich aus der Beschäftigung mit den sonstigen hierhergehörigen Schriften dieser Zeit bilden kann, daß nämlich der Sinn für stereoskopische Wahrnehmung im Zunehmen begriffen war.

Es dauerte noch eine ganze Weile, bis die abflachende Wirkung der neuen Instrumente überhaupt bemerkt wurde, und zwar scheint die erste Beschreibung der eigentümlichen „Kulissen"wirkung auf G. Hirth (*1.*) zurückzuführen zu sein. Ihm war im Sommer des Jahres 1896 von Carl Zeiss in Jena ein *Relief-Standfernrohr* übermittelt worden. Dieses nach dem Abbeschen Vorschlage (s. S. 197) gebaute Instrument zeigte den merklich gesteigerten Achsenabstand von 152 cm und war mit einer hier nicht weiter wichtigen Vorkehrung ausgestattet, die einen Wechsel zwischen einer 8 fachen und einer 16 fachen Vergrößerung erlaubte. G. Hirth führte das Instrument am 5. August dem in München tagenden Internationalen Psychologenkongreß vor und bemerkte dazu das Folgende: „Insbesondere trat die Plastik der in einer Entfernung von 1000 bis „3000 Meter liegenden Waldlisieren und ländlichen Anlagen in über„raschender Weise hervor; die Baum- und Häusergruppen verwandelten „sich gewissermaßen in theatralische Koulissen, deren Tiefenabstand „optisch fühlbar und bei fachmännischer Übung gewiß auch ziffern„mäßig schätzbar ist." — Eine ähnliche Beobachtung läßt sich aus früherer Zeit wohl nur für F. H. Wenham (s. S. 88) wahrscheinlich machen.

Für eine kurze Zeit hat man nach Ungenannt (2.) in der Jenaer Werkstätte von Carl Zeiss auch den Versuch gemacht, eine Verkleinerung des dingseitigen Achsenabstandes auf etwa 5 cm durchzuführen, und zwar geschah das bei dem Feldstecher 4 facher Vergrößerung, wenn er als Theaterglas verwendet werden sollte. Man wünschte mit dieser Verringerung des Abstandes gerade das Zusammenwirken des Bühnenraumes mit seinem gemalten Hintergrunde zu steigern, doch ist wohl anzunehmen, daß sich die Abflachung des eigentlichen Bühnenraumes, die durch die Achsentrennung gar nicht berührt wird, auch bei diesen Theatergläsern bemerkbar gemacht haben wird, die übrigens bald wieder — nach 1898 — aus den Preisverzeichnissen verschwanden. Es ist eine offene Frage, ob sich nicht bei der geringen Entfernung der Bühne jene scheinbar raumähnliche Wirkung der Doppelfernrohre mit erweitertem Achsenabstande mehr empfohlen haben würde, worauf deutlich CLAUDET, BREWSTER und HELMHOLTZ (s. S. 92) hingewiesen hatten.

Bemerkenswert ist nur, daß trotz dieser Unkenntnis der Theorie, die zu heben anfangs auch die Fachmänner nicht bestrebt waren, doch von einzelnen Benutzern die Beschaffenheit des Raumbildes rein durch Beobachtung ermittelt wurde. So ist es mehrfach bemerkt worden, daß die Relieffernrohre in gestreckter Lage der Schenkel die Gegenstände anscheinend kleiner zeigten als bei mehr paralleler.

Es ist verständlich, daß man für die Erklärung der Wirkung zunächst auf HELMHOLTZens Handbuch (s. S. 158) und seine für die Genauigkeit der beidäugigen Tiefenbestimmung angegebene Minutengrenze zurückgriff. Eine der ersten Arbeiten auf diesem Gebiete geht auf FR. WÄCHTER (*1.*) zurück, und zwar vergrößerte er — was späteren Zeiten fast unglaublich erscheint — die HELMHOLTZische schon zu grobe Winkelgrenze noch weiter, im äußersten Falle bis zu ihrem $3^1/_2$ fachen Betrage. Er war dabei nicht etwa von einem neuen Stäbchenversuch ausgegangen, sondern er hatte den Winkelwert der Sehschärfe einfach an bestimmten, im Freien aufgestellten Würfeln verschiedener Färbung bestimmt, ein Verfahren, das ihm C. PULFRICHS (*3.* 258) entschiedenen Widerspruch eintrug. Er kam auf diese Weise zu $f$-Werten im freien Sehen, die gegenüber der HELMHOLTZischen Angabe von 240 m nur 64—111 m betrugen. Und gar bei einem Reliefrohr von 400 mm Achsenabstand im Dingraum und 10 facher Vergrößerung, wo man heute mindestens $f = 2a \operatorname{ctg} \eta = 0{,}4 \text{ m} \times \operatorname{ctg} 3'' = 27{,}5$ km annehmen würde, gab er die ihm zugängliche Entfernung des fernsten, sich von der fernen Ebene abhebenden Gegenstandes auf 1,4—2,7 km an. Man wird die WÄCHTERsche Sicherheit stereoskopischer Ortsbestimmung danach sehr niedrig einschätzen müssen, da ihm die für einen durchschnittlichen Beobachter viel zu geringe Größe seiner errechneten Tiefenwerte nicht auffiel. Wenn er ferner noch (*1.* 871) der Meinung war, daß zwei photographische Aufnahmen vom gleichen Standpunkt mit Objektiven verschiedener Brennweite auf zwei verschiedene Perspektiven führten, so wird man sich darüber nicht wundern können, daß seine Erklärung der Abflachung des von einem Doppelfernrohr gelieferten Raumbildes mit der hier vertretenen Anschauung nicht übereinstimmt. Die sogenannte HELMHOLTZische Regel bestand auch für ihn zu recht, doch hat sie mit der Genauigkeit der Messung nichts zu tun. — Ziemlich um dieselbe Zeit wurde die gleiche Aufgabe in Amerika von G. M. STRATTON (*1.*) bearbeitet. Ihm schien die HELMHOLTZische Tiefengrenze von etwa 240 m zu gering, und er versuchte etwa mit Hilfe eines RIGHIschen Pseudoskops zu einer andern Lösung zu kommen. Zu diesem Zwecke kann man entweder das rechte Auge in Abb. 59 mit den durch die gestrichelten Linien verbundenen Spiegeln bewaffnet, das linke aber freigelassen denken, oder man kann — was dem Erfinderanspruch noch besser entspräche — ein NACHET-HEISCHisches Spiegelpaar (s. S. 134) verwandt denken. Es ist auf diese Weise leicht möglich, dem Abstande der scheinbaren Augenorte wie in der Abbildung 110 hierneben einfach ein negatives Zeichen zu geben, ohne seinen Betrag zu ändern. Alsdann kann man an geeigneten und genügend entfernten Raumdingen durch rasch aufeinander folgende Beobachtung mit bloßen Augen und mit Benutzung des beschriebenen Geräts entscheiden, ob sich die Tiefe ändere oder nicht. Auf diese Weise habe er für seinen 65—66 mm großen Drehpunktabstand eine Ausdehnung der Tiefenwahrnehmung bis auf $f = 580$ m gefunden, was einem $\eta$-Wert von etwa 24″ entspreche. Es könne als die Tiefenwahrnehmung nicht durch das bloße Trennungsvermögen gegeben sein, das auch bei günstigen Proben kaum unter 50″ heruntersinke. — Dieselbe Schwierigkeit, zu einer richtigen Bewertung der Schärfe der Tiefenbestimmung zu kommen, ergibt sich auch aus der Aussprache, die dem PULFRICHschen Vortrage (*1.*) folgte; dort spitzte sich alles auf die Annahme eines wesentlich geringeren Winkelwerts $\eta$ als einer Winkelminute zu, aber erst durch E. HERING (*2.*) sollte der wahre Grund aufgedeckt werden.

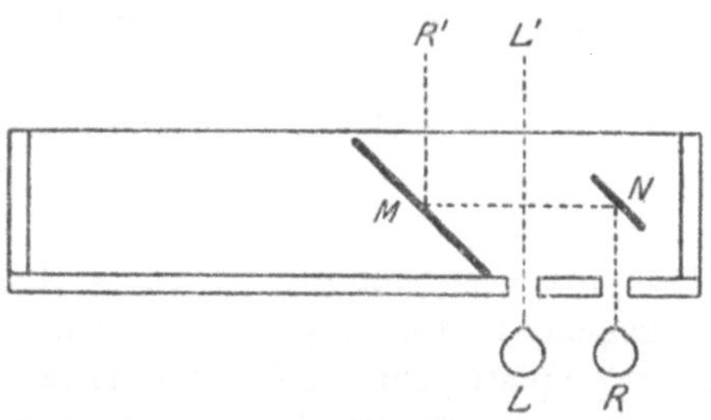

Abb. 110. Ein Horizontalschnitt durch das STRATTONsche (*1.*) Pseudoskop.

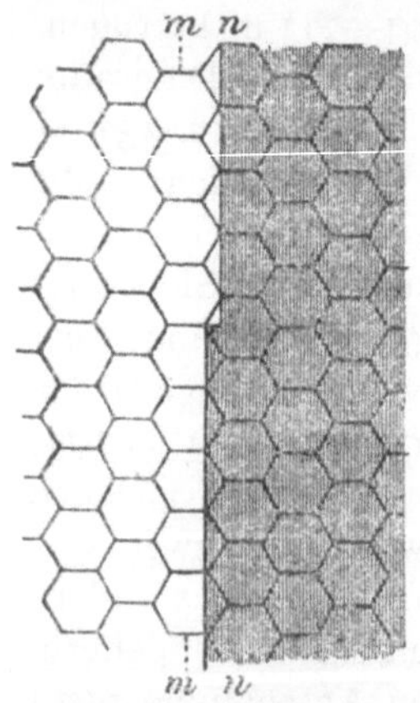

Abb. 111. Das HERINGsche (*2.*) Netz für die Wahrnehmung der Seitenversetzung.

Die Erklärung für diese so weit über den Winkelwert der Sehschärfe eines Menschenauges hinausgehende Einstellsicherheit lieferte eben E. HERING (*2.*) 1899 durch die später anatomisch begründete Annahme eines in der Netzhautgrube von den Zäpfchenenden gebildeten regelmäßigen Netzes, das einem Querschnitt durch eine Bienenwabe ziemlich ähnlich sieht (Abb. 111). Die das Netz bildenden regulären Sechsecke seien so angeordnet, daß eine der drei durch sie bestimmten Hauptrichtungen ganz oder angenähert lotrecht steht. Ein Blick auf die Abbildung zeigt, daß man, sobald diese Voraussetzung erfüllt ist, die Seitenversetzung zweier Geraden gegeneinander auch dann wahrnehmen kann, wenn ihr Winkelwert kleiner ist als eine Bogenminute. Wie E. HERING hervorgehoben hat, äußert sich diese Genauigkeit der Lagenbestimmung bei der Vereinigung zweier geeigneter Halbbilder durch das Auftreten von Entfernungsunterschieden im Raumbilde; und umgekehrt gestattet sie in dem hier vorliegenden Falle eine außerordentlich genaue Feststellung der mit den Marken zusammenfallenden Punkte des zu messenden Raumes.

Die HERINGschen Ergebnisse verwandte schon im nächsten Jahre sein Schüler L. HEINE (*1.*), der in der augenärztlichen Fachpresse die Lehre des Meisters auseinandersetzte und einige Zahlen mitteilte, die er unter Benutzung des HELMHOLTZischen Stäbchenapparats erhalten hatte. Bei einer Entfernung von 5 m konnte der Durchschnittsbeobachter Tiefen von 25 mm erkennen — das führte auf $\eta = 13'',4$ —, während er selbst mit 10 mm Tiefe auf $\eta = 5\,^1/_3''$ gekommen war. Dazu stimmt der Wert $\eta = 5''$ ausgezeichnet, den B. BOURDON (*1.*) in demselben Jahre für die Sicherheit der stereoskopischen Tiefenbestimmung ermittelt hat.

Die erste eingehende Besprechung des neuen Entfernungsmessers findet sich bei FR. WÄCHTER (*2.*) 1898, denn die ZEISSische Werkstätte hatte schon im Dezember 1897 einen solchen Entfernungsmesser an das Militärkomitee zu Wien geliefert. Wenn bereits die erste WÄCHTERsche Arbeit auf dem Gebiete des beidäugigen Sehens nicht zu den hier vertretenen Anschauungen stimmte, so gilt eine solche Bemerkung auch von der vorliegenden. Von seinen 12 Versuchspersonen konnten nur 8 das Instrument mit einigem Erfolge gebrauchen, die andern hatten überhaupt keinen stereoskopischen Eindruck erhalten können; er selbst hatte bemerkt, daß seine Einstellgenauigkeit mit der Übung zunähme. Bei der Beurteilung ging er wieder von der HELMHOLTZischen Minutengrenze aus, obwohl das Mittel seiner eigenen Messungen an günstigen, vom hellen Himmel scharf abstechenden Zielen (wie sie z. B. auf der See stets vorkommen) nur auf den halb so großen Wert von $\eta = \,^1/_2'$ führte. Bei seiner Ableitung fällt auf, daß er zur Veranschaulichung ein Paar von Halbbildern vorführte, die sich in gekreuzter Lage befinden. Es ist ja richtig, daß sie so in einer Zwillingskammer entstehen würden, aber für das rechte Verständnis des gerade mit bildaufrichtenden Okularen versehenen Entfernungsmessers wird eine solche Darstellung doch nur in einem bescheidenen Maße wirksam gewesen sein.

Eine andere Neuerung machte mindestens in Fachkreisen sehr großes Aufsehen, und das war das seiner äußeren Form nach schon (s. S. 192) besprochene GREENOUGHsche Doppelmikroskop. Der amerikanische Zoologe H. S. GREENOUGH hatte gegen das Ende des Jahres 1895 vor einer Versammlung der ZEISSischen wissenschaftlichen Mitarbeiter einen Einführungsvortrag zu seinen oben erwähnten Vorschlägen gehalten, den auch S. CZAPSKI (*3.*) erwähnte. GREENOUGH ging dabei, ohne die Wirkung der Erfahrung zu berücksichtigen, von der Überlegung aus, daß man bei einem erwachsenen Menschen nur die entsprechenden (geometrisch ähnlichen) Netzhautbilder herbeizuführen brauche, wie sie ein Lilliputer in seiner kleinen deutlichen Sehweite von 21 mm von einer 4 mm im Durchmesser haltenden Erbse bekomme, um in dem erwachsenen Menschen den Eindruck einer in 25 cm Entfernung gehaltenen Kugel von

4,8 cm Durchmesser zu erwecken. Diese Raumähnlichkeit erschien ihm für sein besonderes Arbeitsgebiet wünschenswert, und zwar beschränkte er sich in seinem Vortrage ausdrücklich auf kleinere Vergrößerungen.

Bei dieser Gelegenheit hat er auf seine Vorgänger keinerlei Bezug genommen, und aus einem umfangreichen Briefwechsel der ausführenden Werkstatt mit ihm darf man schließen, daß ihm solche auch nicht bekannt gewesen sind. In der Tat aber ist dieser Gedanke im wesentlichen ein Zurückgehen auf die Ansichten Brewsters (s. S. 57), der die aus der hier geforderten Winkelgleichheit folgende, der Änderung des Pupillenabstandes entsprechende Erweiterung des Raumdings ganz allgemein aussprach. In der folgerichtigen Anwendung dieser Überlegung auf das stereoskopische Doppelmikroskop hat H. S. Greenough, soweit die hier benutzten Schriften in Frage kommen, keinen Vorgänger gehabt.

Man verdankt S. Czapski (*3.*) die Wiederaufnahme der ihm von Greenough unbewußt nahegebrachten alten Brewsterschen Gedanken (s. S. 57) in einer wissenschaftlichen Schrift. Aber weder war ihm jener Vorgänger bekannt, noch übersah man damals in der Jenaer Werkstätte die Tragweite dieser Anschauungen, man hätte sonst schwerlich noch 1899 die sogenannte Helmholtzische Regel (S. 93) für die Entfernungsmesser bestehen lassen, bei denen es auf eine scheinbare Raumähnlichkeit nicht weiter ankommt. Auf die Zurückweisung dieser für das Raumbild selbst unrichtigen Vorschrift mußte die Lehre von der beidäugigen Tiefenwahrnehmung noch einige Jahre (s. S. 254) warten.

Der Rückblick auf diesen Zeitraum zeigt, daß die Teilnahme an der beidäugigen Tiefenwahrnehmung sicherlich im Wachsen war, aber noch längst nicht ihre volle Höhe erreicht hatte. Am deutlichsten erkennt man das bei den Prismendoppelfernrohren; dort leuchtete die Steigerung der Tiefenwahrnehmung der großen Menge doch nicht so über allen Zweifel ein, daß nicht noch gegen das Ende dieses Zeitraums — allerdings unter dem Sporn des Wettbewerbs — allen Ernstes die Behauptung gewagt werden konnte, die Achsenversetzung — d. h. also eine Steigerung der Tiefenwahrnehmung angenähert auf das Doppelte — mache sich beim Gebrauch kaum überhaupt bemerkbar. Auch die bei den Fachleuten Aufsehen erregende Einführung der Meßbilder zur stereoskopischen Entfernungsmessung in das Helmholtzische Telestereoskop mit Fernrohrvergrößerung hatte es nicht eben leicht, weitere Kreise zu ergreifen. — Am widerspruchslosesten ging die Einführung der Greenoughschen Doppelmikroskope von statten, und sie wurden daneben auch sehr bald an verschiedenen der Heilkunde und der Naturforschung dienenden Sondergeräten verwandt. Doch darf nicht verschwiegen werden, daß Greenoughs eigentlicher Wunsch einer streng raumähnlichen Wiedergabe so gut wie gar keinen Widerhall bei den Naturforschern fand. — Bei der Photographie hielt man sich zunächst an die älteren Muster, die seinerzeit Beifall genug erweckt hatten; völlig neue Verfahren wie das Berthiersche konnten indessen in diesem Zeitraum noch zu keiner wirklichen Geltung kommen, und es sieht so aus, als vermöchten stereoskopische Verfahren nur dann von vielen wirklich gewürdigt zu werden, wenn sie in einer sehr vollkommenen Durcharbeitung aller Einzelheiten erschienen. Die Selbsthilfe lag diesem Geschlecht mit seiner Gewöhnung an eine auch auf wissenschaftlichem Gebiet immer weitergehende Arbeitsteilung im allgemeinen fern.

# 7. Der allgemeine Fortschritt im ersten Jahrzehnt des zwanzigsten Jahrhunderts.

Das neue Jahrhundert wurde für die Aufgaben der binokularen Instrumente durch einen Zeitraum lebhaftester Tätigkeit eingeleitet. Freilich beschränkte sie sich im allgemeinen auf die engeren Kreise der Fachleute und namentlich die Leiter der Werkstätten für die fraglichen Instrumente. Die große Menge der Käufer scheint nur dann eine größere Teilnahme für ein beidäugiges Instrument zu zeigen, wenn seine Anwendung entweder dem Fortkommen in einem Sonderfach dient oder ohne Mühe möglich ist; denn ein angestrengtes Zureiten seines Steckenpferdes ist dem durch die Tagesanspannung und -zerstreuung ermüdeten und abgestumpften Liebhaber dieser Zeit anscheinend zu angreifend. Immerhin erreichte der Absatz der hier in Betracht kommenden Geräte sehr merkliche Zahlen, und ein großer Fortschritt, namentlich in den Verfahren der messenden Stereoskopie, läßt sich nicht verkennen.

## Die Arbeiten an der beidäugigen Brille.

Die wichtige Frage nach dem Zusammenhang zwischen Akkommodation und Konvergenz brachte C. Hess (*1.*) im Anfange des Jahres 1901 zu einem gewissen Abschluß, und zwar konnte er die Ergebnisse seiner Vorgänger, namentlich die von Donders (s. S. 128) und von Halsch und Pereles (s. S. 162) berichtigen. Auch er ging von Versuchen mit dem Heringschen Spiegelhaploskop aus, vermied aber bestimmte Fehlerquellen der Früheren grundsätzlich. An Stelle des Merkmals höchster Sehschärfe durch die Erkennung feiner Einzelheiten, wobei verständlicherweise die Sehproben in der Umgebung des Nahepunkts viel größer erscheinen als in der des Fernpunkts, benutzte er das Scheinersche Verfahren, wobei zur Feststellung der richtigen Einstellung des Auges durch Akkommodation zu entscheiden ist, ob ein ins Auge gefaßter Punkt noch einzeln oder schon in Doppelbildern erscheint. Er konnte auch Vorschriften angeben, unter deren Beobachtung mit viel größerer Sicherheit die gleichen Stellen der Pupille bei den verschiedenen Messungen benutzt wurden. Durch den Abstand der beiden SCHEINERschen Blendenpunkte voneinander wurde auch von selbst dafür gesorgt, daß nicht die Feststellung des Nahepunkts mit viel engerer Pupille gemacht wurde als die des Fernpunkts. Er erhielt so das wichtige und neue Ergebnis: „Der „Spielraum, innerhalb dessen die Konvergenz von der zugehörigen Ak„kommodation gelöst werden kann, ist unabhängig von der absoluten „Akkommodationsgröße. Ebenso ist der Spielraum, innerhalb dessen „die Akkommodation bei festgehaltener Konvergenz gemehrt und ge„mindert werden kann, unabhängig von der absoluten Konvergenzgröße „so lange die entsprechenden Ciliarmuskelkontraktionen ganz im mani„festen Gebiete vor sich gehen."

Unter den Aufsätzen über die stereoskopische Tiefenfälschung durch Zylinderlinsen ist insofern auch der von H. FEILCHENFELD (*1.*) aus dem Jahre 1905 anzuführen, als der Verfasser dort nicht nur, durch R. STRAUBEL unterstützt, eine physikalische Erklärung der Erscheinung vorträgt, sondern auch auf die älteren amerikanischen Arbeiten zu diesem Gegenstande hinweist. Leider waren die ältesten Schriften dieses Forscherkreises ihm auch damals nicht zugänglich, und es muß unter den heutigen Umständen erst recht bei diesem unerwünscht unvollständigen Hinweise sein Bewenden haben.

Gegen Ende dieses Zeitraums erhielt man infolge der in Jena vorgenommenen Arbeiten zur Erweiterung des Blickfeldes von Brillengläsern auch an beidäugigen Brillen Ergebnisse, die für die Fernrohrbrille in diesem Abschnitt veröffentlicht wurden. Die Hebung des Astigmatismus schiefer Büschel, die M. VON ROHR (*12.*) 1910 bei der von C. ZEISS (*7.*) ausgeführten Brille gelang, ermöglichte auch eine Untersuchung bei Blickwinkeln, unter denen die älteren Fernrohrbrillen keine deutliche Abbildung geliefert haben würden. Wie sich aus jener Darstellung (*12.* 581/82) ergibt, wird im allgemeinen die Fernrohrbrille für die Tiefe der Raumdinge abflachend wirken.

## Die binokularen Lupen und Mikroskope.

A. KREIDL (*1.*) aus Wien schlug im April des Jahres 1901 eine Lupe für beide Augen vor, die zunächst das Präparieren für Naturwissenschafter und Mediziner erleichtern sollte, von dem Verfertiger K. FRITSCH (*3.*) aber auch in verschiedenen Formen den Technikern angeboten wurde. Die Prismen verminderten nicht allein den Winkel, den die beiden Lupenachsen in ihrem gemeinsamen Schnittpunkt miteinander einschlossen, sondern sie änderten auch die Konvergenz der die Lupe benutzenden Augen, indem jene beiden Lupenachsen im Augenraum parallel zueinander verliefen; im allgemeinen wird es also zu einem physikalischen Raumbilde nicht gekommen sein. Die Vergrößerung war nicht hoch, sie konnte einen 5- und 10 fachen Betrag erreichen. — Ferner mag einer eigenartigen stereoskopischen Lupe gedacht werden, die G. JÄGER (*2.*) gegen Ende des Jahres 1904 beschrieb. Er war dabei, ohne es zu wissen, von der NORMANschen stereoskopischen Anordnung (s. S. 119) ausgegangen, hatte sie aber in der Weise von CLAUDET und MAXWELL durch ein gemeinsames Kollektiv, das die Augenorte in rückkehrender Lichtrichtung in die Randteile der Objektivlinse abbildete, vervollständigt und für die Verwendung bei schwacher, etwa 10 facher, Vergrößerung nutzbar gemacht. — Gegen das Ende des behandelten Zeitraums, 1909, werden weitere Formen solcher Instrumente von O. HENKER und M. VON ROHR (*11.*) vorgeschlagen. In der Einleitung zu der Arbeit wurde hervorgehoben,

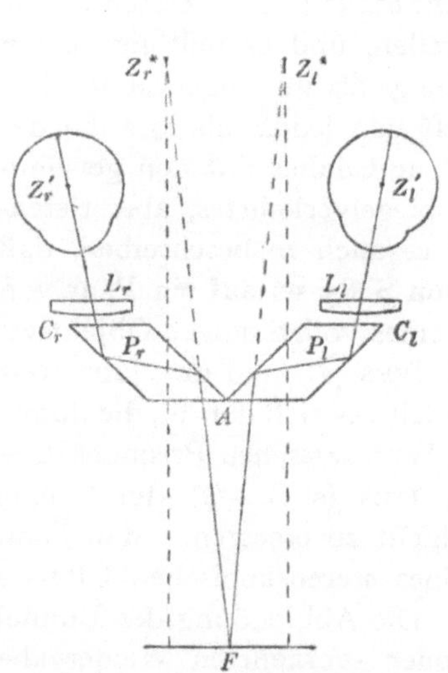

Abb. 112. ZEISSische binokulare Lupe schwacher Vergrößerung.

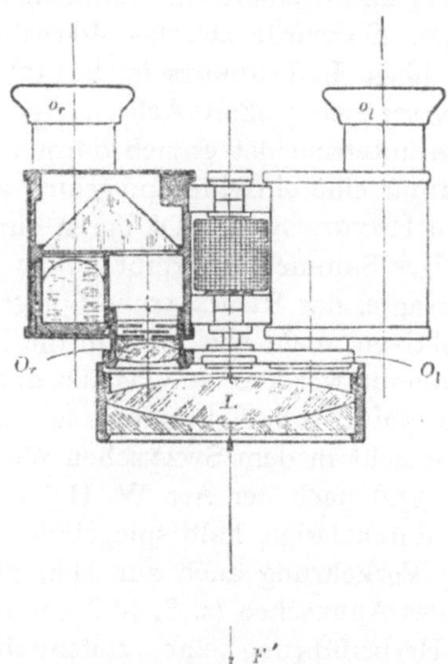

Abb. 113. ZEISSische binokulare Fernrohrlupe.

daß es sich nur um Instrumente handeln sollte, bei denen ein Raumbild im strengen Sinne zustande kommt. Im Grunde genommen handelte es sich bei der ZEISSischen binokularen Lupe schwacher Vergrößerung (Abb. 112) um die mit Brillengläsern versehene JAVALsche Anlage, doch hatte man darauf Wert gelegt, daß die beiden Hauptstrahlen, die von den Drehpunkten nach dem hauptsächlichsten, in der Medianebene gelegenen Dingpunkte gerichtet waren, zugleich durch den hinteren Hauptpunkt eines jeden Brillenglases traten. In ihrer Arbeit berichteten die Verfasser von 3—4 facher Vergrößerung. Die *binokulare Fernrohrlupe* mit großem Arbeitsabstande (Abb. 113) enthielt ein 6- oder 8 fach vergrösserndes Prismendoppelfernrohr mit verkleinertem Achsenabstande. Ihm wurde ein farbenfreies Fernrohrobjektiv vorgeschlagen, das ohne merkliche Abweichungen und frei von Verstößen gegen die Sinusbedingung seine vordere Brennebene im Unendlichen abbildete, sie damit also dem Doppelfernrohr zugänglich machte. In der Abhandlung wurde eingehend ein einfacher Weg angegeben, um unter diesen Umständen die dingseitigen Halbbilder in der als Einstellebene dienenden Brennebene des Vorschlagobjektivs zu ermitteln; er kann an der angegebenen Stelle nachgelesen werden. Man erreicht mit diesen Mitteln ohne Mühe eine 10—13 fache Vergrößerung bei einem großen freien Arbeitsabstande.

Die beiden binokularen Mikroskope, von denen in diesem Zeitraume zu berichten ist, stehen zwar mit dem GREENOUGHschen (s. S. 192) in keinem unmittelbaren Zusammenhange, sind aber auch nicht ohne Vorgänger. So würde sich das Mikroskop J. KROULIKS (*1.*) am ersten an die Vorschläge L. JAUBERTS (s. S. 133) anschließen, und es teilt mit ihnen die wesentlich größere Achsenneigung im Ding- als im Augenraum. Dagegen unterscheidet es sich darin vorteilhaft von jenen, als es auf jeder Seite nur eine einzelne Spiegelung aufweist und daher mit den gewöhnlichen HUYGENSischen Okularen ein zwar spiegelverkehrtes, aber tiefenrichtiges Sammelbild ergibt. Man könnte es auch so beschreiben, daß man sagte, das RIDDELLsche Spiegelpaar von S. 83 sei auf ein Paar von Objektiven, nicht wie dort auf die Hälften eines vollständigen Objektivs, angewandt worden. — Was die auf FR. E. IVES (*4.*) und das Jahr 1903 zurückzuführende Erfindung angeht, so handelte es sich darum, die dünne Luftschicht in dem SWANschen Würfel des WENHAMschen Prismensatzes (s. S. 132) nach der Art W. H. THORNTHWAITES (s. S. 172) durch eine halb durchlässige, halb spiegelnde Silberschicht zu ersetzen. Man kann diese Vorkehrung auch zur Herstellung eines stereoskopischen Okulars wie des ABBEschen (s. S. 166) verwenden. Die Abblendung der Bündel zur Herbeiführung einer tiefenrichtigen oder -verkehrten Wiedergabe wird nach dem MERCERschen Vorschlage (s. S. 169) ohne besondere Vorkehrungen einfach durch eine zu enge oder eine zu weite Trennung der Okulare herbeigeführt.

Die stereoskopischen Augenspiegel. Der Berliner Augenarzt W. THORNER (*1.*) veröffentlichte 1901 eine Abänderung seines „stabilen Augenspiegels mit reflexlosem Bilde“, um ihn zu einem beidäugigen Gebrauch verwendbar zu machen. Die Anlage des Ausgangsgeräts muß in seiner Beschreibung nachgelesen werden, hier sei nur so viel bemerkt, daß dabei der obere Teil der Pupille des untersuchten Auges zur Beleuchtung verwandt wird, und der untere zur Abbildung der Netzhaut durch die Flächenfolge des Auges frei ist. Beachtet man die Notwendigkeit, beidäugig durch eine Öffnung hindurchzusehen, die einen Breitendurchmesser von 8 mm hat, so versteht man, daß er sich eines RIDDELLschen Prismensatzes (s. S. 80) bediente; um aber die Tiefenverkehrung zu vermeiden, die jenen Amerikaner um seine Erwartungen gebracht hatte, setzte er hinter seine Okulare AMICIsche Reflexionsprismen, wie das auf Abb. 114 zu erkennen ist. Die Spiegelverkehrung des Bildes wird bei seinem Zweck nicht weiter störend aufgefallen sein. — Sehr bald darauf hat derselbe Gelehrte (*2.*) als Zusatzgerät zu seinem gewöhnlichen Augenspiegel ein stereoskopisches Okular angegeben, worauf mit einigen Worten einzugehen ist. Da bei der Anlage (Abb. 115) die halbmondförmige Austrittspupille senkrecht stehe, also in einen oberen und einen unteren Teil zu zerlegen sei, so könne man sich vorstellen, man wolle den Augenhintergrund einer auf der Seite liegenden Person untersuchen. Alsdann würde der obere Teil der Austrittspupille dem einen, der untere Teil dem anderen Auge des Beobachters zuzuteilen sein. Man sehe danach leicht ein, daß bei einer solchen Teilung der nunmehr wieder aufrecht anzunehmenden Austrittspupille die beiden Halbbilder außer einer Spiegelung noch eine Schwenkung um 90 Grad zu erfahren hätten. Er erreichte das im einfachsten Falle durch je ein um 45 Grad gegen die Lotlinie gedrehtes Amicisches Reflexionsprisma. Zur Entscheidung darüber, ob seine Vorkehrung gut ausgerichtet sei und tiefenrichtige Bilder ergebe, bediene er sich des Abbeschen Tiefenkennzeichens (s. S. 167), indes seien hier die beidseitigen Austrittspupillen nur zu einem Halbkreise zusammenzusetzen. — Im Jahre 1909 hat er (*3.*) dann eine gelungene stereoskopische Aufnahme des Augenhintergrundes veröffentlicht. Er brachte die beiden Halbbilder *nach*einander zustande, und zwar nahm er eines durch die rechte, das andere durch die linke Pupillenhälfte des vorliegenden Auges auf. Über die Einzelheiten der Aufnahme ist hier nicht zu handeln, da sie sich bei diesen paarigen Bildern nicht von denen einzelner unterscheiden. Bei der Betrachtung des Raumbildes vermochte er nicht nur die gröberen Tiefen im Augenhintergrund zu erkennen, sondern er konnte sogar entscheiden, ob der Krankheitsherd in der Netzhaut selbst oder in einer benachbarten Schicht liege. — Ganz gegen den Schluß der hier eingehaltenen Zeitgrenze fällt die erste Erwähnung des Gullstrandschen (*1.*) stereoskopischen Ophthalmoskops, dessen eingehende Beschreibung in dem zweiten Jahrzehnt dieses Jahrhunderts erschienen ist und daher hier nicht mehr behandelt werden kann.

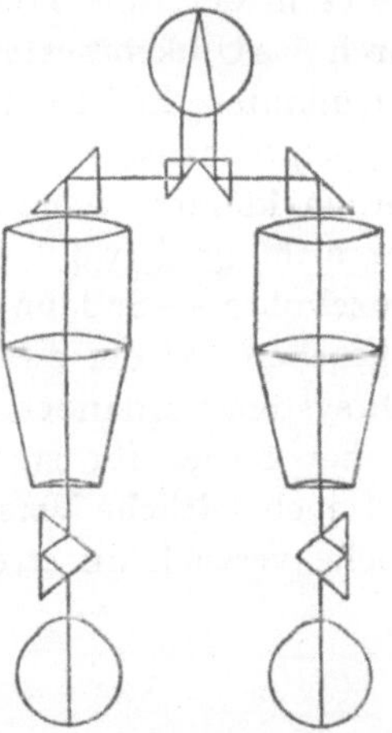

Abb. 114. Der Thornersche (*1.*) stereoskopische Augenspiegel.

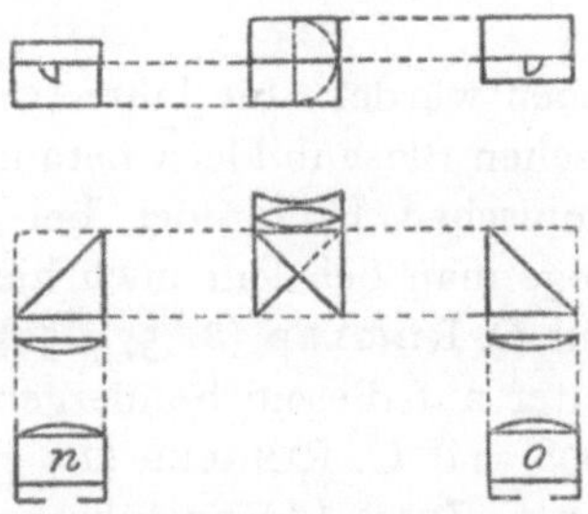


Abb. 115. Das Thornersche stereoskopische Okular.
Oben: Übersichtsbild der Pupillenlage
Unten: Achsenschnitt nach W. Thorner (*2.*).

Die Stereokystoskopie. Zuerst hat S. Jacoby (*2.*) den Gedanken gehabt, das Blaseninnere beiden Augen zugänglich zu machen, und von H. & L. Loewenstein (*1.*) um 1904 ein Doppelinstrument bauen lassen, wie es in der Abb. 116 dargestellt ist. Man erkennt leicht, daß an dem durch das Umkehrsystem aufgerichteten Bilde nahe den doppeltgespitzten gekrümmten Pfeilen die seitliche Trennung durch einen Riddellschen Doppelprismensatz möglich ist, und gewöhnliche Okulare angewandt werden können, ohne daß eine Tiefenverkehrung eintritt. Der Erfolg war nicht groß, wohl wegen der gar zu geringen Lichtstärke der beiden Einzelrohre. — Sodann hat er (*1.*) auch noch eine Form dieses Instruments angegeben, bei der zwar doppelte Objektive, aber nur ein einzelnes Umkehrsystem vorhanden war, wodurch sich eine höhere Lichtstärke ergab. Er hat ferner für stereoskopische Blasenaufnahmen kleine Drehungen und auch seitliche Verschiebungen vorgenommen, wodurch er etwa beim Leichenversuch im strengen Sinne physikalische Sammelbilder erhalten

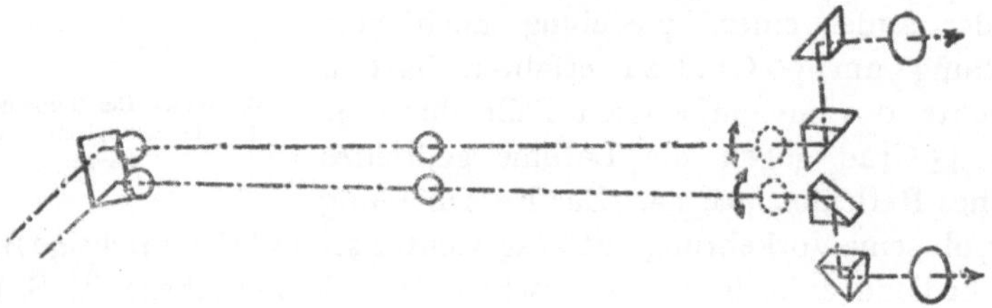

Abb. 116. S. Jacobys stereoskopisches Kystoskop.

haben würde. Im Jahre 1911 hat er sogar einen Atlas mit 48 stereoskopischen Blasenbildern herausgegeben. Näheres über die Lage der stereoskopischen Halbbilder bei den Jacobyschen Verschiebungsaufnahmen möge man bei dem auch hier zu Rate gezogenen Werk von Fr. Fromme und O. Ringleb (*2.* 57—59) nachlesen, da es im wesentlichen nur Arbeiter auf diesem Sondergebiet anziehen wird. — Einige Jahre danach, 1908, hat O. Ringleb (*1.*) ein stereoskopisches Okular beschrieben und von C. Zeiss (*6.*) ausführen lassen, das bei den neuzeitigen lichtstarken Kystoskopen von einer merklichen Wirkung sein würde, wenngleich es in der Trennung der scheinbaren Augenorte stets hinter den Jacobyschen Instrumenten zurückbleiben müßte. Wer nähere Einzelheiten über beide Möglichkeiten kennen lernen will, kann sie bei M. von Rohr (*13.* 916—918) finden; es ist kaum anzunehmen, daß sie hier eine größere Zahl der Leser fesseln würden. — Im großen und ganzen kann man wohl sagen, daß bei der Mehrzahl der ausübenden Blasenärzte kein großer Anteil an der beidäugigen Betrachtung der wassergefüllten Blase oder ihres Inhalts zu finden ist. So reizvoll ein solcher Anblick gerade bei dem engen Raum und der Nähe der Gegenstände sein würde, so bietet doch die Möglichkeit, das einäugige Kystoskop hin und her zu schieben, seitlich zu bewegen und um seine Achse zu drehen, einen solchen Ersatz dar, daß man für die Aufgaben des Tages auf die beidäugige Beobachtung verzichten kann.

## Nicht vergrößernde binokulare Instrumente mit ununterbrochener Abbildung.

Das ältere EWALDsche Pseudoskop (s. S. 178) findet sich noch einmal von J. R. EWALD (*1.*) und O. GROSS in einer Arbeit hervorgehoben, worin fernerhin betont wird, wie man sich durch Übung dazu erziehen könne, die Trugform auch von solchen Raumdingen zu sehen, die zunächst der Tiefenverkehrung Widerstand böten. Ferner wurde ein HOLMESisches Stereoskop durch Einführung eines Spiegelpaars so umgestaltet, daß man von käuflichen Stereogrammen bequem ein Trugbild erhielte. Auch findet sich eine Vorrichtung beschrieben, um etwa im OPPELschen Sinne (s. S. 125) eine Entkörperung von Kantengerippen bequem und sicher herbeizuführen. Auf den besonders reizvollen Versuch eines Sammelbildes zweier mit gekreuzten Blickrichtungen betrachteter pendelnder Kugeln sei wenigstens hingewiesen. — Sehr bald darauf teilte M. VON ROHR (*7.*) ein Pseudoskop (Abb. 117) ohne Änderung der Größe des Augenabstandes mit, das er aus der alten HARDIEschen Form (s. S. 85) entwickelt hatte, ohne allerdings zu wissen, daß es im wesentlichen auf die EWALDsche Form vom Jahre 1889 hinauskam. — Beachtet man die seitenrichtige Lagerung der Halbbilder bei dem BROWNschen Spiegelgerät (s. S. 206), so wird verständlich, daß TH. BROWN (*2.*) davon auch später Gebrauch gemacht und vorgeschlagen hat, das Stereogramm auf der Mattscheibe gleich mit einem gewöhnlichen Stereoskop zu betrachten. Um die Beobachtung bequemer zu machen und gleichzeitig die Halbbilder aufzurichten, benutzte er eine Spiegelkammer mit einem unter 45 Graden nach unten und vorn geneigten Spiegel. Man sieht ein, daß hier auf eine einfache Weise das Kamerastereoskop BREWSTERS (s. S. 103)

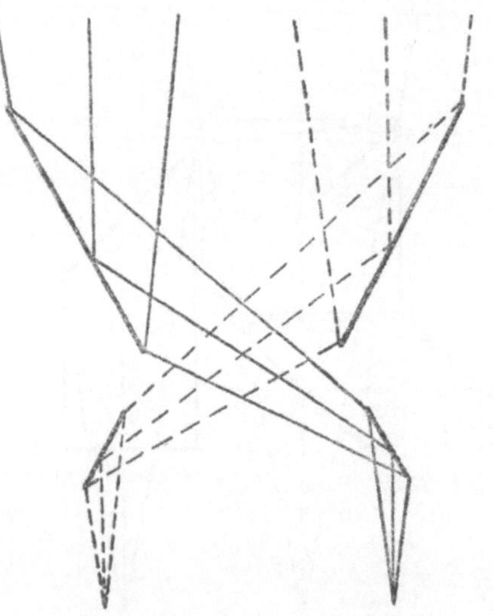

Abb. 117. Ein Pseudoskop ohne Größenänderung des Abstandes der scheinbaren Augenorte nach M. VON ROHR (*7.* 415).

verwirklicht worden ist, wofür er damals noch sein Fernrohrstereoskop hatte benutzen müssen. Auch eines der DUBOSCQschen Stereoskope war für diesen Zweck (s. S. 73) verwandt worden. Namentlich aber ist hier J. BISCHOF aus dem Jahre 1879 (s. S. 178) anzuführen. — Weitere Geräte aus diesem Fach lieferte der Wunsch, Gemälde mit beiden Augen vorteilhaft zu betrachten. Ein Weg in etwa derselben Richtung, wie sie TH. W. JONES (s. S. 145) im Jahre 1859 eingeschlagen hatte, wurde auch jetzt wieder beschritten. E. BERGER (*3.*) veröffentlichte 1901 ein ***Plastoskop*** zur beidäugigen Betrachtung von Einzelaufnahmen. Nach den Beschreibungen später Hand, die davon hier vorgelegen haben, handelte

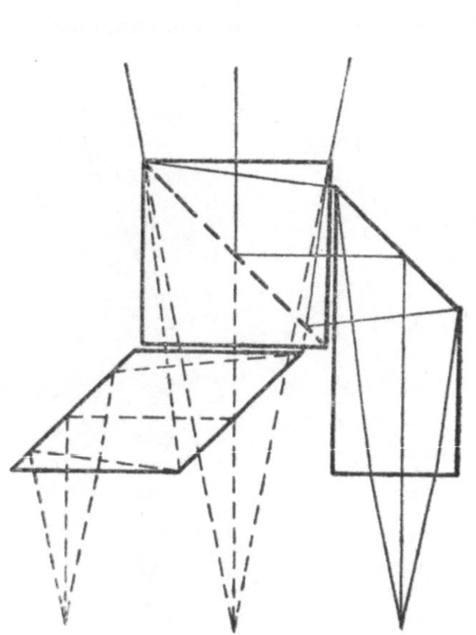

Abb. 118. Ein Synopter nach M. VON ROHR (*7.* 419).

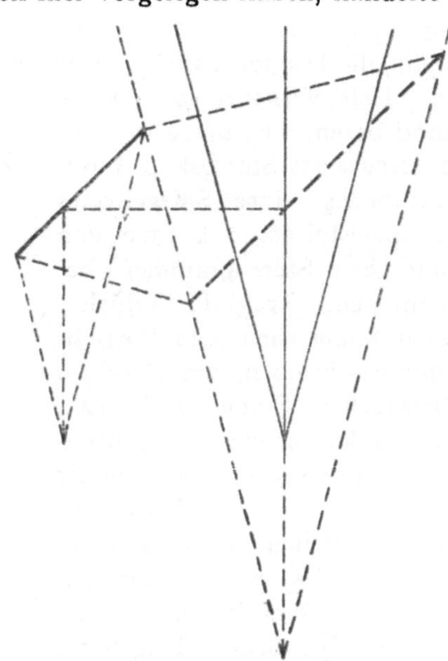

Abb. 119. Ein Pinakoskop nach M. VON ROHR (*7.* 421).

es sich um Linsenfolgen aus dezentrierten Sammel- und Zerstreuungslinsen, die jedem Auge vorgesetzt und auf das Einzelbild gerichtet wurden. Verständlicherweise konnte damit keine vollkommenere Räumlichkeit erzielt werden, als das etwa bei dem JONESischen Gerät gelang, und die Ausstellungen des englischen Beurteilers (s. S. 146) gelten auch hier. — Mehr auf die strengere Grundlage des JAVALschen (s. S. 133) Eikonoskops vom Jahre 1866 führten die Überlegungen, die M. VON ROHR (*7.* 417) über solche Geräte aussprach. Zweifellos würde die vollkommenste Vorkehrung ein *Synopter* wie auf Abb. 118 dargestellt sein, wo die scheinbaren Drehpunkte an einen und denselben Punkt des Dingraums gefallen wären. Leider mußten hier zur Einstellung auf den Augenabstand zu viele Flächen gegen Luft beibehalten werden und die dadurch verursachten Spiegelungen störten die Wirkung. Aus diesen und aus Gründen der billigen Herstellung hat man damals in Jena das *Pinakoskop* bevorzugt, obwohl es seiner Anlage nach wesentlich unvollkommener ist. Das RIDDELLsche Spiegelpaar, mit dem in Abb. 119 das linke Auge ausgerüstet ist, verlegt den scheinbaren Drehpunkt dieses Auges nicht in, sondern nur hinter den des rechten, und zwar in einen Abstand, der in der Zeichnung gleich dem Drehpunktsabstande ist. Ein Gemälde wird also dem linken Auge unter kleinerem Winkel erscheinen als dem rechten; doch stört bei einigermaßen großer Entfernung des Gemäldes ein solcher Höhenfehler den Durchschnittsbeobachter nicht mehr. Bei der Betrachtung von Raumdingen wirkt dieses Gerät entkörpernd. Diese Einrichtungen hat sich C. ZEISS (*4.*) auch schützen lassen. — Unter diesen Vorrichtungen kann man schließlich auch die Darstellungen lebender Puppen behandeln, die in dieser Zeit — wann zuerst ist noch nicht bekannt — als *Tanagra-Theater* angekündigt werden. Die Anlage von FR. SALLÉ (*1.*), die im Sommer 1907 in Frankreich unter Schutz gestellt wurde, bietet in der durch die Zeichnung erläuterten Form gegen die auf S. 195 beschriebene HORSTMANNsche Vorrichtung nichts wesentlich neues, doch sei die als Möglichkeit angeführte Anordnung erwähnt, schon die Umkehrung der wiederzugebenden Person durch einen Hohlspiegel zu bewirken. Dadurch würde zwar die Spiegelverkehrung der lebenden Puppe aufgehoben, die Bildgüte aber schwerlich erhöht worden sein. Es scheint, daß diese Vorführungen jetzt weitere Kreise unterhielten, als es die erste Wiederbelebung vermocht hatte. In einer Zeit, die schon aus der hier gesteckten Grenze herausfällt, ist von der ursprünglichen Erfinderin mit Erfolg gegen das SALLÉsche Patent in Deutschland Einspruch erhoben worden, und dieser Schutz wurde in Deutschland aufgehoben. — Eine andere Vorkehrung zur Erreichung desselben Ziels wurde J. G. BOSTOCK (*1.*) im November 1910 geschützt. Hier dient als lebende Puppe das virtuelle, von einer großen Zerstreuungslinse entworfene Bild. Infolgedessen ist von vornherein keine Spiegelverkehrung vorhanden, und die Bildgüte ist zweifellos ganz wesentlich besser, dagegen ist es unmöglich, das Raumbild mitten in eine greifbare Umgebung hineinzustellen, worauf ja gerade ein Hauptreiz des alten KIRCHERschen Spiegelscherzes beruhte.

## Die Doppelfernrohre.

Nach den großen Fortschritten auf diesem Gebiete, wie sie in dem vorigen Abschnitte mitgeteilt werden konnten, fällt der Bericht für den vorliegenden Zeitraum etwas mager aus. Die Anforderungen des Heeres, die schon die Einführung der Scherenfernrohre zur Folge gehabt hatten, ließen auf die Steigerung der Tiefenwahrnehmung immer größeres Gewicht legen und führten auf verschiedene neue Bauarten. Unter mittelgroßen Fernrohren ist (Abb. 120) der auf R. STRAUBEL zurückgehende *Hypoplast* von C. ZEISS (*3.*) zu nennen, wo die beiden Rohre rechtwinklig zueinander und schräg nach außen und oben gelagert sind und neben der Steigerung der Tiefenwirkung auch noch auf die Deckung des Beobachters Rücksicht genommen worden war. Ein Aufwand größerer Mittel, wie er bei dem A. KÖNIG zuzuschreibenden *Hyposkop* von C. ZEISS (*5.*) auftritt, erlaubt sogar die Beobachtung in einer jeden symmetrischen Lage der beiden Arme; wie man aus der Zeichnung 121 ersieht, ist eine allmähliche Abstufung des ding-

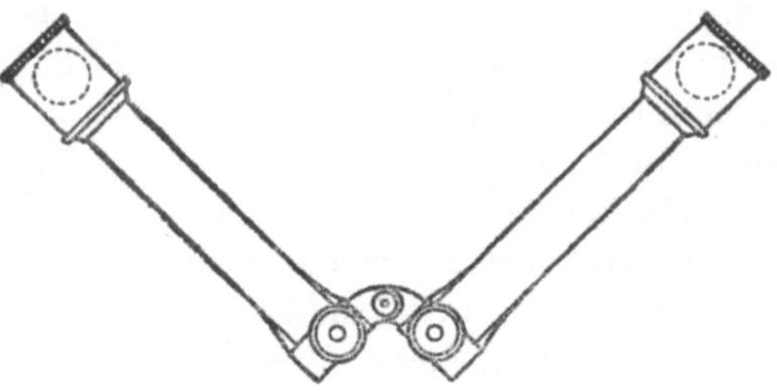

Abb. 120. Ein Hypoplast nach R. STRAUBEL.

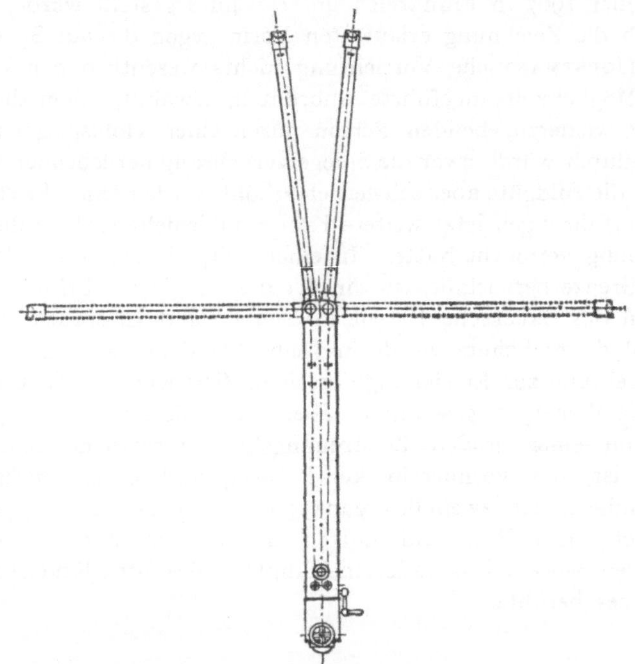

Abb. 121. Ein Hyposkop nach A. KÖNIG.

seitigen Achsenabstandes bis auf mehrere Meter möglich, und dem entspricht eine stetige sehr starke Steigerung der Tiefenwahrnehmung.

Umgekehrt trat eine Verkleinerung des dingseitigen Achsenabstandes bei dem bereits im Frühjahr 1902 zum Schutz angemeldeten Theaterglas *Fago* auf, das die GOERZische (*1.*) Werkstätte im November 1906 in den

Handel brachte. Die sehr zierliche und handliche Fassung 122 führte zwar auf eine Verminderung der Tiefenwahrnehmung, doch läßt sich hier unter Berücksichtigung des Verwendungszwecks die gleiche Bemerkung machen, wie oben auf S. 216. Das Beispiel wirkte auf die andern deutschen Werkstätten ein, und zierliche Theatergläser mit verkleinertem Achsenabstande wurden in den nächsten Jahren in ziemlich großer Zahl angefertigt. Ja auch bei Reisegläsern verhältnismäßig schwacher Vergrößerung hat man rein zur Vermeidung des Umfanges gelegentlich den Achsenabstand im Dingraum (s. Abb. 113) vermindert.

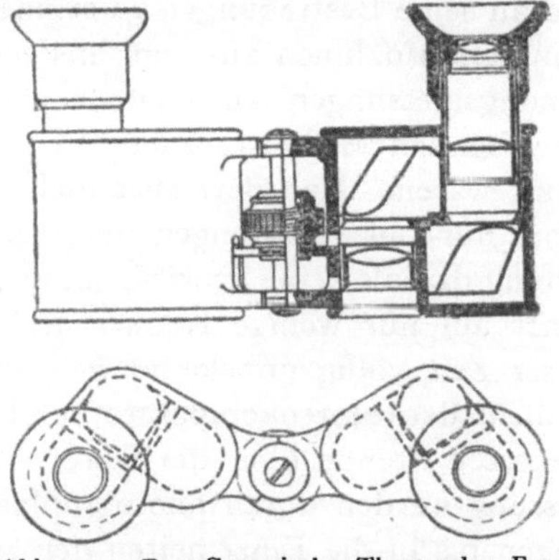

Abb. 122. Das Goerzische Theaterglas Fago. Vorderansicht und Grundriß.

Da im Juli 1908 der Patentschutz der Zeissischen Achsentrennung ablief, so werden allmählich und zwar — nach den Anzeigen in der Centr.-Ztg. f. Opt. u. Mech. zu schließen — in den nächsten beiden Jahren Doppelfernrohrformen mit dieser Steigerung der Tiefenwahrnehmung Allgemeingut der technischen Optik.

## Die beidäugigen Entfernungsmesser.

Bei dem großen Aufsehen, das der Grousilliersche Entfernungsmesser in der Zeissischen Ausführung allgemein erregt hatte, kann es nicht wundernehmen, daß sich auch andere Erfinder mit dieser Frage beschäftigten. Unter diesen ist der Ingenieur G. Forbes (*1.*) zu nennen, der im Frühjahr 1901 ein solches Instrument zur Patentierung anmeldete. Man kann es kurz beschreiben als ein mit den Halbbildern einer wandernden Meßmarke versehenes Prismen-Doppelfernrohr, dessen beiden Objektiven je ein Nolansches (s. S. 177) Pentaprismenpaar mit weitem Abstande vorgeschaltet wurde. Diese Trennung des Fernrohrs von seiner Standlinie, deren Einzelprismen gegen kleine Drehungen unempfindlich waren, erleichterte die Ortsveränderung des ganzen Instruments. Als besonders günstige Form der Meßmarke empfahl er einen Ballon mit herabhängendem Schleppseil, dessen Ende so eingestellt werden sollte, daß es gerade über dem Punkte herabhing, dessen Entfernung zu bestimmen war. Die dazu nötige Verschiebung des einen Halbbildes konnte auf einer spiraligen Teilung an der Seite des Fernrohrs abgelesen werden.

Noch in demselben Jahre trug C. Pulfrich von der Zeissischen Werkstätte über ein sehr bald zur Entfernungsmessung bestimmtes Instrument vor, das er mit dem Namen des *Stereokomparators* belegt hatte.

Ein sehr früher Bericht über diese Darstellung findet sich bei E. Grimsehl (*1.*) im Spätherbst des gleichen Jahres. Will man dieses Gerät geschichtlich an früheres anknüpfen, so ist in erster Linie an J. Harmer (s. S. 175) und an seine Bestrebungen zu erinnern, einmal Sternbewegungen an zwei Himmelsaufnahmen aus verschiedener Zeit festzustellen und ferner Entfernungsmessungen an photographischen Halbbildern mit Hilfe einer schwebenden Meßvorrichtung zu machen, deren Raumwerte genau bekannt waren. Man darf aber nicht aus dem Auge verlieren, daß es sich dabei nur um Hoffnungen und Entwürfe handelte, zu deren Verwirklichung damals keine Schritte getan worden zu sein scheinen. Sie wirkten daher auf nur wenige Kenner und sind im besondern C. Pulfrich zu dieser Zeit völlig unbekannt gewesen. Ihm wird immer das Verdienst bleiben, den Stereokomparator und die verwandten Instrumente in begeisterter Freude über die Durchführung der beidäugigen Entfernungsmessung an den durch photographische Halbbilder dargestellten Raumdingen bis in die Einzelheiten der technischen Anlage hinein angegeben, ihre Theorie entwickelt und ihre Verwendung unermüdlich empfohlen zu haben. Auf die Vorführung dieser Verfahren wird hier gänzlich verzichtet, und es werden nur die Titel der Arbeiten angeführt werden, die C. Pulfrich dazu in der Zeitschrift für Instrumentenkunde hat erscheinen lassen. Eine brauchbare Behandlung dieses Gebietes könnte nur ein Sonderfachmann leisten, der auch in der Ausmessung von Halbbildern eigene Erfahrung hätte. Wer näheres dazu kennen zu lernen wünscht, sei auf C. Pulfrich (*14.*) hingewiesen, da dort sowohl die Grundzüge des Meßverfahrens angegeben wurden, als auch ein reichhaltiger, 275 Nummern umfassender Quellennachweis, hauptsächlich für die Zeit von 1900 bis 1910, aufgenommen worden ist.

Es bleiben dann im wesentlichen Arbeiten übrig, die zu dem medizinischen Gebiet gehören, und zwar ist da zunächst ein Gerät zur Messung der Tiefe der vorderen Augenkammer zu erwähnen, das E. Hegg (*1.*) 1901 veröffentlichte. Es handelt sich dabei um ein Doppelmikroskop mit zwei gegeneinander geneigten Rohren, die nach Einschaltung von Umkehrprismen aufrechte Bilder gaben. Zwei Halbbilder einer Markenreihe, die in den Brennebenen der beiden Okulare angebracht waren, erlaubten zunächst die scheinbare Kammertiefe festzustellen, und zwar diente als Anhalt für die vordere Hornhautfläche das Spiegelbild einer zu diesem Zwecke vorgesehenen Lichtquelle. Die wahren Werte der Kammertiefe ließen sich dann berechnen. — Aus einem Meinungsaustausch mit S. Czapski ging hervor, daß auf Hegg (*2.*) gewisse Anregungen aus der Entwicklung des Doppelmikroskops gewirkt hatten, wie sie auf Greenough (s. S. 192) zurück zu verfolgen ist, indessen sei ihm die Anwendung der stereoskopischen Entfernungsmessung — man wird hier bis auf A. Rollet (s. S. 137) zurückgehen müssen — nicht durch den Zeissischen Entfernungsmesser vermittelt worden. — Sehr eingehend gab sich

L. HEINE (*4.*) 1903 mit der Aufgabe der Messung ab. Er war darauf durch seine orthostereoskopischen Beobachtungen gekommen, über die hier auf S. 251 gehandelt werden wird. Ihm mußte, da sich verständlicherweise bald Meinungsverschiedenheiten über die Tiefe eines Sammelbildes ergaben — namentlich mit ELSCHNIG hat er Auseinandersetzungen gehabt —, daran liegen, das Raumbild selbst zu ermitteln. In dem hier zu besprechenden Aufsatz hat er drei verschiedene Möglichkeiten dafür angegeben. 1. Die Berechnung aus den Messungsergebnissen der Aufnahme. Sie setzt eine sehr genaue Ausführung der Messung voraus. 2. Die stereoskopische Rekonstruktion nach seiner Ausdrucksweise. Man wird dies Verfahren in der hier üblichen Benennung einführen als Messung mit wandernder Marke, und zwar wurde die Messung mit einer greifbaren Marke vorgenommen, die man durch die beiden Glasbilder hindurch wahrnahm; die lieferten ihrerseits in ihrem Sammelbilde den zu messenden Raum. Es sei bemerkt, daß diese Grundanlage am ersten mit der von E. DEVILLE gewählten übereinstimmt, die C. PULFRICH (*7.* 135) auf das Jahr 1902/03 verlegt, und man kann hier zweifellos eine selbständige Wiedererfindung durch L. HEINE annehmen. 3. Die stereoskopische Messung mit der Skala, in der hier benutzten Ausdrucksweise mit dem schwebenden Meßband, das er durch photographische Doppelaufnahmen einer Markenreihe vorzubereiten vorschlug. — Schließlich mag noch ein sehr einfaches Meßverfahren für Strahlenbilder nach RÖNTGEN und ihre Betrachtung mit gekreuzten Blickrichtungen erwähnt werden, das sich SIEMENS & HALSKE (*1.*) 1906 schützen ließen. Bei diesem Verfahren wird der Strahlengang der Aufnahme wiederholt, und man läßt einen jeden irgendwie die Aufmerksamkeit auf sich ziehenden Punkt des Raumbildes mit einem greifbaren Zeiger räumlich zusammenfallen. Dieser Zeiger, eine Perle, läßt sich in drei zueinander senkrechten Richtungen ausreichend und meßbar verschieben; er erlaubt nach geschehener Einstellung eine bequeme Ablesung der drei Raumkoordinaten, ohne irgend eine Rechnung zu verlangen.

Schließlich muß hier auch noch ein ZEISSischer (*2.*) Vorschlag zu Entfernungsmessern ganz ohne räumliche Marken angeführt werden, deren Kundgabe Arbeiten von C. PULFRICH (*11.*) eingeleitet haben; an dem Patent ist A. KÖNIG beteiligt. Wie auf S. 253 bei der Besprechung dieser PULFRICHschen Arbeit anzugeben sein wird, erscheinen die beiden Raumbilder von zwei Doppelfernrohren in verschiedener Entfernung, wenn sie verschiedenen Achsenabstandes sind. Die Ablenkung, die man den Hauptstrahlen des einen Halbbildes erteilen muß, um das eine Raumbild in gleiche Entfernung mit dem andern zu bringen, wird zur Messung des Dingabstandes benutzt. Die Empfindlichkeit der Messung wächst, je verschiedener die Werte der totalen Plastik ausfallen, und dieser Unterschied wird am größten, wenn nach PULFRICH der eine Wert gleich dem negativ angenommenen zweiten wird. Daher empfiehlt es sich, wenn die Beschaffenheit der Raumdinge dem keine Schwierigkeit entgegensetzt, hier dem Objektivabstande des einen Doppelfernrohres einen negativen Wert zu geben, also die Spiegelungen so anzulegen, wie sie etwa einem HARDIEschen Pseudoskop entsprechen. Da das so entstehende tiefenverkehrte Raumbild bei paralleler Achsenlage im Augenraum hinter dem Beobachter liegen würde, so müßte in diesem Falle zweckmäßig auch noch eine konvergente Stellung der augenseitigen Achsenrichtungen eingeführt werden.

## Neue Aufnahmeverfahren.

Dabei ist zunächst auf den ursprünglich BERTHIERschen Vorschlag (s. S. 208) der verschränkten Halbbilder einzugehen. Wie bereits erwähnt, war er bei seinem ersten Auftreten ganz unbemerkt geblieben, ebenso wie bei seiner bald darauf von J. JACOBSON versuchten Einführung (s. S. 209). Erst dem Amerikaner FR. E. IVES gelang es, die Aufmerksamkeit weiterer Kreise auf das neue Verfahren zu lenken, so daß BERTHIER (*2.*) seine Vorgängerschaft durch eine besondere Mitteilung betonen mußte. Wenn IVES (*1.*) im Herbst 1902 den ersten Gedanken zu seiner Erfindung auf das Jahr 1886 zurückverlegte, so kann hier darauf nicht eingegangen werden, da eine gleichzeitige Veröffentlichung nicht vorhanden ist. In seinem Patent (*2.*), dessen Zeichnungen er auch für seinen Vortrag (*3.*) vor der Londoner Photographischen Gesellschaft im Mai des nächsten Jahres benutzte, wandte er noch AMICIsche Reflexionsprismen vor den Eintrittspupillen an, um die gekreuzte Lage der Halbbilder des Negativs gleich in die richtige zu verwandeln; später hat man Stereogramme mit verschränkten Halbbildern in der Regel wohl nach Negativen ausgeführt, die in der gewöhnlichen Zwillingskammer entstanden waren. Wie der unter FR. E. IVES (*1.*) aufgeführte Bericht aus der Zeitschrift für Instrumentenkunde erkennen läßt, hat man namentlich in Holland mit schönem Erfolge die verschränkten Halbbilder in beträchtlichen Bildgrößen ausgeführt. Es mag aber auch sein, daß einzelne Hersteller bei den unmittelbar in der Kammer entstandenen Halbbildern eine Horizontalverschiebung der Augendrehpunkte um den Drehpunktabstand benutzten, um ein tiefenrichtiges Raumbild zu erhalten, obwohl damit allerdings als Folge der Änderung der Perspektive mindestens eines der Halbbilder eine verzerrte Wiedergabe des Raumbildes verbunden war. Die Streifenbreite ergibt sich aus der IVEsischen Angabe von 40—60 Streifen auf das Zentimeter. Etwa ein Jahr darauf ließ er (*5.*) sich ein Verfahren solcher verschränkter Halbbilder für besondere Fälle, wie die Aufnahme lebensgroßer Kopfbilder, schützen.

Einige Jahre später machte sich der Mathematiker E. ESTANAVE (*1.*) viel mit den verschränkten Halbbildern zu schaffen, ohne indessen, so viel die hier benutzten Schriften erkennen lassen, wesentlich über den

Erfolg von IVES hinauszukommen. Erwähnt werden mag, daß er (*1.*) 1908 auch horizontale Streifungen verwandte, um zwei ganz verschiedene Bilder miteinander zu verschränken, die dann bei einer entsprechenden Hebung des Auges sichtbar wurden. Zwei Jahre darauf hat er (*2.*) noch ein Kreuzraster verwandt, um auf solche Weise zwei verschiedene Paare zusammengehöriger Halbbilder auf derselben Platte zu vereinigen. Berichte darüber sind dem Verfasser in den eingesehenen Schriften nicht aufgefallen, so daß der Zweifel nicht gehoben werden kann, ob die Beschränkung des einzelnen Halbbildes auf ein Viertel seiner Fläche nicht doch der Deutlichkeit allzusehr geschadet habe.

Ein ganz ungemein großes Aufsehen machte ein Vortrag, den der französische Physiker G. LIPPMANN (*1.*) im März 1908 über ein Verfahren hielt, das er *Photographie intégrale* (hier sei es zurückhaltender als *vollständigere Abbildung* wiedergegeben) genannt haben würde, wenn es hätte verwirklicht werden können. Zur Beschreibung seines Vorschlages muß (Abb. 123) etwas weiter ausgeholt werden.

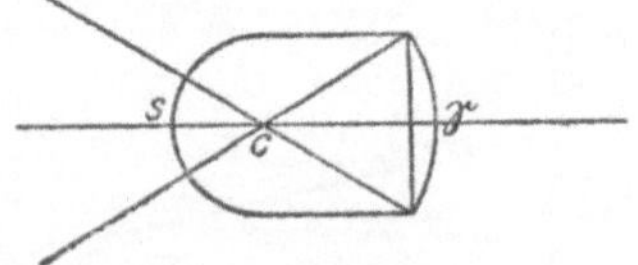

Abb. 123. Ein LIPPMANNsches Einzellinschen.

Nimmt man an, man hätte eine einfache Linse aus einem Mittel mit dem Brechungsverhältnis $n$, einem vorderen Halbmesser $r$, einem hinteren $\mathfrak{r} = \frac{r}{n-1}$ und der Dicke $\frac{n\,r}{n-1}$, so würden ferne Gegenstände von achsennahen Strahlen auf der hinteren Fläche $\mathfrak{S}$ abgebildet werden. Führte man die Vorderfläche $S$ als Halbkugel aus und nähme ein Blende im Kugelmittelpunkt $C$ an, so würde sich auf der zweiten Fläche $\mathfrak{S}$ ein deutliches Bild der fernen Gegenstände ergeben, da sich unter diesen Umständen kein Astigmatismus schiefer Büschel einstellen würde. Öffnete man nun die Blende, so würde allerdings eine sphärische neben der farbigen Abweichung auftreten. Berücksichtigte man auch nähere Gegenstände, so würden sich zwar Zerstreuungskreise einstellen, doch würden sie nicht besonders schädlich sein, wenn man die Linse in kleinem Maßstabe angeführt hätte; man braucht nur daran zu denken, daß die Öffnung einer solchen Linse kleiner gemacht werden könnte als die Augenpupille bei guter Beleuchtung, und die große Tiefe einer Abbildung mit so enger Blende würde auch hier gelten. Der vom Kugelmittelpunkt $C$ gegen den um $h = r$ von der Achse entfernten Punkt der zweiten Fläche gezogene Strahl schließt mit der Achse einen Winkel $w$ ein, dessen Sinus gerade $n - 1$ beträgt, also für $n = 1{,}5$ immer noch 30 Grad umfaßt. Vernachlässigt man also mit G. LIPPMANN die Kugelabweichung eines solchen Linschens, so bildet es auf seiner Hinterfläche die unendlich ferne Ebene und alle Gegenstände bis auf einen kurzen Abstand heran mit einer Deutlichkeit ab, die die eines akkommodationsunfähigen Menschenauges bei guter Beleuchtung noch übertrifft, wenn man auf die

Korngröße der lichtempfindlichen Schicht keine Rücksicht nimmt. Ein Positiv auf der Hinterfläche würde also, von hinten her beleuchtet, auf der unendlich fernen Ebene eine Darstellung entstehen lassen, die im gedachten Falle $2 \times 30° = 60°$ umfaßte, und deren Schärfe nur vom Verhältnis der durchschnittlichen Korngröße zur Linsenbrennweite $f' = r : n - 1$ abhinge. Soweit diese Unschärfe nicht störte, würde ein auf die Ferne eingestelltes Auge an dem Orte $Z$ (Abb. 124), das man auf die Vorderfläche $S$ der nunmehr in rückkehrender Lichtrichtung benutzten Linse richtete, den Gegenstandspunkt erblicken, der bei der Aufnahme in eben dieser auf $Z$ führenden Richtung gelegen hatte. Dabei wird der in der Richtung der Linsenachse gesehene Bildpunkt mit der größten Helligkeit gesehen, während alle auf seitliche Punkte gerichtete Strahlenbündel eine mit der Schiefe wachsende Abblendung durch die Nachbarlinsen erfahren. Außer der nächsten Umgebung eines solchen Punktes könnte von einem Einzellinschen nichts in das Auge eintreten, da dessen vor $Z$ liegende Pupille $P$ vom Mittelpunkt $C$ nur unter einem kleinen Kegelwinkel erschiene und als Gesichtsfeldblende wirken würde; innerhalb dieses Kegelwinkels liegende Richtungen würden aber wenigstens einige Strahlen in die Pupille $P$ senden.

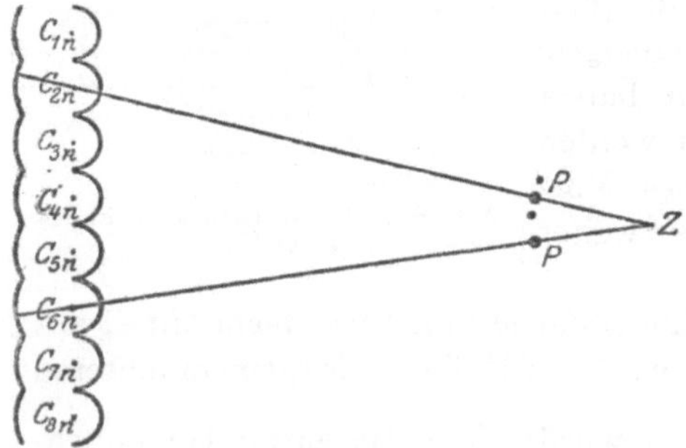

Abb. 124. Zur Wirkungsweise einer LIPPMANNschen Linsenplatte.

Stellt man sich (Abb. 124) eine Menge solcher gleicher Linsen neben- und untereinander gestellt vor und aus ihnen eine dicke Platte von merklichen Ausmaßen gebildet, deren Vorderfläche ein äußerst regelmäßiges Pflaster von Halbkugeln $S$, deren Hinterfläche ein solches von flacheren Kugelkappen $\mathfrak{S}$ aufweist, so gilt verständlicherweise von einem jeden Linschen der Platte das gleiche wie von der soeben betrachteten Einzellinse. Zieht man von dem Orte $Z$ des Augendrehpunkts Strahlen nach all den Mittelpunkten $C$, nämlich

$$\begin{array}{llcl} C_{11} & C_{12} & \cdots\cdots & C_{1n} \\ C_{21} & C_{22} & \cdots\cdots & C_{2n} \\ \cdot & \cdot & \cdots\cdots & \cdot \\ \cdot & \cdot & \cdots\cdots & \cdot \\ \cdot & \cdot & \cdots\cdots & \cdot \\ C_{m1} & C_{m2} & \cdots\cdots & C_{mn} \end{array}$$

der nach Höhe und Breite angeordneten Pflastervorderflächen, so bekommt man die $mn$ Richtungen nach den Mitten der Einzellinsen. Die Zwischenräume werden durch die Umgebungen dieser bevorzugten Hauptstrahlen ausgefüllt. Dabei würde sich sogar die Ausfüllung durch Strahlenbündel ergeben, deren Achsen die Ebene der Augenpupille $P$ schnitten, denn für diese Überlegung hat der Punkt $Z$ keinen weiteren Vorzug gegenüber $P$.

Man erkennt also hier einen sehr großen Vorzug in der Wiedergabe der Raumdinge, verglichen mit der bei einer gewöhnlichen Aufnahme. Der Grund dafür liegt daran, daß ein jedes Linschen eine zweifach unendliche Mannigfaltigkeit von Richtungen zur Verfügung stellt, und daß es solcher Linschen eine zweifache, allerdings nicht unendliche, Mannigfaltigkeit gibt. Dadurch wird es klar, daß die vierfach unendliche Mannigfaltigkeit von Strahlen, die die Oberflächenpunkte eines Raumdinges auf eine solche Pflasterplatte endlicher Ausdehnung schicken, durch die zweifach ausgedehnte Linsenschar viel vollkommener wiedergegeben werden kann als durch eine Einzelaufnahme, die nur eine einzelne zweifache Hauptstrahlen-Mannigfaltigkeit auswählt, oder durch ein Paar von Aufnahmen, die ihrer zwei zur Verfügung stellen. Betrachtet man die in rückkehrender Lichtrichtung benutzte Pflasterplatte mit beiden Augen, die nur innerhalb des Strahlengebiets der Grenzlinsen liegen müssen, so müßte man ein merklich vollkommeneres Raumbild erhalten, und bei Bewegung und Neigung des Kopfes würde man einen Eindruck erhalten, der der gleichen Betrachtung des Raumdinges selbst viel genauer entspräche. Die Grenze wird verständlicherweise durch den Mindestwert des Vorderhalbmessers und die Korngröße der lichtempfindlichen Schicht gegeben.

Man kann daher wohl die Freude des Erfinders über diesen Ausblick in die Optik der Zukunft verstehen und wird bedauern, daß sie der Gegenwart verschlossen ist; mindestens in den hier eingesehenen Aufsätzen ist von einer Erfüllung der anfänglich gehegten Hoffnungen auf Herstellung solcher Pflasterplatten nicht die Rede.

Wollte man dies Verfahren der vollständigeren Abbildung nach Lippmann unter die verschiedenen Möglichkeiten der Stereoskopie einreihen, so würde man sagen, daß infolge der vierfachen Mannigfaltigkeit der Strahlenrichtungen die bloße Strahlenbegrenzung durch den gewohnten Gebrauch beider Augen die beiden zweifachen Mannigfaltigkeiten von Richtungen aussondert, die zum Zustandekommen eines beidäugig wahrgenommenen Raumbildes notwendig sind.

## Die Aufnahmekammern.

Die Kammern für Aufnahmen in großem Maßstabe könnten sehr wohl auch beim Mikroskop erwähnt werden, da es sich hier um ein Grenzgebiet handelt. C. Leiss (*1.*) sah auf Anregung von W. Scheffer für schwach vergrößerte Aufnahmen eine nach links und rechts neigbare Kammer vor, die über einem Objekttisch eingestellt wurde. Die beiden Aufnahmen erfolgten nacheinander, wurden aber doch auf einen ebenen

Träger aufgeklebt und in einem Stereoskop mit gemeinsamer Bildebene betrachtet, was zu entsprechenden Tiefenfälschungen führen mußte, wie seinerzeit bei den Mondaufnahmen (S. 118). — A. ELSCHNIG (*1.*) verwandte bereits 1900 eine Doppelkammer für gleichzeitige Neigungsaufnahmen und verkleinerte auf eine zu seinen später zu besprechenden Ansichten passende Art und Weise den Abstand der Objektive, wenn es sich um Aufnahmen in natürlicher Größe oder gar in einer Vergrößerung handelte.

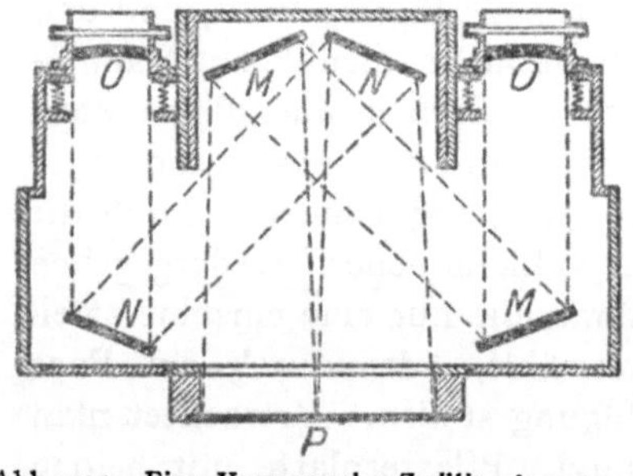

Abb. 125. Eine VINCENTsche Zwillingskammer für richtig gelagerte Halbbilder.

Eine besondere Anlage findet sich bei einigen Zwillingskammern, die gleich bei der Aufnahme richtig gelagerte Halbbilder liefern sollen. Hierher gehört das VINCENTsche (*1.*) Gerät „Telephot Vega" für Fernaufnahmen, wobei die langbrennweitigen Aufnahmelinsen (Abb. 125) vor ein HARDIEsches Pseudoskop gesetzt waren und damit die richtige Lagerung der Halbbilder erreichten. — Mit den Aufnahmelinsen einer gewöhnlichen Zwillingskammer je ein AMICIsches Dachprisma zu verbinden und so die einzelnen Halbbilder umzukehren, schlug H. FRICKE (*1.*) 1907 vor, und ein solcher Gedanke ist im Jahre darauf in Frankreich auch durchgeführt worden.

## Farbige Halbbilder.

Die von D. DUHAURON vorgeschlagene Durchführung des ROLLMANNschen Verfahrens (s. S. 203) wurde im Laufe des Jahres 1902 in mehreren Gebrauchsmusterschriften von M. SKLADANOWSKY in Berlin weiter im Sinne eines einfachen leicht zu handhabenden Stereoskops ausgebildet. Am wichtigsten unter diesen Schriften ist (*1.*), woraus man entnehmen kann, daß ziemlich große stereoskopische Ansichten in Buchform herausgegeben werden sollten, während eine Tasche zur Aufbewahrung der roten und blauen Brille beigegeben war. Der Deutsche Verlag hat in der Tat diesen Vorschlag in seinen *Plastischen Weltbildern* verwirklicht und vielen Anklang dabei gefunden; diese Bilder haben später auch L. HEINE, M. WEINHOLD u. a. zu physiologisch-psychologischen Versuchen gedient.

Über die oben bereits unter M. PETZOLDS Namen erwähnten, auf demselben ROLLMANNschen Gedanken beruhenden stereoskopischen Schirmbilder äußerte sich im Laufe des Jahres 1901 E. HERING (*3.*). Er ging dabei von dem ALMEIDAschen Verfahren aus (das er irrtümlich dem ROLLMANNschen gleichsetzte) und hob hervor, daß es sich hier um ein additives Mischungsverfahren handele. Von P. GRÜTZNER hatte er

Anaglyphen erhalten und ferner auch von den PETZOLDschen Bemühungen Kenntnis genommen, so daß er auch diesem, dem eigentlich ROLLMANNschen, Verfahren nahe trat. Man könne mit verschiedenen Farbenschnitzeln auf grauem und auf schwarzem Grunde Zusammenstellungen machen, die als Vorlesungsversuche gute Dienste leisteten, und zwar seien (*3.* 233/34) die Bedingungen strenger auseinandergesetzt, die beobachtet werden müßten, wenn man höhere Anforderungen an Sichtbarkeit und Unsichtbarkeit stellte. Später habe er PETZOLDsche stereoskopische Glasbilder erhalten, und er ziehe dessen Verfahren wegen der Deutlichkeit der Tiefenwiedergabe und der Bequemlichkeit, nur eine einzige bildentwerfende Laterne zu verlangen, entschieden vor. Allerdings ließe das rote Filter noch manches zu wünschen übrig. — Hier läßt sich auch am zweckmäßigsten der Vorschlag O. WIENERS (*1.*) anreihen, der allerdings noch auf eine leichtere Verwirklichung harrt. Man solle für die beiden Halbbilder je ein Weiß höherer Ordnung verwenden, wobei sich die Bestandteile spektral ausschließen müßten. Setze man jede der beiden weißen Strahlungen aus mindestens drei Anteilen zusammen, so könne man auf diese Weise auch die Farben der Raumdinge gut wiedergeben. — Unmittelbar auf das alte BREWSTERsche Farbenstereoskop (s. S. 56) führte eine Bemerkung E. GRIMSEHLS (*2.*) vom Jahre 1908, worin er nicht nur auf die alte BREWSTERsche Erscheinung der Abstandsverschiedenheit bei aneinanderstoßenden Farbengebieten hinwies, sondern auch auf die neue, wo farbige Flecke auf weißem Untergrunde durch ein Leseglas betrachtet werden, und in einer der früheren entgegengesetzten Tiefenfolge erscheinen. M. VON ROHR (*9.*) hat im Anschluß daran auf BREWSTER hingewiesen und eine Erklärung für die GRIMSEHLsche Beobachtung auf weißem Grunde zu geben versucht. — Für die Beobachtungen mit aneinanderstoßenden Farbengebieten müßte an die älteren Arbeiten von E. BRÜCKE (s. S. 145) und W. EINTHOVEN (s. S. 180) erinnert werden. Dazu paßt auch der Aufsatz F. GRÜNBAUMS (*1.*) vom Jahre 1908, nur daß es bei ihm nicht über die Aufgabenstellung hinausgeht, und die schöne Erklärung seiner beiden Vorgänger nicht erreicht wird.

Eine andere Gruppe von Erfindern wünschte mit Hilfe von nur zwei durch komplementärfarbige Filter aufgenommenen und räumlich getrennten Halbbildern eine mehr oder minder getreue Wiedergabe der Farben der aufgenommenen Gegenstände zu erhalten. Man setzte dabei allerdings voraus, daß sich bei der Verschmelzung der auf beide Einzelaugen gemachten Eindrücke die Farben einfach additiv zusammensetzen, eine Annahme, die schwerlich für alle Beobachter und unter jeder Bedingung zutrifft. Nach H. QUENTIN (*1.*) scheint es, als seien diese in dem vorliegenden Jahrzehnt verschiedene Male wieder aufgenommenen Bestrebungen zuerst von A. GRABY im Sommer 1900 begonnen worden. Die ablehnende Schlußäußerung des englischen Beurteilers vom Jahre

1910 spricht gegen jeden wirklichen Erfolg, und wenn die reiche Erfahrung jenes Fachmanns in einer den photographischen Verfahren einen solchen Anteil entgegenbringenden Weltstadt eine so absprechende Beurteilung berechtigt erscheinen läßt, so wird ein abseits stehender Berichterstatter gut tun, die Verwirklichung der verschiedenen Vorschläge dieser Art nicht als einfach hinzustellen. Einigen Anhalt über die nach A. Graby in Frage kommenden Namen erhält man aus dem Quentinschen Vortrage selbst. — Bessere Mittel zur Erreichung des gleichen Zwecks verwandte Ch. Brasseur (*1.*), indem er Dreifarbenaufnahmen nach dem Jolyschen Verfahren für ein jedes der beiden Augen verwandte, nur hatte er, um ein störendes Fasergefüge, wie es bei parallelen Streifungen leicht auftrat, zu vermeiden, die Streifenrichtungen für das eine Auge senkrecht und wagerecht für das andere verlaufen lassen.

## Die Stereoskope.

Ein sehr bequemes, auf A. Köhler zurückgehendes Verfahren, ohne Stereoskop die Augenachsen gleichzurichten, veröffentlichte M. von Rohr (*6.* 502); es ist besonders für Kurzsichtige wohlgeeignet. Eine Scheibe gewöhnlichen Fensterglases wird unter etwa 45 Grad Neigung so über das wagerecht liegende Stereogramm gehalten, daß ein entfernter Gegenstand an den unbelegten Flächen gespiegelt wird und unter der Ebene des Stereogramms erscheint. Faßt man dies meistens ziemlich lichtschwache Spiegelbild ins Auge, richtet indessen seine Aufmerksamkeit auf die beiden Halbbilder, auf die auch akkommodiert werden muß, so verschmelzen diese auch Ungeübten ziemlich leicht zu einem Sammelbilde.

Die beiden Halbbilder hat man nicht selten auf Bildschirmen entwerfen und einer größeren Zuschauerschaft vorführen wollen. Die Stereoskope, die für die großen Halbbilder den Benutzern in die Hand gegeben werden, sind hauptsächlich zweierlei Art, die beiden Paare paralleler Spiegel nach W. Hardie (S. 101) und die Fernrohrstereoskope D. Brewsters (S. 101); es erübrigt sich also, die Namen der Nacherfinder anzugeben.

Bei kleineren und ganz kleinen Halbbildern, die gelegentlich auch betrachtet werden sollen, wird entweder die Javalsche Doppellupe (S. 133) angewandt, oder man greift, wie etwa K. Lenck (*1.*), zu dem viel umworbenen Mittel der zwangläufigen Linsentrennung und Längsverschiebung. — Zu der Linsentrennung beim Stereoskop liegt eine lesenswerte Äußerung B. Wanachs (*1.*) vor, auf deren Inhalt einzugehen ist. Ferne Punkte sollten stets mit verschwindender Konvergenz betrachtet werden. Mithin müßten die von einem solchen Punktepaare in die Augen tretenden Hauptstrahlen mindestens im wesentlichen zueinander parallel sein. Würde nun dem Fernpunktsabstande auch fehlsichtiger Beobachter entsprechend das Stereogramm aus der Brennebene gebracht, d. h. genähert oder entfernt, so folge für die Erfüllung jener Bedingung eine bestimmte Annäherung oder Trennung der Linsenmitten, wobei auch der Abstand der Augendrehpunkte des Beobachters und der Aufnahmeobjektive zu berücksichtigen sei.

Von einer besonderen Bedeutung sind aber in dem behandelten Zeitraum die Arbeiten an einem einfachen Spiegelstereoskop für große Halbbilder. Es ist das eine Aufgabe, die in ihren Grundzügen zwar von H. W. DOVE (S. 70/71) und W. ROLLMANN (S. 101) gelöst worden war, doch hatte man damals bei der geringeren Leistungsfähigkeit der Druckverfahren verständlicherweise die endgültige Form nicht in allen Einzelheiten durchgearbeitet. Ziemlich vereinzelt steht das MANCHOTsche (*1.*) Universalstereoskop vom Jahre 1902, das, aus dem HELMHOLTZischen Telestereoskop ohne Vergrößerung abgeleitet, mit ihm den kleinen Gesichtswinkel von $2\,w = 40°$ teilt. Der Erfinder war darauf gekommen, um in seiner Lehrtätigkeit große, d. h. mit aller Sorgfalt gezeichnete Paare von Halbbildern bequem vorführen zu können. Er (*2.*) brachte bald darauf eine leicht verständliche Schilderung verschiedener, ihm wichtig erschienener Hauptformen der Stereoskope heraus und stellte verständlicherweise den Strahlengang — meistens durch einen Horizontalschnitt — mit Sorgfalt dar. Unter den hier behandelten Vorgängern steht ihm A. STEINHAUSER (s. S. 185 ff.) am nächsten, und er wird auch an verschiedenen Stellen angeführt. — Eine Vereinfachung des WHEATSTONEschen Spiegelstereoskops, wie sie H. W. DOVE (S. 71) 1851 mit seiner Einführung nur einer Spiegelung vorgeschlagen hatte — auch an H. A. CORBINS Vorgängerschaft (S. 106 u. 122/23) sei erinnert — brachten CH. A. BURGHARDT (*1.*) und A. V. HUNT im Laufe des Jahres 1901 heraus, wobei das Gestell allerdings noch nicht ganz einfach ausgestaltet war. Freilich mußte das gespiegelte Halbbild dann eine Spiegelverkehrung erhalten, eine erschwerende Bedingung, die allen in dieser Weise vereinfachten Geräten auferlegt ist, und den Preis bedeutet, dem man für die Strenge, die große Ausdehnung des Gesichtsfeldes und die Einfachheit dieser Anlage zu zahlen hat. — Am eifrigsten hat diese Form L. PIGEON, ein Professor an der Universität zu Dijon, ausgebildet, und der Arbeitseifer, den er als vereinzelter Liebhaber trotz den mangelhaften Hilfsmitteln der kleinen Universität darauf verwendet hat, ist im höchsten Maß anzuerkennen. Er (*1. 2.*) nannte sein Stereoskop *Dixio*, und es wäre ihm mit seinen Heften von Halbbildern ein vollerer Erfolg wohl zu wünschen gewesen. Die letzten Formen seiner Geräte (s. beispielsweise Abb. 126, S. 242) lassen sein Geschick beim Entwerfen einfacher und zweckentsprechender Vorkehrungen ebenso erkennen, wie die Einsicht in seine Beschreibungen und Erläuterungen [s. dafür die Bemerkung zu (*1.*)] mit ihrer Knappheit, Strenge und vollendeten Form dem sachverständigen Beurteiler einen hohen Genuß gewährt. Durch ein merkwürdiges Zusammentreffen fügte es sich, daß der Amerikaner W. Verbeck (*1. 2.*) ungefähr zu gleicher Zeit Schutzrechte auf entsprechende Vorkehrungen nachsuchte. Indessen ist seine Anmeldung eines faltbaren Stereoskops merklich später als die Pigeons, und dessen Veröffentlichung geht der Verbeckschen gar um mehr als $2^3/_4$ Jahre zuvor, so daß diese Erfindung zweifellos mit L. Pigeons Namen zu bezeichnen ist. — Ohne die Spiegelverkehrung erreichte C. Pulfrich mit den beiden Zeissischen Gebrauchsmustern (*8.* u. *9.*) vom Herbst 1910 dasselbe Ziel unter Benutzung eines Amicischen Dachprismas, und es ist verständlich, daß er aus Gründen der Symmetrie auch gleich eine Form mit zwei Dachprismen vorschlug. Freilich könnte man hier die bequeme Pigeonsche Heftform für die Vereinigung der Halbbilder nicht verwenden. Daß diese Anlage hier doch noch erwähnt wird, obwohl ihr die verwandte Balmitgèresche (s. S. 249) zuvorgekommen ist, hat seinen Grund in der Verschiedenheit der Zwecke, denen diese beiden Geräte dienen sollen: bei Balmitgère handelt es sich um die Herbeiführung eines tiefenrichtigen Eindrucks durch Abzüge von unzerschnittenen Negativen aus einer Zwillingskammer, bei Pulfrich um eine bequeme Betrachtung getrennter Halbbilder beträchtlicher Größe.

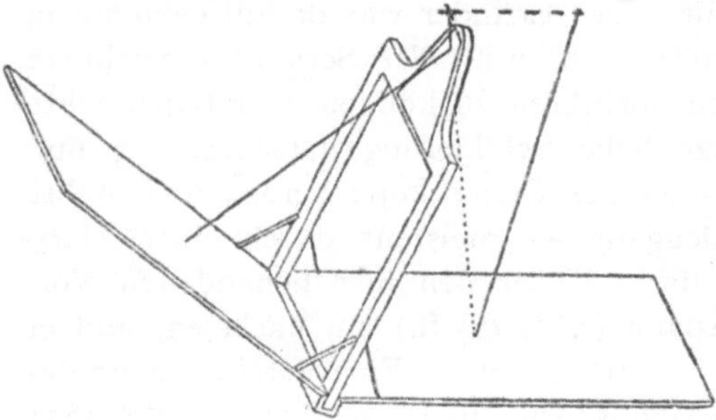

Abb. 126. Eine Form des Pigeonschen Stereoskops Dixio.

Gerade im Gegensatz dazu versuchte 1903 M. von Rohr in dem Zeissischen Patent (*1.*) die kleinen Halbbilder für die Zwecke der Stereoskopie verwendbarer zu machen. Die Herstellung der Verantlinse bot ihm dazu die Mittel. Durch die Einwirkung A. Gullstrands war er 1902 an die Berechnung einer achromatischen Lupe zur Unterstützung des blickenden Auges gegangen und hatte zwei Formen entwickelt, deren eine die Herstellung ziemlich starker Lupen, von etwa 7 cm Brennweite, gestattete. Da eine solche Doppellinse ein Blickfeld von etwa 60 Grad hatte, so konnte man auch diesen für die Zwecke der Stereoskopie ziemlich großen Winkel vorteilhaft verwenden, und ein Halbbild von nur 4,5 cm Breite erschien unter dieser Lupe mit einer sehr merkbaren scheinbaren Ausdehnung. Anderseits aber gestattete diese geringe Breite eine sehr bequeme Anpassung an den Augenabstand, indem man einfach das mit der Lupe fest verbundene Halbbild durch eine Parallelverschiebung dem Drehpunktsabstande des Beobachters anpaßte. Damit wurde auf eine ganz einfache Weise für diesen *Doppelveranten* das Auftreten der Reliefperspektive verhindert, das bei dem Wheatstoneschen Linsenstereoskop (s. S. 76) mit zentrischer Benutzung nur geschah, wenn der Halbbildabstand des Stereogramms mit dem Drehpunktsabstande des Beschauers übereinstimmte. Das Prismenstereoskop BREWSTERS hatte ja allerdings (S. 59) nach seiner Anlage diesen Fehler in einer sehr vollkommenen Weise heben sollen, indessen war diese Absicht, wie man aus S. 60 erkennt, durch die Verzeichnung der exzentrisch benutzten Linsen nicht nur vereitelt worden, sondern es hatte sich eben dadurch noch eine viel schlimmere, weit schwieriger zu bestimmende Tiefenfälschung eingestellt. — Mit einer besonderen Hingabe faßte A. SCHELL (*1.*) 1903 die Aufgabe an, alle Bedingungen zu schaffen, um das raumähnliche oder raumgleiche Sammelbild wahrzunehmen. Da nun bei vorhandenen Halbbildpaaren die Aufnahmebrennweite sehr verschiedene Werte annehmen kann, und da ferner der Fernpunktsabstand des Beobachters nach der Beschaffenheit der Augen und dem Alter sehr verschiedene Beträge aufweisen wird, so wünschte er seinem Universalstereoskop Linsenfolgen von einer solchen Zusammensetzung beizugeben, daß diesen beiden Veränderlichen Rechnung getragen werden könnte. Am einfachsten stellte sich eine Verbindung einer augennahen starken Sammellinse mit einer augenfernen starken Zerstreuungslinse heraus, um ein gegebenes Halbbild einem Auge von bestimmtem Brechwert unter dem richtigen Gesichtswinkel $w' = w$ vorzuführen. Um die Reliefwirkung zu vermeiden, wenn ein Paar mit größerem Achsenabstande aufgenommener Halbbilder vorliege, so solle ein jedes Halbbild der zugehörigen Beobachtungslinse exzentrisch dargeboten werden, man könne es dann so ausrichten, daß es dem zugehörigen Auge unter dem vorgeschriebenen Winkel $w' = w$ erscheine. Der Achsenabstand der Objektive solle aber nicht größer als 68 mm sein, wenn die Augen des Beobachters um 65 mm voneinander abstünden, sonst trete eine tiefenfälschende Verzerrung ein. Die Koordinaten für einen Punkt des Raumbildes werden sowohl als rechtwinklige, wie als polare bestimmt und die Fehler besprochen, die sich für $w' \gtreqless w$ einstellen. Noch eingehender werden diese mathematischen Beziehungen in dem Aufsatz (*2.*) vom Ende desselben Jahres behandelt, worauf die Leser hingewiesen seien, die auf die Strenge der Durchführung Wert legen.

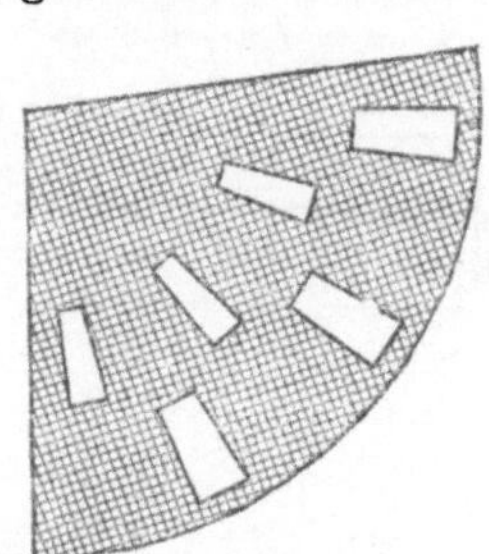
Abb. 127. Ein Ausschnitt aus der JÄGERschen (*1.*) stroboskopischen Scheibe.

In einem Irrtum befand sich G. JÄGER (*3.*), wenn er seine Stereoskope für neu hielt. Diese Bezeichnung kann man nur etwa seiner Scheibe beim ALMEIDAschen Verfahren mit abwechselnder Beleuchtung zuerkennen. Sie sei in Abb. 127 ziemlich stark verkleinert — die Entfernung der äußersten von den innersten lichten Rändern betrug in Wirklichkeit 17 cm — wiedergegeben. Er stellte die beiden Bildwerfer etwa links und den Beobachter etwa rechts von der Achse der rasch umlaufenden Scheibe hinter dieser auf und hatte auf diese sehr einfache Weise —

allerdings nur für einen einzelnen Beobachter — die von CH. D'ALMEIDA vorgeschriebene Versuchsanordnung verwirklicht. Er benutzte diese Einrichtung unter anderem auch zur Feststellung des ihm möglichen Divergenzwinkels, dessen Höchstwert mit 6 Grad aber hinter den von J. J. OPPEL (s. S. 124) und R. H. BOW (s. S. 155) erreichten Beträgen merklich zurückblieb. — Das Polaristereoskop (*3.*) ist durch J. ANDERSTON (S. 205) und das Konzentrationsstereoskop sogar schon durch A. CLAUDET (S. 121) sowie J. CLERK MAXWELL (S. 143) vorweggenommen worden. — Die Ausführung des Aufsatzes von G. BUCKY (*1.*) über Durchdringungsbilder mag wegen ihrer sorgfältigen Quellenangaben Platz finden, wonach man erkennt, daß die Arbeiten E. MACHS (S. 156) nach so langen Jahren endlich auf verschiedenen Gebieten der medizinischen Wissenschaft wertgeschätzt wurden.

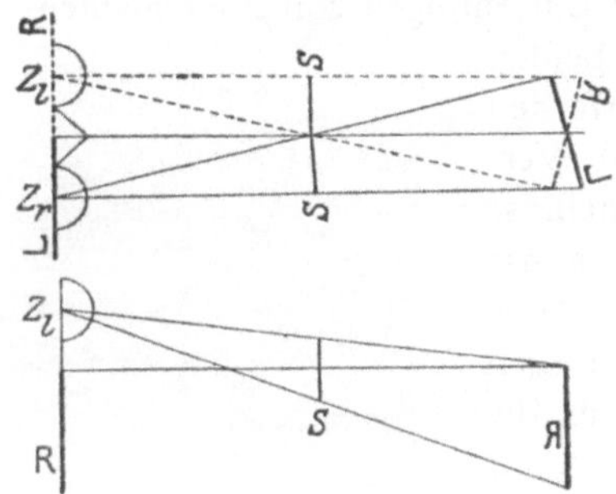


Abb. 128. Ein JASTROWsches Stereoskop. Grundriß und Seitenansicht.

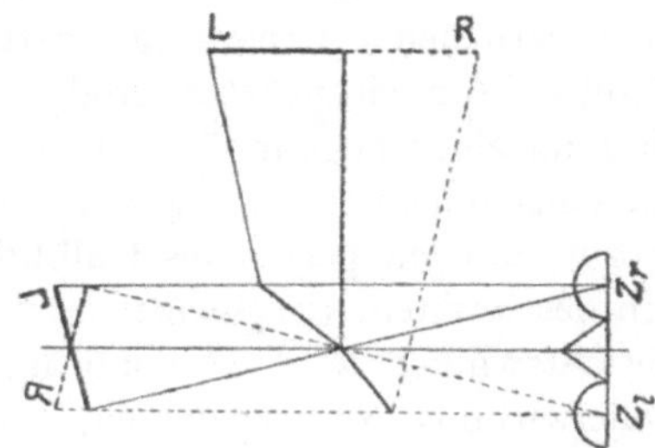


Abb. 129. Ein WHITMANsches Stereoskop im Grundriß.

Mit in diese Gruppe gehören zwei einander nahe verwandte Stereoskope mit einem BARNARDschen Spiegelpaar (s. S. 96), die 1904 und 1905 von J. JASTROW (*1.*) und FR. P. WHITMAN (*1.*) vorgeschlagen wurden. Ihre Wirkung wird den obenstehenden Abbildungen 128 und 129 leicht zu entnehmen sein. Angewandt auf Aufnahmen in einer Zwillingskammer führen sie infolge der Änderung der Achsenneigung auf kein Raumbild im strengen Sinne, sondern nur auf ein solches in physiologisch-psychologischer Hinsicht. Mit dieser Einschränkung wird zwar die Tiefenfolge richtig erkannt, aber von irgendeiner raumähnlichen Wiedergabe ist keine Rede; ferner ist das Raumbild spiegelverkehrt, wenn man die gewöhnlichen Papierabzüge für die Halbbilder voraussetzt. Ganz anders aber verhält es sich, wenn man Halbbilder verwenden könnte, die durch Neigungsaufnahmen erhalten sind und doch auf einen ebenen Träger geklebt wurden. Für solche wird die Einführung einer bestimmten Konvergenz durch diese Stereoskope sogar zu einem wesentlichen Vorteil, wenngleich man nicht immer — selbst ausreichende Größe des Akkommodationsgebiets vorausgesetzt — zu dem richtigen Konvergenzwinkel kommen wird, sobald Beobachter mit verschiedenem Drehpunktsabstand vorausgesetzt werden. — Die gleiche Aufgabe stellte sich bei der Betrachtung der in der DRÜNERschen Doppelkammer entstandenen Halbbilder ein. Für diesen Zweck haben A. KÖHLER und M. VON ROHR ein noch eine nachträgliche Vergrößerung lieferndes, raumähnlich wirkendes Stereoskop vorgeschlagen, das im folgenden beschrieben werden möge.

Den Grundgedanken zu einem einfachen Apparat dieser Art hat M. VON ROHR (*2.* 285) schon früher veröffentlicht. Bezeichnet man mit $M$ die Vergrößerung, mit der jede Einstellebene durch ihr Einzelobjektiv abgebildet wird, so muß der Abstand $d$ der beiden Eintrittspupillen zu dem Drehpunktsabstand $D$ in dem Verhältnis stehen:

$$D : d = M.$$

Es ist alsdann möglich, die beiden $M$-fach vergrößerten Abbildsbilder derart in ein WHEATSTONEsches Spiegelstereoskop zu bringen, daß sich ihre Spiegelbilder richtig durchdringen, nämlich so, daß die beiden Ebenen zwischen sich den Neigungswinkel $v$ der Objektivachsen einschließen. Bringt man nun jedes der beiden Augen senkrecht vor die Mitte des zugehörigen Halbbildes, so erscheint dieses unter dem dingseitigen Gesichtswinkel $w$, und man sieht es deutlich, wenn der Abstand $\mathfrak{A}$ zwischen der Eintrittspupille und der Einstellebene jedes Objektivs so gewählt wurde, daß die Beziehung zur deutlichen Sehweite $l$ gilt:

$$\mathfrak{A} = l : M.$$

Es mag noch darauf hingewiesen werden, daß eine solche, mit Hilfe der Photographie verwirklichte Einrichtung für raumähnliche Darstellungen selbst vor einem vollendeten orthomorphen Mikroskop nach H. S. GREENOUGH den Vorteil hat, daß hier das freie direkte Sehen berücksichtigt werden kann im Gegensatz zu der dort nur möglichen Schlüssellochperspektive. Ein ungünstiger Umstand liegt in der Spiegelung der Halbbilder. Wie eine einfache Überlegung zeigt, müssen alsdann die beiden Halbbilder miteinander vertauscht werden, um das Zustandekommen eines tiefenverkehrten Eindrucks zu vermeiden, und man sieht weiter leicht ein, daß der Beobachter auf diese Weise ein Spiegelbild des Gegenstandes erhält. Eine solche Wiedergabe kann aber unter Umständen sehr unerwünscht sein, und es empfiehlt sich daher, für Papierbilder ein Übertragungsverfahren zu wählen, so daß die Halbbilder selbst spiegelverkehrt gedruckt werden.

Hier setzte die von A. KÖHLER angeregte Verbesserung ein. Wenn doch die Negative aus der DRÜNERschen Kammer nicht einfach zum Druck verwendet werden können, so läßt sich die hier notwendige Umkehrung auch gleich mit einer nachträglichen Vergrößerung verbinden, wofür die Schärfe der Abbildung noch durchaus ausreichte. Setzt man diese Vergrößerung etwa gleich 2, so kann man offenbar nicht ohne weiteres die Negative auf die doppelte Größe bringen, ohne der Raumähnlichkeit zu schaden, denn es steht ja dem Beobachter kein entsprechend vergrößerter Drehpunktsabstand zu Gebote. Vielmehr muß nunmehr der Objektivabstand $\overline{d}$ so bestimmt werden, daß

$$D/2 : \overline{d} = M$$

wird, und für die Größe $\overline{\mathfrak{A}}$ ergibt sich ähnlich:

$$\overline{\mathfrak{A}} = l/2 : M.$$

Die spiegelverkehrten Halbbilder erhält man leicht in einer gewöhnlichen Vergrößerungskammer, wenn man die Negative umgekehrt wie sonst einlegt und die Aufnahme durch das Glas hindurch macht.

Die in der Zeissischen Werkstätte hergestellten Versuchsausführungen befriedigten auch hochgespannte Ansprüche, nur mußte bei der Prüfung auf Raumähnlichkeit darauf geachtet werden, daß man den kleinen Raumdingen durchaus ähnliche, $2\,M$ fach erweiterte Modelle in der Entfernung $l = 25$ cm aufstellte und sie dann mit dem Raumbilde verglich. Die kleinen Raumdinge selbst eignen sich für diese Vergleichungen wenig, weil sie ja unter ganz verschiedenen Bedingungen, nämlich abweichender Winkelgröße, betrachtet werden. Die Einführung dieses verbesserten Stereoskops in die Kreise der Fachleute geht auf H. Braus (*1.*) und das Jahr 1908 zurück. — Eine alte von H. W. Dove (s. S. 69) und Brewster (s. S. 62) bereits für einfache symmetrische Kantengerippe verwirklichte Möglichkeit, durch die Vereinigung eines Halbbildes mit seinem Spiegelbilde ein Raumbild zu erhalten, wandte C. Pulfrich (*10.*) 1905 an. Als Bild diente ihm die Aufnahme einer in einer ruhenden Wasserfläche gespiegelten Landschaft. Dabei ergab sich als Abstand der Aufnahmeobjektive die doppelte Höhe der Aufnahmelinse über der Wasserfläche. Die beiden Vorgängerschaften gab der Verfasser genau an.

Die Stereoskope für gekreuzt gelagerte Halbbilder. Eine sehr große Mühe und sehr gute Gedanken sind für die Stereoskope aufgewandt worden, in denen gekreuzt gelagerte Stereogramme, also die Abzüge von Negativen, wie sie in den gewöhnlichen Zwillingskammern entstehen, mit gleichgerichteten Blicklinien so betrachtet werden können, daß sich tiefenrichtige Raumbilder ergeben. Nach S. 17 muß ein solches Stereoskop für sich eine gekreuzte Lage der scheinbaren Augenorte herbeiführen.

Nur uneigentlich gehört hierher die von Mattey (*1.*) und A. Papigny 1903 unter Schutz gestellte Anlage, wobei sie von dezentrierten Operngläsern ausgehen, bei denen die Objektive und die Okulare für sich verschiedene Achsenabstände erhalten können. Zum Schluß wird zur Beobachtung gekreuzt gelagerter Halbbilder eine Sammellinse als Objektiv benutzt (s. S. 143), während man durch die beiden Okulare mit gekreuzten Blickrichtungen hindurch sieht. — Wenn H. Fricke (*1.*) eine Umkehrung der einzelnen Halbbilder durch zwei gesonderte Linsenfolgen fordert, so greift er damit auf das Brewstersche Fernrohrstereoskop (S. 101) zurück, und es ist nicht nötig, die Schutzschriften besonders anzuführen, die sich in dieser Zeit mit der Verwirklichung des gleichen Gedankens beschäftigen.

Ganz besonders zahlreich aber sind die Spiegelverbindungen, die für diese Aufgabe vorgeschlagen worden sind, und sie sollen hier etwas ein-

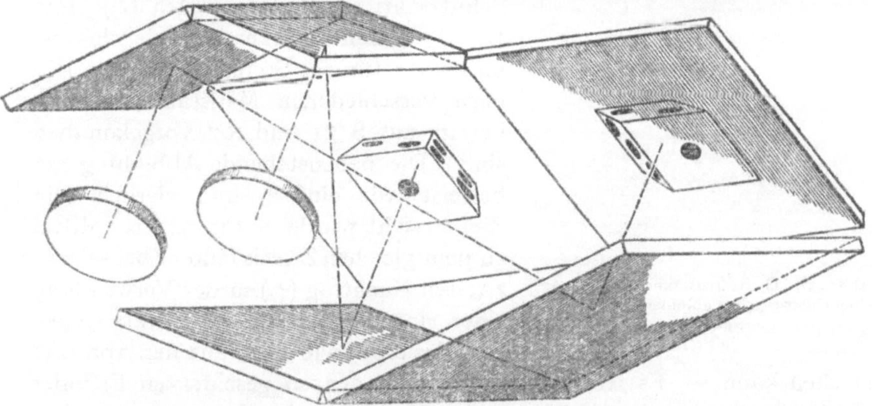

Abb. 130. Die KELLNERsche Anlage für ein Stereoskop mit gekreuzt gelagerten Halbbildern.

gehender behandelt werden. — Einrichtungen zu diesem Zweck nach Art des HARDIEschen Pseudoskops gebaut finden sich bei H. KELLNER (*1.*) und stammen aus dem Frühjahr 1907. Abweichend von der auf S. 85 geschilderten Anlage verlaufen Horizontalstrahlen hier nicht in der horizontalen Ebene, was man aus obenstehender Abbildung 130 ersehen kann, die der KELLNERschen Patentschrift entnommen wurde. Wenn der Erfinder auch die Möglichkeit hervorhob, Halbbilder von weitem Gesichtswinkel übereinander anzuordnen, so griff er damit auf eine bereits 1852 von DUBOSCQ (s. S. 72) hergestellte Form zurück. — Ableseprismen oder Winkelspiegel in einer ganz eigenartigen Stellung finden sich bei A. DAUBRESSE (*2.*) um 1903. Der Grundgedanke wird aus der obenstehenden Abbildung 131 zu entnehmen sein; jedenfalls ist der Achsenabstand im Augenraum größer als die Entfernung der beiden Halbbildmitten. Es sei übrigens bemerkt, daß in Abb. 6 der Patentschrift auch noch eine andere weniger einfache Form angeführt worden ist, bei der Prismen zum Bau eines rechtwinkligen Winkelspiegels verwandt

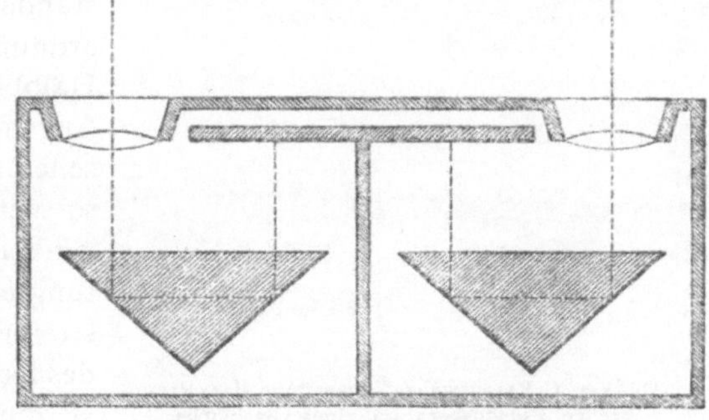

Abb. 131. Die Anlage zur Betrachtung gekreuzt gelagerter Halbbilder nach A. DAUBRESSE (*2.*).

worden sind; es handelt sich dabei um wesentlich längere Glaswege. — Mit besonderem Eifer gab sich G. BALMITGÈRE der hier vorliegenden Aufgabe hin, und zwar verwandte er die zum Ziele führenden optischen Mittel mit einem sehr bemerkenswerten Geschick. In seiner ersten Schutzschrift bediente er sich (*1.*) eines DICKSONschen ablenkenden Spiegelpaars, und zwar für ein Stereogramm mit Bildern verschiedenen Maßstabes, wie sie bereits auf S. 71 und 107 vorgekommen sind. Die nebenstehende Abbildung 132 beweist, wie einfach und zierlich sein Ziel erreicht wurde. — Ein anderes Mittel zu dem gleichen Zweck fand er bei seinem zweiten Nachtrag (*1.*) in der Verwendung einer einzelnen Hälfte des HARDIEschen Pseudoskops, wie man aus der Abb. 133 ersehen kann. — Es ist verständlich, daß den so geschickten Erfinder die Größenverschiedenheit der beiden Halbbilder insofern stören mußte, als sie seine schönen Vorkehrungen auf die Besitzer der dazugehörigen besonderen Aufnahmekammern beschränkte. Daher ging er (*2.*) bereits im Anfang des Jahres 1909 dazu über, auch solche unzerschnittenen Abdrücke von Negativen verwertbar zu machen, die in einer gewöhnlichen Zwillingskammer entstanden waren. Da bei seinen Anordnungen die zu verschmelzenden Halbbilder den unbewaffneten Augen unter sehr verschiedener scheinbarer Größe erschienen wären, so verkleinerte er den Gesichtswinkel des näheren durch Einschaltung einer passend gewählten Zerstreuungslinse; den Gesichtswinkel des ferneren Halbbildes vergrößerte er durch ein für andere Zwecke schon vor ihm angewandtes Mittel, nämlich durch die Zwischenschaltung eines dicken Glasblocks, der verständlicherweise den Luftabstand des durch ihn hindurch betrachteten Halbbildes entsprechend dem Werte von 1 : $n$ verringern mußte. Die Abb. 133 wird jedenfalls von der Wirkung des Glasblocks eine Vorstellung geben. Schließlich ist von ihm (*3.*) aus dem Ende jenes Jahres noch eine Umkehrung der einzelnen Halbbilder durch je einen Winkelspiegel oder auch durch ein AMICIsches Dachprisma zu erwähnen,

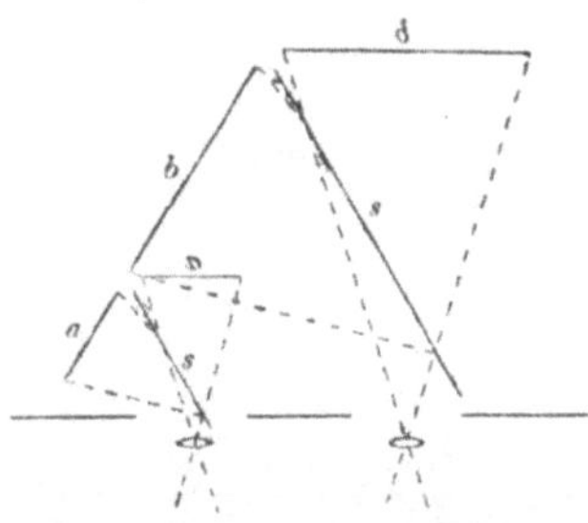

Abb. 132. G. BALMITGÈRES Verwendung eines DICKSONschen ablenkenden Spiegelpaars.

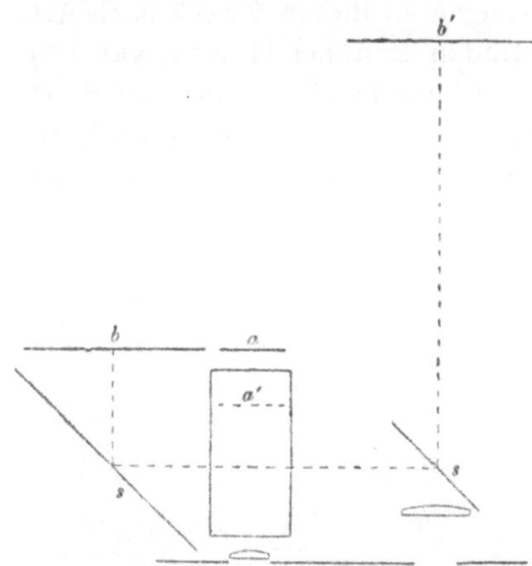

Abb. 133. G. BALMITGÈRES Verwendung eines RIGHIschen Pseudoskops und eines Glasblocks.

eine Erfindung, die durch die untenstehende Abb. 134 ausreichend gekennzeichnet sein wird.

Die Betrachtung der Schattenbilder nach dem RÖNTGENschen Verfahren. Wenngleich es sich hier nicht eigentlich um grundsätzlich neue Erfindungen handelt, so mag doch eine Zusammenstellung der Arbeiten folgen, die dem Berichterstatter bemerkenswertes zu bringen schienen. — Sehr bald nach der IVESischen Veröffentlichung hat N. CL. SNOOK (*1.*) den BERTHIERschen Gedanken auf Schattenbilder angewandt. Es handelte sich um Gitter von etwa 30 Streifen auf das Zentimeter, was wohl als reichlich fein angesehen werden kann, da ja die dunklen Streifen, um die RÖNTGENschen Strahlen aufzuhalten, eine gewisse Dicke haben müssen. — Eine genauere Beschreibung seines auf dem ALMEIDAschen Gedanken der abwechselnden

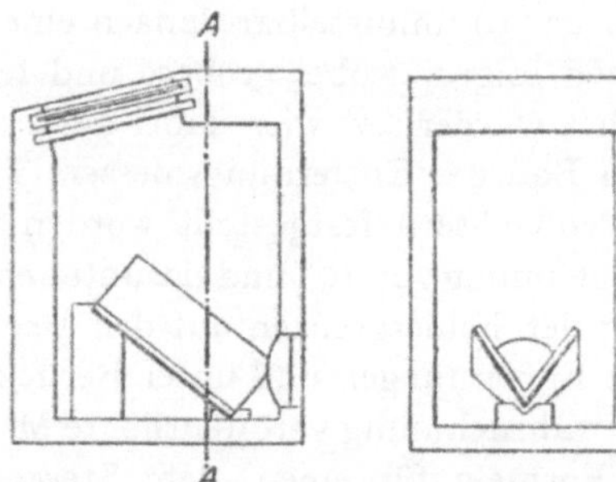


Abb. 134. Eine Anlage zur Betrachtung gekreuzt gelagerter Halbbilder nach G. BALMITGÈRE (*3.*). Links: Seitenansicht. Rechts: Schnitt längs A — · — · — A.

Beleuchtung beruhenden Verfahrens hat TH. GUILLOZ (*3.*) 1903 veröffentlicht. Je eines der beiden Augen wird durch eine mit gleichförmiger Geschwindigkeit umlaufende Blendenscheibe verdeckt und die strahlende Röhre wird in abgepaßter Geschwindigkeit abwechselnd zwischen zwei um den Augenabstand voneinander entfernten Ruhelagen hin- und hergeschoben. Man beobachtet mit gleichgerichteten Augenachsen, wie auf S. 210 angegeben, ein Raumbild, das als gleichgroßes Spiegelbild des Raumdinges beschrieben werden kann. — Da man bei Strahlungsbildern häufig über die Lage der schattenwerfenden Gegenstände ungenau unterrichtet ist, so kann es vorkommen, daß man die Standlinie der beiden Strahlungsquellen unzweckmäßig angenommen hat. Bei einer Nadel als Fremdkörper würde dieser Fall eintreten, wenn zufällig Nadel und Standlinie in einer und derselben Ebene lägen. Um eine solche unglückliche Wahl mit Sicherheit zu vermeiden, sieht P. H. EIJKMAN (*1.*) 1909 drei oder vier verschiedene Strahlungsquellen vor, die in einem Dreieck oder ebenen Viereck angeordnet sind, dessen Ebene zur Platte etwa parallel ist. Man kann dann jedenfalls eine günstigste Lage der

Zentren finden und die Lage des Fremdkörpers besser bestimmen als in dem ungünstigen Ausgangsfalle. Meßverfahren für Schattenbilder sind auf S. 202 u. 233 besprochen worden.

## Die theoretischen Ansichten.

Hier werden nacheinander wieder die hauptsächlichsten Aufgaben zu besprechen sein, die in diesem Zeitraum die Theoretiker der binokularen Instrumente beanspruchten. Es ist ganz verständlich, daß zuvörderst die Aufgaben fortgesetzt werden, die schon im vorigen Jahrzehnt die Geister beschäftigten. Dabei handelt es sich zunächst um die Genauigkeit der beidäugigen Ortsbestimmung. Einen Apparat, der im wesentlichen Unterrichtszwecken dienen sollte, beschrieb C. Pulfrich (*2.*) 1901. Es handelt sich dabei um ein linsenloses Stereoskop mit einfacher wandernder Marke. Ihm ließ er (*3.*) unmittelbar danach eine Prüfungstafel für stereoskopisches Sehen folgen, wobei gröbere und feinere Entfernungsunterschiede vorgeführt wurden; er wies dabei auch darauf hin, daß bei seinen Versuchen zum Bau des Entfernungsmessers Tiefenunterschiede von vielen geübten Beobachtern festgestellt worden waren, die einer Feinheit der Breitenwahrnehmung von 10″ und darunter entsprachen. — Eine allgemeine Herleitung der Fehlergrenzen auf den Beobachter zu und von ihm weg für beliebige Entfernungen und unter Berücksichtigung beliebiger Schärfen der Breitenwahrnehmung veröffentlichte M. von Rohr (*2.* 278). Wertet man diese Formeln für einen, dem Stereo-Telemeter $^1/_2$ m entsprechenden Fall aus (wobei aber eine genau 8 fache Vergrößerung angenommen sei), so erhält man für jene beiden Annahmen über die Einstellgenauigkeit die folgende Tafel:

| Entfernung des Gegenstandes in m | Fehlergrenze bei 30″ auf den Beob. zu | [vom Beob. fort] | Fehlergrenze bei 10″ auf den Beob. zu | [vom Beob. fort] |
|---|---|---|---|---|
| 200 | 1,44 | [1,48] | 0,48 | [0,49] |
| 250 | 2,25 | [2,29] | 0,76 | [0,76] |
| 300 | 3,24 | [3,31] | 1,09 | [1,09] |
| 350 | 4,40 | [4,51] | 1,48 | [1,49] |
| 400 | 5,73 | [5,90] | 1,93 | [1,95] |
| 450 | 7,24 | [7,48] | 2,44 | [2,47] |
| 500 | 8,93 | [9,26] | 3,01 | [3,05] |
| 600 | 12,8 | [13,4] | 4,33 | [4,40] |
| 700 | 17,4 | [18,3] | 5,89 | [5,99] |
| 800 | 22,6 | [24,0] | 7,68 | [7,83] |
| 900 | 28,5 | [30,4] | 9,71 | [9,93] |
| 1000 | 35,1 | [37,7] | 12,0 | [12,3] |
| 1500 | 77,6 | [86,5] | 26,9 | [27,8] |
| 2000 | 135,6 | [156,9] | 47,3 | [49,7] |
| 3000 | 295,1 | [367,3] | 105,3 | [113,2] |

Dabei entsprechen die Fehlergrenzen von 10″ den neueren Erfahrungen mit dem Entfernungsmesser, denn es zeigte sich, daß man bei vielen Beobachtern auf eine sehr hohe Sicherheit der Ortsbestimmung rechnen konnte. — Mit an diese Stelle gehören die Messungen der Einstellgenauigkeit, die O. HECKER (*1.*) und B. WANACH 1902 mit einem 8 fach vergrößernden Prismenfeldstecher anstellten, an dem die Achsenabstände $d$ im Gegenstandsraum zwischen den Grenzen von 33 und 113 mm beliebig gewählt werden konnten. Es ergab sich, daß die Einstellfehler beim HELMHOLTZischen Stäbchenversuch im umgekehrten Verhältnis zu $d$ standen. Bemerkt zu werden verdient, daß auch diese sorgfältigen Beobachter an der sogenannten HELMHOLTZischen Regel festhielten. — Hier schließen sich auch einige englische Arbeiten an, und zwar ist zunächst C. W. S. CRAWLEY (*1.*) zu nennen, dessen Anteilnahme hauptsächlich den Grundlagen der Entfernungsmessung gilt; er stellt mit 20 Beobachtern Versuche an und findet darunter 18, deren Beobachtungssicherheit auf einen $\eta$-Wert unter 20″ schließen läßt, der beste hat den erstaunlich hohen Wert (s. S. 219) von $\eta = 2'',3$.

Die zweite englische Arbeit von T. C. PORTER (*1.*) ist hier namentlich wegen der kurzen und einfachen Ableitungen für verschiedene Formeln hervorzuheben. Abgesehen davon versuchte der Verfasser den Wert für die kleinste Drehempfindung der Augen festzustellen; als Mittelwert stellte sich ihm etwa der Winkel ein, unter dem ihm 8 mm auf 3,25 m erschienen, also $\eta = 8,'4$. Merkwürdigerweise rechnete er mit diesem Werte, als wenn er für die Grenze der Tiefenwahrnehmung bestimmend wäre, und bekam daraus für die Grenze noch niedrigere Werte als seinerzeit FR. WÄCHTER (s. S. 217), nämlich nur 13 m im Mittel. Man kann wohl annehmen, daß die Tiefenwahrnehmung des Vortragenden überraschend gering war, sonst hätte ihn schon ein Blick aus dem Fenster lehren müssen, daß in seinem Ansatz ein Fehler stecken mußte. Daneben ging er noch auf die Instrumente zum beidäugigen Sehen im allgemeinen und auf die Messung der Wolkenhöhe im besondern ein. Dieser Vortrag erlaubt, sich ein Urteil über das damalige Verständnis der Grundlagen zu bilden, da er in einer nicht unwichtigen wissenschaftlichen Gesellschaft gehalten wurde, ohne Widerspruch hervorzurufen.

Eine andere Fragestellung erregte wohl noch mehr Anteilnahme, und zwar handelte es sich hier um die Beurteilung des Raumbildes, sei es, daß Raumgleichheit oder Raumähnlichkeit festgestellt oder die Abweichungen des Raumbildes von der Form des Raumdinges angegeben werden sollten. Den ersten Anstoß dazu gab eine Arbeit L. HEINES (*2.*) vom Dezember 1900; sie wird hier erst besprochen, weil sie in diesem Zeitraum namentlich auf Mediziner und Physiologen in ziemlich hohem Maße gewirkt hat. Er stellte fest, daß ein gewisser Zusammenhang zwischen der Entfernung und der Tiefe eines Raumdinges derart bestände, daß einzelne Beobachter in sehr verschiedenen Entfernungen ein richtiges Urteil über die Tiefe eines Raumdinges hätten, wenn sie die Entfernung nur zutreffend einschätzten; er selber nähme nur für nähere

Entfernungen ($^1/_2$—1 m) eine richtige „orthopische" Tiefenausdehnung an seinen Versuchsgegenständen wahr, in größerer Entfernung erschienen sie ihm abgeflacht. — Ungefähr zu gleicher Zeit äußerte sich A. ELSCHNIG (*1.*) in der photographischen und der ärztlichen Fachpresse dazu, und machte auf die Tiefenfälschung aufmerksam, die ihm immer aufgefallen sei, wenn er Neigungsaufnahmen gleicher Größe in einem Stereoskop mit gemeinsamer Ebene betrachtet habe. Dem sei versuchsmäßig dadurch abzuhelfen, daß man Halbbilder mit einem wesentlich kleineren Objektivabstande aufnehme. Er erkläre sich diesen Mißerfolg durch die Eigenschaft der photographischen Objektive, entferntere achsensenkrechte Ebenen durch den aufzunehmenden Gegenstand in geringerem, nähere in größerem Maßstabe wiederzugeben. — Dem trat HEINE (*3.*) noch in demselben Jahre mit der Äußerung entgegen, der Mißerfolg ELSCHNIGS sei auf eine Änderung in der Konvergenz zurückzuführen, wie sie die Verwendung des gewöhnlichen Stereoskops nach sich ziehe, denn seine Neigungsaufnahmen, die er zur Nachprüfung gemacht habe, wären zu einem raumrichtigen Sammelbilde verschmolzen worden, sobald er sie im HERINGschen Haploskop unter dem richtigen Konvergenzwinkel vereinigt habe. Als ungefähren Behelf könne man das ELSCHNIGsche Verfahren wohl gelten lassen. — Auch ELSCHNIG hat sich noch mehrfach zu dieser Frage geäußert, doch fallen die Überlegungen, die stets auf die psychologische Seite eingehen, aus dem Rahmen dieser Schrift heraus. — Aus Scheinbewegungen, die HEINE an den Plastischen Weltbildern SKLADANOWSKYS (s. S. 238) beobachtete, und die er zu erklären suchte, geriet er in einen Meinungsaustausch mit M. WEINHOLD (*1.*), der zur Erklärung eine Berechnung des Raumbildes versuchte, allerdings ohne an den möglichen windschiefen Verlauf des Hauptstrahlenpaares zu denken; später hat er (*2.*) dann ausdrücklich hervorgehoben, daß die Wahrnehmung des Raumbildes im Sinne dieser Darstellung durch vorhandene Vorstellungen von der wirklichen und der scheinbaren Größe unter Umständen entscheidend beeinflußt werde. — Auf die Vorführung der Einzelheiten der verschiedenen Ansichten kann hier verzichtet werden, da sich sehr bald der holländische Offizier L. E. W. VAN ALBADA (*2.*) zum Wort meldete, der diese Aufgabe in einer Weise behandelte, die in weitgehender Übereinstimmung mit den hier im ersten Teil vertretenen Ansichten steht. Er sucht solche Bilder zu erzielen, die die natürliche Größe, Gestalt und Lage der Netzhautbilder nicht ändern, und verwendet dazu Aufnahmen mit parallelen Achsen, wobei man ja in der Tat das größere Gesichtsfeld der neuzeitigen Aufnahmelinsen in einer zweckmäßigen und durchsichtigen Weise ausnutzt. Als Aufnahmebrennweiten empfiehlt er 6 cm; vor prismatischen Stereoskoplinsen sei zu warnen, da dadurch immer eine Verzeichnung hineingebracht werde (s. S. 60), die die Entfernungen fälsche. Auch vor Aufnahmen mit großem Linsenabstande solle man sich hüten, da man das Sammelbild nach der Erfahrung beurteile und dann natürlich Fehler in der Entfernung mache. Man könne auch ohne Bedenken Aufnahmen machen, bei denen die Objektivachsen nach oben oder nach unten zeigen, man müsse nur bei der Betrachtung den Aufnahmewinkel wieder herbeiführen. — Ungefähr zu gleicher Zeit beschäftigte sich derselbe Verfasser (*1.*) mit dem Einfluß der Akkommodation auf die Wahrnehmung von Tiefenunterschieden. Um das einäugige Tiefenzeichen zunehmender Gesichtswinkel bei der Annäherung auszuschließen, wählte er als Versuchsding ein im Dingraum mit telezentrischem Strahlengange betrachtetes Bilderpaar der beiden Hälften eines Glasstereogramms. Infolge der Akkommodationsanspannung hatte er trotz stets gleicher Bildgröße deutlich die Empfindung verschiedener Entfernung des Raumbildes, wenn ein Gehilfe das Glasstereogramm hin- und herschob. Zum Schluß wandte er seine Ergebnisse auf die Erklärung der Tapetenbilder (s. S. 53) an, die ihm bei gekreuzter Blickrichtung ferner erschienen, wenn er auf den Schnittpunkt der Blicklinien akkommodierte. — Auch der GRÜTZNERsche Aufsatz (*1.*) gehört an diese Stelle, wenngleich er sich weniger mit photographischen Aufnahmen als mehr mit den virtuellen Halbbildern beschäftigte, die ihm bestimmte Instrumente lieferten. Er hob (532) hervor, „es ist mir eben kaum möglich, „Gegenstände durch andere, undurchsichtige hindurchzusehen"; es ist das eine Erfahrung, die für solche Beobachter gegen die MACHschen Durchdringungsbilder spricht, und die auch bei den schwebenden Meßbändern der stereoskopischen Entfernungsmesser beispielsweise von G. FORBES (*2.*) gemacht wurde. Andere Beobachter, wie jedenfalls E. MACH (*1.*) und von neueren G. BUCKY (*1.*), haben solche Schwierigkeiten wohl nicht empfunden. Im weiteren Verlaufe seines Vortrags beschrieb P. GRÜTZNER seine Versuche mit einem HELMHOLTZischen Telestereoskop ohne Vergrößerung, bei denen er bekannte Raumdinge gar nicht modellähnlich sah, da er das Sammelbild offenbar in eine zu weite Entfernung verlegte. Zum Schluß erklärte er sich gegen die Bezeichnung einer Erhöhung der Plastik durch die neuen Prismenfeldstecher; da die Gegenstände des Sammelbildes ihm vielmehr kulissenartig (s. S. 216) angeordnet erschienen. — Gut zu den von GRÜTZNER behandelten Fragen paßt eine PULFRICHsche Arbeit (*11.*). Durch eine zweckmäßige Teilung der Strahlenbündel (sei sie physikalisch für jeden einzelnen Strahl oder geometrisch durch Aussonderung von Bündelgruppen) vermag er dem Benutzer eines Fernrohrs gleichzeitig mit einem Bilde ohne Achsenversetzung auch ein solches mit Achsenversetzung vorzuführen. Nach der auf S. 254 mitgeteilten Abbildung 135 verwandte er zur Trennung der Bündelgruppen ein rhombisches Prisma mit mehreren ausgesparten Zinken, dessen Einrichtung aus den neu entworfenen Ansichten Abb. 136 kenntlich wird. Dabei erscheint dann ganz nach den HELMHOLTZischen Forderungen das dem weiteren Objektivabstande entsprechende Bild kleiner und näher. Die BREWSTERschen und HELMHOLTZischen Arbeiten auf diesem Gebiet werden angeführt, und es wird auch die Verwendung dieses Gedankens zu Messungszwecken angedeutet, was aber an dieser Stelle nicht weiter verfolgt werden soll. In einer etwas früheren Arbeit (*4.*) hat C. PULFRICH nach den hier benutzten Schriften als erster nach

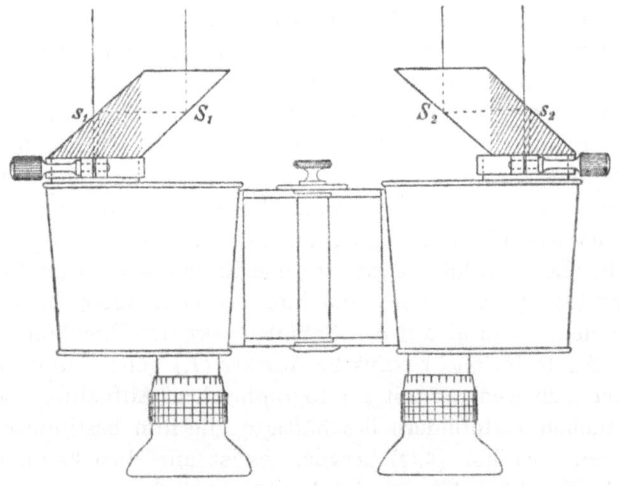


Abb. 135. C. PULFRICHS (*11.*) Vorkehrung, gleichzeitig zwei Raumbilder mit verschiedenem Abstande der scheinbaren Augenorte vorzuführen.

dem HELMHOLTZischen Einführungsvortrage vom Jahre 1857 die Richtigkeit jener späteren Regel für die Raumähnlichkeit des Sammelbildes bestritten und wenigstens für Punkte der durch die Fernrohrachsen gelegten Ebene den Beweis ihrer Unrichtigkeit geliefert. Er hat dabei auch die verschiedenen Fälle nacheinander besprochen, die sich ergeben können, wenn man mit vergrößernden oder verkleinernden Fernrohren, sei es mit weiterem oder mit engerem Objektivabstand, Raumdinge von endlicher Tiefe betrachtet. — Eine sehr knappe und gefällige Ableitung der Formeln für die Reliefperspektive, wie sie sich als Folge gegensinniger Verschiebung der beiden Halbbilder ergibt, findet sich in dem 1903 gehaltenen Vortrage LYNDON BOLTONS (*1.*). Der Verfasser führt von Theoretikern L. CAZES mit seinem auf S. 214 angegebenen Büchlein an, doch hätte er eine sehr wohl zu beachtende Vorgängerschaft schon bei H. HELMHOLTZ (S. 158) finden können. In hohem Maße lehrreich sind die Stereogramme, womit er das Wesen der Reliefbilder seinen Lesern nahezubringen sucht. — Wieder mehr zu der ELSCHNIGschen Aufnahme äußerte sich W. SCHEFFER (*1.*) bei der Beschreibung seiner oben erwähnten, von LEISS ausgeführten Kammer für schwach vergrößerte Halb-

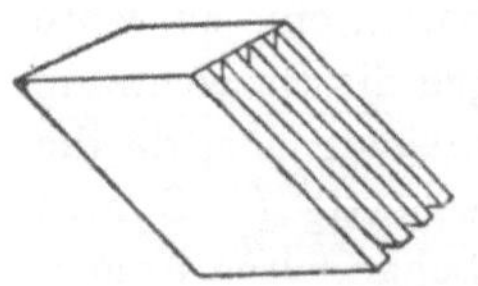

Abb. 136.
Seitenansicht — Ansicht von vorn
eines PULFRICHschen Zinkenprismas.

bilder. Er machte (291) eine der ELSCHNIGschen entsprechende Beobachtung, daß nämlich Aufnahmen mit einem Objektivabstande von 65 mm im Stereoskop mit gemeinsamer Bildebene übertrieben tief erschienen. Als Abhilfsmittel empfahl auch er nicht etwa ein richtig gebautes Stereoskop, sondern eine Verminderung der Achsenneigung bei der Aufnahme auf etwa 3 Grad. Er (*2.*) ist dann später für Zwillingsaufnahmen zu der alten CLAUDETschen Regel (S. 114) übergegangen, wonach ein richtiges Stereoskop so gebaut sein müßte, daß die Gleichung gelte

$$\frac{\text{Aufnahmebrennweite}}{\text{Objektivabstand}} = \frac{\text{Betrachtungsbrennweite}}{\text{Augenabstand}},$$

und hat für Vergrößerungen schließlich (*3.*) noch einen andern Ausdruck angegeben, dessen Einhaltung die Raumrichtigkeit des Eindrucks gewährleisten sollte; dabei handelte es sich aber nicht um die hier vertretene Auffassung, wo das Sammelbild selbst dem Raumding ähnlich sein soll.

In diese Gemeinschaft gehört auch die Darstellung, wie sie für die zweite Auflage des CZAPSKIschen Handbuchs von M. VON ROHR (*2.*) zum beidäugigen Sehen geliefert wurde. Verständlicherweise stand er unter dem Einfluß der GREENOUGHschen Anschauungen, betonte in seiner Darstellung die Raumähnlichkeit oder die Abflachung der Sammelbilder in den wichtigsten binokularen Instrumenten und gab für die Grenzen der Tiefe die genauen Formeln an. Wie er (*8.* III) selber erkannte, sind fast alle diese Ergebnisse schon früher gefunden worden. Immerhin aber hatte ihn diese Arbeit mit den vorliegenden Aufgaben vertrauter gemacht, so daß er sich den um diese Zeit an ihn herantretenden Arbeiten am Veranten besser vorgeschult widmen konnte. Eine Darstellung der hauptsächlichsten Aufgaben dabei gehört in die Geschichte der Betrachtungshilfen für photographische Aufnahmen; hier sei nur eben erwähnt, daß es sich um eine von Verzeichnung und Astigmatismus schiefer Büschel freie, für das direkte Sehen bestimmte Lupe handelte, zu der A. GULLSTRAND 1901 die Anregung gegeben hatte. Auf den damit ausgerüsteten Doppelveranten ist bereits auf S. 242 hingewiesen worden; eine Darlegung der Ziele bei der Herstellung des Instruments mit besonderer Betonung des Wunsches, die Tiefenfälschungen der Reliefperspektive auszuschließen, findet sich bei M. VON ROHR (*4.*). — Daß sich bei diesen Arbeiten der Wunsch einstellte, die Vorgängerschaften kennen zu lernen und die Zusammenhänge in der Geschichte der binokularen Instrumente aufzudecken, ist ebenfalls verständlich; die Arbeit (*8.*) ist die erste Verwirklichung dieses Wunsches. Zwischenein ergab sich demselben Wissenschafter ein umfassenderes Tiefenkennzeichen, während er einen Weg weiter verfolgte, den E. ABBE (*1.*) 25 Jahre vorher eingeschlagen hatte. Da diese Überlegungen im ersten Teile dieser Arbeit benutzt worden sind, so bedarf es hier keiner nochmaligen Auseinandersetzung. War ihm so die Bedeutung davon aufgegangen, daß die Menschenaugen einander stets die Nasenseiten zukehren, so zeigte eine weitere Überlegung die Bedeutung der natürlichen (entozentrischen) Perspektive für das Einzelauge, wiederum in der Weiterverfolgung eines von seinem verehrten Meister gewiesenen Weges. So konnte er zeigen (*6.*), daß die überhaupt möglichen Formen der beidäugigen Raumanschauung von zwei voneinander unabhängigen Veränderlichen abhingen, nämlich von der Lage der scheinbaren Augendrehpunkte zueinander und von der Lage jedes einzelnen scheinbaren Drehpunkts zu dem Raumdinge selbst. Dadurch wurden einmal die Art der Tiefenwiedergabe und ferner die Natur der Perspektive für das Einzelauge bestimmt. Aus dieser Erkenntnis floß die Forderung, die Möglichkeiten der Raumanschauung nach Art einer Determinante, also als eine Tafel mit doppeltem Eingange, anzuordnen. Unterscheidet man die Möglichkeiten der Perspektive durch die Ausdrücke ***ento-***, ***tele-*** und ***hyperzentrisch***, die Möglichkeiten der Drehpunktslage durch ***natürlich***, ***zusammenfallend*** und ***gekreuzt***, so erhält man die folgende Tafel:

| | | |
|---|---|---|
| **I entozentrisch**<br>**1 natürlich** | **II telezentrisch**<br>**1 natürlich** | **III hyperzentrisch**<br>**1 natürlich** |
| **I entozentrisch**<br>**2 zusammenfallend** | **II telezentrisch**<br>**2 zusammenfallend** | **III hyperzentrisch**<br>**2 zusammenfallend** |
| **I entozentrisch**<br>**3 gekreuzt** | **II telezentrisch**<br>**3 gekreuzt** | **III hyperzentrisch**<br>**3 gekreuzt.** |

Aus Gründen der Raumknappheit verbietet sich hier ein näheres Eingehen, doch sei bemerkt, daß sich ein jedes der Eckgebiete weiter in 9 Untergruppen einteilen lassen würde; am meisten Anklang findet der praktischen Bedeutung wegen eine solche Einteilung je nach den Eigentümlichkeiten der entozentrischen Perspektive und der Länge des Abstandes der natürlich gelagerten scheinbaren Drehpunkte verständlicherweise für $I_1$. — Die darauffolgende Arbeit (*7.*) gibt den Beleg durch Instrumente, die wenigstens die hauptsächlichsten Fälle vor Augen führen können; sie sind bereits vorher bei den einzelnen Geräten besprochen worden, wo es nötig erschien.

Überblickt man die ganze Entwicklung der binokularen Instrumente, so läßt sich ein merkwürdiger Gegensatz zwischen der Art gescheiter Liebhaber und der wissenschaftlich geschulter Fachmänner nicht verkennen. Beide fördern wohl das Ziel der Verbesserung der Instrumente, aber das geschieht doch in sehr verschiedener Weise.

Am beidäugigen Sehen ist wohl vom Beginn der wissenschaftlichen Optik an gearbeitet worden, doch mußten sich die Griechen auf das physiologisch-psychologische Gebiet und die einfachen Versuche mit dem Hohlspiegel beschränken, da sie optische Instrumente im heutigen Sinne nicht entwickelt haben. — Dies geschah mit der beidäugigen Brille erst im Mittelalter, vor 1352, ohne daß man indessen auf die Beidäugigkeit des Benutzers anders als in bescheidener Weise Rücksicht nahm, indem dessen Hauptblickrichtungen bei der Anpassung etwa durch die Mitten der Brillengläser treten sollten. Als dann 1608 das holländische Fernrohr von einem Brillenmacher erfunden worden war, paßte man es als zusammengesetzte Brille sogleich beiden Augen an, und in dem nun folgenden Abschnitt der hauptsächlichen Tätigkeit der Ordensgeistlichen hat man sich mit Liebe und Verständnis auch dem holländischen Doppelfernrohr hingegeben, ohne indessen für den beidäugigen Gebrauch einen weiteren Vorteil festzustellen als den einer etwas größeren Helligkeit. Immerhin haben die beidäugigen Perspektive auch ohne Farbenhebung ein bescheidenes Leben bis in den Anfang des 19. Jahrhunderts fristen können. Die weltliche Wissenschaft des 18. Jahrhunderts hatte für das beidäugige Sehen nicht viel Herz, und weitere Kreise nahmen wohl nur an der beidäugigen Farbenmischung teil, über die bis in Wheatstones Zeit hinein ein reger Streit geführt wurde; auch die alten Hohlspiegelversuche wurden fortgesetzt und erfuhren im Anfang des 19. Jahrhunderts gelegentlich eine durchaus zutreffende Erklärung, ohne aber die Aufmerksamkeit mehrerer Forscher auf sich zu ziehen. Die Wiedererfindung des holländischen Doppelglases, bald auch des doppelten Erdfernrohrs, ging der bahnbrechenden Erfindung des Stereoskops nur wenig zuvor. Dieses Gerät blieb für längere Zeit der Hauptvertreter der binokularen Instrumente, und seine Blütezeit begann, als sich neben den Vertretern der reinen Wissenschaft gescheite Liebhaber mit ihm zu beschäftigen anfingen. Dieser Zeitraum steht, was die durchschnittliche Kenntnis und die teilnehmende Würdigung des Instruments angeht, weitaus am höchsten. Gewiß werden sich auch damals viele Photographen in rein nachahmenden Ausführungen gefallen haben, aber die Schwierigkeit der zu jener Zeit gebräuchlichen Verfahren hatte von selbst den großen Vorzug, nur die Ausgewählteren zuzulassen, und so fand sich denn eine Schar von Gelehrten aus aller Herren Ländern und wesentlich englischer Liebhaber auf diesem Gebiete zusammen. Sie alle waren in dem Streben einig, die Grundlagen ihres Gebiets zu verstehen, seine Grenzen zu erweitern und dunkle Punkte nach besten Kräften aufzuklären. Das Handwerkszeug war nach den heutigen Begriffen mangelhaft, und die persönliche Geschicklichkeit mußte angestrengt werden, um die glänzenden Erfolge jener Zeit hervorzubringen. Ganz bewußter Weise stellte man die Forderung beidäugiger Beobachtung auch für das Mikroskop und schuf dadurch für die Länder englischer Zunge eine wertvolle Erweiterung der Hilfsmittel für die Forschung. Diese binokularen Instrumente wurden auch in der Zeit der Abkehr vom Stereoskop von verständnisvollen Benutzern, an denen die englischen Gesellschaften glücklicherweise reich waren, sehr hochgehalten und zu stetiger Arbeit verwendet. Das eigentliche Stereoskop aber erlitt besonders in dem Lande seiner Erfindung einen unaufhaltsamen Rückgang. Durch gewissenlose Überschwemmung des Marktes mit Schundwaren wurde die Teilnahme der weitesten Kreise erstickt, und widerstrebend folgten die gescheiten Liebhaber dem Beispiele der Wissenschafter, die diesem Gebiete schon früher den Rücken gekehrt hatten. In dem langen Zeitraum des Rückganges verlor sich nicht ganz die Kenntnis — das Stereoskop gehörte ja zu dem eisernen Bestande der Physikbücher — wohl aber das Verständnis dieses Instruments, denn die kleine, im Laufe der Jahre immer mehr zusammenschwindende Schar der Verehrer war ganz außerstande, die Anteilnahme weiterer Kreise wach zu halten. Als sich dann ein Vierteljahrhundert nach jener Zeit des Raubbaus ein neues Geschlecht mit den binokularen Instrumenten beschäftigt, da sind die Leistungen der Blütezeit im einzelnen vergessen, und sie werden wenigstens zum Teil neu gemacht. Aber die neue Zeit trägt ein ganz anderes Gesicht als die alte. Bei den photographischen Verfahren waren in der Zwischenzeit solche Verbesserungen nach der optischen und solche Erleichterungen nach der chemischen Seite eingeführt worden, daß die aussondernde Wirkung der schwierigen Verfahren der älteren Zeit in Fortfall kam; bei den binokularen Instrumenten zur unmittelbaren Beobachtung waren aber besondere Schwierigkeiten von jeher nicht vorhanden gewesen. So ist es ganz verständlich, daß die stereoskopische Beobachtung wieder Mode werden konnte, aber leider fehlte der Stamm tüchtiger Liebhaber, der der älteren Zeit ihr Gepräge gab. Woher sollten sie auch kommen, da der Reiz der eigenen Erfindung, die selbständige Überwindung von Schwierigkeiten fast völlig aufgehört hatte? Denn für die neue Zeit ist es im Gegensatz dazu bezeichnend, daß in richtiger Erkenntnis der veränderten Lage der wissenschaftlich geschulte Fachmann in der Optik und unter Umständen auch im Kammerbau die Führung übernimmt und seinen Scharfsinn und sein technisches Geschick zur Herstellung von Werkzeugen verwendet, die denen der älteren Zeit ebensoweit überlegen sind, wie die alten Praktiker den neuen. So geht es mit der stereoskopischen Photographie, und nicht anders steht es bei den Doppelfernrohren und Doppelmikroskopen, den stereoskopischen Entfernungsmessern und den Stereokomparatoren. Häufig schon die Anregung, jedenfalls aber die Durcharbeitung geht von Sonderfachleuten aus, und verständlicherweise bleibt der großen Menge der Benutzer bei dem Schauspiele dieser Erfindungen nur die bequeme Rolle des staunenden Zuschauers. Die Neigung der Wissenschafter von heute, sich rasch einem engbegrenzten Gebiete zuzuwenden und dies allein als Sonderforscher zu beherrschen, kommt dieser betrübenden Richtung der Entwicklung entgegen, und man verlangt von dem Benutzer eines binokularen Instruments schon gar nicht mehr die Kennerschaft. Vielmehr ist es heute den meisten nur noch um die Leistung zu tun, und die Freude an dem zugrunde liegenden Gedanken, die verständnisvolle Teilnahme für das Instrument, ist dahin. Um so mehr ist es die Aufgabe gerade der Sonderfachleute, auf eine Erweckung der Anteilnahme in weiteren Kreisen zu wirken, und das wird kaum anders möglich sein als durch eine verständliche Darstellung der Lehre von den beidäugigen Instrumenten und ihrer Entwicklung, wofür in der neueren Zeit doch wenigstens einige Ansätze gemacht worden sind. Nur durch eine solche tätige Mitwirkung an den wissenschaftlichen Aufgaben dieses Gebietes kann die Gefahr einer bloßen Nachtreterei beschworen werden, die schon häufig infolge eines kurzsichtigen Festhaltens an allen Meinungen anerkannter Meister die Entwicklung dieses Wissensgebietes gehemmt hat.

# Systematischer Teil.

## Vorbemerkungen.

Die Verwertung der Angaben, die in dem vorangegangenen geschichtlichen Teile zusammengetragen worden sind, wird durch die folgende systematische Anordnung sicherlich erleichtert. Sie enthält übrigens keine andern Gesichtspunkte, als sich im Laufe der vorher geschilderten Entwicklung ergeben haben, und erhebt durchaus nicht den Anspruch, etwa eine ganz allgemein ausreichende Einteilung zu bieten.

Im Vorstehenden ist bereits an manchen Stellen auf die Grundsätze aufmerksam gemacht worden, nach denen eine solche Einteilung vorgenommen werden könnte, doch mögen sie hier noch einmal im Zusammenhange Platz finden.

Der ganzen Darstellung entsprechend ist der Begriff des tiefenrichtigen und des tiefenverkehrten Raumbildes aus der Strahlenbegrenzung abzuleiten, und zwar kommt es allein darauf an, ob die Stellung der scheinbaren Augenorte natürlich oder gekreuzt ist. Bei einer einheitlichen Abbildung ist die zweite Möglichkeit ausgeschlossen, dagegen kann sie sich bei zwei getrennten Abbildungen einstellen. Es ist indessen nicht notwendig, daß dies durch sammelnde Flächen oder Linsen geschehe, vielmehr genügt hier eine Verschiebung der scheinbaren Augenorte nach rechts und links oder eine Spiegelverkehrung, wie sie sich durch einen Satz von spiegelnden Ebenen oder Prismen herbeiführen läßt. Diese einfachen Grundformen sind denn auch in mannigfacher Weise, entweder allein für sich oder in Verbindung mit sammelnden Vorkehrungen, sowohl einheitlich wie getrennt wirkenden, benutzt worden.

Wurde hier die Strahlenbegrenzung berücksichtigt, soweit sie sich auf das beidäugige Sehen bezog, so spielt sie in der Einteilung selbstverständlich auch für das einzelne Auge eine Rolle. Das Halbbild kann zentrisch betrachtet werden oder abweichend davon, wobei sich im zweiten Falle, wenn überhaupt ein Raumbild im strengen Sinne zustande kommt, allgemein Raumverzerrungen ergeben. Hält man aber an der zentrischen Betrachtung fest, so ist es von Wichtigkeit, ob die ursprünglichen Gesichtswinkel erhalten bleiben, und damit die Möglichkeit bloßer Wiederholung gegeben ist, oder ob sie verändert werden, was dann zu Tiefenänderungen führen kann. Im allgemeinen wird es sich um Vergrößerungen der Winkel und um Abflachungen handeln, doch kommen auch Fälle vor, wo der allgemeinere Begriff der Sammelwirkung besser paßt, da die Gesichtswinkel verkleinert werden.

Was nun die Entstehung der Halbbilder angeht, so findet hier die Unterscheidung der ununterbrochenen und der unterbrochenen Abbildung ihre Stelle, die häufig aber durchaus nicht immer mit dem üblichen Begriffe der subjektiven und der objektiven Betrachtung zusammenfällt, und die daher zu größerer Schärfe anzuwenden war. Von unterbrochener Abbildung wird stets zu sprechen sein, wenn dem durch das beidäugige Sehen entstehenden Bildraum kein einheitlicher Dingraum gegenübersteht.

Bei der Herstellung der Halbbilder handelt es sich in vielen Fällen der unterbrochenen Abbildung, namentlich der so überwiegend wichtigen photographischen, um eine Sammelwirkung, die in gewisser Weise der Vergrößerungswirkung entspricht, wovon bei der Strahlenbegrenzung des Einzelauges die Rede war.

Größere Schwierigkeiten stellen sich bei der unterbrochenen Abbildung da ein, wo das Halbbild nur uneigentlich vorliegt, indem etwa aus einem dem Einzelauge dargebotenen Körper erst das Abbild entworfen zu denken ist. Für das Einzelauge, dem ja von ganzem Dingraum nur solche Abbilder zugänglich sind, macht das keinen Unterschied, doch war hier auf diese Verhältnisse hinzuweisen, damit man die nahe Verwandtschaft wischen diesen uneigentlichen Abbildern und den vertrauteren greifbaren Abbildsbildern deutlich erkenne. Hierher gehören auch die Lösungen jener ziemlich heiß umworbenen Aufgabe, eine einzelne Zeichnung beidäugig im Raume zu sehen. Wird von ihr eine Kopie erzeugt, eine greifbare, oder ein virtuelles Bild, und erteilt man diesen beiden Darstellungen für jedes Auge eine Drehung im entgegengesetzten Sinne, so entsteht für jedes Auge ein von dem anderen verschiedenes Abbild, und jene Aufgabe ist gelöst. Nur freilich befriedigt diese Lösung nicht besonders.

Die Gegenüberstellung der bloßen Betrachtung und der beurteilenden Bewertung des Raumbildes erscheint zweckmäßig, weil sich so in einfacher Weise das ziemlich viel bearbeitete Gebiet einmal der tiefenrichtigen und der tiefenverkehrten und dann das der raumähnlichen und der raumverzerrten Raumbilder abgrenzen läßt. Daß hierbei in jedem Einzelfalle überall auch der Erfahrung entstammende und schwer faßbare Einflüsse eine Rolle spielen, ist gewiß, doch waren sie nach der ganzen Anlage dieser Schrift hier gänzlich auszuschließen.

Die umfassendste Einteilung beruht auf der Anzahl der gleichzeitig dem Beobachter dargebotenen Räume; hierin bot sich eine einfache Absonderung der in neuester Zeit mit so viel Erfolg ausgebildeten binokularen Meßinstrumente.

Das Blatt mit den Hauptgruppen der Einteilung ist mit Absicht an den Schluß, hinter Seite 303, eingeklebt worden. Es ist herauszuziehen und dient dann gleichzeitig als Hinweis für die mit Ziffern bezeichneten kleinsten Unterabteilungen. Diese finden sich auf den hier unmittelbar folgenden Seiten 262—271. Vor dem Titel einer jeden Unterabteilung findet sich die arabische Ziffer, durch die diese Unterabteilung in dem Gruppenblatt vertreten ist. Die Zahlen hinter jeder geschichtlichen Angabe oder Anführung geben die Seiten in dem geschichtlichen Teil an.

## Systematische Anordnung.

(Das Gruppenblatt hinter S. 303 ist herauszuziehen.)

### 1. Strahlenbegrenzung durch die Augen selbst (Erforschung der Vorgänge beim direkten Sehen mit freien Augen und durch eine Brille.)

Um 300 v. Chr. EUCLID bemerkt, man könne beidäugig um eine kleine Kugel gleichsam herumsehen 18.

Um 150 n. Chr. GALENs beidäugige Betrachtung einer Säule und ihres Hintergrundes 19.

Um 200 Die PTOLEMAEischen Versuche an dem Horopter, mit der Verschmelzung zweier verschiedener Doppelbilder, mit beidäugiger Mischung von Schwarz und Weiß 19.

Um 1000 Beschränkte Aufnahme der PTOLEMAEischen Versuche durch IBN AL HAITHAM 20.

1584 L. DA VINCIs allgemeiner Unterschied gegen das einäugige Sehen 31.

1604 Die KEPLERsche Lehre vom beidäugigen Sehen: Vermessung von den Enden der Augenstandlinie 22.

1613 FR. AGUILLONs Arbeiten am Horopter 23.

1625 Feststellung des Augenabstandes durch A. M. SCHYRL 27.

1637 Das CARTEsische Gleichnis des mit zwei Stöcken tastenden Blinden 23.

1677 Feststellung des Augenabstandes durch CHÉRUBIN D'ORLÉANS 28.

1685 Feststellung des Augenabstandes durch J. ZAHN 30.

1735 J. B. WIEDEBURGs Feststellung der Tiefe durch abtastendes Fixieren 23.

1738 R. SMITH äußert sich entsprechend 31.

1775 Ortsbestimmung naher Gegenstände durch Konvergenz nach J. HARRIS 34.

1834 CH. WHEATSTONEs Nachweis, die Tiefenwahrnehmung entstehe durch Verschmelzung zweier verschiedener Halbbilder 45.

1839 J. FRIES gibt die Grenze der beidäugigen Tiefenwahrnehmung mit etwa 300 m an 26.

1841 E. BRÜCKE 50 und C. TH. TOURTUAL 52 erklären sich für abtastendes Fixieren.

C. TH. TOURTUAL führt die „Horopter"-Ebene (Einstellebene) für das direkte Sehen ein 52.

1843 A. PRÉVOST 53 und BREWSTER 55 äußern sich wie BRÜCKE.

1866 Die HELMHOLTZische Versuchsanordnung für die Genauigkeit der Tiefenwahrnehmung 159.

1867 Die CLAUDETsche Messung der Genauigkeit der Ortsbestimmung 151.

1896 FR. WÄCHTERs Versuch einer solchen Bestimmung 217.

1898 G. M. STRATTONs sorgfältige Versuche dieser Art 217/18.

1899 Derartige Versuche von C. PULFRICH, B. BOURDON und L. HEINE 218/19.

1900 E. HERINGs Erklärung dieser hohen Genauigkeit 218.

1905 C. W. S. CRAWLEYs Bestimmungen dieser Genauigkeit 251.

1907 T. C. PORTERs Ansichten 251.

**Das Auftreten der beidäugigen Brille.**

6. Jahrh. Schielmasken nach PAULUS von Aegina 20.

1352 Arbeitsbrille mit doppelten Gläsern 36.

Um 1570 Anpassungsregeln für große und kleine Brillen 37.

Um 1600 Anpassungsmöglichkeiten der Regensburger Brillenmacherordnung 42.

1623 Angaben von DAZA DE VALDES 21.

1686 J. ZAHNs Anpassungsvorschriften 43.

1689 C. MEYERs Vorschläge 43.

1756 B. MARTINs visual spectacles 43.

1792 G. WELLSens Theorie der beidäugigen Altersbrille 44.

Vor 1805 Die englischen Fernrohrbrillen für kurzsichtige Astronomen 39.

1806 J. G. A. CHEVALLIERS Fernrohrbrille 39.

1818 G. VIETHS Theorie der beidäugigen Fernbrille Kurzsichtiger 44.

1826 J. I. HAWKINSens Dreistärkenbrille 43.

1844 CH. CHEVALIERS prismatische Brille 63.

1846 Erwähnung des Klemmers in Paris 63.

1847 C. F. DONDERS schlägt prismatische Brillen nach W. KRECKE vor 63.

1849 Die DILLENSEGERsche Fernrohrbrille 64.

1852 E. DU BOIS-REYMOND wendet das Stereoskop zu Übungen für Schielende an 79.

1859 Die BRÜCKEsche Dissektionsbrille 79.

1860 Die Ansichten F. GIRAUD-TEULONS über Brillenanpassung 80.

Die Augenärzte beginnen Zylindergläser anzuwenden, um den Augenastigmatismus zu heben 128.

1864 Englische, 128.

1866 Deutsche Ausgabe des DONDERSischen Lehrbuchs 128.

1876 WADWORTHens Tiefenfälschung durch eine Zylinderlinse mit senkrechter Achse 162.

BOETTCHERS Verwendung des RIDDELLschen Prismensatzes als Brille 162.

1889 Die Arbeiten von F. HALSCH und H. PERELES über den Zusammenhang von Akkommodation und Konvergenz 162.

1893 H. FRIEDENWALDS Tiefenfälschungen durch Zylinderlinsen mit symmetrisch gelagerten schiefen Achsen 191.

1894 J. COTTETS Fingerkneifer 192.

1901 C. HESSens Arbeiten über den Zusammenhang zwischen Akkommodation und Konvergenz 221.

1905 H. FEILCHENFELDS Tiefenfälschung durch Zylinderlinsen 222.

1910 ROHRsche Theorie der beidäugigen Fernrohrbrille 222.

### 2. Scheinbare Augenorte, entworfen meist durch ebene Spiegelflächen.

#### Die scheinbaren Augenorte in verringertem Abstande.

1853 F. H. WENHAMS Verwendung des RIDDELLschen Prismensatzes 81.

1860 A. ROLLETS Plattenwinkel 88.

#### Die scheinbaren Augenorte in erweitertem Abstande.

1853 Die letzte Form der HARDIEschen Pseudoskope 85.

1857 Das HELMHOLTZische Telestereoskop 86.

Das HELMHOLTZische ablenkende Spiegelpaar 87.

1858 F. H. WENHAMS Anspruch auf das Telestereoskop vom Jahre 1853 88.

1860 A. ROLLETS Plattenwinkel 88.

1875 A. RIGHIS Polystereoskop 178.

#### Die scheinbaren Augenorte in gekreuzter Lage.

1852 Das WHEATSTONEsche Pseudoskop 76.

1853 Die beiden ersten Formen der HARDIEschen Pseudoskope 85.

1875 A. RIGHIS Polystereoskop 178.

1889 J. R. EWALDS Pseudoskop 178.

1898 G. M. STRATTONS Pseudoskop 218.

### 3. Die Ortsbestimmung optischer Bilder an einfachen Instrumenten.

#### An Hohlspiegeln.

Um 100 v. Chr. ARTEMIDOR 18.

Um 200 n. Chr. PTOLEMAEUS 20.

1589 G. B. PORTA 21.

1604 J. KEPLER 22.

1611 A. MAGINI 21.

1623 DAZA DE VALDES 21.

1646 A. KIRCHERS einfache Form 21.

1651 D. SCHWENDTER und G. H. HARSDÖRFFER 24.

1657 A. KIRCHERS vollkommenere Form 25.

1663 J. CH. KOHLHANS 24.

1669 I. BARROW 30.

1675 Z. TRABER 25.

1738 R. SMITH 32.

1775 J. HARRIS 34.

1793 A. BÜRJA 26.

1813 K. B. MOLLWEIDE? 26.

1814 A. ZACHARIAE 26.

1899 BERTA HORSTMANNS lebende Büsten 195.

1907 FR. SALLÉS lebende Puppen 229.

#### An einer auf der Drehbank polierten Scheibe.

Vor 1834 CH. WHEATSTONE 45.

#### An Linsen.

1589 J. B. PORTA 21.

1604 J. KEPLER 21.

1775 J. HARRIS 33/34.

1799 J. H. LAMBERT 34.

1910 J. G. BOSTOCKS lebende Puppen 229.

## 4. Die Ortsbestimmung der Bilder an zusammengesetzten Instrumenten.

**Die scheinbaren Augenorte in verringertem Abstande.**

Lupen.

1852 J. L. RIDDELL 80.
1863 R. BECK 131.
1867 A. NACHET 134.
1904 G. JÄGER 223.

Augenspiegel.

1861 F. GIRAUD-TEULON 130.
1874 .. BOETTCHER 164.
1901 W. THORNER 224/25.

Mikroskope mit einem einzelnen Objektiv.
Mit spiegelnden Prismen.

1853 J. L. RIDDELL 83.
A. NACHET 83.
1860 F. H. WENHAM 129.
1863 A. NACHET 134.
1866 L. JAUBERT 133.
1871 J. W. STEPHENSON 163.
1879 H. GOLTZSCH 165.
1880 E. J. MOLERA und J. C. CEBRIAN 169.
1882 H. GOLTZSCH 165.

Mit brechenden Prismen.

1860 F. H. WENHAM 128.
1873 F. H. WENHAM 163.

Stereoskopische Okulare.

1865 R. B. TOLLES 131.
1879 A. PRAZMOWSKI 163.

Fernrohre.

1858 A. A. BOULANGER und M. PH. POUDRILHÉ schlagen die Verwendung eines RIDDELLschen Prismensatzes hinter einem Objektiv vor 90.

1866 Ein gleiches tut L. JAUBERT 136.

1873 Ausführung dieses Gedankens durch LAFLEUR und ROULOT mit negativen Okularen 171.

1877 W. H. THORNTHWAITEs stereoskopisches Okular mit halbdurchlässiger Versilberung in der WENHAMschen Anlage 172.

Dunkle Kammern.

1864 Unbekannter Erfinder aus belgischer Quelle 73.

1879 J. BISCHOF 178.

1901 TH. BROWN 227.

**Die scheinbaren Augenorte fallen zusammen.**

Ganze Mikroskope mit einem Objektiv.

1854 Erstes Auftreten einer nur zweiäugigen Beobachtung bei F. H. WENHAM 83.

1866 Verwirklichung durch P. H. LEALAND 131.

Verwendung des SWANschen Würfels durch F. H. WENHAM 132.

Stereoskopische Okulare.

1880 E. ABBES Verwendung des SWANschen Würfels 166.

1903 Umgestaltung der WENHAM-ABBEschen Anlage durch FR. E. IVES 224.

W. THORNERs stereoskopisches Okular zum Augenspiegel 225.

1908 O. RINGLEBs stereoskopisches Okular zum Kystoskop 226.

**Die scheinbaren Augenorte liegen gekreuzt.**

1853 F. H. WENHAMS erste binokulare Mikroskope 82.

1863 A. NACHETS Vorschläge 134.

## 5. Die scheinbaren Augenorte in natürlicher Lage.

**Doppelfernrohre.**

Der Abstand der scheinbaren Augenorte ist im wesentlichen unverändert.

1608 J. LIPPERHEYS holländisches Fernrohr 37.

1625 Benutzung der Parallelverschiebung zur Anpassung an den Augenabstand durch D. CHOREZ 38.

A. M. SCHYRLs doppelte Erdfernrohre 27.

1677 CHÉRUBIN D'ORLEANS und seine besonders sorgfältige Anpassung an den Ding- und den Augenabstand (dies auch für astronomische Doppelrohre) 28/29.

1726 Das Mailändische Doppelfernrohr 113.

1738 R. SMITHens Vorschlag einer Verbindung zweier GREGORYscher Spiegelrohre 33.

1741 Süddeutsche Doppelrohre 39.

1758 Doppelfernrohre des älteren SELVA 39.

1787 Doppelfernrohre des jüngeren SELVA 39.

1823 FR. VOIGTLÄNDERS Doppelfernrohre 40.

1825 B. WIEDHOLDS und A. SCHWAIGERS Anpassung an den Augenabstand 40.

J. PH. LEMIÈRES Ausgestaltung des doppelten Opernglases mit Anpassung an den Augenabstand und gemeinsamer Scharfstellung 41.

1827 CH. T. BAUTAINS Doppelfernrohr 41.

1836 J. G. A. CHEVALLIERS jumelles centrées 42.

1840 J. HUDSONS Erwähnung doppelter Erdfernrohre 42.

1841 J. J. CHOQUETS Okularrevolver am Opernglase 64.

1843 J. PETZVALS verbesserte Doppelgläser 64.

1848 .. VALLACKS doppelte Himmelsfernrohre 64.

1854 .. HARDWEILERS Verwendung von Teleobjektiven in doppelten Operngläsern 89.

P. G. BARDOUS doppelte Erdfernrohre 89.

1858 A. A. BOULANGERS und M. PH. POUDRILHÉS astronomisches Doppelfernrohr 89/90.

1859 A. A. BOULANGERS Prismendoppelfernrohr mit Anpassung an den Augenabstand 90/91.

1864 J. WATSONS astronomisches Doppelfernrohr 135.

1866 L. JAUBERTS Vorschläge 135.

1881 H. GOLTZSCHENS astronomisches Doppelfernrohr 173.

1884 Prismendoppelfernrohr nach C. D. AHRENS 174.

1897 M. HENSOLDTS doppeltes Erdfernrohr 199.

1898 K. FRITSCHENS doppeltes Erdfernrohr mit veränderlicher Vergrößerung 199.

Der Abstand der scheinbaren Augenorte ist verändert (meist erweitert).

1857 H. HELMHOLTZENS Telestereoskop mit Fernrohrvergrößerung 92/93.

1858 W. HARDIES Anspruch für die Zeit nach 1853 91.

F. H. WENHAMS Anspruch für das Jahr 1853 88.

1859 J. F. HERSCHELS Anspruch für seinen Sohn und das Jahr 1855 92.

1875 C. NACHETS Prismendoppelfernrohr 172.

1893 E. ABBES Feldstecher, Scherenfernrohre, Relief-Standfernrohre 196.

1895 LEMAN-SPRENGERsche Prismendoppelfernrohre 197.

1896 Gelegentliche Herstellung ZEISSischer Feldstecher mit verringertem Achsenabstande 216.

1897 Prismendoppelfernrohre nach A. DAUBRESSE 198.

HENSOLDTsche Prismenfeldstecher 199.

1905 R. STRAUBELS Hypoplast 230.

1906 C. P. GOERZENS Theaterglas mit verkleinertem Achsenabstande 231.

1907 A. KÖNIGS Hyposkop 230.

**Doppellupen und -mikroskope.**

1866 E. JAVALS Doppellupe 133.

L. JAUBERTS Vorschläge 133.

1869 Mikroskop nach S. HOLMES 134.

1886 WESTIENsche Doppellupe nach F. E. SCHULZE 170.

Ihre Umänderung für Augenuntersuchung durch W. VON ZEHENDER 170.

1895 H. GREENOUGHS Doppelmikroskop mit bildaufrichtenden Prismen 192.

1897 BRAUS-DRÜNERS Präpariermikroskop 194.

1898 S. CZAPSKIS Kornealmikroskop 194.

E. BERGERS Doppellupe 194.

1901 F. KREIDLS Doppellupe 222.

J. KROULIKS Doppelmikroskop 224.

1909 Doppellupen und Doppelfernrohrlupen nach O. HENKER und M. VON ROHR 223.

## 6. Gekreuzte Stellung der scheinbaren Augenorte.

1677 Doppelmikroskop nach CHÉRUBIN D'ORLÉANS 29.

1852 Das WHEATSTONEsche Lupenpseudoskop 76.

Das BREWSTERsche Kameoskop 101.

## 7. Durch perspektivische Zeichnungen.

1738 R. SMITH 32.

1838 CH. WHEATSTONE 47.

1851 H. W. DOVES verschieden große Zeichnungen 71.

1852 BREWSTERS Verfahren zur Ermittlung der stereoskopischen Differenz aus dem Dingabstand 63.

J. ELLIOTS Anspruch für 1839 79.

1855 Perspektivische Zeichnungen von J. HESSEMER und J. J. OPPEL 123.

1860 W. HARDIES Verfahren, zu gegebenem ersten das zweite Halbbild zu zeichnen 121.

1861 O. N. ROODS Verfahren 152.

1870 A. STEINHAUSERS Berechnung entsprechender Punkte 185.

1876 A. STEINHAUSERS Vorschlag gekreuzter Halbbilder 185.

TH. HUGELS allgemeine Formeln für die Koordinaten entsprechender Punkte 188.

TH. HUGELS Zeichnung der Halbbilder auf der Teilmaschine 188.

1902 W. MANCHOTS für den Unterricht gezeichnete Halbbilder 241.

### 8. Durch verschiedene scheinbare Umrisse.

**(Gleichartig für beide Augen.) Durch verschiedene, beiden Augen dargebotene greifbare Gegenstände oder durch verschiedene optische Bilder desselben Gegenstandes.**

1738 R. SMITH mit verschiedenen kleinen Gegenständen 32/33.

1838 CH. WHEATSTONE mit zwei gleichen Kantengerippen 48.

1842 C. TH. TOURTUAL mit zwei gleichen Zeichnungen verschiedener Neigung 52.

1857 J. B. DONAS mit zwei verschieden geneigten Spiegelbildern derselben Zeichnung 105.

1859 TH. WH. JONES mit zwei prismatischen Bildern derselben Zeichnung 145/46.

1882 W. LE CONTE STEVENS mit zwei gleichen Zeichnungen verschiedener Neigung 184.

1898 H. H. HILL etwa wie J. B. DONAS und TH. WH. JONES 213.

1902 E. BERGER im Plastoskop durch zwei prismatische Bilder derselben Zeichnung 228.

**(Ungleichartig für beide Augen.) Der Gegenstand selbst bildet den scheinbaren Umriß für das eine Auge, sein Spiegelbild den für das andere (nur bei geeigneten Gegenständen möglich).**

1851 H. W. DOVES Spiegelprismen 61.

1852 Einzelne BREWSTERsche Spiegel- und Brechungsprismen 62.

1853 W. ROLLMANNS ebene Spiegel 101.

### 9. Durch Schattenbilder bei Anwendung der RÖNTGENschen Strahlen.

**Am Leuchtschirme.**

1896 E. MACH 209.

1899 M. DAVIDSON 210.

1900 TH. GUILLOZ 210.

1903 Derselbe 216.

**Auf den Schattenbildern.**

1896 E. MACH 210.

P. CZERMAK 210.

### 10. Durch zerstreute Strahlung auf der Mattscheibe.

1855 G. NORMAN 119.

1856 Das BREWSTERsche Kammerstereoskop 103.

1857 Die CLAUDETschen Beobachtungen 119.

1864 Die belgischen Versuche 73; siehe auch unter Nr. 4.

1879 J. BISCHOF 178.

1901 TH. BROWN 227.

### 11. Durch die Photographie.

**Mit einheitlich wirkenden Linsenfolgen.**

Aufnahmen mit der photographischen Kammer.

Die Trennung ist rein zeitlich durch Verschiebung des Aufnahmeorts.

1841 CH. WHEATSTONE 53.

1844 L. MOSER 54.

1853 L. CLARK 97.

1858 J. SANGS Verkörperung von Kupferstichen 121; siehe auch unter Nr. 7.

Die Trennung ist rein zeitlich durch Drehung des Gegenstandes.

1859 W. DE LA RUES Aufnahmen von Himmelskörpern 118.

Die Trennung ist rein örtlich durch Anwendung eines Spiegelpaares.

1853 Der BARNARDsche Vorschlag 96/97.

1894 TH. BROWNS Stereo-Photo-Duplicon 206.

Die Trennung ist rein örtlich durch Verschränkung der beiden Halbbilder.

1896 A. BERTHIER 208.

1899 J. JACOBSON 209.

1902 FR. E. IVES (Anspruch für 1886) 234.

1904 H. CL. SNOOK 249.

1908 E. ESTANAVE 235.

Die Trennung ist rein örtlich durch Anwendung einer n. m-fachen Mannigfaltigkeit von Aufnahmeschirmen.

1908 G. LIPPMANNS vollständigere Abbildung 235.

Mikrophotographische Aufnahmen.

Die Trennung geschieht am Objektiv.

1853 CH. WHEATSTONES Drehung des Tubus 81.

1854 Abblendung verschiedener Teile der Öffnung durch F. H. WENHAM 84.

1863 Regelung der Beleuchtung durch F. H. WENHAM; Anspruch für das Jahr 1854 130.

1904 W. SCHEFFERS Drehung des Tubus 237.

1905 J. JACOBYS Blasenaufnahmen durch Verschiebung des Kystoskops 226.

1909 W. THORNERS Aufnahmen des Augenhintergrundes durch Verschiebung über die Pupille des Untersuchten 225.

Die Trennung geschieht am Gegenstand.

1852 J. DUBOSCQS stereoskopische Wippe 81.

1853 J. RIDDELLS Verschiebung 82.

CH. WHEATSTONES stereoskopische Wippe 81.

1861 O. N. ROODS stereoskopische Wippe 140.

**Mit zwei gesonderten Linsenfolgen.**

Aufnahmen mit photographischen Kammern.

1849 Die BREWSTERsche Doppelkammer mit Halblinsen 57.

1852 A. CLAUDETS Doppelkammer für Neigungsaufnahmen 98.

1853 A. GAUDINS Halblinsen 98.

1855/56 Die Zwillingskammern von .. DESPRATS und J. B. DANCER 99.

1859 H. SWANS Doppelkammer mit verschiedenen Brennweiten 107.

1899 W. K. L. DICKSONS Zwillingskammer mit Ableseprismen 213.

1905 Der VINCENTsche Telephot 238.

Mikrophotographische Aufnahmen.

1900 L. DRÜNERS Doppelkammer 194.

1904 J. JACOBYS Stereokystoskop 226.

**Nachträgliche Abbildung schon vorhandener Stereogramme.**

Für große Bilder und Schirmdarstellungen.

1852 Die DUBOSCQschen Vorschläge 72.

1858 Die D'ALMEIDAschen Verfahren 105/6.

1891 Die Anaglyphen von DUCOS DU HAURON 203.

Die ANDERTONschen Vorschläge 205.

Seit 1897 Die PETZOLDschen Glasbilder 204.

1902 M. SKLADANOWSKYS Plastische Weltbilder 238.

1910 O. WIENERS Vorschläge 239.

Zur Erweiterung des Bildwinkels.

1893 Die KRAUSEsche Verkleinerung der Halbbilder 206.

12. Durch Zerlegung weißen Lichts in seine Farben.

1848 Das BREWSTERsche Farbenstereoskop 56.

1879 Seine Wiedererfindung durch H. GRUBB 182.

1908 H. GRIMSEHLS Beobachtung 239.

13. Strahlenbegrenzung durch die Augen selbst (die Zwischenschaltung einfacher Spiegelungen bleibt unberücksichtigt).

**Die Versuche beidäugiger Farbenmischung.**

1717 Ablehnung durch J. T. DESAGULIERS 30.

1760 Ablehnung durch E. F. DU TOUR 35.

1772 Bejahung durch J. JANIN 35.

1806 Bejahung durch CH. DE HALDAT an Pigmentfarben 35.

1828 Zusammenfassung früherer Ergebnisse durch G. W. MUNCKE 36.

1836 A. W. VOLKMANNS Versuche und seine Entdeckung des Glanzes 36.

1838 Ablehnung durch CH. WHEATSTONE 49.

1846 A. SEEBECKS Farbenmischung 51.

1849 L. FOUCAULTS und J. REGNAULTS Farbenmischung 51.

1851 H. W. DOVES Hervorhebung des Glanzes 109.

1853 E. BRÜCKES Versuche mit verschiedenfarbigen Brillengläsern 102.

1868 E. BRÜCKES Betonung des unsymmetrischen Strahlenverlaufs 145.

1871 F. KOHLRAUSCHENS Versuche 179.

1874 W. VON BEZOLDS Arbeiten 179.

1875 W. DOBROWOLSKYS Zustimmung 179.

1885 W. EINTHOVENS Erklärung 180.

1891 A. CHAUVEAUS Versuche 204.

1895 Zusammenfassung früherer Ergebnisse durch W. H. R. RIVERS 205.

**Die eigentlichen stereoskopischen Verfahren.**

1738 Vereinigung ähnlicher Gegenstände, Anfertigung der ersten stereoskopischen Zeichnung durch R. SMITH 32.

1775 Einheitlicher Eindruck aus der Verschmelzung zweier ähnlicher Umrisse durch J. HARRIS 34.

1838 CH. WHEATSTONES Stereoskope mit und ohne ebene Spiegel 46.

1851 H. W. DOVES Spiegelstereoskope 61.

1852 CH. WHEATSTONES verbessertes Stereoskop 74.

J. DUBOSCQS Spiegelungen nach oben und unten 72.

1855 J. J. OPPELS Nachweis, im Stereoskop könne nur der Eindruck des direkten beidäugigen Sehens wiederholt werden 123.

1857 W. HARDIES Spiegelungen nach oben und unten 105.

1859 W. DE LA RUES Fortbildung des WHEATSTONEschen Spiegelstereoskops 118.

Die Mondstereogramme und ihre Verbreitung 118/19.

1862 J. SWANS Miniaturbüsten 144.

1879 E. HERINGS Spiegelhaploskop 184.

1889 Eine spätere Form bei H. PERELES 162.

**Verfahren zur Herbeiführung der notwendigen Konvergenz ohne besondere Vorrichtungen.**

1851 Die BREWSTERsche Vorschrift für das Sehen mit gekreuzten Achsen 63.

1853 Die von W. ROLLMANN für das Sehen mit gleichgerichteten Achsen 101.

1856 Die entsprechende von H. FAYE 104.

1906 Die entsprechende von A. KÖHLER 240.

**Einrichtungen zur Betrachtung übereinander entworfener, meist verschiedenfarbiger Halbbilder.**

1853 W. ROLLMANNS farbige Schatten 102.

1858 CH. D'ALMEIDAS farbige Lichter; und seine zeitliche Trennung der Halbbilder 106.

1891 L. DUCOS DUHAURONS Anaglyphen 203.

J. ANDERTONS Anwendung linear polarisierten Lichts 205.

1895 F. DROUINS Verwendung des Thaumatrops 211.

1897 M. PETZOLDS Glasbilder 204; s. auch unter Nr. 11.

## 14. Strahlenbegrenzung durch scheinbare Augenorte, entworfen von brechenden Prismen oder spiegelnden Ebenen.

**Mit natürlicher Lage der scheinbaren Augenorte.**

1832 Arbeiten CH. WHEATSTONES an einem Stereoskop mit brechenden Prismen; Beleg durch einen Brief von 1856, veröffentlicht 1910 45.

1851 Das BREWSTERsche brechende Prisma 63.

1852 Seine Verwendung durch J. DUBOSCQ für Schirmdarstellungen 72.

J. DUBOSCQS rhombisches Prisma im Stereoskop 72.

1853 W. HARDIES Pseudoskop dritter Form als Stereoskop 101.

1856 Die BREWSTERschen Stereoskope mit zwei Spiegelungen 103.

1873 H. GRUBBS brechende Prismen 182.

Seine spiegelnden Prismen 182.

1897 F. DROUINS Prismen mit doppelter Spiegelung 212.

1904 J. JASTROWS Spiegelstereoskop 244.

1905 FR. P. WHITMANS Spiegelstereoskop 244.

1902 W. MANCHOTS Spiegelstereoskop für große Halbbilder 241.

1910 C. PULFRICHS Spiegelstereoskop für große Halbbilder 242.

**Mit einseitiger Spiegelung.**

1851 Vorkehrungen von BREWSTER 62 und DOVE 69.

1859 H. A. CORBIN 106. 122.

1901 CH. A. BURGHARDT und A. V. HUNT 241.

1904 L. PIGEON 241.

1905 W. VERBECK 242.

1910 C. PULFRICH 242.

**Mit gekreuzter Lage der scheinbaren Augenorte.**

1851 H. W. DOVES verschiedene Formen 69—71.

Verschiedene BREWSTERsche Formen 62.

1852 J. DUBOSCQS Stereoskop für Schirmbilder 72.

1853 W. ROLLMANNS Spiegelstereoskope 101.

W. HARDIES Pseudoskope erster und zweiter Form als Stereoskope 101.

1857 J. DUBOSCQs Stereoskop für Halbbilder gekreuzter Lage 72.

1903 .. MATTEY und A. PAPIGNYS Vorschläge in dieser Richtung 246.

Vorschläge von A. DAUBRESSE 247.

1907 H. KELLNER 247.

G. BALMITGÈRE 248.

## 15. Mit einheitlich wirkenden Flächen oder Flächenfolgen.

1856 BREWSTERs Leseglasstereoskop 103.

1858 Das CLAUDETsche Stereomonoskop 120.

1861 Der SCHMALENBERGERsche Hohlspiegel 142.

1864 Vielleicht, sicher aber

1866 Der DONDERSische Vorschlag 143.

1866 A. CLAUDETs große Linse als Stereoskop 143.

1867 J. CLERK MAXWELLS zusammengesetztes Stereoskop 143.

1879 H. GRUBBS Spiegelstereoskop 183.

## 16. Mit zwei gesonderten Flächenfolgen.

**Mit zentrisch benutzten.**

1850 H. W. DOVES Fernrohrstereoskop 67.

1852 CH. WHEATSTONES Linsenstereoskop 76.

Das BREWSTERsche Fernrohrstereoskop 101.

1856 Das BREWSTERsche Mikroskopstereoskop, Anspruch für 1852 erhoben 63.

und spätere Übergangsformen zum WHEATSTONEschen Linsenstereoskop von A. CLAUDET, E. E. SCOTT, G. KNIGHT, .. HERMAGIS 102 und CH. PIAZZI SMYTH 147.

1859 H. SWANs Stereoskop für ungleich große Halbbilder 107.

1866 Das HELMHOLTZische Linsenstereoskop 147.

1894 Das Orthostereoskop nach F. STOLZE 210.

**Mit exzentrisch benutzten.**

1849 Das BREWSTERsche Prismenstereoskop 66.

1850 Die Ausführung durch J. DUBOSCQ 66.

1856 Das BREWSTERsche Taschenstereoskop für ein einzelnes Auge 103.

.. ROBECCHIs Trennung von Prismen und Linsen 102.

1861 Erste Erwähnung einer Vereinfachung am Stereoskop durch O. W. HOLMES 149.

1868 J. H. WARNERs Weitwinkel-Stereoskop 147.

1869 J. B. LISTINGs Vorschlag 148.

1871 A. BECKERSens amerikanisches Stereoskop mit trennbarem Linsenpaar 181.

1877 A. STEINHAUSERs Vorschlag für ein raumrichtig darstellendes Prismenstereoskop 186.

H. GOLTZSCHens entsprechender Vorschlag 190.

## 17. Feststellung einer bestimmten Lage des Raumbildes.

**Bei einheitlichen Linsenfolgen.**

Siehe unter Nr. 3.

**Mit doppelten Linsenfolgen.**

1677 Die Ortsbestimmung des Sammelbilds der Gesichtsfeldbegrenzung durch CHÉRUBIN D'ORLÉANS 29.

1738 Die Ortsbestimmung beim SMITHischen Brillenversuch 32.

## 18. Die Abhängigkeit der Größe und Lage des Raumbildes von der Konvergenz.

1738 Der SMITHische Zirkelversuch mit gleichgerichteten und gekreuzten Blicklinien 31/32.

1813 CH. BLAGDENs Riefelungsbilder 26.

1834 CH. WHEATSTONES Äußerungen bei der ersten Veröffentlichung 45/46.

1842 H. MEYERS Erklärung der Tapetenbilder 53.

1849 Der BREWSTERsche Versuch zur Erklärung der scheinbaren Mondgröße 57.

1852 CH. WHEATSTONES Versuche mit seinem zweiten Stereoskop 74/75.

1856 A. CLAUDETs symmetrische Verschiebung der Halbbilder 115.

1861 Die SCHMALENBERGERschen Beobachtungen am Hohlspiegelstereoskop 142.

1867 J. CLERK MAXWELLS Beobachtungen an seinem zusammengesetzten Stereoskop 143.

## 19. Die formtreue Wiedergabe.

**Ein im Maßstab verändertes Raumbild.**

1849 Die BREWSTERsche Beobachtung der Modellartigkeit im allgemeinen 57.

1853 A. CLAUDETs erste Veröffentlichung der später als HELMHOLTZische bekannten Regel für die scheinbare Formtreue 91.

1856 Die Vorführung der Modellartigkeit durch W. J. READ 115.

1857 Bedingungen dafür bei der Zwillingskammer nach W. CROOKES 104.

1859 W. DE LA RUES Erstrebung der Modellartigkeit bei den Mondaufnahmen 118.

1877 Theorie des raumrichtig wiedergebenden Stereoskops nach A. STEINHAUSER 186.

1892 H. S. GREENOUGHS Anregung zum orthomorphen Mikroskop 192.

**Ein raumgleiches Raumbild.**

1853 A. GAUDIN 114.

1856 D. BREWSTER 99.

1856/57 TH. SUTTON 116.

1882 und 1894 F. STOLZE 179, 210.

1895 L. CAZES 214.

1900 L. HEINÉS Arbeiten auf diesem Gebiet 251.

A. ELSCHNIGS Arbeiten 252.

1902 Die einschlägigen Arbeiten L. E. W. VAN ALBADAS 252.

1904 Arbeiten von M. WEINHOLD 252.

Der ROHRsche Doppelverant 242.

Arbeiten von W. SCHEFFER 254.

## 20. Die raumverzerrende Wiedergabe.

**Im allgemeinen.**

1857 TH. SUTTON bemerkt den windschiefen Verlauf zusammengehöriger Hauptstrahlen bei Neigungsaufnahmen im gewöhnlichen Stereoskop 116.

1869 C. PIAZZI SMYTH benutzt unstrenge Raumbilder, um die übereinstimmenden Teile aus zwei verschiedenen Aufnahmen des gleichen Gegenstandes herauszusuchen 140.

**Im besondern die Abflachungen.**

Ihre Feststellung.

1853 A. CLAUDETS Bemerkung zum Doppelfernrohr 91.

1857 H. HELMHOLTZens Theorie des Telestereoskops mit Fernrohrvergrößerung 93.

1866 Annahme der Ansichten über die scheinbare Raumrichtigkeit 93.

1896 G. HIRTHS Feststellung der Kulissenwirkung an den ZEISSischen Relief-Standfernrohren 216.

Ihre Benutzung zur Messung.

1858 F. H. WENHAMS Entfernungsmesser und sein Anspruch für 1853 88.

**Die binokulare Entkörperung.**

1838 CH. WHEATSTONE 48.

1851 H. W. DOVE 69/70.

D. BREWSTER 63.

1859 J. J. OPPELS Platoskop 125.

1906 M. VON ROHRS Synopter und Pinakoskop 228.

J. R. EWALDS Vorrichtung 227.

**Die Änderungen im Raumbild bei zwei als gleich vorausgesetzten Halbbildern.**

Ohne Vergrößerung.

1844 Die BREWSTERsche Verwendung der Tapetenbilder zum Nachweis von Unregelmäßigkeiten 56.

1859/60 H. W. DOVES entsprechende Versuche mit Vorlage und Nachbildung 108.

Mit Vergrößerung.

1848 Das BREWSTERsche Farbenstereoskop 56.

1861 F. H. WENHAMS Doppelmikroskop 152.

1887 J. HARMERS Ermittlung von Sternbewegungen und Verschiebung von Spektrallinien 176.

1892 J. HARMERS Vergleichung des Photogramms mit dem Luftbilde in der Brennebene 177.

1901 C. PULFRICHS Stereokomparator 232.

## 21. Rein geometrische Behandlung.

1856 TH. SUTTONS einfache Theorie des Stereoskops 116.

1866 Die allgemeine Theorie namentlich auch der Reliefbilder nach H. HELMHOLTZ 158.

1877 A. STEINHAUSERS eingehendere Theorie des BREWSTERschen Prismenstereoskops 186/87.

1894 F. STOLZES Theorie: Berücksichtigung der gleichsinnigen Verschiebung der Halbbilder 214.

1895 Die Theorie von L. CAZES: Berücksichtigung des Akkommodationsgebiets 214.

1903 LYNDON BOLTONS Arbeiten 254.

## 22. Einbeziehung der Verzeichnung der Betrachtungssysteme.

1849 D. BREWSTER bemerkt diese Tiefenfälschung 57.

1853 A. GAUDINS Verwendung von Halblinsen als Aufnahmeobjektive 98.

1856 A. CLAUDETS gleichartiges Vorgehen, ausgesprochen zum Zwecke der Hebung der Verzeichnung der Betrachtungslinsen 100. 104.

## 23. Die Pseudomorphie und ihre Beziehung zur Orthomorphie.

1838 Die Trugformen CH. WHEATSTONES 47/48.

1852 CH. WHEATSTONES Einführung der Pseudoskope 76.

1854 F. H. WENHAMS Gedanke, durch Wegblendung am Mikroskop für zweiäugige Beobachtung eine Tiefenwahrnehmung zu erhalten 83.

1859 J. J. OPPELS mathematische Behandlung der Formänderung bei der Betrachtung gekreuzter Halbbilder mit gleichgerichteten Achsen 125.

1876 TH. HUGELS allgemeine Theorie 188.

1880/81 E. ABBES theoretische und praktische Erledigung der Pseudoskopie für die Binokularmikroskope mit einheitlichem Objektiv 166.

1882 A. MERCERS Anwendung der ABBEschen Theorie 169.

1906 M. VON ROHRS Weiterführung der ABBEschen Theorie 255.

## 24. Ununterbrochene Abbildung mindestens eines Raums.

1738 Der SMITHische Zirkelversuch 31/32.

1858 H. DIRCKSENS Grundgedanke der Geistererscheinungen 157.

## 25. Unterbrochene Abbildung beider Räume.

**Durch ein Stereogramm.**

Mit einer einmaligen Aufnahme.

1877 E. MACHS Aufnahme einer Anordnung nach Art der Geistererscheinungen 158.

Mit zwei Aufnahmen auf derselben Platte.

1856 Der BREWSTERsche Vorschlag 100.

1865 E. MACHS Durchdringungsbilder 156.

1882 J. HARMERS Zwei-Plattendrucke 174.

1907 Die Aufnahme der Durchdringungsbilder durch G. BUCKY 157.

Durch Überlagerung des Grundstereogramms durch ein verschiebliches Glasstereogramm.

1856 Der BREWSTERsche Vorschlag 100.

## 26. Ununterbrochene Abbildung mindestens eines Raums.

Ohne Vergrößerung.

1861 A. ROLLETS schwebendes Meßband 138.

1866 E. MACHS stereoskopischer Entfernungsmesser 139.

Vor 1879 Der Kalkograph unbekannter Herkunft 174.

1900 Die Verbesserung durch .. PRUDHOMME 203.

1906 SIEMENS und HALSKES Meßgerät für Schattenbilder 233.

Mit Vergrößerung.

1889 J. PH. NOLANS Vorbereitung 177.

1893 H. DE GROUSILLIERS und E. ABBES stereoskopischer Entfernungsmesser mit schwebendem Meßband, wandernder Marke, wanderndem Raumbild 201.

1901 Der Vorschlag von G. FORBES 231. E. HEGGS Messung der Tiefe der vorderen Augenkammer 232.

1903 Der ZEISSische Entfernungsmesser ohne räumliche Marken 233.

1905 C. PULFRICHS Doppelfernrohr mit Zinkenprismen 253.

## 27. Unterbrochene Abbildung beider Räume.

**Ohne Vergrößerung.**

1880 J. HARMERS Messung der Wolkenhöhe 175.

1892 F. STOLZES Einführung der wandernden Marke 200.

1898 T. MARIE und H. RIBAUTS schwebendes Meßband bei der Ausmessung von stereoskopischen Radiogrammen 202.

1899/1900 T. MARIE und H. RIBAUTS Entwicklung der Theorie der wandernden Marke 202.

1902 TH. GUILLOZ, Ausmessung des pseudomorphen Raumbildes 210.

**Mit Vergrößerung.**

1891 Der Vorschlag von J. MIES für die stereoskopische Schädelmessung 199.

1902 C. PULFRICHS Ausbildung des Stereokomparators 232.

# Namensverzeichnis.

Die Titel wurden unter möglichster Bewahrung der Schreibart der Verfasser übernommen; fremdländische aber ohne Großschreibung der Hauptwörter. Sie sind in kleinen Buchstaben gesperrt gedruckt, wenn sie nicht an der ursprünglichen Stelle gebildet worden waren.

Die schräge, eingeklammerte Ordnungszahl dient als Hinweis bei den Ausführungen. Unmittelbar hinter dem Titel oder der sachlichen Angabe findet sich die Zahl der betreffenden Seite.

Die Quellen sind so genau angegeben, wie es sich in Jena ermöglichen ließ, wo dem Verfasser keine große Bibliothek zur Verfügung stand.

## A.

Abbe, E.: (*1.*) Beschreibung eines neuen stereoskopischen Oculars nebst allgemeinen Bemerkungen über die Bedingungen mikro-stereoskopischer Beobachtung. 80. 164. 165. 166. 168. 255.

Zft. f. Mikrosk. (red. v. E. Kaiser) 1880. **2.** 207—234.
Carl's Rep. 1881. **17.** 197—224.
Auch abgedruckt in dem Sammelwerk: Gesammelte Abhandlungen von Ernst Abbe 1. Bd.
Jena, G. Fischer, 1904. VIII, 486 S. 8° mit 2 Tafeln und 29 Textfiguren. S. 244—272.

—, —: (*2.*) On the conditions of orthoscopic and pseudoscopic effects in the binocular microscope. 169.

Journ. Roy. Micr. Soc. 1881. (2) **1.** 203—211.
Auch übersetzt unter dem Titel:

—, —: Über die Bedingungen der orthoskopischen und pseudoskopischen Wirkungen in dem binokularen Mikroskop.

Ges. Abh. v. E. Abbe. 1. Bd. S. 313—324.

—, —: (*3.*) On the mode of vision with objectives of wide aperture. (verl. 12. IV. 1882, gedruckt erst 1884). 169.

Journ. Roy. Micr. Soc. 1884. (2) **4.** 20—26.
Auch übersetzt unter dem Titel:

—, —: Über die Art des Sehens mit Objektiven von großer Öffnung.

Ges. Abh. v. E. Abbe. 1. Bd. 436—444.

—, —: (*4.*) Justirvorrichtung für Entfernungsmesser mit zwei Fernrohren. 201.

D. R. P. 73568 vom 20. VII. 1893, ausgeg. d. 28. II. 1894.
Auch abgedruckt in dem Sammelwerk: Gesammelte Abhandlungen von Ernst Abbe.
2. Bd. Wissenschaftliche Abhandlungen aus verschiedenen Gebieten. Patentschriften. Gedächtnisreden.
Jena, G. Fischer, 1906. gr. 8°. VI, 346 S. mit 7 Tafeln und 16 Textfig. S. 257—261.

—, —: (*5.*) Doppelfernrohr. 197.

D. R. P. 76735 vom 19. X. 1893, ausgeg. d. 9. VIII. 1894.
Auch abgedruckt in den Ges. Abh. v. E. Abbe. 2. Bd. 262—266.

Abbe, E.: (*6.*) Doppelfernrohr mit vergrössertem Objectivabstand. 196.

D. R. P. 77086 vom 9. VII. 1893, ausgeg. d. 1. X. 1894.
Auch abgedruckt in den Ges. Abh. v. E. Abbe 2. Bd. 267—274.

—, —: (*7.*) Stereoskopischer Entfernungsmesser. 201.

D. R. P. 82571 vom 3. I. 1893, ausgeg. d. 27. VII. 1895.
Auch abgedruckt in den Ges. Abh. v. E. Abbe. 2. Bd. 275—282.

—, —, allgemeine Darstellung des Abbildungsvorganges 1. Behandlung der Pseudoskopie 11. Bedingung für die geometrische Teilung der Büschel in Binokularmikroskopen 80. Theorie des Raumbildes in Binokularmikroskopen mit gemeinsamem Objektiv 166—167. Angabe der Zeissischen Feldstecher, Relief-Fernrohre 196 und Relief-Standfernrohre 197.

Adie.., Ablehnung des Hardieschen Doppelfernrohrs mit erweitertem Objektivabstande 88. 91.

Francisci Agvilonii e Societate Jesu Opticorum libri sex Philosophis iuxta ac Mathematicis vtiles 23.

Antverpiae, ex officina Plantiniana apud Viduam et Filios Io. Moreti, 1613, (46) 684 (42) S. 6°.

Ahrens, C. D.: (*1.*) Improvements in the construction of erecting binocular prisms. 174.

E. P. $17102^{84}$ vom 31. XII. 1884.
(Die Patentbeschreibung ist nicht gedruckt worden.)

Airy, G. B.: (*1.*) s. unter Th. Sutton (*2.*). 116.

—, —: (*2.*) On the advantageous employment of stereoscopic photographs for the representation of scenery. (20. VIII.) 117.

Phot. Notes 1858. **3.** 199—200.
Der Aufsatz ist A. B. G. unterzeichnet; doch ist nach Th. Suttons Äußerungen in Phot. Not. 1858. **3.** 198; **4.** 77 die Abfassung durch G. B. Airy als sicher anzunehmen.

van Albada, L. E. W.: (*1.*) Der Einfluß der Accommodation auf die Wahrnehmung von Tiefenunterschieden. 253.

Graefe's Arch. 1902. **54.** 430—35. (30. IX.)

Bartisch von Königsbrücks Schielbrillen 20.

[Basse, G.]: (*1.*) Das Stereoskop von Dav. Brewster und seine neuesten Verbesserungen, Modificationen und Vervollkommnungen von Dubosq und Prof. Helmholz. Ein ebenso interessantes als nützliches Instrument für Maler, Bildhauer, Architekten und Ingenieure. Mit 1 Tafel Abbildungen. 275. 282. 286.
Quedlinburg, G. Basse, 1859. 38 S. 8⁰.
Diese ziemlich nachlässige Ausgabe ist jedenfalls von dem Verleger veranlaßt worden.

Bautain, Ch. T.: (*1.*) Une lunette double dite binocle à tirage simultané. 41.
Br. d'Inv. 2146 v. 18. V. 27. Descr. **24.** 71.

—, —, Irrtümliche Annahme seiner Priorität über Fr. Voigtländer 41.

Beard, R., stereoskopische Aufnahmen für Ch. Wheatstone 53.

Beck, R.: (*1.*) Description of a new stand for a single microscope, with an arrangement for using the magnifiers with both eyes. (Read 14. X. 1863.) 131.
Trans. Lond. Micr. Soc. 1864. (2) **12.** 1—4.

Becker, O.: s. u. A. Rollet (*2.*). 137.

Beckers, A.: (*1.*) Improvement in handstereoscopes. 181.
U. S. P. 115269 v. 30. V. 71.

[Bennett, . .]: (*1.*) The Clairvoyant stereoscope (Athenaeum). 106.
Phot. Journ. 1858/59. **5.** 267—268.

Berger, E.: (*1.*) Improvements in and connected with magnifiers, eyeglasses, spectacles, and the like. 194.
E. P. 14088/98 v. 25. VI.; acc. 11. II. 99.

—, —: (*2.*) Sur une nouvelle loupe binoculaire. (20. XI.) 194.
C. R. 1899. **129.** 821—23.

—, —: Ueber eine einfache binoculäre stereoskopische Lupe.
Arch. f. Aughlkde. 1900. **41.** 235—41 +.

—, —: Ueber stereoskopische Lupen und Brillen. (12. XI. 00.)
Zft. f. Psych. u. Phys. d. Sinnorg. 1901. **25.** 50—77, 7 +.

—, —: (*3.*) Über das Plastoskop. 228.
Siehe eine Erwähnung in Eder's Jahrb. 1902. **16.** 429—30.
Die Quellen sind mir nicht zugänglich gewesen.

Berry, G. R.: (*1.*) Stereoscopic camera. (7. VIII.) 99.
The Brit. Journ. of Phot. 1855. **2.** Nr. 20. 100—101.

Berthier, A.: (*1.*) Images stéréoscopiques de grand format. 208.
Cosmos 1896. (2) **34.** Nr. 590 v. 16. V. 205 bis 210; Nr. 591 v. 23. V. 227—33, 15 +.
Siehe auch den Bericht in d. Zft. f. Instrkde. 1912. **32.** 28—29. (Janhft.)

—, —: (*2.*) La stéréoscopie sans stéréoscope. (28. XI.) 234.
C. R. 1904. **139.** 920.

Beschreibung der Erfindungen und Verbesserungen, für welche in den kaiserlich-königlichen österreichischen Staaten Patente ertheilt wurden, und deren Privilegiumsdauer nun erloschen ist. Hrsg. auf Anordnung der kaiserl. königl. allgemeinen Hofkammer Bde. 1—3. 1821—43. Wien. 4⁰.

von Bezold, W.: (*1.*) Ueber binoculare Farbenmischung. 179.
Pogg. Anm. 1874. Jubelb. 585—90. (28. II.)

Biedermann, R.: (*1.*) Bericht über die Ausstellung wissenschaftlicher Apparate im South Kensington Museum zu London 1876; zugleich vollständiger und beschreibender Katalog der Ausstellung. Mit Holzschnitten. Im Auftrage des Kgl. Großbr. Erziehungsbeirathes zusammengestellt von —. 45. 294.
London, 1877. LI, 1063 S. 8⁰.

Bischof, J.: (*1.*) Camera obscura. 178.
D. R. P. 9181 v. 17. X. 79; ausgeg. 13. III. 80.
Vergl. auch Centr. Ztg. f. Opt. u. Mech. 1880. **1.** 62. (1. VI.)

Blagden, Ch.: (*1.*) An appendix to Mr. Ware's paper on vision. (4. II. 13.) 26.
Phil. Trans. 1813. **103.** 110—13.
Siehe auch die Übersetzung:

—, —: Nachtrag zu dieser Abhandlung.
Gilb. Ann. 1816. **54.** 280—84 und die weitere bei M. von Rohr (*19.* 231).

Boettcher, . .: (*1.*) Zur Theorie und Construction stereoscopischer Instrumente für wissenschaftliche Diagnostik. 164.
Graefes Arch. 1874. **20.** II. 182—204, 6 +.

—, —: (*2.*) Ueber Brillen aus Spiegelprismen zur Vermeidung schädlicher Convergenz der Gesichtslinien. 162.
Graefes Arch. 1876. **22.** I. 73—80, 2 +.
Siehe auch die Besprechung: Klin. Mtsbl. 1876. **14.** 429—31.

Bolton, Lyndon: (*1.*) Stereoscopic distortion. (21. IV.) 254.
Phot. Journ. 1903. (2) **27.** 107—18, 10 +.

Bordé, P.: (*1.*) Sur l'application des prismes de Porro dans les lunettes. (4. XI.) 198.
Séances Soc. Franç. Phys. 1898. 68.

Bostock, J. G.: (*1.*) Stage illusion. 229.
U. S. P. 976143 v. 22. XI. 10; appl. fil. 14. VII. 10.

Boulanger, A. A. (*1.*) et M. Ph. Poudrilhé: Un binocle astronomique double et simple. 89, 90.
Br. d'Inv. 38481 v. 25. X. 58; del. 26. XI. 58.
Mir lag eine Abschrift vor.

—, —: (*2.*) Une néojumelle. 90.
Br. Fr. 41957 vom 24. VIII. 1859.
Mir lag eine Abschrift vor.

—, — und M. Ph. Poudrilhé, Vorschlag eines Fernrohrs mit einem Objektiv und zwei Okularen. 90.

Boulanger, ..: (*1.*) Un appareil de photographie en relief. 142.
Br. d'Inv. 43 835 v. 7. II. 60. Descr. (2) **75.** 42.
Ich weiß nicht, ob es sich um den vorerwähnten Erfinder handelt.

Bourdon, B.: (*1.*) L'acuité stéréoscopique. 219.
Rev. philos. 1900. **49.** (1) 73. Hier nach Zft. Psych. u. Phys. d. Sinnorg. 1901. **25.** 256—57.

Bow, R. H.: (*1.*) Some remarks on stereoscopic vision and on the stereoscope. (Read at a meeting Edinb. Phot. Soc. 16. XI. 1864.) 153. 154.
The Brit. Journ. of Phot. 1864. **11.** Nr. 239. 482—483; Nr. 240. 497—499; Nr. 241. 513; Nr. 242. 527—528; Nr. 243. 540—541.
Siehe auch: 1865. **12.** Nr. 246 vom 20. I. 35.
Die Hervorhebung des Fehlers, in den D. Brewster bei der Beschreibung des Eindrucks verfallen war, den Aufnahmen mit erweitertem Achsenabstande machen.

—, —: (*2.*) The stereoscope. 155.
The Brit. Journ. of Phot. 1865. **11.** Nr. 248. 54—55; Nr. 252. 111—112; Nr. 257. 174—175; Nr. 263. 260—261; Nr. 266. 299—300; Nr. 267. 315—316. (Vom 3. II. bis zum 16. VI.)

—, —: Bedeutung der Augenbewegungen und der Tiefendeutung für den stereoskopischen Eindruck 153. Tiefenänderung 153/54. Forderung geringer Exzentrizität der Halblinsen. Der Objektivtrennung folgende Modellwirkung. Begrenzung der Halbbilder 154. Beweise für die geringe Bedeutung der absoluten Konvergenz. Forderung horizontal verschiebbarer Halblinsen. 155. Verständnis für den Charakter der photographischen Aufnahmen. Behandlung der Brillen als stereoskopischer Instrumente 156.

Brasseur, Ch. L. A.: (*1.*) Stereoscopic color image and process of making same. 240.
U. S. P. 749 159 v. 12. I. 04; appl. fil. 14. V. 02.

Bratuscheck, K., Verwendung der Porroschen Prismen zur Anpassung der Okulare des Zeissischen Doppelmikroskops an den Augenabstand des Beobachters 192.

Braus, H.: (*1.*) Das neue othomorphe Stereoskop von v. Rohr-Köhler und seine Anwendung in der Rekonstruktionstechnik. (23. VI. eingeg. 11. X.) 246.
Ztf. f. wiss. Mikrosk. 1908. **25.** 282—87 +.
Siehe unter L. Drüner (*1.*) 194.

Braus, H. u. L. Drüner, Präpariersystem mit den optischen Teilen des Zeissischen Doppelmikroskops 194.

Brengger, J. G., Brief J. Keplers an ihn 22.

Brewster, Sir David: (*1.*) On the law of visible position in single and binocular vision and on the representation of solid figures by the union of dissimilar plane pictures on the retina. (Read 23. I. and 6. II. 1843.) 55.
Trans. Roy. Soc. Ed. **15.** 349—368.

—, —: (*2.*) On the knowledge of distance as given by binocular vision. (Read 15. IV. 1844.) 56.
Trans. Roy. Soc. Edinb. **15.** 663—675.
Phil. Mag. 1847. (3.) **30.** 305—318.

Brewster, Sir David: (*3.*) On a singular effect of the juxtaposition of certain colours under particular circumstances. 56.
XIV. Meet. Br. Ass. at York. 1844. Not. 10.

—, —: (*4.*) On the vision of distance as given by colour. 56.
XVIII. Meet. Br. Ass. at Swansea 1848. Not. 48.

—, —: (*5.*) Description of several new and simple stereoscopes for exhibiting, as solids, one or more representations of them on a plane. (Read before the Roy. Scott. Soc. Arts 26. III. 1849.) 57. 61. 62. 63. 74.
Trans. Roy. Scott. Soc. Arts. 1851. **3.** 247. bis 259, mit einem lithogr. Stereogramm.
Phil. Mag. 1852. (4.) **3.** 16—26. (Jan.-Heft.)
Auch übersetzt bei G. Basse (*1.* 3—16) und M. von Rohr (*10.* 38—51).

—, —: (*6.*) Account of a binocular camera, and of a method of obtaining drawings of full length and colossal statues, and of living bodies, which can be exhibited as solids with the stereoscope. (Read ........ 1849.). 57.
Trans. Roy. Scott. Soc. Arts. 1851. **3.** 260 bis 269.
Phil. Mag. 1852. (4) **3.** 26—30.
Auch übersetzt bei G. Basse (*1.* 17—23) und M. von Rohr (*10.* 52—57).

—, —: (*7.*) Description of a binocular camera. 57.
XIX. Meet. Br. Ass. at Birmingham 1849. Not. 5.

—, —: (*8.*) On a new form of lenses, and their application to the construction of two telescopes or microscopes of exactly equal optical power. 57.
XIX. Meet. Br. Ass. at Birmingham 1849. Not. 6.

—, —: (*9.*) An account of a new stereoscope. 61.
XIX. Meet. Br. Ass. at Birmingham 1849. Not. 6—7.
Diese Arbeit ist fast wörtlich in dem ersten Abschnitt von (*5*) enthalten; doch hat auch (*9*) insofern eine Berechtigung hier aufgeführt zu werden, als es die frühere Veröffentlichung bildet.

—, —: (*10.*) Notice of a chromatic stereoscope. (Read 10. XII. 1849.) 56.
Trans. Roy. Scott. Soc. Arts. 1851. **3.** 270.
Phil. Mag. 1852. (4) **3.** 31.

—, —: (*11.*) Description of his stereoscope. 101.
North Brit. Rev. 1852. **17.** 176—203.
Scheint nach den Untertiteln, die ich der freundlichen Hilfe des Herrn G. E. Brown verdanke, eine Wiedergabe der Arbeiten (*1. 2. 5. 6. 10.*) zu sein. M. v. R.

—, —: (*12.*) Examination of Dove's theory of lustre (Ber. über Belfast Meet. Br. Ass.). 109.
Athen. 1852. 1041.

Claudet, A.: (*1.*) On the stereomonoscope.

—, —: On a manifold binocular camera. 98.

XXII. Meet. Br. Ass. at Belfast 1852. Not. 6.

—, —: (*2.*) Improvements in stereoscopes. 101.

E. P. 711 [53] vom 23. III. (prov. spec.), vom 23. IX. (compl. spec.).

—, —: (*3.*) On the angle to be given to binocular photographic pictures for the stereoscope. 91. 113.

XXIII. Meet. Brit. Ass. at Hull. 1853. Not. 4.

—, —: (*4.*) Du stéréoscope et de ses applications à la photographie et derniers perfectionnements apportés au daguerréotype par F. Golas. (XI. 1853.) 91. 98. 114.

Paris, Lerebours et Secretan, 1853, 8⁰ 55 S. (Extrait d'un mémoire lu par M. Claudet à la Société des Arts de Londres 19. I. 1853 et d'un autre mémoire lu par le même auteur le 9. IX. à l'Ass. brit. réunie à Hull.)

—, —, (*5.*) Streit mit M. A. Gaudin. 114.

La Lum. 1853. **3.** 203 vom 17. XII.; 1854. **4.** 6—7 vom 14. I.; 18. vom 4. II.

—, —: (*6.*) Improvements in stereoscopes. 102.

E. P. 515 [55] vom 8. III. 55 (prov. spec.), vom 7. IX. 55 (compl. spec.).

—, —: (*7.*) Considérations sur le stéréoscope. 104.

La Lum. 1856. **6.** 30—31 vom 23. II.; 34 bis 35 vom 1. III.

—, —: (*8.*) On various phenomena of refraction through semi-lenses or prisms, producing anomalies in the illusion of stereoscopic images. (Rec. 22. IV., read 8. V. 56.) 100. 104. 115.

Proc. Roy. Soc. 1856/57. **8.** 104—110.

Unter demselben Titel erschien der erste Teil noch einmal im

XXVI. Meet. Brit. Ass. at Cheltenham 1856. Not. 9—10.

—, —: (*9.*) On the phenomenon of relief of the image formed on the ground-glass of the camera obscura. (Rec. 17. VI. 1857.) 119.

Proc. Roy. Soc. 1856/57. 8. 569—572.

—, —: abstract by the author.

The Brit. Journ. of Phot. 1857. **4.** Nr. 52. 176 bis 177. (15. VIII. 57.)

—, —: (*10.*) On the stereomonoscope, a new instrument by which an apparently single picture produces the stereoscopic illusion. (Rec. 10. III. 1858.) 120.

Proc. Roy. Soc. 1857/59. **9.** 194—196.
Phil. Mag. 1858. (4) **16.** 462—463.
Phot. Journ. 1858/59. **5.** 78—79.
Siehe auch G. Basse (*1.* 35—37).

—, —: (*11.*) The stereomonoscope. 121.

Phot. News. 1858/59. **1.** Nr. 1. 3—4; Nr. 2. 14—15. (Berichte) Nr. 3. 26—27. Commun. by the author vom 24. IX. 58.

Claudet, A.: (*12.*) On the means of increasing the angle of binocular instruments, in order to obtain a stereoscopic effect in proportion to their magnifying power. 93.

XXX. Meet. Brit. Ass. at Oxford 1860. Not. 61—62.
The Brit. Journ. of Phot. 1860. **7.** Nr. 122. 208—209.

Auch übersetzt unter dem Titel:

—, —: Ueber das Mittel, den Winkel binokulärer Instrumente derart zu vergrößern, daß ihre Relief-Wirkung proporzional werde ihrer vergrößernden Kraft.

Kr. Zft. f. Fot. u. Ster. 1861. **3.** 23—24.

—, —: (*13.*) On a magnifying stereoscope with a single lens. 143.

XXXVI. Meet. Brit. Ass. at Nottingham 1866. Not. 23—24.

—, —: (*14.*) A new fact relating to binocular vision. (Red. 20. III. 1867.) 150.

Proc. Roy. Soc. 1866/67. **15.** 424—429.
The Brit. Journ. of Phot. 1867. **14.** Nr. 384. 436—438.

—, —, Stereoskopische Aufnahmen für Ch. Wheatstone 53. Sein Stereoskopeometer 98. Exzentrische Benutzung der Aufnahmeobjektive für das Brewstersche Prismenstereoskop 104. Sein Vorschlag eines Doppelfernrohrs mit erweitertem Objektivabstand 91 und seine Regel für die Raumähnlichkeit 91/92, 93. Tiefenänderung durch symmetrische Verschiebung der Halbbilder 115, Abflachung durch Doppelfernrohre 91. Regel für die Homöomorphie 91, 93. Rahmenwirkung der Halbbildbegrenzung 102. Streit mit M. A. Gaudin 114. Zusammenarbeiten mit Ch. Wheatstone 115. Seitliche Verschiebung der Halbbilder und entsprechende Tiefenänderung des Raumbildes 115. Vorgeschichte des Stereomonoskops 119/20, seine Ausbildung 120. Vorführung eines Stereomonoskops 121. Feststellung der Genauigkeit der Ortsbestimmung 151.

Collen, H.: (*1.*) Earliest stereoscopic portraits. (20. III. 1854.) 53.

Phot. Journ. 1853/54. **1.** 200.

Conradi, J. M.: (*1.*) Der dreyfach geartete Sehe-Strahl / In einer kurtzen doch deutlichen Anweisung zur Optica Oder Sehe-Kunst / Bey übrigen und einsamen Stunden zur Erhebung Göttlicher Weißheit und den Kunstbegierigen zur Handleitung / in etwas erwogen von — — —. 25.

Coburg, In Verlegung des Autoris. Thürnau / druckts Joh. Fridr. Regelein, 1710. (16) 120 S. kl. 4⁰ mit 24 Bildertafeln.

Corbin, H. A.: (*1.*) Un système de stéréoscope à glaces et à lentilles combinées. 106.

Br. d'Inv. 40456 v. 1. IV. 59.

Allem Anscheine nach ist diese Schutzschrift nie amtlich veröffentlicht worden; meine Kenntnis von ihr geht auf eine Abschrift von Schreiberhand zurück.

—, —, Behandlung des Stereoskops mit einseitiger Spiegelung 122/23.

## D.

Dove, H. W.: Description of several prism-stereoscopes, and of a simple mirror-stereoscope.
Phil. Mag. 1851. (4) **2.** 29—33 (Juli-Heft).

—, —: (*4.*) Ueber die Ursache des Glanzes und der Irradiation, abgeleitet aus chromatischen Versuchen mit dem Stereoskop. 108.
Berl. Ber. 1851. 252—264.
Pogg. Ann. 1851. **83.** 169—183.
Siehe auch den ausführlichen Auszug von J. Tyndall:

—, —: On the stereoscopic combination of colours, and on the influence of brightness on the relative intensity of different colours.
Phil. Mag. 1852. (4) **4.** 241—246. (Okt.-Heft.)

—, —: (*5.*) Das Reversionsprisma und seine Anwendung als terrestrisches Ocular und zum Messen von Winkeln. 71.
Pogg. Ann. 1851. **83.** 189—194.
Auch übersetzt unter dem Titel:

—, —: The reversion-prism, and its application as ocular to the terrestrial or day-telescope, and to the measurement of angles.
Phil. Mag. 1851. (4) **2.** 26—29. (Juli-Heft.)

—, —: (*6.*) Darstellung der Farbenlehre und optische Studien. 69. 70. 71. 109.
Berlin, G. W. F. Müller, 1853. VIII, 288 S. gr. 8° mit 2 lith. Tafeln.

—, —: (*7.*) On some stereoscopic phaenomena. 109.
XXIV. Meet. Br. Ass. at Liverpool. 1854. Not. 9—10.

—, —: (*8.*) Ueber die von ihm gegebene Erklärung des Glanzes in Beziehung auf eine von Hrn. Brewster dagegen gemachte Bemerkung. 109.
Berl. Ber. 1855. 691—694.

—, —: (*9.*) Ueber Binocularsehen durch verschieden gefärbte Gläser. (26. III.) 109.
Berl. Ber. 1857. 208—211.
Pogg. Ann. 1857. **101.** 147—151.

—, —: (*10.*) Ueber die Unterschiede monocularer und binocularer Pseudoskopie. (26. III.) 107.
Berl. Ber. 1857. 221—226.
Pogg. Ann. 1857. **101.** 302—308. (Dieser Abdruck umfaßt auch die folgende Arbeit.)

— —: (*11.*) Darstellung von Körpern durch Betrachtung einer Projection derselben vermittelst eines Prismenstereoskop. (28. V.) 107.
Berl. Ber. 1857. 291.

—, —: (*12.*) Ueber den Einfluß des Binocularsehens bei Beurteilung der Entfernung durch Spiegelung und Brechung gesehener Gegenstände. (20. V.) 108.
Berl. Ber. 1858. 312—315.
Pogg. Ann. 1858. **104.** 325—329.

Dove, H. W.: (*13.*) Stereoskopische Darstellung eines durch einen Doppelspath binocular betrachteten Typendruckes. (28. III.) 108.
Berl. Ber. 1859. 278—280.
Pogg. Ann. 1859. **106.** 655—657.
Auch übersetzt unter dem Titel:

—, —: Stereoscopic representation of print as it appears when viewed with both eyes through doublerefracting spar.
Phil. Mag. 1859. (4) **17.** 414—415 (Juni-Heft).
Phot. Journ. 1858/59. **5.** 294—297.

—, —: (*14.*) Ueber Anwendung des Stereoskops um einen Druck von seinem Nachdruck, überhaupt ein Original von seiner Copie zu unterscheiden. (Sitz. v. 28. III.) 108. 151.
Berl. Ber. 1859. 280—288.
Pogg. Ann. 1859. **106.** 657—660.
Auch übersetzt unter dem Titel:

—, —: On the application of the stereoscope to distinguish prints from reprints, or generally originals from copies.
Phil. Mag. 1859. (4) **17.** 415—417. (Juni-Heft.)
Phot. Journ. 1858/59. **5.** 297—298.

—, —: (*15.*) Optische Studien. Fortsetzung der in der „Darstellung der Farbenlehre" enthaltenen. 109.
Berlin, G. F. W. Müller, 1859. 51 S. m. 8 Tfln.

—, —: (*16.*) Ueber die Nichtidentität der Abgüsse verschiedener Metalle in derselben Form. (23. II.) 151.
Berl. Ber. 1860. 87.

—, —: (*17.*) Optische Notizen: 2) Ueber flatternde Herzen. 151.
Pogg. Ann. 1860. **110.** 286—290.

—, —: (*18.*) Ueber die Nichtidentität der Größe der durch Prägen und Guss in derselben Form von verschiedenen Metallen erhaltenen Medaillen. 151.
Pogg. Ann. 1860. **110.** 498. (20. VII.)
Kr. Zft. für Fot. u. Ster. 1861. **3.** 33—34.
Auch übersetzt unter dem Titel:

—, —: On the difference in size of medals of different metals obtained by stamping, and by casting in the same mould.
Phil. Mag. 1860. (4) **20.** 327. (Oct.-Heft.)

—, —: (*19.*) Ueber Binocularsehen und subjective Farben. (30. V.) 151.
Berl. Ber. 1861. 521—525.
Pogg. Ann. 1861. **114.** 163—168.
Kr. Zft. f. Fot. u. Ster. 1861. **4.** 161—163.

—, —: (*20.*) Optische Notizen. (21. II.) 152.
Berl. Ber. 1867. 80—89.
Pogg. Ann. 1867. **131.** 651—655; **132.** 474 bis 479.

—, —, Widerspruch gegen E. Brücke. Möglichkeit einer stereoskopischen Beobachtung im indirekten Sehen 50 und Versuche zur Farbenmischung 51. Erfindungsanspruch zwischen ihm und D. Brewster 61. Fernrohrstereoskop

67. Theorie dafür 67—69. Prismen- und Spiegelstereoskope 69—71. Entkörperung einer Säule 70. Reversionsprisma 71. Spiegelstereoskop mit maßstabsverschiedenen Halbbildern 71. Stellungnahme gegen CH. WHEATSTONE 107. Weitere Farbenmischungsversuche und seine Theorie des Glanzes 108—09. Die letzten Arbeiten: zum Nachweis geringfügiger Abweichungen mittels binokularer Beobachtung. Zur Chromasie des Auges 151.

Drouin, F.: (*1.*) Le stéréoscope et la photographie stéréoscopique. 211.
Paris, CH. MENDEL, 1894. (1) 191 (1) S. kl. 8⁰ mit 104 Textabb. u. 3 Tafeln.
Auch übersetzt unter dem Titel:

—, —: The stereoscope and stereoscopic photography. From the French of F. DROUIN Translated by MATTHEW SURFACE.
Bradford, PERCY LUND & Co., o. J. [1897] 179 S. 8⁰ mit 104 Textabb. u. 3 Tfln.

—, —: (*2.*) Sur une forme particulière de stéréoscope. 211.
Bull. Belg. Phot. 1895. (3) **2.** 649—651.
Auch übersetzt unter dem Titel:

—, —: Eigentümliche Form eines Stereoskop-Apparates.
Phot. Corr. 1896. **33.** Nr. 427. 163—164.

—, —: (*3.*) Stéréoscope à double réflexion totale. (Soc. Franç. de Phot. 4. XII. 1896.) 211. 212.
Bull. Soc. Franç. Phot. 1897. (2) **13.** 73—80.

Drüner, L.: (*1.*) und H. Braus, Das binoculare Präparir- und Horizontalmikroskop. (13. II.) 194.
Zft. f. wiss. Mikrosk. 1897. **14.** 5—10. 2 +.

—, —: (*2.*) Ueber Mikrostereoskopie und eine neue vergrößernde Stereoskopcamera. (Mit 1 Tafel und 1 Textabb.) (Eingeg. 17. X. 1900.) 194.
Zft. f. wiss. Mikrosk. 1900. **17.** 281—293.

—, —, s. a. unter H. BRAUS 194.

du Bois-Reymond, E.: (*1.*) Ueber eine orthopädische Heilmethode des Schielens. 79.
MÜLLERS Arch. 1852. 541—42.

Duboscq, J.: (*1.*) Stéréoscope de M. BREWSTER exécuté par M. DUBOSCQ. 66.
C. R. 1850. **31.** 895—896 vom 30. XII. 50.

—, —: (*2.*) s. auch unter F. MOIGNO (*2.*). 72.

—, —: (*3.*) Une nouvelle disposition de stéréoscope. 81.
Br. d'Inv. 13069 vom 16. II. 52 ert. d. 12. IV. 52; dazu die folgenden Nachträge (Certificats d'addition) vom 23. III. 52; 17. V. 52 (darin die Erwähnung der stereoskopischen Wippe) 12. XI, 52. 16. VIII. 54. [Descr. (2) **22.** 352—357] ferner weitere Nachträge vom 24. V. 56. 31. X. 56. [Descr. (2) **34.** 416—417.]

—, —: (*4.*) L'Optique stéréoscopique. 72.
Cosmos. 1854. **4.** 33—35.

Duboscq, J.: (*5.*) Note sur une nouvelle disposition de stéréoscope à prismes réfringents, à angle variable et lentilles mobiles. 72. 103.
C. R. 1857. **44.** 148—150. (26. I.)

—, —: (*6.*) Divers stéréoscopes. 72.
Bull. Soc. Franç. Phot. 1857. **3.** 65—66. (20. II.)

—, —: (*7.*) Sur le stéréoscope. 72.
Bull. Soc. Franç. Phot. 1857. **3.** 74—78.

—, —: (*8.*) Rapport fait par M. LISSAJOUS, au nom du comité des arts économiques, sur les divers modèles de stéréoscopes présentés par M. —, opticien. 72. 73.
Bull. Soc. d'Enc. 1857. (2) **4.** 707—20 mit 1 Tafel. (Novhft.)
Auch übersetzt unter dem Titel:

—, —: Neueste Verbesserungen am Stereoskop, von dem Optiker Duboscq in Paris.
Dingl. Journ. 1858. **147.** 358—362.
Siehe auch G. BASSE (*1.* 23—27).

—, —, Ausführung des BREWSTERschen Prismenstereoskops 66. 72. der DOVEschen Form für Schirmbilder und für unzerschnittene Stereogramme. Stereoskop für übereinander angeordnete Bilder. Sonstige Neuerungen. 72. Seine Bedeutung für die Entwicklung des Stereoskops 73. Seine stereoskopische Wippe 81. Stereogramme für J. LISSAJOUS 122.

Dufour, P. Th.: (*1.*) Contribution à la physiologie de la vision. Traduit de l'Anglais complété par des conseils pratiques et des planches d'exercices pour faciliter la vue à l'oeil nu du relief des clichés stéréoscopiques. 301.
Lausanne, Impr. La Concorde, 1919. 87 S. 4⁰ mit 4 Tfln. und 5 +.

Duhauron [Ducos, L.]: (*1.*) Estampes, photographies et tableaux stéréoscopiques produisant leur effet en plein jour sans l'aide du stéréoscope. 203.
Br. Fr. 216465 angem. am 15. IX. 1891. Hiervon ist nur der Titel veröffentlicht.

—, —, assignor to EUGÈNE DEMOLE of Geneva: (*2.*) Stereoscopic print. 203.
U. S. P. 544666 dated 20. VIII. 1895, Appl. filed 19. IX. 1894. Patented in France 15. IX. 1891. Nr. 216465.
Siehe auch:
Unsere Kunstbeilage.
Deut. Phot. Ztg. 1894. **18.** 176—177. (Wohl vom 3. V.)

Du Tour, E. F.: (*1.*) Discussion d'une question d'optique. 35.
Mém. Sav. Étr. 1760. **3.** 514—30. Tfl. XVIII, XIX.

—, —: (*2.*) Addition au mémoire intitulé, Discussion d'une question d'optique, imprimé dans le troisième volume des Mémoires des Savants Étrangers, pages 514 et suivantes. 35.
Ebenda 1763. **4.** 499—511.

—, —: (*3.*) Appendice, à un memoire de M. DU TOUR, imprimé dans le volume précédent. 35.
Ebenda 1768. **5.** 677—78.

—, —, Aufstellung eines einfachen Geräts für die beidäugige Farbenmischung. 35.

## E.



## F.

## H.

Harmer, J.: Siehe auch die Übersetzung bei M. von Rohr (*10*, 117—21).

—, —, große Sorgfalt bei der Herstellung stereoskopischer Glasbilder 141. 174. Stereoskopisches Meßverfahren mit fester, versuchsmäßig entworfener und ausgewerteter Skala 175. Vergleichung zweier Photogramme von Sternbildern und Sternspektren im Stereoskop 176. Anwendung starker Vergrößerungen für solche Vergleichungen 177.

Harris, J.: (*1.*) A treatise of optics: containing elements of the science; in two books. 33. 34.

London, B. White, 1775. (6) 282 S. 4⁰ mit 123 + 110 Abb. auf Kupfertafeln.

—, —, Versuche zur Entfernungsbestimmung und zur Theorie des Sehens mit beiden Augen. Stereoskopische Versuche mit Hohlspiegeln und Linsen 34.

Harsdörffer, G. Ph., Spiegelversuche 24.

Harting, H., Hinweis auf die Horstmannsche Spiegelanlage 195.

Harting, P., Hinweis auf ihn beim Reversionsprisma 71.

Harting-Dovesches Reversionsprisma 71.

Hartnup, siehe unter J. A. Forrest (*1.*) 117.

Hawkins, J. I.: (*1.*) On the means of ascertaining the true state of the eyes, and of enabling persons to supply themselves with spectacles, the best adapted to their sight (Commun. by the author 21. IX. 1826). 43.

The Repert. of Pat. Inv. 1827. **3.** (Dezhft. 1826) 347—355; Suppl. Dez. 1826. 385—392, mit 5 Abbildungen auf einer Tafel.

Hier habe ich nur den Ort festgestellt und oberflächlichen Einblick genommen. Benutzt wurde die mir zugänglichere Übersetzung:

—, —: Ueber die Mittel, den wahren Zustand der Augen zu bestimmen, und jedes Individuum in den Stand zu sezen, sich die für seine Augn passenden Brillen selbst zu wählen.

Dingl. polyt. Journ. 1827. **24.** 130—136; 1828. **29.** 448—452 mit 5 Abb. auf Tfl. VII.

Hecker, O.: (*1.*) Ueber den Zusammenhang von Objektivdistanz und stereoskopischem Effekt beim Sehen durch Doppelfernrohre. 251.

Zft. f. Instrkde. 1902. **22.** 372—74. (Dezhft.)

von Hefner-Alteneck, Fr., Mitteilungen über H. de Grousilliers 201.

Hegg, E.: (*1.*) Eine neue Methode zur Messung der Tiefe der vordern Augenkammer. 232.

Arch. f. Aughlkde. 1901. **44.** Erghft. (Pflügersche Festschr.) 84—104, 5 +.

—, —: (*2.*) Suum cuique. 232.

Ebenda, 1903. **47.** 84—85.

Heine, L.: (*1.*) Sehschärfe und Tiefen-Wahrnehmung. 219.

Graefes Arch. 1900. **51.** 146—73 mit 17 + u. Tfl. VII. (23. X.)

Heine, L.: (*2.*) Ueber „Orthoskopie" oder: Ueber die Abhängigkeit relativer Entfernungsschätzungen von der Vorstellung absoluter Entfernung. 251.

Graefes Arch. 1900. **51.** 563—72 + (18. XII.)

—, —: (*3.*) Ueber Orthostereoskopie. 252.

Graefes Arch. 1901. **53.** 306—15, 2 + (17. XII.)

—, —: (*4.*) Ueber stereoskopische Messung. 233.

Graefes Arch. 1903. **55.** 285—301, 4 + u. Tfl. 9 u. 10 (20. I.)

—, —, hohe Einstellgenauigkeit 219.

Heisch, Ch.: (*1.*) On the improvement of Nachet's stereo-pseudoscopic binocular microscope. (Read 13. V. 1868.) 134.

Trans. Roy. Micr. Soc. 1868. (2) **16.** 111—113.

Helmholtz, H.: (*1.*) Das Telestereoskop. (Vorgetr. Sitzg. niederrhein. Ges. Nat. u. Heilkde. 10. VI. 1857.) 86. 92.

Pogg. Ann. 1857. **101.** 494—496 (vorl. Bericht) 1857. **102.** 167—175.

—, —, auch abgedruckt bei G. Basse (*1.* 29—35), F. W. Barfusz (*1*, 419—27) und M. von Rohr (*10*, 95—102). An der letzten Stelle sind die Nummern 31 und 32 zu streichen.

Auch übersetzt unter dem Titel:

—, —: On the telestereoscope.

Phil. Mag. 1858. (4) **15.** 19—24.

—, —: (*2.*) Handbuch der physiologischen Optik. 93. 119. 130. 147. 158. 159. 184.

Bd. IX der Karstenschen Allg. Encycl. d Physik. Leipzig, L. Voss, 1867. gr. 8⁰ XIV 874 (1) S. Mit 213 Textabb. u. 11 Tfln.

Das Werk erschien in 4 Teilen 1856 [bis S. 336], 1860 [bis S. 432], Anfang 1866 [bis 656 aller Wahrscheinlichkeit nach] und Ende 1866, so daß die hier interessierenden Teile nicht vor 1866, zum Teil sogar erst gegen Ende dieses Jahres veröffentlicht waren.

—, —: (*3.*) Von der dritten Auflage kommt hier in erster Linie in Betracht der 3. Band. 93.

Herausgegeben von J. von Kries 1910. VIII, 564 S. gr. 8⁰ mit 6 Tfln. und 81 +.

—, —, Das Telestereoskop ohne Vergrößerung 86. Das ablenkende Spiegelpaar 87. Richtige Theorie des Telestereoskops und ihre Abänderung 93. Bau eines Wheatstoneschen Linsenstereoskops mit zwei Brennweiten 147. Historische Behandlung des Stereoskops. Theorie des Raumbildes. Tiefenänderung. Reliefbilder. Behandlung der Brillen, des Telestereoskops, des binokularen Mikroskops nach A. Nachet 158, des Stereoskops, der Entfernungswahrnehmung 159. Ablehnung des Grousilliersschen Entfernungsmessers 201.

Henderson, J.: (*1.*) Photography and the stereoscope. [Read at meet. Liverp. Amat. Phot. Ass. 25. IV. 1871.] 181.

The Brit. Journ. of Phot. 1871. **18.** Nr. 573. 195—196.

Henker, O. und M. von Rohr: (*11.*) Über binokulare Lupen schwacher und mittlerer Vergrößerung. 223.

Zft. f. Instrkde. 1909. **29.** 280—86, 7 + (Septhft.)

**Hensoldt, C.:** (*1.*) Prismen-Doppelfernrohr neuerer verbesserter Form. 199.
Der Mech. 1897. **5.** 413—14, 2+. (20. XII.)

**Hensoldt, M.:** (*1.*) Neues Doppel-Fernrohr. 199.
Der Mech. 1897. **5.** 214—16, 2+ (20. VII.)

**Hering, E.:** (*1.*) Der Raumsinn und die Bewegungen des Auges. 184.
Siehe unter L. Hermann (*1.*) 343—601, 69+.

—, —: (*2.*) Ueber die Grenzen der Sehschärfe. (Vorgetr. 4. XII. 1899; Manuscr. eingel. 13. I. 1900.) 151. 218.
Leipz. Ber. 1900. 16—24.

—, —: (*3.*) Ueber die Herstellung stereoskopischer Wandbilder mittelst des Projectionsapparates. 238. 239.
Pflügers Arch. 1901. **87.** 229—38. (23. X.)

**Hermagis, ..:** (*1.*) Perfectionnements apportés au stéréoscope. 102.
Brev. d'in. 34862 v. 26. XII. 57. Descr. (2) **66.** 262. Add. v. 9. VI. 58.

—, —, Ausführung eines Wheatstoneschen Linsenstereoskops 102.

**Hermann, L.:** (*1.*) Handbuch der Physiologie. 3. Bd. 1. Th. 287.
Leipzig, F. C. W. Vogel, 1879. VIII, 601 S. gr. 8°.

**Herschel, A. S.,** Erfindungsanspruch für das Telestereoskop mit Fernrohrvergrößerung 92.

**H[erschel, Sir] John F. W.:** The stereoscopic angle. (Collingwood, 6. XI. 1858.) 119.
Phot. News 1858. **1.** Nr. 10. 110.

—, —: (*2.*) The telescope (From the Encyclopaedia Britannica). 92.
Edinburgh, A. and Ch. Black, 1861, VII, 190 S. kl. 8° Textabb. 1—29b.

**Herschel**sches Prisma zur Ortsbestimmung beim beidäugigen Sehen 26.

**Hess, C.:** (*1.*) Arbeiten aus dem Gebiete der Accommodationslehre. VI. Die relative Accommodation. 37. 221.
Graefes Arch. 1901. **52.** 143—74, 12+ (12. II.)

**Hessemer, J. M.:** (*1.*) Ueber die Anfertigung stereoskopischer Bilder. 123.
Dingl. Polyt. Journ. 1856. **139.** 111—121, mit 2 Bildtafeln.

**Hill, H. H.:** (*1.*) Optical instrument. 213.
U. S. P. 607171 dated 12. VII. 1898. Appl filed 7. VI. 1897.
Siehe auch die Besprechung:
Stereoscopic effect (?) from single photographs.
The Brit. Journ. of Phot. 1898. **45.** Nr. 2003. 618.

**Hirth, G.:** (*1.*) Vorführung des neuen großen Relief-Standfernrohres aus der optischen Werkstätte von Carl Zeiss in Jena. 216.
(Vortr. geh. am III. Intern. Psych. Kongr. in München am 5. VIII. 96.)
Erschien auch als S.-A. 3 S.

**Hoffmann,** Ausführung von einzelnen Prismenfernrohren um 1857 89.

**Hogg, Q.,** Geistererscheinungen bei ihm 157.

**Holden, Ward A.:** (*1.*) Ueber die Entstehung des „Flatterns" durch Nebeneinanderstellen bestimmter Farben und von Weiß und Schwarz. 204.
Übers. a. d. engl. Ausg. d. Arch. von A. Friedmann.
Arch. f. Aughlkde. 1899. **38.** 77—93, 2+ u. Tfl. 3.

**Holmes, O. W.:** (*1.*) The stereoscope and the stereograph. 148.
Atl. Monthly. 1859. **3.** 738—48. (Juni.)

—, —: (*2.*) Sun-painting and sun-sculpture; with a stereoscopic trip across the Atlantic. 149.
Atl. Monthly 1861. **8.** 13—29. (Juli.)

—, —, Erfindung des amerikanischen Stereoskops 149.

**Holmes, S.:** (*1.*) Improvements in binocular and stereoscopic microscopes. 134.
E. P. 1883/69 v. 19. VI.; acc. 10. XII. 69.

**Horstmann, B.:** (*1.*) Apparat zur Vorführung von Luftbildern mit geeignet aufgestellten, von Hohl- und Planspiegel [!] reflectirten Figuren. 195.
D. R. G. M. 126336/77, einger. 10. X. 99 veröff. 27. XII. 99.

**Hudson, J. T.:** (*1.*) Useful remarks upon spectacles, lenses and opera-glasses; with hints to spectacle wearers and others; being an epitome of practical and useful knowledge upon this popular and important subject. 41. 89.
London, J. Thomas, 1840. 32 S. 8°; hier namentlich S. 30 wichtig.

—, —, Erwähnung früher doppelter Erdfernrohre 42.

**Hueck, A.:** (*1.*) Ueber die Täuschung des Fernrückens der Gesichtsobjecte. 53.
Müller's Arch. 1840. 76—81.

**Huet, H. L.:** (*1.*) Improvements in optical instruments. 198.
E. P. $14102^{97}$ vom 9. VI. 1897. acc. 9. IV. 1898.

**Hugel, Th.:** (*1.*) Darstellung von Stereoskopbildern mit Hülfe orthogonaler Coordinaten. 188.
Progr. Gewerbesch. zu Neustadt a. d. H 1876. Darmstadt, G. Otto, 4°. 13 S. mit 33 Stereogrammen und 2 Diagrammen.
Im Buchhandel auch unter dem Titel:

—, —: Die Stereoskopie gestützt auf orthogonale Coordinaten.
Neustadt a. d. H., A. H. Gottschick-Witter. 1876. 4°.

—, —: (*2.*) Einiges über Stereoskopie. 189.
Carl's Rep. 1877. **13.** 268—284.

—, —, mathematische Behandlung der Natur des Raumbildes bei gekreuzter Anordnung der Halbbilder 189. Farbige Halbbilder. Kampf zwischen Wahrnehmung und Erfahrung. 189/90.

**Hunt, A. V.** s. unter Ch. A. Burghardt (*1.*) 241.

## I.



## J.



## K.

## M.

## O.



## P.

## Q.

Quentin, H.: (*1.*) Méthode simplifiée de stéréoscopie en deux couleurs. 239.
La Phot. des coul. 1909. 221—26. (Novhft.)
Siehe auch die Bearbeitung:

—, —, Colour effects in the stereoscope.
The Brit. Journ. of Phot. Suppl. 1910. **4.** Nr. 39 v. 4. III. 20—21.

Quetelet, A.: (*1.*) Procédés photographiques. (Sitzung vom 9. X. 1841.) 54.
Bull. Acad. Bruxelles 1841. **8.** II. 160—161.

Quinet, A. M., siehe unter M. A. Gaudin (*1.*) 98.

## R.

Read, W. J: (*1.*) On the stereoscope. (11. VIII.) 115.
Phot. Not. 1856. **1.** 190—191.

Reeve, L.: (*1.*) The Stereoscopic Magazine, a gallery of landscape scenery, architecture, antiquities, and natural history, [accompanied with descriptive articles by writers of eminence]. 121.
Lovell Reeve, 5, Henrietta Street, Covent Garden. [ ] nur im Titel des ersten Bandes. Die Zeitschrift, die übrigens nur Stereogramme mit beschreibendem Text brachte, scheint 1865 aufzuhören. Sie wurde 1858 eröffnet. Siehe The Brit. Journ. of Phot. 1858. **5.** Nr. 74. 180.

The Stereoscopic Cabinet von demselben Herausgeber, begann im November 1859 zu erscheinen. 122.
Siehe The Phot. News. 1859/60. **3.** Nr. 63. 126.

Regnault, J., siehe unter L. Foucault (*1.*) 51.

Ribaut, H., siehe unter T. Marie (*1.*—*4.*). 202.

Riddell, J. L.: (*1.*) Notice of a binocular microscope. (1. X. 1852.) 80.
Sill. Journ. 1853. (2) **15.** (Januar-Nr.) 68 und (für die Abbildung) 143.

—, —: (*2.*) Binocular microscope. (25. V. 1853.) 82.
Quart. Journ. Micr. Sc. 1853. **1.** 304—305.

—, —: (*3.*) On the binocular microscope. (Read before the Amer. Ass. Advanc. Sc. 30. VII. 1853.) 82. 83.
Quart. Journ. Micr. Sc. 1854. **2.** 18—24.
Siehe dazu auch:

Riddell's binocular compound microscope.
Journ. Roy. Micr. Soc. 1885 (2) **5.** Part 2. 1059—1060, mit 2 Abb.

—, —, Siehe auch die Übersetzung bei M. von Rohr (*10*, 83—90.)

—, —: (*4.*) Match photographs, or camera lucida drawings of microscopic objects for the stereoscope, made by means of the ordinary monocular microscope. (New Orleans Med. and Surg. Journ.) 82.
Quart. Journ. Micr. Sc. 1854. **2.** 290—291.

Righi, A.: (*1.*) Sulla visione stereoscopica. 178.
Il Nuovo Cim. 1875. (2) **14.** 55—104 mit einem Lichtdruck und 2 Tfln. (16. X.)
Siehe auch die kurze Bemerkung bei R. Biedermann (*1.* 212 Nr. 1060).

Ringard, P. A.: (*1.*) Perfectionnements apportés aux lunettes de divers systèmes. 64.
Br. d'Inv. veröff. unter 8052 v. 10. VI. 41. Descr. **60.** 517—19.

Ringleb, O.: (*1.*) Über Körpersehen und Stereokystoskopie mit einem stereoskopischen Okular für Kystoskope. (4. III.) 226.
Fol. urol. 1908. **2.** 269—84, 17+. (Maihft.)

—, —: (*2.*) siehe unter Fr. Fromme und O. Ringleb. 226.

Risner, F.: (*1.*) Opticae thesaurus Alhazeni Arabis libri septem, nunc primum editi. Ejusdem liber de crepusculis & nubium ascensionibus. 20.

—, —: Item (*2.*) Vitellonis Turingopoloni libri X. Omnes instaurati, figuris illustrati & aucti, adjectis etiam in Alhazenum commentarijs a — —. 20.
Basileae, per Episcopios, 1572 (2), 1—282; de crep. 283—88; (3), 1—474 fol.

Rivers, W. H. R.: (*1.*) On binocular colour-mixture. (25. II.) 205.
Cambr. Proc. 1895. **8.** 273—77.

Robecchi, . . (*1.*) Un nouveau stéréoscope lenticulaire prismatique rectificateur des verticals. 102.
Br. d'Inv. 29918 v. 24. XI. 56. Descr. **59.** 27—28.

Rogers, W. B.: (*1.*) Observations on binocular vision. (Vom VII. 55 bis zum III. 56.) 122.
Sill. Journ. 1855. (2) **20.** 86—98; 204—220; 318—335; 1856. (2) **21.** 80—95; 173—189, 94+.

von Rohr, M.: (*1.*) Theorie und Geschichte des photographischen Objektivs. 113.
Berlin, J. Springer, 1899. 8⁰. XX, 436 S. mit 148 Textabb. und 4 Tfln.

—, —: (*2.*) Das Sehen. (11. III. 03.) 6. 8. 9. 245. 250. 255.
Siehe unter S. Czapski (*6.* 270—295).

—, —: (*3.*) On stereoscopic experiments in the eighteenth century. 33.
The Br. Journ. of Phot. 1904. **51.** Nr. 2301 (Jubilee number) 491—492.
Br. Journ. Alm. 1905. 874—877.

—, —: (*4.*) Die Theorie des Doppelveranten, eines Instruments zur korrekten Betrachtung von Stereogrammen und Paaren identischer Bilder. (Mit 5 Abb. im Text; eingeg. d. 16. IX. 04.) 255.
Zft. f. wiss. Phot. 1904. **2.** 336—351.

Auch übersetzt unter dem Titel:

**Rood, O. N.:** Ueber eine Methode, Stereografien durch Handzeichnung darzustellen.
Kr. Zft. f. Fot. u. Ster. 1861. **3.** 140—142.

—, —: (*2.*) On the practical application of photography to the microscope. 140.
Sill. Journ. 1861. (2) **32.** 186—193.
The Brit. Journ. of Phot. 1861. **8.** Nr. 153. 378—380.

—, —, Versuche über das Glitzern 152.

**Ross, A.,** Zurückhaltung gegen das Spiegelstereoskop 55. Ausführung des BREWSTERschen Prismenstereoskops 66. Ablehnung des binokularen Mikroskops von CH. WHEATSTONE 81.

**Ross, Th.,** Stereoskopkammer nach TH. SUTTON 140.

**Roulot, . .,** siehe unter . . . LAFLEUR (*1.*). 171.

**Rouyer, J.:** (*1.*) Coup d'œil rétrospectif sur la lunetterie précédé de recherches sur l'origine du verre lenticulaire et sur les instruments servant à la vision. 38. 41.
Paris, en vente chez l'auteur 58, rue Charlot, 1901. XII, 261 S. 8° mit Textfiguren.

**Ruete**sches Lehrbuch der Stereoskopie 199.

## S.

**Sallé, Fr.:** (*1.*) Théâtre de marionnettes vivantes. 229.
Br. d'Inv. 380874 v. 17. VIII. 07; publ. 19. XII. 07.
Siehe auch die deutsche Ausgabe:

—, —, Puppentheater 229.
D. R. P. 211262 v. 2. II. 08; ausgeg. 26. VI. 09.

[**Sang, J.**]: (*1.*) Stereoscopic pictures from flat surfaces. (The Times 19. X. 58.) 121.
Phot. Journ. 1858/59. **5.** 48—49.
Siehe auch z. T. unter anderen Titeln:
Phot. News. 1858/59. **1.** Nr. 8. 85—86; Nr. 10. 116—117.
The Brit. Journ. of Phot. 1858. **5.** Nr. 81. 263—264.

**Scarlet,** Herstellung von Doppelfernrohren 33.

**Schanz, F.:** (*1.*) Demonstration eines stereoskopischen Hornhaut-Mikroskops. (4. VIII.) 194.
Ber. 27. Vers. Ophth. Ges. Heidelberg 1898. 336—38+.

**Schapringer, A.:** (*1.*) Zur Theorie der „Flatternden Herzen". (Mai.) 204.
Zft. f. Psych. u. Phys. d. Sinnorg. 1893. **5.** 385—95, 3+.

**Scheffer, W.:** (*1.*) Beiträge zur Mikrophotographie. (25. X.) 254. 255.
Zft. f. wiss. Mikrosk. 1902. **19.** 289—94, 3+.

—, —: (*2.*) Über Beziehungen zwischen stereoskopischen Aufnahme- und Beobachtungsapparaten. (20. IX.) 255.
Phys. Zft. 1904. **5.** 663—66, 2+. (20. X.)

**Scheffer, W.:** (*3.*) Eine Korrektionsformel für mikrostereoskopische Aufnahmen sowie eine Verallgemeinerung der stereoskopischen Korrektionsformel. 255.
Phot. Mitt. 1906. **43.** 465—71. (15. X.)
EDERS Jahrb. 1907. **21.** 71—75.
(An der zweiten Stelle steht ein abweichender Titel und ist ein Schlußabschnitt hinzugefügt worden.)

**Schell, A.:** (*1.*) Das Universalstereoskop. (2. IV.) 243.
Wien. Ber. 1903. **112.** IIa. 949—73, 6+.

—, —: (*2.*) Konstruktion und Betrachtung stereoskopischer Halbbilder. (19. XI.) 243.
Wien. Ber. 1903. **112.** IIa. 1595—625, 12+.

**Schmalenberger, . .:** (*1.*) Den Hohlspiegel als Stereoskop zu gebrauchen. 142.
(Würzb. gemeinn. Wochenschrift. 1861. 28.)
Kr. Zft. für Fot. u. Ster. 1861. **3.** 154.
DINGLER's Polyt. Journ. 1861. **159.** 467—468.

**Schott, G.:** (*1.*) Magia universalis naturae et artis, sive recondita naturalium & artificialium rerum scientia, cujus ope per variam applicationem activorum cum passivis, admirandorum effectuum spectacula, abditarumque inventionum miracula, ad varios humanae vitae usus, eruuntur. Opus quadripartitum. Pars I. continet Optica, II. Acoustica, III. Mathematica, IV. Physica. Singularum epitomen sequens praefatio obiter, accuratius vero uniuscujusque peculiare praeloquium exponit. 24. 25.
Herbipoli, H. PIGRIN, 1657. Optica S. 1—538 kl. 4° mit 25 Kpfrtfln. und VII Blatt Index rerum.
Siehe auch die Übersetzung eines Teils:

**Ungenannt M. F. H. M.,** Magia Optica, Das ist / Geheime doch Natur-mässige Gesicht- und Augen-Lehr / In zehen unterschiedliche Bücher abgetheilet / Worinnen / was das Gesicht und dessen Gegenstand / oder wormit dasselbige umgehet / anbelangt / deßgleichen was die Seh-Spiegel-Brill-Bildvorstell- und Farb- so dann die Brennspiegel- und Brennglas- auch Spiegelschrifft-künstlichen Sachen und dergleichen Wissenschafften / Künsten / Übungen und Geheimnissen / wie nicht weniger was sonsten seltsam / rar / wunderbar und über deß geheimen Pöbels Verstand gehet / gehandelt wird / Alles Lehrartig und deutlich mit allerhand ungemeinen Werckstellungen und Probstücken außgeführet / Hibevor durch den Vortrefflichen / Wohl-Ehrwürdigen / und weltberümten Herrn Gaspar Schotten / der Societät Jesu / in Latinischer Sprache beschriben / Anjetzo aber ins Hochdeutsche übersetzt und vermehret. Von M. F. H. M. Mit dreyen Registern versehen. 25.
Bamberg / In Verlegung Johan Martin Schönwetters. 1677. (26), 512 (44) S. 4° mit 25 Kpfrtfln.

**Schultze & Bartels,** doppelte Erdfernrohre 170.

**Schulze, F. E.:** (*1.*) Ueber eine von ihm angegebene binoculäre Präparirlupe. (Tagbl. 60. Vers. d. Natf. u. Aerzte Wiesbaden 1887. 112. Sitz. v. 20. IX.) 170.

Zft. f. Mikrosk. 1888. **5.** 217.

Siehe auch ebenda 1887. **4.** 320.

Die Schreibung SCHULTZE ist falsch.

**Schwaiger, A.,** siehe unter B. WIEDHOLD (*1.*). 40. Erwähnung durch TINTER 41.

**Schwenter, D.,** Spiegelversuche 24.

**Schyrl, A. M.,** Bau von doppelten Erdfernrohren mit einem Kopfschirm. Anpassung an den Dingabstand. Messung des Augenabstandes 27.

**Scott, E. E.:** (*1.*) Improvements in stereoscopes. 102.

E. P. $2581^{56}$ vom 3. XI. 1856 prov. spec., vom 28. IV, 1857 compl. spec.

**Seebeck, A.:** (*1.*) Beiträge zur Physiologie des Gehör- und Gesichtssinnes. 51.

POGG. Ann. 1846. **68.** 449—65; hier zu beachten 454—58.

**Selenka, E.,** Anregung zum ABBEschen stereoskopischen Okular 166.

**Selva, L.:** (*1.*) Esposizione delle comuni, e nuove spezie di cannocchiali, telescopj, microscopj, ed altri istrumenti diottrici, catottrici, e catodiottrici perfezionati ed inventati da DOMENICO SELVA ottico in calle larga a S. Marco Con un discorso teorico-pratico sulla formazione e su i difetti della visione; sulla utilità, e sul buon uso ed abuso degli occhiali. 39.

In Venezia, Presso GIAMBATTISTA PASQUALI, 1761. XVI, 78 S. $8^0$ mit 2 Kpfrtfln.

—, —: (*2.*) Sei dialoghi ottici teorico-pratici. 39.

In Venezia, Appresso SIMONE OCCHI, 1787. XII, 184 S. $4^0$ mit 4 Kpfrtfln.

**Seneca,** Anführung des Spiegelversuchs 18.

**Servus, H.:** (*1.*) Die Geschichte des Fernrohrs bis auf die neueste Zeit. 37.

Berlin, J. SPRINGER, 1886. VII, 135 S. $8^0$ mit 8 Textabb.

**Settala, M.,** Ruf für große Hohlspiegel 24.

**Shadbolt, G.:** (*1.*) Discussion on the stereoscope. (7. V. 57.) 102.

Phot. Journ. 1856/57. **3.** Nr. 52. 273—276.

The Brit. Journ. of Phot. 1857. **4.** Nr. 46. 99.

—, —*: (*2.*) The crystal miniature explained. 144.

The Brit. Journ. of Phot. 1864. **11.** Nr. 209. 73—74.

—, —*: (*3.*) A note relative to the Chimenti drawings. 112.

The Brit. Journ. of Phot. 1864. **11.** Nr. 216. 200.

* Die mit * bezeichneten Aufsätze sind zwar nicht unterzeichnet, aber mit großer Wahrscheinlichkeit auf den Herausgeber G. SH. zurückzuführen

**Siemens (*1.*) & Halske:** Vorrichtung zur stereoskopischen Ausmessung von Röntgenbildern für die Beobachtung mit gekreuzten Sehachsen. 233.

D. R. P. 199355 v. 5. V. 06; ausgeg. 13. VI. 08

**Skladanowsky, M.:** (*1.*) Zu einem Buche zusammengeheftete stereoskopische Ansichten mit Tasche zur Aufbewahrung der Brille. 204. 238.

D. R. G. M. 179385/42h einger. 27. VI. 02; veröff. 28. VII. 02.

**Smith, R.:** (*1.*) A compleat system of opticks in four books, viz. a popular, a mathematical, a mechanical, and a philosophical treatise. To which are added remarks upon the whole. 31. 32. 33.

Cambridge, im Selbstverlage u. bei C. CROWNFIELD, 1738. $4^0$ **1.** (V) VI (VIII) 280 S. Mit 556 Abb. **2.** (II) S. 281—465 Abb. 557—685.

The author's remarks: 1—171 (13.) Mit 20 Tfln.

—, —, Theorie der Gesichtswahrnehmung 31. Versuche mit Zirkeln u. ä. Mit Hohlspiegeln 31. Mit dem Doppelfernrohr 32. Anfertigung der ersten stereoskopischen Zeichnung 32. 33. Einwirkung auf J. HARRIS 33, auf J. H. LAMBERT 34.

**Smith, Beck & Beck,** Absatz stereoskopischer Mondbilder 118/9.

**S[myth], C. P[iazzi]:** (*1.*) Stereoscopic reform. 147.

The Brit. Journ. of Phot. 1864. **11.** Nr. 232. 406—407.

Der Aufsatz ist mit größter Wahrscheinlichkeit auf diesen Verfasser zurückzuführen. Angegeben sind nur die Anfangsbuchstaben.

—, —: (*2.*) A poor man's photography at the great pyramid [in the year 1865;], compared with that of the ordnance survey establishment, [subsidized by London wealth and] under the orders of Col. Sir HENRY JAMES R. E., [F. R. S., director-general of the ordnance survey,] at the same place four years afterwards.

(Read at a meeting Edinb. Phot. Soc. Dec. 1st 1869.) 140.

The Brit. Journ. of Phot. 1869. **16.** Nr. 501. 591—593; Nr. 502. 602—604; Nr. 503. 615—616.

Auch als Sonderabdruck mit den in [ ] stehenden Erweiterungen.

London, H. GREENWOOD, 1870. 39 + 23 S. $8^0$ mit 3 Textabb.

**Smyth, C. Piazzi:** (*3.*) Stereoscopic doings and photographic confession. 147.

The Brit. Journ. of Phot. 1873. **20.** Nr. 677. 200.

—, —, stereoskopische Landschaftsaufnahmen auf kleinen Platten 140. Nachträgliche Bestimmung der stereoskopisch wirkenden Teile 140/41. Allmählicher Übergang zum WHEATSTONEschen Linsenstereoskop 147.

**Snook, H. Cl.:** (*1.*) Stereoscopic apparatus. 249.

U. S. P. 758117 2. 26. IV. 04; appl. fil. 22. VI. 03.

**Soleil, N.,** Beziehung zu D. BREWSTER 66.

Sprenger, Ed.: (*1.*) Aus einem Stück herstellbarer, bildumkehrender Glaskörper für Fernrohre. 197.
D. R. P. 94450 v. 27. II. 95; ausgeg. 28. X. 97.

Stegmann, K., Beidäugiges Fernrohr nach LAFLEUR & ROULOT 171.

Steinhauser, A.: (*1.*) Über die geometrische Construction der Stereoscopbilder. Ein Beitrag zur centralen Projection bearbeitet zum Gebrauche für Techniker und Fisiker. 184.
Graz, Jos. POCK, 1870. 8⁰ (VIII) 52 S. mit 22 Abb. auf bes. Tafeln.

—, —: (*2.*) Stereoskopische Wandtafeln. 185.
CARL's Rep. 1876. **12.** 389—392 mit 1 Tafel.

—, —: (*3.*) Die mathematischen Beziehungen zwischen dem Stereoskope und den zu demselben gehörigen Bildern. 186. 187.
CARL's Rep. 1877. **13.** 433—446, mit 7 Abb. auf einer Tafel.

—, —: (*4.*) Suggestions with regard to the stereoscope. 188.
Nature 1879/80. **21.** 117.

—, —, Entwicklung der Theorie des Stereoskops aus der Lehre von der Perspektive 185. Theorie des BREWSTERschen Prismenstereoskops für einen auf endliche Entfernung akkommodierenden Beobachter 186/87.

Stephenson, J. W.: (*1.*) On an erecting binocular microscope. (Read 8. VI. 1870.) 163.
The Monthly Micr. Journ. 1870. **4.** 61—63.

—, —: (*2.*) STEPHENSON's erecting binocular. (Read 6. III. 1872.) 163.
The Monthly Micr. Journ. 1872. **7.** 167—168.

—, —: (*3.*) On bichromatic vision. (Read 3. IV. 1872.) 163.
The Monthly Micr. Journ. 1872. **7.** 215—216.

Stock, W., siehe unter M. VON ROHR (*14.*). 170.

Stolze, Fr.: (*1.*) Apparat zur photographischen Aufnahme von Stereoskopbildern, welche, durch ein entsprechend gebautes Stereoskop betrachtet, durchaus in den Dimensionen der wirklichen Gegenstände erscheinen. 179.
D. R. P. 21622 v. 4. I. 82; ausgeg. 24. IV. 83.

—, —: (*2.*) Die photographische Ortsbestimmung ohne Chronometer, und die Verbindung der dadurch bestimmten Punkte unter einander. (Phot. Bibl. **1.** erschienen am 3. XII. 1892.) 200.
Berlin, MAYER & MÜLLER, 1893. (IV Bl., 78 S. mit 25 Textabb.)

—, —: (*3.*) Die Stereoskopie und das Stereoskop in Theorie und Praxis. (Encykl. d. Phot. Heft 10.) 210. 214.
Halle a. S., W. KNAPP 1894. V, 135 S. 8⁰ mit 35 Textabb.
Zweite vervollständigte Auflage.
Ebenda, 1908. XI, 155 S. 8⁰ mit 46+. Siehe auch Zft. f. Instrkde. 1909. **29.** 239/40.

Stolze, Fr., sein Orthostereoskop 210. Theoretische Ansichten 214. Einführung der wandernden Marke für die stereoskopische Messung 200.

Storrs, J. W.: (*1.*) Improvement in stereoscopes. 149.
U. S. P. 73472 v. 21. I. 68.

Stratton, G. M.: (*1.*) A mirror-pseudoscope and the limit of visible depth. 217. 218.
Psych. Rev. 1898. **5.** 632—38. Hier nach der (wörtlichen?) Wiedergabe:
The Optician 1899. **17.** 86, 88, 3+. (30. III.)

Straubel, R., Unterstützung H. FEILCHENFELDS 222. Plan für den Hypoplasten 230.

Sutton, Th.: (*1.*) The theory of the stereoscope. 116.
Phot. Not. 1856. **1.** Nr. 8. 105—109.

—, —: (*2.*) A new form of stereoscope which represents objects as they really appear with respect to size and distance. 116.
Phot. Not. 1857. **2.** 237—241 (1. VII.)
Die Mitarbeit G. B. AIRY's wird erwähnt.

— —: (*3.*) The lenticular stereoscope. 152.
Phot. Not. 1860. **5.** Nr. 94. 64—66.
Auch übersetzt unter dem Titel:

—, —: Das Linsen-Stereoskop.
Kr. Zft. f. Fot. u. Ster. 1860. **1.** 283—284.

—, —: (*4.*) Leader. 146.
Phot. Not. 1860. **5.** Nr. 97. 102—104.
Auch zum Teil (Portable reflecting stereoscope) übersetzt unter dem Titel:

—, —: Tragbares Reflexionsstereoskop.
KREUTZER's Zft. f. Fot. u. Ster. 1860. **2.** 325—326.

—, —: (*5.*) ROSS's new stereographic camera and lenses. 140.
Phot. Not. 1861. **6.** Nr. 122. 129—131.
Auch übersetzt unter dem Titel:

—, —: Neuer stereografischer Dunkelkasten und Linsen von ROSS.
Kr. Zft. f. Fot. u. Ster. 1861. **4.** 48—50.

—, —: (*6.*) On E. EMERSON's improvements in the lenticular stereoscope. 152.
Phot. Not. 1862. **7.** Nr. 138. 9—11.

—, —, Theorie des BREWSTERschen Prismenstereoskops. Gleiche Halbbilder im Stereoskop. Bau eines tautomorphen WHEATSTONEschen Linsenstereoskops gemeinsam mit G. B. AIRY 116. Unmöglichkeit, Konvergenzaufnahmen befriedigend im Parallelstereoskop zu betrachten 116/17. WHEATSTONEsches Spiegelstereoskop für große Bilder 146. Weitwinkelstereoskope 146. Wiedergabe naher Gegenstände im Parallelstereoskop 152. Selbsttätige Anpassung an den Augenabstand im BREWSTERschen Prismenstereoskop 152/53. Streit mit den beiden GRUBBS 181/82.

Swan, H.: (*1.*) Improvements in stereoscopes and stereoscopic pictures. 107.
E. P. 2020[59] vom 3. IX. 59 (Prov. sp. only).

—, —: (*2.*) Improvements in stereoscopes, stereoscopic pictures, and cameras for taking the same. 107.
E. P. 559[60] vom 29. II. 60 (prov. spec.), vom 29. VIII. 60 (compl. spec.).

Additional information of this book

*(Die binokularen Instrumente; 978-3-662-24212-4) is provided:*

http://Extras.Springer.com